中国城市规划学会学术成果

危机·健康·城市
——2020疫情带来的思考

石 楠　张庭伟

曲长虹　王 兰　主编

中国建筑工业出版社

序言

我们见证历史，我们参与历史

一

　　起始于 2019 年末的新冠肺炎（Covid-19），虽然仅是人类经历过的大型流行疾病之一，但事实已证明：这是迄今为止人类历史上影响最大的公共卫生事件。截至 2020 年 3 月底，曾经是新冠病毒重灾区的中国，基本上遏制了疫情，开始了艰巨的防止反复、恢复经济的工作，而与病毒的斗争，已演变为全球性紧急事件。世界卫生组织 WHO 在 3 月 11 日宣布新冠病毒进入全球大流行状态，进入 2020 年 4 月下旬，已有 200 多个国家或地区出现了疫病案例，确诊病人超过 260 万，死亡人数达 19 万。疫病的经济影响拖累全球 GDP 的 1/3，而且造成难以估量的政治、经济、文化、社会及人类健康后果。世界各国，从政府到百姓，无不卷入了这场突发灾难。各界人士都在探索应对措施，寻找从短期救急到长期防治的对策。规划界义无反顾地积极参与抗疫行动，从城市的规划建设到社区的综合管理等各个方面为防治疾病、建设健康城市作出努力。规划界这样积极地投入救灾抗灾，近四十年来曾经有过几次。在国内，20 世纪 70 年代的唐山地震，90 年代的长江洪灾，21 世纪初的 SARS 及之后的禽流感，特别是 2008 年的汶川地震，都引发过规划界的广泛关注及积极参与。在美国，2005 年卡特琳娜台风过后，美国规划学会也曾经组织规划师到新奥尔良市协助救灾。然而现在回顾那些灾难对规划师的震撼，似乎都没有这次全球性疫情这样深重而痛切。可以说新冠疫情的哨子促使各界人士深刻思考，中国规划界尤其深受震动。

　　中国规划界过去也在灾后进行了反思，提出了一些有效的应对举措。例如地震地带对城市选址防灾的规定，水涝地区对海绵城市的探讨，大气污染带动的生态城市建设等。但是现在看来，一些灾后反思对人类作为自然界一部分与整个自然界复杂关系的认识不足，对物质性的城市发展及制度性的城市治理的关系理解不足，在城市中为不可预见事件做准备的行动不足，对公共健康问题可能引发政治、经济、社会链发后果的认识不足。虽然不能说过去就是头痛医头脚痛医脚，但是规划的应对往往局限于具体的规划事务，特别是技术方面的具体措施。然而，这次面对的疫灾是史无前例的综合性危机，是公共健康危机、经济危机、治理危机及地缘政治危机的集合。疫情带来的挑战，不仅仅是疫病本身，还可能出现国际政治上的"甩锅"中国，以及全球经济上的"脱钩"中国。这些挑战是全方位的，甚至可能是根本性的。这样复杂的情况，当然不是依靠城市规划界就能应对，但是未来城市规划界需要参加的工作，将更加全面、复杂、紧迫，必须有充分准备。

中国领导人指出，新冠疫病是对中国国家治理的大考。其实，这也是对世界各国国家治理的大考。到目前为止，这个大考仍然在继续。有学者客观地指出：面对突发疫情，没有哪个国家是准备好的，难免会有一定的滞后和恐慌（郑永年，2020）。但是各国的表现不同。例如，中国在疫情突发的早期出现过犹豫，此后展示了强大的国家动员能力及厚实的经济基础。新加坡在早期发挥了精细管理的能力，控制了疫病蔓延。但是4月后，出现了以外籍工人为主的更大暴发。韩国早期出现了大暴发，此后政府和企业合作，实施广泛检测来控制疫情。迄今为止，美国的表现最令人难以置信，虽然有强大的经济实力及科技优势，但是由于领导人的私心及傲慢，两党内斗，行动迟缓而导致灾情极其严重。根据2020年4月22日《纽约时报》报道，美国已经有超过82万确诊病例，4.5万人死亡，超过意大利成为全球死亡人数最高的国家。世界对此震惊，希望美国能够早日控制疫情，因为美国的表现影响着全球制止疫病、恢复经济的情况。特别引起国际担心的是医疗条件不足的非洲及拉美地区，如果那里出现美国那样的大暴发，后果难以设想。F. 福山说：评价政府绩效的不是政体类型，疫情的结果取决于国家对公共卫生和紧急情况作出反应的能力，也依赖于人民对其国家、领导人及领袖才智的信任（福山，2020）。疫情显示了一个社会真实的优缺点，疫情发展的客观事实让世界看到了各国政府的能力及民众对国家的信任。

此时此刻，我们正在见证着历史。

二

本书起始于一些规划师在2020年年初武汉刚刚暴发新冠疫情时的反思及应对建议。当规划师们公认，现代城市的特点是汇合各种"流"，对抗新冠疫情的主要措施却是尽力"封"；当规划设计力求公共空间更有吸引力，对抗新冠疫情却要求远离公共空间而居家隔离。严峻的疫情挑战了规划师的传统理念，而且使大家认识到，我们的讨论不能局限于防治新冠疫情本身，而要扩展到健康城市的建设、城市治理，以及更加广泛的与城市有关的政治、经济、社会、生态议题。这样从全方位展开的研究探讨是必要的。这是因为，从世界各国出现的新冠疫情来看，今天疫情暴发的情况都不是单一原因造成的，而是复杂合力的结果，是多方面负面因素互相影响的结果。这些因素既有长期存在的结构性问题（如当地的决策体制、经济水平、医疗状况、社会组织、文化基因以至生活习俗等），也有特定的偶发性因素（如最初发生疫情的特定地点时间、当时当地领导人的个性特点等）。结构性因素往往和偶发性因素纠结在一起，众多负面因素之间的互相作用，又加剧了所有因素整体的负面影响，决定了疫情暴发的状况，也决定了疫情延长的时间及最后的伤害程度。这样的多方面因素，与疫病本身全面性伤害的特点相似。张文宏医生曾经说：这不单单是个肺炎，损害的也不单单是一个肺，它是一个整体的疾病，所以治疗也必须从全方位着手。同样，我们对疫病的防治、建设健康城市，也必须从全方位考虑。这就意味着：

第一，整体性。建设健康城市、防控疾病的理念，构筑健康城市的理论，做出决策的基础，都必须尽可能地基于整体全面的认识，而不能局限于单一因素，仅仅在某一方面采取行动（例如改善物质性的规划设计，包括控制城市密度等）。对于上述影响疫情的结构性因素及偶发性因素，都应该尽量深入分析，有针对性地制定出分期、分阶段解决问题的战略策略。可以看到，涉及政治、经济等结构性问题的因素往往比较显性，属于"灰犀牛"事件，相对容易发现但难以改变。相反，偶发性因素很多是"黑天鹅"事件，不易预测，难以准备预案。毫无疑问，从分析研究各种因素到提出应对策略不是简单的工作，故对建设健康城市要有长期努力的准备，不是一个时期就可以看到成果。

第二，协作性。由于有如此众多的复杂因素，涉及如此众多的部门机构，故要使疾病防治和健康城市建设措施真正有效，必须尽量构建众多机构的协同合作。仅仅依靠单个行业，例如医疗行业，依靠单个机构，例如规划局，都无法真正起到作用。张文宏医生说：医生其实跟防控没有大的关系，医生就是治病的。张医生没有说错。虽然未来防止疫病要加强医疗机构、增加医务设施，但是医务人员分工的主要职责是治病，而防控工作则要依靠政府、社会、企业多行业多方面的协同工作，提供专业知识的医务人员只是其中一部分。同样，城市规划师也只是其中的一个参与者，必须和其他参与者共同努力。现在我们对健康城市的研究已经是跨界的协作了，这个方向十分正确。

第三，特定性。由于上述众多因素的复杂影响，建设健康城市具有 Case-Based 的特点，即一城一地，按照当时当地的特定情况进行建设，逐步完成。无论是结构性的深层次问题，还是偶发性的特定情况，各个城市都不尽相同。因此，没有绝对的普世途径，只有相对的普世目标。甚至在相当程度上，这样的目标本身也是 Case-Based，所谓健康城市的指标更多是一个推荐的范围，而不是一个固定不变的定值。对于每个城市，这样的指标也会随着政治经济生态等条件的变化而动态改变，因而健康城市的指标是与时共进的，而不是固定不变的。

三

建设健康城市最重要的目标当然是保障居民的健康。人类对自身健康的知识仍然十分有限，但是科学研究已经发现的是，一个人的健康情况、期望寿命主要受到三方面因素的影响：先天性的遗传基因；外部的生活工作环境；以及个人的日常生活习惯。这三个因素为我们提供了建设健康城市在不同维度上的切入点。

首先，要防控疾病、让人类活得更健康长寿，就要大力加强对人类自身的研究，力求从生命的起始阶段起就更加强健，这就涉及遗传基因等方面的研究。历史上中国不同地域都有一些本土性疾病，例如陕北的大骨节病，东南沿海某些地区的口鼻癌症。它们可能和当地的生活习惯有关，也可能与当地居民的基因有关。建设健康城市就必须消灭这些隐患。在本次疫情发生之前，科学界就已经展开了改良基因的重要工作。本次疫情再一次证明了，人类对自身的研究仍然何其不足，未来的道路何其漫长。人类仅仅是全球生态系统的一部分，为了取得在基因改良、细胞变异等人类自身微观层面的进步，保护生物多样性、控制全球气候变化等宏观层面的措施都有重要关系。

其次，改善人类的生活工作环境历来是规划师的主要用武之地。此次疫情后，必然出现更多的规划研究成果，包括本书在内，对健康城市的规划建设将起积极作用。特别引起关注的是如何真正体现以人为本的理念，改善与公众日常生活直接相关的、社区层面的规划设计，包括全面提升城市的健康设施、改进公共空间的防灾功能等。同时，规划师也认识到，物质性生活环境对健康的影响是个复杂的问题而并非简单的线性关系。我们看到，此次新冠肺炎集中出现的地方既有绿化环境优良的"花园都市"新加坡，也有条件很差的印度贫民区；既有人口密度极高的纽约、伦敦、东京等全球城市，也有人口密度不高的纽约郊区小城镇。可见绿化覆盖率、人口密度等物质性因素和防治疾病、健康城市的关系不是简单的直接关系。如果我们的思路仅仅停留在提升物质性因素上，只靠改进硬件来建成健康城市，将难以奏效。有英国研究机构对世界各国的保健防疫水平做评价，在此次新冠肺炎之前，大部分 G7 国家都位于前列，因为它们的硬件指标都比较好。但是疫情发生后，中国进入了前十名，而一些 G7 国家则大幅跌落——虽然它们的物质条件没有变，但是真正发生疫情后应对能力不足，结果也不同。

必须强调社区规划、基层服务的重要性，规划的重点不仅仅在于国家层面的宏大叙事。目前中国已经基本控制了疫情，考察中国在疫情暴发后的成功举措，特别是坚决强硬的封城政策，如果没有社区街道的实施保障，组织大量干部"下沉"基层协助，根本不可能落实。所以城市治理能力的关键在社区。这是中国的特色，也是中国的强项。另一方面，各国都已经发现社区传播是新冠肺炎的主要传播方式，但是我们对加强社区防疫功能的措施却仍然不足。公共管理专家薛澜认为，目前居民基本诊疗模式是到医院看病，但这是一个效率低下的落后模式。而早就提倡的以社区为主的分级诊疗模式却没有能够实现，主要原因是缺乏强有力的基层卫生服务体系（薛澜，2020）。这涉及体制问题。有学者正确地提出，以制度为核心的城市治理在城市规划中已经占有越来越重要的地位。所谓城市精细化治理，主要应该是精细的制度设计，而不仅仅是精细的物质设计。城市规划要通过"制度"这只"无形的手"，来解决行政执法这只"有形的手"所解决的问题（赵燕菁，2020）。

第三，培养个人良好的日常生活习惯及心态，维护健康，延长寿命。在这方面，规划师的直接贡献也许不多。但是通过规划设计及城市治理提供良好的工作条件及生活条件，建立和谐的人际关系，可以促进人们培养健康的生活习惯及积极的生活态度。特别要指出，我们所说的健康的人，是指身心两方面的健康，人的心理健康和生理健康同样重要。心理健康不但对一个人的生活质量影响重大，现代科学也已经发现身心健康两者之间具有密切的关系。开朗、乐观、向善的心态，不但有助于体质健康，也有助于延年益寿。健康的城市是为了健康的人，如果没有健全的人性，就不是健康的人了。健全的人性基于人类应有的基本价值观，正直诚实、勤奋善良、惜小怜弱等，都是人类共同的美德，这样的人性是普世的。传统城市设计研究中的环境—行为研究（Environment–Behavior Study）打下了关于建成环境对居民心理行为研究的基础。心理学中关于童年经历的影响、老年行为特点的研究等，都和培育心理健康有关系，应该成为健康城市建设中的一部分。

如果我们真正能够从多方面改进人类的生活工作方式，我们可以影响历史的正向发展。

四

仅仅几个月的严酷疫情，让我们对世界，对自己，都有了前所未有的新认识。人类对世界的了解远远不足而行为却过于自信。当我们自以为可以上天入海，创造机器人，制造人工智能来"替代"人类时，对人类最根本的基础——对人类生命的了解却十分不足，对生命的珍贵性不够敬畏，对生命的脆弱性缺乏认识，更遑论有所准备。现在我们看到，整个世界基本停摆了，那么多的城市街道空旷无人而成为"空城"。一切的一切，财富、权力，甚至至上至高的思想、艺术，在生命面前都成为次要。如果没有人，没有生命，世界就没有存在的必要了。就此而言，**城市的其他各种属性，全球城市也罢，中心城市也罢，智慧城市也罢，都没有健康城市这个属性重要。因为归根结底，城市是为有生命的人类服务的，没有人类，就没有了一切。**

我们也认识到，人类可以在敬畏自然的前提下，谨慎地参与自然界的演变。首先是建立适应自然界的发展方式（Adoptive Development）。自然界难以完全预测，灾害也难以完全避免，人类的生存本能告诉我们，必须学会适应自然界，学会防止灾害，甚至不得不与灾害共存。而城市规划是任何城市防灾抗灾工作不可或缺的重要部分。规划涉及的是整体的、系统性的问题，规划工作的核心是人而不仅是物质空间的建设。由于规划是国家治理机器的一部分，是公共政策，城市规划要发挥应有作用，有赖于国家整个决策治理体系的完善。大家都说治理体系和治理能力是中国的第五个现代化，但由于城市问题的复杂性，城市治理缺乏可靠的理论指导及实践经验；又由于人类共性的健忘，当灾害留下的伤痛渐渐淡去，"Business as Usual"，对疫灾中的很多问题可能继续回避，因为那些问题涉及方方面面，难以改革却又必须改革。另一方面，虽然疫情暴发初期暴露了城市治理的很多问题，但此后举国上下奋力搏斗，充分发挥了中国特有的治理能力，积累了可贵的经验，正是中国未来改革的重要基础——虽然这些经验未必适用于其他国家。

经此大灾，**我们见证着历史，所以我们不能闭目。我们参与着历史，所以我们不能停手。**大灾终将过去，生活虽将大为不同，但太阳依然升起。过了大灾，留下的是太阳下人性的历史记录。

张庭伟

2020 年 2-4 月

引文书目

[1] 福山 . 中国模式应对疫情很成功，但难以被复制 [Z]. 法国《观点周刊》（Le Point）官网 . [2020-4-9].

[2] 薛澜 . 加快公共卫生应急管理体系变革 [Z]. 在"以人民健康为中心的公共卫生体系治理变革"专家网络座谈会上的发言 . [2020-4-15].

[3] 赵燕菁 . 城市精细化治理与高质量发展 [J]. 城市规划学刊，2020（2）.

[4] 郑永年 . 这次疫情冲击，有 3 个"史无前例" [Z]. 正商参考 . [2020-4-9].

前言

这不是一本寻常的著作。

说它不同寻常，主要有几方面的理由。

一是因为它孕育于一个特定的历史时期——2020年春天，新冠肺炎疫情在神州大地肆虐的时候。

由于全人类对于这一突如其来的疫情缺乏必要的准备，甚至没有足够的知识来解释、应对这种全新的病毒，社会上弥漫着大灾难前的不确定和心理恐慌，人人自危成为那个特殊时期的客观写照。然而，正是在这一巨大的全球危机压力下，一群秉持着科学理性思维的专业人士，自发地参与到抗击疫情的行列中，贡献了自己的专业智慧，展现了规划师群体的道义担当。

以武汉等城市为代表，一批规划师、建筑师、工程师活跃在抗疫最前线，参与到应急医疗卫生设施的选址、设计、施工和建设中。面对公共卫生领域的巨大危机，中国城市规划学会的几位专家，连夜赶写出"分区接诊、集中诊治—— 一个减少冠状病毒扩散的规划建议"，在征询国家疾控部门权威专家意见后，于1月27日晚首先在中国科协的媒体上发布，并且很快通过"学习强国"等网络平台扩散，得到中央决策机构和地方政府有关部门的高度重视，并运用到相关的规划和管理之中。

这份建议成为首个服务于全国新冠肺炎疫情应急管理的规划专业意见，引发各地规划专业人士的积极响应。一时间，有关专业观点和文章通过中国城市规划学会微信公众号、《城市规划》杂志等得到迅速传播，并且与医学类文献共同支撑了早期的应对疫情专题知识库，产生了十分积极的社会效果。

我们可以冷静地讨论一百年前西班牙大流感及其对人类的伤害，但在全球新冠肺炎疫情形势依然十分严峻的今天，却很难平静地回顾一年前的那段时光。

二是因为这本书不是一部刻意组织撰写的文集，但书中的内容及其蕴含的知识价值却绝不逊于任何学术专著。

本书收录了中国城市规划学会及旗下各类媒体发布的有关专业文章，也涵盖了其他平台发表的相关文献。如果说早期曾经由相关机构动员大家建言献策，很快即转变为规划科技工作者开展学术研究、传播专业知识的自觉行动。大家从对于疫情的观察、分析，到提出应对的政策与技术方案，在短短48天时间里，奉献了本书收录的64篇文章，还有更多的专业成果，无法在此收录。

不少专家学者不只关注当下的疫情，而是从更广阔的视野，思考健康、安全等基础科学问题，思辨人与自然的关系、经济增长与社会发展的关系等重大哲学话题。

经历了四十多年快速城镇化和高速经济增长，防不胜防的新冠肺炎疫情如同按下了暂停键，使得高科技的现代社会和高速运转的经济停摆。残酷的现实让大家深切体会到生态文明思想的真谛，生物多样性的科学道理成为热议话题。大家冷静地思考工业文明下过于追求速度、高度迷恋技术、忽视公共安全的思维惯性。不少专家认识到，病毒和灾害是与人类共存的长期现象，即便是人类攻克了新冠病毒，仍有可能出现新的健康挑战，如何学会"与狼共舞"，必须在发展中将健康和安全放在最重要位置。只有强化了健康意识，注重安全发展，才可以少一些扫码、隔离甚至封城的不便。

三是因为这本书也是一本尚未完结的研究成果，书中诸多思想的火花，理应成为科技探索的前沿领域。

新冠肺炎疫情虽然还没有结束，但在我国总体上得到了很好的控制。反思走过的历程，新冠肺炎疫情作为公共卫生领域的一场重大危机，给我们很多启发，让大家重拾健康发展的初心。

2016年习近平总书记曾经强调指出，没有全民健康，就没有全面小康。要把人民健康放在优先发展的战略地位，加快推进健康中国建设，将健康融入所有政策，人民共建共享。

新冠肺炎疫情之下，最高决策者更是清醒地认识到，抗击新冠肺炎疫情，是对国家治理体系和治理能力的一次大考。如何完善城乡基层治理体系，探索超大城市现代化治理新路子，不仅是简单的管控或医疗卫生设施建设，而是关系到国家长治久安的重大发展战略。

强调以人民为中心，牢固树立"人民至上、生命至上"理念，强化全生命周期管理，由应急处置向风险管控转变，从体制机制上寻求出路。从国家战略的高度，将安全与发展置于同等重要的地位，统筹好安全与发展两件大事，把安全发展贯穿国家发展各领域和全过程，防范和化解影响现代化进程的各种风险。所有这些，既是对新冠肺炎疫情及过去发展历程的反思，也是新时代国家发展思路的战略转型。

相应地，城市的规划建设管理、国土空间的治理与重构，还有诸多未解的难题。怎样使城市更健康、更安全、更宜居，城市不仅是经济中心、生产基地，更应该成为人民群众高品质生活的空间，满足人民群众对美好生活的向往。从这个意义讲，本书收录的这些文章，可以视作规划学科转型发展的重要转折点。

中国古代哲学讲究道法自然，天人合一，中医提出人体小宇宙、天地大人身，大医治国、下医治病，反映了先辈在处理人与自然、人与社会关系时的基本原则。古人强调上工治未病、防患于未然，则折射出现代管理科学全过程管理的雏形，而所谓平人不病，固本培元的防病治病理念，则充分反映了系统观、整体观的辩证思维。这些都是优良的中华文化传统。

联合国 2030 可持续发展目标明确提出，要确保健康的生活方式，促进各年龄段人群的福祉；建设包容、安全、韧性和可持续的城市和人类住区，这些是全人类共同的奋斗目标，也是我国政府的重大承诺，更是当代规划师必须承担的历史责任。

传承传统智慧，回应国际社会，规划的目标将发生战略调整，不再只是聚焦于经济增长，更在于谋求安全与发展的平衡，在于谋划理想人居的精神家园，在于推动治理体系和治理能力的现代化。

石　楠

2021 年 5 月

目

录

疫情观察与应对

健康城市规划与治理

一

疫情

观察与应对

导读

新型冠状病毒感染的肺炎疫情牵动着我们每个人的心。习近平总书记指出，紧紧依靠人民群众坚决打赢疫情防控阻击战。让我们一起为中国加油！众志成城，共克时艰！

分区接诊、集中诊治

—— 一个减少冠状病毒扩散的规划建议

2020 年 1 月 27 日　　中国城市规划学会

本次新型冠状病毒的特点之一是传染性极强（有外媒报道国外专家普遍认为新冠的感染系数是 3.6~3.8，是 SARS 的八倍），现在防控的当务之急，是避免其第二轮大暴发。医学史上著名的 1918 年上半年暴发西班牙感冒一共有三轮，真正造成最高的死亡率的不是上半年第一轮暴发，而是 10 月到 12 月的第二轮大暴发（虽然第二年春季的第三波疫情也比第一波致命，但也比不上第二波）。有人总结西班牙流感大暴发的教训时发现，医院实际上成为病毒扩散路径的关键枢纽。

在没有治疗特效药的情况下，阻隔发生新一轮扩散应成为当务之急。而最关键的一个举措，就是减少病人向少数医院聚集。我国现有城市医疗卫生设施是基于常规发病概率配置的，这就决定了既有医疗资源（特定医院的特定科室）必定不足以应付突发式公共卫生事件。

我们建议，除了疫区加大医疗资源投入，比如在集中的重疫区根据需要立即统一建设传染病医院，把患者集中到这些新建的医院和指定的原有医院外，全国各城市可采取"分布式接诊，集中式治疗"的策略，立刻把散布在各个社区的医疗资源动员起来，将其改造成为应对大量求诊病人的第一道防波堤。

1　具体做法

一、提升社区基层医疗点的防护标准，并将大医院急诊程序分解，将候诊—取样这一交叉感染风险最大的环节下放到社区卫生点。同时立即开通地图查询功能，所有居民通过手机可以查询到最近的"首诊—取样"点，这样可以大幅度降低患者、疑似患者、密切接触者以及其他就诊人员汇集到少数几个大医院的情况，从而降低交叉传染的概率。

二、社区医疗点将贴有二维码的样品，直接转送有检测能力的大医院，检测结果第一时间以短信或网络方式通知就医者本人和疾控中心。检验结果为阳性的病人，通过手机定位，由指定的急救车就近直接送往隔离医院，集中收治。对于检验结果为阴性的病人，通知其居家观察。

三、统一调配全市的急救车，通过流动急

救车在各个片区医疗点之间流动，随时应对新的病情。

2 这样做的好处

（1）可以大幅降低大医院集中就诊过程中的交叉传染风险。

目前大医院接诊量大，超出接待能力，如果分解到各个社区接诊点，每个接诊点的人数可以大幅度降低，从而也可以显著降低交叉传染。以本次疫情最为严重的武汉为例，武汉2018年有常住人口约1100万，三甲医院32家、社区医院（社区卫生服务中心、服务站）362家（以上为网络数据），基本医疗保险定点医疗机构2803家（武汉市政府网站2019年数据，含极少数异地的认定机构）。如果这些人口中的患者、疑似患者或密切接触者集中到32家三甲医院，其交叉传染的风险不难想象，而如果将他们分布到362家社区医院，甚至更多的基本医疗保险定点医疗机构，这种风险必然大幅度降低。

（2）可减轻大医院医护人员、医疗设施超负荷运转的压力，使其有限的医疗资源集中到诊疗真正的重症患者身上。

如果将候诊—取样环节下沉到各个社区医院，甚至部分基本医疗保险定点医疗机构，将可以极大地降低三甲医院的接诊压力，避免优质医疗资源疲于应对一般性的诊疗工作。武汉市截至1月26日累计确诊病例618例，其中重症87例、危重53例。在院治疗疑似病例2209位，643人在发热门诊留观，其中确诊率约45%。以上确诊、疑似和发热留观者共3470人。通过调动社区资源，

可以让指定的三甲医疗机构按照危重病人、重症患者和确诊病人的顺序实行诊治。

（3）可减轻"封城"、交通管制等特殊环境下，病人移动的困难，缩短病人候诊时间。

武汉市2018年集中建成区面积724km²，三甲医院平均覆盖范围约23km²，也就是说每家三甲医院的平均服务半径约2.7km（这里未考虑三甲医院分布不均匀的因素）。城市规划认为适宜的步行距离为300~500m，对于发热、浑身乏力的病患而言，就近在社区层面就医，不仅可以免去路途距离的压力，还可以节省出行时间，有利于及早诊治，也可以在一定程度上降低居民的心理恐慌程度。

（4）可节省新建集中诊治传染病的临时医院的成本。

这几年，全国各城市的医疗卫生设施得到很大发展，但医疗机构的规模不可能按照疫情峰值测算，通过各种技术手段，包括规划统筹，减少不必要的新建临时医院，不仅可以抢时间与疫情扩散赛跑，而且可以节省建设成本，减少疫后这些临时设施的去留压力。

（5）在社区层次筛查发病案例，有利于城市规划大数据系统在更细的"颗粒"上分析病毒的空间分布，实时监控其动态迁移。

一方面，疫区内可以更加集中有限的医疗和管控资源在特定暴发点；另一方面，疫区外更透明的信息也可以减轻非正式局部信息带来的全面性恐慌。我们要做好应对西班牙流感那样持久战的准备，如果能筛查出高发地区并精确管控，就不必过早提升动员的强度和范围，人力、财力上也更可持续。

防控新冠疫情下的八点规划思考

2020 年 1 月 31 日　　石晓冬

新型冠状病毒肺炎疫情牵动着亿万人的心。作为具有家国情怀、长远眼光、问题导向思维和科学实践精神的规划行业，大家的关注、讨论、思考和工作支持自然是很多的，最为直接的莫过于武汉火神山医院的选址、规划设计和建设少不了勘察规划设计行业的努力与奉献，这一点在 17 年前抗击 SARS 期间，北京建设小汤山医院的行动中已经证明；1 月 22 日有规划从业人员基于常年对人口迁移数据的研究的敏感性提出了对疫情随交通向其他地区扩散的担忧，引发了大家的关注；中国城市规划学会也提出了"分区接诊、集中诊治"的规划建议。规划工作具有全方位、多要素、巨系统的特点，也引发了个人以下一些思考。

1　正视城镇化中的流动性

新型城镇化强调促进区域协调发展，提高质量，中心城市和城市群正在成为承载发展要素的主要空间形式，各类要素合理流动和高效集聚，这是发展的必然。要正视我国这种发展主要形态中大量的流动性，与此同时要保障民生底线，推进基本公共服务均等化，在发展中营造平衡，特别是此次疫情的防控过程中关于建立防护网络、联防联控、对人员密集场所的防控、报告制度及交通工具所采取的有关措施，均有相应的针对性。

2　正视大城市实有人口

对于中心城市和超大城市，实有人口常常是大于实际居住半年以上的城市常住人口的。疫情袭来，城市的实有人口和流动人口都需直面，城市自然也要给这部分人口提供必要的管理服务，除了应急资源外，还应在平时考虑交通设施、供水能源、旅游餐饮、就医和相应的居住需求，城市在按照常住人口提供的公共品标准上应考虑一定的安全系数，将实有人口考虑进来。

3 建立突发公共卫生事件规划应对体系

目前城市的医疗卫生布局专项规划普遍是结合卫生健康事业的要求，配置空间资源，分级分类布局医疗卫生设施，尤其是合理布局区域医疗中心，突出基层医疗卫生机构的作用，建立分级诊疗制度，通过不断积累提高社区医院的诊疗能力，提高信任度；推广家庭医生，鼓励大医院医生加入家庭医生队伍，作为家庭健康的"守门人"。同时考虑重大疫情的可能性，在医疗卫生设施规划布局体系的基础上，多系统协调，加强综合统筹，应对突发情况。

4 城市要有战略留白

城市发展要立足长远，防患未然，注重留白，为子孙后代留有空间，促进人与自然和谐共生。规划中可尝试划定战略留白用地，应对城市发展的不确定性，为未来发展留有余地。这些留白用地既可以为优化提升城中的重要功能预留战略空间，为城市未来发展预留弹性，促进城市集约高效、结构调整、布局优化，实现城市高质量发展和可持续发展，又可应对不时之需，为城市安排应急避灾设施。

5 关于城乡统筹

在城乡关系构建过程中，城乡要素是不断交换的，这次疫情恰逢春节，返乡回城的过程给疫情扩散带来了风险，聚集的城市和医疗服务相对薄弱的乡村有着不同的防范难度，因此，我们看

到很多地方采取了乡村独有而又符合自身特点的防范方式。从这个角度来看，破解城乡二元结构，形成城乡共同繁荣的良好局面需要有一个长期持续的过程，应将城市和乡村作为有机整体统筹谋划，推进城乡要素平等交换、合理配置和基本公共服务均等化，推动城乡统筹协调发展。

6 发挥规划在基层治理中的作用

街道是城市的细胞，社区是城市运行的基本单元。近些年来，很多城市和规划行业推动规划深入基层，通过责任规划师、责任建筑师等形式将城市规划和空间治理的重心向基层下移，把更多资源下沉到基层，更好地为市民提供精准化、精细化服务。此次疫情防控的过程中特别强调社区（村）防控，实施群防群治、联防联控，网格化、地毯式管理，广泛动员群众自我防护，防止疫情输入、蔓延、输出。赢得这场疫情防控的人民战争，同样有赖于规划参与基层治理，在过程中也逐步培养的市民的城市意识、主人意识、社区空间意识和家园意识。

7 发挥大数据等新的技术手段的研判和支撑作用

在科技水平不断提高的今天，新的科学手段、信息的公开与共享，让我们较以前更快速地认识病毒和疫情，利于防控中快速响应、快速行动、提高效率。规划行业长期对大数据的实践性应用，让我们对实时疫情分布和人口迁徙的动态性判断做出了比较快速的反应，对都市圈尺度和重点人

口迁徙目的地城市的警示也引起了较大范围的关注，从这个角度看，规划行业发挥了应有的作用。

8　推广绿色的生产方式和生活方式

疫情同样引发了人们对于生命、健康、城市安全、人居环境等的一系列思考，归根到底是在生态文明时代，人类与自然如何和谐相处，如何对待野生动物，如何像爱护眼睛一样爱护公共环境，守护家园。归根到底还是要推广绿色的生产方式和生活方式，实现生活方式和消费模式绿色转型，以实现更有创新活力的经济发展，提供更平等均衡的公共服务，形成更健康安全的生态环境，实现高质量发展。

石晓冬　中国城市规划学会青年工作委员会副主任委员，北京市城市规划设计研究院院长

凝心聚力防控疫情，中国城规学会在行动

2020 年 2 月 2 日　　吕　斌

2020 年 1 月下旬开始，进入防控新型冠状病毒感染肺炎疫情非常状态的中国，正在举全国之合力、以史无前例的措施遏制疫情。疫情就是命令，防控就是责任，为打赢这场没有硝烟的疫情防控战需要全民参与，这是一场超大规模的公共卫生维护行动。

中国城市规划学会作为我国城乡国土空间规划与社会空间规划的高端智库，保持清醒敏锐的头脑，积极配合疫情防控主战场，面对全国疫情防控工作迅速展开的局面，根据世界公共卫生学史的经验教训，在第一时间（1 月 27 日）向中国科协、住房和城乡建设部和自然资源部提出了"分区接诊、集中诊治——一个减少冠状病毒扩散的规划建议"，建议全国各城市把散布在各个社区的医疗资源动员起来，将其改造成为应对大量求诊病人的第一道防波堤，降低大医院集中就诊过程中的交叉传染风险。

这是一个睿智的建议，如果能把及时、精准的社区防控医务人员培训作为支撑，它必然成为有序、有效推行疫情防控的重要措施。1 月 29 日北京市海淀区就启用了近期建立的分区集中隔离观察点，主要接收海淀辖区内曾经与新型肺炎确诊病例或疑似病例密切接触，又不具备在家或医院进行隔离观察条件的人员，他们是无发热、咳嗽等明显发病症状，而且病毒检测阳性未达到医院收治条件的人员，如果经观察达到专业医院收治条件，则及时转院治疗。北京市海淀区的这个举措与中国城市规划学会的建议异曲同工，验证了建议是合理的、有效的、接地气的。

吕　斌　中国城市规划学会副理事长，北京大学城市与环境学院教授

新冠肺炎疫情下的易感人群保护

—— 结合社区治理的流动人口管控

2020 年 2 月 4 日　　吴　晓

继 2003 年的"非典"侵袭之后，一场由新型冠状病毒（2019-nCoV）所引发的肺炎又一次在春节前后暴发和蔓延。这类冠状病毒的新型毒株相比于 SARS 传染性更强，截至 1 月 30 日其病例已覆盖我国所有省份（据统计全国确诊 7742 例，疑似 12167 例，死亡 170 例）；世界卫生组织同时也宣布，将此次新型冠状病毒疫情列为国际关注的突发公共卫生事件。

那么，如何及时避免或是消减公共卫生危机的发生和危害呢？在全国上下众志成城、奋战疫情的严峻形势下，这已成为每一个人都不得不面对和反思的问题。

从学理上说，传染源、传播途径和易感人群是导致传染病疫情的三大环节，而化解公共卫生危机的基本路径就是从这三个环节入手：隔离传染源（如患者及动物）、切断传染途径（如空气、飞沫、蚊虫等）和保护易感人群。其中，环节一的成功与否主要依赖于医务工作者的专业工作和职业精神，而环节二的有效与否更多地取决于相关部门的防疫消杀工作和大众良好的卫生习惯，

相对而言，我们规划工作者们或许可以赋予环节三（保护易感人群）更多的人文关怀和专业思考。

在各类易感人群中，除了要对医学意义上缺乏特异性免疫力和抵抗力较弱的个体进行保护外，还特别需要关注社会学意义上的一大类易感人群——流动人口。该人群因为规模庞大、频繁流动而面临着接触传染源的高风险，极易在不知情的状态下感染和携带病毒，即使患病往往也无法及时就诊和隔离，从而由易感者转化为新的"受害者＋传染源"，并在客观上导致疫情的进一步扩散。

回溯历史，传染病一直是威胁人类健康、造成公共卫生危机的主要杀手，且往往是伴随着不同人群不同目的流动而在不同的空间流转和扩散：从汉代随大量战俘流入中国的天花，到军队从中亚疫区带回欧洲的鼠疫，从欧洲殖民者征服新大陆的致命武器天花，再到因世界贸易和商旅而流出印度的霍乱……在每一次新疫情的发生和扩散背后，我们几乎都能看到各类人口大范围、大规模流动的身影，他们既是拥有不同目标和身

份的易感人群，也可能是疫情中潜在的受害者和传染源。

因此，我们呼吁：要充分关注和保护当前数以亿计的流动人口，让这一易感人群远离成为"受害者＋传染源"的双重风险！

按照流动的性质或原因划分，流动人口一般包括社会型和经济型两类。其中，前者是指因随迁家属、投亲靠友、退休退职等原因而流动的人口，其流动具有零散、随机和非常态的特征；而后者是指因工作调动、分配就业、学习培训等原因而参与城市各种经济活动的人口，其典型代表即是以谋生营利为主要目的、进入城市就业的农村剩余劳动力——进城务工人员（《农民工监测报告》显示，2017 年该人群已增至 28652 万人），在流动上已明显不同于社会型流动人口，具有规模化、常态性和长期必需之特征。因此，在应战新冠肺炎疫情的背景下，亟需针对这一庞大的经济型流动人口给予专门的关注和充分的保护，而不仅仅是通过"堵、封、隔"等方式进行"一刀切"式的管控。

考虑到建筑业、商业服务业、制造业是当前城市吸纳进城务工人员的三大主流行业，我们可以结合其不同的就业方向和居住空间分类施策，通过提升社区治理水平来实现流动人口的有效保护和管控。

1　建筑业从业人口

在居住方式上以企业的统一住宿安排为主，在居住空间上则以工地现场的工棚为主，并随着工程项目的变化而不断流转和拆建。考虑到工棚型空间的临时性和功能单一性，其每一次选址和搭建除了要满足基本的人均居住面积标准和灵活多变的单元组装要求外，还建议将"健康影响评估"环节纳入这一临时性社区的规建与管理过程，由规划部门联合公共卫生部门确立评估程序、展开健康评估和保护务工人员，评估内容须涉及：工棚是否能满足进城务工人员的通风、采光、安全等健康卫生需求，是否定期展开社区的防疫消杀工作，周边社区是否配建有设备和物资完善、可有效分区隔离的医疗设施等。

2　商业服务业从业人口

在居住方式上以自租型为主，在居住空间上无论是散租散居还是自发聚居，其从空间到人口均已成为城市大居住体系中混合难分的一部分。因此在应对疫情时，需要双管齐下：一方面在空间上，由城市统筹部署、分层构筑覆盖了流动人口的防疫责任单元，在城市层面重点建立应对公共卫生事件的应急体系，而在社区层面重点建立公共卫生与疾病预防体系；另一方面在人口上，则需要针对进城务工人员实行专门化、网格化的保护和管控，即：以社区为单位，对重点疫区的流动人口展开"拉网式"摸底、访查和健康评估工作，并同公共卫生部门确立联动保健机制，同时按照"谁出租、谁负责"的原则采集流动人口信息、分片按人落实防疫责任。

3　制造业从业人口

在居住方式上同样以企业的统一住宿安排为主，但在居住空间上以集体宿舍和公寓为主。这类统建的聚居空间既不同于临时性的工棚型空间，也不同于大混居的自租型空间，具有空间相对独立和人口构成同质之特点。因此，可以更集中地考虑如何提升社区作为生活基本单元的治理能力、发挥其面向公共健康的进城务工人员保护和管控职能。主要内容包括：以社区为单元，加强公共卫生的防疫消杀工作，加强疫情监控、防控措施宣传；阶段性实行"封闭式管理"，建立联动的社区安全与综合治理机制，共同实现对外来人员、车辆进出的报备排查和跟踪管理；社区为流动人口搭建在生活上互通互助的机制平台，企业则为务工人员提供从工作到生活的全面支持和温情关怀等。

通过分类施策、分层构筑和分片落实，融流动人口的保护和管控于社区治理之中，让这一易感人群远离疫情的"受害者＋传染源"身份，也让这一流动人群逐渐建立对社区乃至城市的归属感和认同感，进而促成进城务工人员在务工城市的真正定居。这不仅有利于日后公共卫生危机的应对和"健康中国"的建设，更是新型城镇化下推动"农业转移人口市民化"的长期所望。

感谢东南大学医学院张莹老师在本文撰写过程中所提供的专业性建议。

吴　晓　中国城市规划学会城市更新学术委员会秘书长，东南大学建筑学院教授、博士生导师

防治新型冠状病毒肺炎流行的饮食营养科普解读

2020 年 2 月 4 日　　上海交通大学公共卫生学院

　　针对新型冠状病毒肺炎（简称"新冠肺炎"），国家对全民采取了主动居家隔离、病人接触者排查、流行病学调查等多种预防方式来阻断病毒的传染风险。在这样一个全民对抗病毒的时期，除了做好个人防护措施、尽量避免接触病源以外，增强个体抵抗力是更为直接和重要的防病治病方法，抓住这一段居家时间改善个人营养状况无疑是提高个体抗力的关键，可很大程度上降低发病风险或改善疾病预后。借此，对一些大家关于新冠肺炎营养方面的普遍问题以问答的形式进行科普和解读。

中华医学会肠外肠内营养学分会发布了 10 条关于防治新型冠状病毒肺炎流行的饮食营养专家建议（简称《建议》）：

　　每天摄入高蛋白类食物，包括鱼、肉、蛋、奶、豆类和坚果，在平时基础上加量，不吃野生动物；

　　每天吃新鲜蔬菜和水果，在平时基础上加量多饮水，每天不少于 1500ml；

　　食物种类、来源及色彩丰富多样，每天不少于 20 种食物；不偏食，荤素搭配；

　　保证充足营养，在平时饮食的基础上加量，既要吃饱也要吃好；

　　饮食不足、老人及慢性消耗性基础疾病患者，建议增加商业性肠内营养剂，每天额外补充不少于 500 大卡；

　　新冠肺炎流行期间，不要节食，不要减重；

　　规律作息和充足睡眠，每天保证睡眠时间不少于 7 小时；

　　开展个人类型体育锻炼，每天累计时间不少于 1 小时，不参加群体性体育活动；

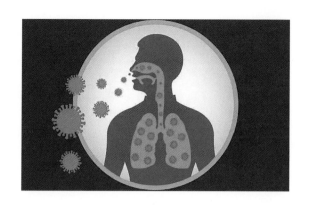

新冠肺炎流行期间，建议适量补充复方维生素、矿物质及深海鱼油等保健食品。

野生动物是指哪些动物？在新冠肺炎流行期间，可以吃鸡鸭鹅这些平时吃的禽肉吗？

野生动物可能是这次新冠肺炎的病毒源，但是目前为止还没有明确新冠病毒到底最开始来自于哪一种动物。在食用野生动物过程中，如果它们自带的病毒没有被彻底杀灭就进入人体，人类很有可能会感染，此外，病毒的传播方式也包括接触野生动物粪便等。野生动物，为野外环境生长繁殖的动物，一般有以下特征：野外独立生存，即不依靠外部因素（如人类力量）存活，此外还具有种群及排他性。主要包括四类，濒危野生动物（如白虎和大熊猫），有益野生动物（指那些有益于农、林、牧业及卫生保健事业的野生动物，如肉食鸟类、蛙类、益虫等），经济野生动物（指那些经济价值较高，可作为渔业、狩猎业的动物），有害野生动物（如害鼠及各种带毒动物等）。值得注意的是，在我们国家，有一些野生动物在食用和药用方面被大家视为有"特殊功效"，在很多药

店、饭店都有销售。这类动物的制品有：海马、鱼翅、虎骨、燕窝、冬虫夏草等。

由于对这些野生动物体内的病毒和消除病毒的方法并没有明确的研究，食用的人群也有限，有些毒性事件并没有被报道，所以建议大家谨慎食用。

关于鸡鸭鹅这些禽肉，虽然不是野生动物，但大家务必保证食用之前对其进行彻底的消毒灭菌处理，比如高温、蒸汽、热水浸泡，对于不明来源的家禽建议不要食用。

从食物采购到食物制备过程中，哪些食品安全问题需要注意？

在采购食物时

（1）接触动物和动物产品后，用肥皂和清水洗手。

（2）避免触摸眼、鼻、口。

（3）避免与生病的动物和病变的肉接触。

（4）避免与市场里的流浪动物、垃圾、废水接触。

（5）避免去市场里人群聚集处，避免与市场人员或者其他采购者接触。

在食物制备时

（1）不要食用已经患病的动物及其制品（可以从颜色、味道分辨）；要从正规渠道购买冰鲜禽肉，食用禽肉、蛋奶时要充分煮熟。

（2）处理生食和熟食的切菜板及刀具要分开。处理生食和熟食之间要洗手。

（3）即使在发生疫情的地区，如果肉类制品

在食品制备过程中予以彻底烹饪和妥善处理，也可安全食用。

吃醋、大蒜或者喝酒，是不是可以杀灭新冠病毒？

喝醋和吃大蒜确实有降低炎症反应的作用，也在一定程度上可以增强抵抗力，减轻普通感冒症状，但是不可以杀灭新冠病毒。大蒜中的大蒜素是其有效成分，在一些体外实验和小样本的人群研究中发现了它的消炎和防癌作用，但是关于大蒜素的药理作用或者治疗作用，主要停留在体外细胞实验或者动物实验阶段，目前缺乏人类实验的数据。而且，就算大蒜有一定的抗病毒能力，也需要非常大剂量的大蒜素，普通大蒜食用量是达不到治疗剂量的。并且目前没有科学证据可以证明大蒜素有杀灭新冠病毒的作用。

目前的新冠病毒的基因序列已经被确认，因此对它的特性也有了研究，发现冠状病毒对热敏感，56℃ 30分钟、乙醚、75% 乙醇（酒精）、含氯消毒剂、过氧乙酸和氯仿等脂溶剂均可有效灭活病毒。但是值得注意的是，这里所说的灭活是体外实验的结果，病毒在体内与这些物质的生化反应很大程度上与体外是不同的。我们家庭用的醋酸中的乙酸含量是很低的，更重要的是可杀灭病毒的是过氧乙酸，而不是乙酸（分子结构比乙酸多了一个氧原子），所以无论是吃醋还是用醋熏房间，都起不到杀灭新冠病毒的作用。

喝酒也是同样的道理，体外的医用 75% 酒精和通过喝酒杀灭病毒完全是两回事。酒精在体内有一系列复杂的代谢和分解通路，因此即使是喝非常高浓度的白酒，在体内杀菌的效果也非常有限。另外，大量饮烈酒对人体的不利作用远比这个有限的好处多得多，例如增加胃肠道炎症、溃疡甚至肿瘤的风险，喝酒增加的能量还会导致脂肪蓄积引发酒精性脂肪肝和糖尿病。喝酒容易上瘾，对心理和行为表现都有不良作用。因此，不建议通过饮酒来杀菌。

哪些食物应该在这段预防新冠病毒时期推荐摄入？

在《建议》里提到的多增加高蛋白食物的摄入，例如肉、蛋、奶、坚果、豆类，增加蔬菜水果摄入以外，还有几类食物也是特别推荐的，每种食物都具有比较明确的机制提示它们可以在某些方面对新冠肺炎产生积极的预防、治疗作用。

（1）富含优质蛋白质的食物：蛋白质由氨基酸合成，目前为止，人们发现的组成天然蛋白质的氨基酸只有20种，在这20种氨基酸中，有8种氨基酸是人体必须从食物中获得而不能在体内合成的，叫作必需氨基酸，它们是：亮氨酸、异亮氨酸、赖氨酸、蛋氨酸（甲硫氨酸）、苯丙氨酸、苏氨酸、色氨酸、缬氨酸。利用这8种必需氨基酸，人体才可以制造出其他各种氨基酸，才可以维持正常的生命和进行生长发育。优质蛋白质就是指各种氨基酸的比率符合人体蛋白质氨基酸的比率，因此易被人体吸收利用的一些蛋白质。优质蛋白质主要来源于动物蛋白和豆类蛋白，也就是鱼、瘦肉、牛奶、蛋类、豆类及豆制品的蛋白。动物蛋白质中鱼类蛋白质最好，植物蛋白质中大豆蛋白质最好。氨基酸对人体的作用是非常重要的，除了必需氨基酸对生命的维持，氨基酸也是构建生物机体的基础材料，它被用于构建细胞、修复组织，被人体用于制造抗体蛋白以对抗细菌和病毒的侵染，制造血红蛋白以传送氧气，制造酶和激素以维持和调节新陈代谢；也能够为机体提供能源，氨基酸是一切生命之元。因此在这样一个对抗病毒感染的阶段，蛋白质就被赋予了非常重要的作用，无论是没有被感染要预防感染时蛋白质可用于增强机体免疫，还是已经被感染需用蛋白质制造病毒抗体以及增强免疫能力，蛋白质都发挥了其不可替代的作用。

（2）富含膳食纤维的食物：现在已经有很多研究表明了膳食纤维可以调节并改善人类肠道菌群，并且通过改善肠道菌群来提高整体免疫和减低炎症。膳食纤维的结构复杂，人体的消化酶不能分解消化，因此，这些碳水化合物可以进入大肠，成为部分细菌发酵产能的底物。细菌把这些碳水化合物分解发酵获得能量以后，同时产生一类叫作短链脂肪酸的副产物，包括乙酸、丁酸和丙酸等。有大量的研究表明，这些短链脂肪酸可以参与人体多项生理过程，包括，第一，为肠道细胞的生长更新提供能量；第二，调节肠道内分泌，增加胰岛素的产量；第三，调节大脑食欲中枢，增加饱腹感；第四，是特别与呼吸道病毒感染有关的，是调节免疫，减轻炎症反应，特别是减轻肺部的过度的炎症反应。无论是增加胰岛素的产量从而控制血糖，还是减轻炎症反应，最后都起到了控制炎症扩散和升级，减轻肺部压力的作用。因此，对既有新冠病毒肺炎感染也有糖尿病的患者来说，其保护作用就更强了。膳食纤维分为可

发酵型和不可发酵型膳食纤维。上述可被肠道菌群发酵从而产生人体积极作用的膳食纤维是可发酵的膳食纤维。食用糙米、大麦、柑橘、全麦面粉及其制品、豆类和薯类含有较多可发酵的膳食纤维。而一般吃的蔬菜、水果里的纤维多为不可发酵膳食纤维，虽然有促进排便的作用，但是不能产生调节人体免疫需要的短链脂肪酸等有益物质，因此，对保护人体对抗感染性疾病或慢性病作用有限。对于一些患有新冠肺炎同时并发糖尿病的患者，吃米饭和粗粮会快速升高血糖，因此有研究表明可以在他们的米饭和面食中加入一种叫"阿卡波糖"的处方药物。阿卡波糖可以减慢淀粉被人体消化成葡萄糖吸收的速度。这样，会有相当一部分淀粉进入大肠，成为抗性淀粉类的膳食纤维供细菌发酵利用，从而产生上述有益的功效。

（3）降低机体炎症的食物：目前有大量研究发现了食物的"炎症效应"，是指食物可以升高或者降低人体系统炎症的作用。已经发现有些食物有明显的升高炎症的作用，比如来自动物食物的饱和脂肪、胆固醇、反式脂肪酸等，也发现了不少食物和营养素具有减轻炎症的作用，除了上述（1）的膳食纤维，还有绝大多数的维生素和矿物质，以及一些含有活性成分的食物，如大蒜、生姜、绿茶、洋葱等。这些"消炎"的食物在人体内的代谢产物可将机体炎症压在一个低水平上，在已经感染炎症的机体内，如新冠肺炎患者，可以有效防止炎症的进一步升级，也可以有效降低肺部的炎症，配合药物的作用来改善机体整体症状。

根据《建议》，如何做到食物多样化？

《建议》的核心是建立平衡饮食、休息、运动的综合生活方式。在饮食上通过增加富含蛋白质来源食物的摄入来增强体质，并增加食物种类，使营养均衡，但是也没有必要过量饮食。所谓平衡饮食，是指一个人平均每天所摄入的食物总量达到一个营养素分配合理均衡的模式，按照目前的研究发现，尽量控制动物脂肪、高能和含糖食物摄入并多吃蔬菜、水果和坚果的膳食摄入模式是比较健康的。按照《建议》，在预防新冠病毒时期，应该采用多蛋白质、少碳水化合物、少脂肪的膳食模式来保证总能量不升高同时健康的饮食。落实到具体吃的食物，就是多吃蛋奶禽肉，少吃肥肉、动物制品、含糖食物，少饮酒，与此同时，增加水果、蔬菜的摄入。需要注意的是，平衡膳食不是单看某个营养素摄入多少，而是对摄入的所有食物的总体评估。如果确实在能量上摄入多了，可通过增加体育运动来消耗，从而达到体重的平衡。

如已经感染新冠病毒，怎么调整饮食来配合治疗？

首先应该针对不同的身体基础情况来调整饮食。总体来说，感染病毒以后机体的免疫力会下降，因此最重要的是补充一些优质蛋白的食物，例如肉、蛋、奶、坚果、豆类。除此以外就是多吃蔬菜、水果等含多种微量元素的食物来帮助提高在感染时期对抗病毒身体所需的一些微量元素。膳食纤维还可以调整肠道菌群，抑制病毒在肠道的繁殖，从而构建一个强有力的免疫屏障。在选择水果和蔬菜的时候尽量清淡饮食，减少在这个感染期的消化道负担。在身体比较虚弱的情况下，有些患者没有食欲，因此可以吃一些帮助促进食欲的食物，例如山楂和苹果，同时尽量以少吃多餐的形式来摄入食物，这一点也可以让患有代谢疾病的患者平稳血糖。对饮食不足、老人及慢性消耗性基础疾病患者应适当服用营养补充剂来均衡营养。这些营养补充剂包括全营养配方的营养剂，如整蛋白和预消化型（短肽和氨基酸型等），特定全营养配方（用于特定疾病的全营养配方，如肾病和糖尿病配方），还有一些非全营养配方食品，如电解质配方的营养剂、清流质配方等。

本文来源于微信公众号"上海交通大学公共卫生学院"（gwkjcb2017）。

该文作者研究领域为营养和慢性病流行病，流行病方法学以及肠道与疾病关系。

维护生命线：疫情期间物资流通体系的优化运行

2020 年 2 月 5 日　焦永利

如果我们将庞大的城市比作人体，那么家庭就是最基本的细胞，社区是基本组织，商业、文化、公共设施等功能是各类器官，城市骨干交通物流体系就像骨骼，市政水电气网等就是输送回收能量的血管，而购物和物流的最后一公里则是维系细胞健康代谢的毛细血管。长期来看，这些内容都是重要的，需要互相协调、系统优化，维持城市这个巨人的健康运行。

但在紧急时期，维护基本的生命线是最为重要的。随着新型冠状病毒疫情发展，物流体系的战略性更加凸显。降低人员接触概率、防止病毒传染扩散是疫情防控的关键环节之一。未来，伴随春节假期结束后复工复产，社会秩序趋于常态化，城市物流配送体系，特别是"最后一公里"的物流配送重要性将进一步凸显，具备较强的公共属性，需要纳入公共决策的应对视野。

1 关键物资：卫生防护用品流通优化

当前，医用防护用品供需仍处于紧平衡状态，生产、运送、分配均存在着瓶颈。

在生产环节，随着相关企业紧急复工，供给量有望稳步提升，市场供应紧张有望逐步缓解，但也不能太过乐观。2 月 2 日，在工信部新闻发布会上发布的数据显示，目前可用于隔离病房等地的医用 N95 口罩每天产能为 60 万只。这一规模显然无法满足全社会紧急时期的普遍需求，因此呼吁社会把医用 N95 口罩尽可能留给一线的医护人员。除口罩之外，防护服、消毒水等物资也仍处于紧张状态。

在物资储备和生产布局方面，2 月 3 日召开的中央政治局常委会专门指出，要系统梳理国家储备体系短板，提升储备效能，优化关键物资生产能力布局。笔者近日也在思考，从长远来看，疫情过后应该结合国家发展规划、国土空间规划等重要规划，探索出台规范，要求一定规模的都市圈或城市群一定要配备一定的口罩等防护用品产能。关键时期，此类物资至关重要。以 N95 口罩为例，其主要原料是石化产品，而大宗石化产品比较容易大规模运输，如果有设备、产能，很快就能大量生产。宁可备而不用，不可出现关键时期的捉襟见肘。

在运送环节，重点物资在交通系统、海关系统以及各个地方普遍开设绿色通道的制度保障下，总体上看运输是有保障的。特别是以阿里巴巴、顺丰等为代表的市场化物流体系前期进行了体系化投资，铺就了世界性的物流网络，打通了空、铁、公等运输方式，在物流紧急运送中发挥出了重要的作用。

当前，医护关键物资最大的瓶颈恐怕在于分配环节。例如，湖北省此前指定的统一分配渠道（慈善总会、红十字会等）运转效率低下、暴露出分配上的许多问题，目前已经被进行了处理。

在民用物资层面，各地对口罩开始实行票证、限购等管理手段。各主要城市分别推出了不同的购买方式。如杭州实行每天定量免费发放口罩、预约登记的方法，上海实行社区预约、药房购买的方法，厦门实行预约摇号的办法。这都是针对前期口罩购买导致药房外大排长队、加大交叉传染概率所采取的特殊措施。这些不同的分配方式初步起到了预期目的，建议采取进一步的优化措施，并制定逐步过渡的路线图。目前看来，特殊时期控制"不涨价"稳定了社会预期，未来建议进一步优化手段，可采取"双轨制"办法，由政府统一购买市场上一定比例的口罩，通过社区定时定量分发，其余比例通过药房出售，价格允许适当上涨，有个性化和更大需求的市民可以前往购买。随着市场供给能力上升，逐步调整统一分配和市场出售比例，直至交给常态的市场轨道来缓解。据媒体报道，一些口罩复工企业的人员工资已经上涨到正常时期的5倍左右，而销售价格不变，这不是可持续的状态。

图片来源：http://news.china.com.cn/
2020-02/03/content_75669478.htm

2 生活物资：保障城市日常生活正常运转

保障城市日常生活运作的粮油、肉类、蔬菜等产品的流通体系同样包括生产、运送、分配三个重要环节。

从生产环节看，农产品、肉类等生产在短期内不会有太大影响，并且有国家物资储备体系，短期乃至中期内能够正常运转。同时，目前已经有很多报道，关注因生产未恢复以及各地的交通管控措施，湖北等主要疫区的鸡缺少饲料面临断粮，一些蔬菜种植区因农资供应不足而出现问题。接下来，这些生产环节需要给予关注。

在运送环节，目前全国物流主干道（铁路、高速）仍正常运转，因此地区间转运也基本正常。在城市内部，物资运送到超市等卖场的渠道也是畅通的，居民可正常购物。

需要关注的是最终的"最后一公里"环节，一些群体需要给予特别关注。针对那些购物不方便的特殊家庭及群体，包括敬老院等特殊单位，最好有专人负责、送货上门。特别是因家庭成员隔离而出现无人照护的情况要特别关注，避免危机带来次生的人道主义灾难。

图片来源：http://www.nxgy.gov.cn/xwzx/bmtx/202002/
t20200205_1942003.html

3 "最后一公里"：更好地发挥快递外卖体系的战略性作用

家庭是社会的细胞，这些细胞也在持续进行着新陈代谢，需要与外界实现物质能量交换。如果说国家层面的交通物流体系是骨架，城市级的物流配送、水电气等市政管网是血管的话，那么完成家庭购物"最后一公里"的环节就是毛细血管，维系着细胞的健康代谢。

这个满足家庭层面个性化需求的毛细血管体系，最重要的是两个体系，需要加强并给予卫生防疫政策支持：第一是社区商业体系，第二是快递与外卖体系。

应加强社区商业体系建设，分散家庭消费者涌入大型超市和商场的压力。如前所述，如果说家庭是社会的细胞，那么社区就是城市的基本功能组织。远期来看，需要进一步结合15分钟生活圈规划，对社区及周边的空间和功能体系进行梳理优化。

更为重要的是，随着春节假期结束，城市逐步步入常态化运行阶段，应积极发挥快递、外卖体系的战略性作用，降低居民出行频率。

《2018快递员群体洞察报告》（第一财经商业

数据中心，2019）显示，快递员已经不再是单纯的运输、配送人员，快递小哥逐渐成了小区生态的基层力量。按照社区单位来衡量，万人大型社区一般配备20名快递员即可，快递员成为社区服务贡献度最高的群体，为居民的生活带来更多便利。此外，写字楼、高校、商圈等也是快递业务密集的场所。

图片来源：http://news.ishaanxi.com/2020/
0131/1064788.shtml

首先，应当优化配送流程，推行"不见面配送"的方式。当前，为了加强管理，许多社区采取了禁止快递上门配送，改为在社区门口集中取件的措施。但是，这样的做法更加大了居民出门的频率，也加大了口罩的消耗量。如能做到"送货到家门口、互不见面"的配送方式，能够极大降低人与人接触的总频率。

根据中国邮政快递报社发布的《2019年全国快递从业人员职业调查报告》，2018年我国快递员总规模已突破了300万人。60%以上快递员日均派件量超过100件，平均在100~150件之间，每日收件平均约50件。因此，理论上一位快递员正常上岗可以减少100多人次居家人员出行。综合考虑疫情影响因素，快递员对出行和人员接触的"代替效应"是巨大的，对于城市常态化运行后的疫情防控能够产生战略性影响。

2019 年，国内快递业务量超过 600 亿件。再加上餐饮外卖、生鲜配送等形态，每年快递外卖数量级应在千亿左右。如果没有这一市场化快递体系的崛起，仅依靠传统的邮政体系，那么在运送规模、效率上一定远远难以满足今天的社会需求。深层次看，快递与外卖体系是民众使用市场力量为自己铺筑了通向家门的一个物流运送体系。随着疫情延续，与非典时期相比，会逐步发现这是此次应对危机的一个不可忽视的体系，是通过市场化途径提供的一种"公共服务"，对于稳定人心、降低出门频率有积极的作用。

根据公开数据，2019 年全年，北京全市快递数量 22.9 亿件，平均每天约 630 万件；上海全市快递数量 31.3 亿件，平均每天约 850 万件；深圳全市快递数量 42.2 亿件，平均每天约 1150 万件；武汉全年快递 11.3 亿件，平均每天约 310 万件。因此，理论上这些大城市的快递外卖体系能够每天减少数百万次潜在出行，即便因特殊时期需求下降并乘以一定系数，这一数量级也是百万级的，而百万级人次出行后互相的接触机会更是指数级的。正常状态下，上海全市快递员数量约 30 万人（同济大学葛天任教授课题组数据）。理论上，他们的正常工作可以减少大量出行需求、减少相应的人员接触机会，也可省相应数量的口罩等紧缺物资消耗支援主要疫区。

同时，这一体系还有助于联动解决特殊时期就业问题。2 月 3 日有媒体报道，盒马鲜生"租用"西贝、外婆家等餐饮企业员工，起到盒马扩充能力、餐饮企业员工就业和家庭减少出行的"一石三鸟"的作用。盒马宣布，联合知名餐饮企业北京心正意诚餐饮有限公司旗下品牌云海肴、新世纪青年饮食有限公司（青年餐厅），合作解决现阶段餐饮行业待岗人员的收入问题，缓解餐饮企业成本压力和商超生活消费行业人力不足的挑战。云海肴、青年餐厅暂停营业。在此期间，部分员工将经面试、培训、体检、确认劳务合同后，分别入驻盒马各地门店，参与打包、分拣、上架、餐饮等工作。为保证服务人员健康安全，所有员工需进行防护措施规范培训，并佩戴口罩、测量体温后，方可上岗。

随着城市进入常态化运行阶段，呼吁各城市尽快将快递员、外卖配送员群体纳入公共卫生支持体系，作为重点关注和保障的群体。如果快递员群体得到防护和消毒方面的保障，即便假期之后，市民也会继续实现更稳定居家，减少外出流动和聚集，为疫情防控战早日彻底取得胜利提供支撑。

展望未来，应加快建设无人配送物流体系。加大无人配送车、无人机、机器人配送员的投放力度。同时，有条件的新城新区最好能探索配置如京东为雄安新区设想开发的物流配送专用管道体系，做到"仓到家"的智能化、自动化配送。

总体而言，流通问题是短期框架，用于分析当前紧迫问题。从长远来看，空间规划、生产力布局体系作为影响空间接触机会的框架性体系和影响经济社会的慢变量，需要更加强化健康导向，进行系统反思与优化。

焦永利　中国浦东干部学院副教授

关于学会发布的"减少冠状病毒扩散的规划建议",你可能还想知道这些

2020 年 2 月 5 日　　中国城市规划学会

当前,防控新型冠状病毒感染肺炎疫情进入了更复杂严峻的关键时期。打赢这场没有硝烟的疫情防控战需要举全国之合力、以史无前例的措施,动员全民参与。

作为我国规划领域的高端智库,面对疫情的发生,中国城市规划学会保持清醒敏锐的头脑,积极配合疫情防控主战场,调动学会的组织资源和专家资源,积极配合武汉等重点地区的需求,并针对如何科学防控疫情的问题,向全国发出科学理性的声音。

1 月 27 日,学会专家组负责起草完成了"分区接诊、集中诊治—— 一个减少冠状病毒扩散的规划建议",并报送有关部门。中国科协十分重视这份"建议",将其分送国家卫健委主管部门负责同志和国家疾控中心负责人审阅,并得到他们的专业认可。随即,中国科协官方微博"科界"和"学习强国"全文发布了这份建议,学会公众号和官微也随后发布,引起了大家的广泛关注。应诸多媒体的采访需求,针对媒体提出的共性问题,专家组 2 月 2 日作出进一步解答。

现将采访稿分享给大家,期待全国规划同行积极行动起来,疫情就是命令,防控就是责任,把人民群众生命安全和身体健康放在第一位,把疫情防控作为当前最重要的工作来抓,坚定信心、同舟共济、科学防治、精准施策,发挥国土空间规划,特别是传统的城市规划领域的优势,配合各级政府及其医疗卫生主管部门,打赢这场疫情防控阻击战。

1 为什么说切断交叉传染渠道十分重要?

根据近期披露的相关医学信息,新型冠状病毒具有高传染性、相对低的死亡率、初期症状与普通感冒或肺炎区分度不高等特点,大规模 100% 完全"收治"的目标,短期内难以实现,也会是成本极其巨大的。因此,有限的资源应当首先投入"隔离",而不仅仅是"收治"。延长假期、停止公共集会、停驶公交、强调少出门和戴口罩、甚至"封城"等,都属于切断病毒携带者有意或无意扩散病毒的具体举措,属于"隔离"。

如何切断传染路径必须抓主要矛盾。在病毒传播路径上，眼下最大的汇聚点就在"医院"，医院门诊是短期内人流最为汇集、病毒携带者密度最高的地方。由于符合高水平防病毒条件并有能力甄别冠状病毒的医院数量有限，瞬时集聚的疑似感染者、普通肺炎与感冒患者以及大量基础疾病患者会短时间内消耗掉这些医院接诊能力，导致大量潜在感染者"堰塞"在候诊环节。就诊人数远超确诊人数，背后其实是易感人群、高风险人群。由于新型冠状病毒的高传播率，按照密度呈指数增长的传染机会，使医院无形中成为病毒传播的高风险地点。因此，在"隔离"环节上，其他环节，如公交、地铁、商场、飞机、高铁……都不如医院来得重要和紧迫，医院是关键的关键。

2 "分区接诊、集中诊治"设想主要解决疫情防控中的哪些问题？

任何公共卫生规划设防标准都不可能对小概率的超常未知事件进行配置，这就决定了这一道大坝往往难以完全阻遏突发的高传染病毒的暴发。因此，我们现在需要主要解决的是首诊环节"瞬时过载"和传染概率"人为放大"两个问题。这两个问题在初期恐慌性就医阶段最为突出。

首诊"过载"是"瞬时"引起的，用空间对冲时间是一个有效的解决办法，这也是城市规划方法在抵御新型冠状病毒方面发挥积极作用的一个主要领域。

假设 $100m^2$ 门诊每天接诊 100 人，和一天突然涌入 1000 个就诊者相比，密度增加 10 倍，算术级数增加的背后隐含着被传染概率可能呈几何级数增长。如果把首诊分散到 10 个 $50m^2$ 的社区门诊，每个门诊的就诊密度就只增加 2 倍，就诊者之间传染的概率随之下降。如果算上社区医院医生的加入，抵御第一波冲击的大坝"厚度"就可以大大增强。

"分布式"首诊和"集中式"收治的规划原理，就在于用"空间换时间"——在"瞬时"加厚"首诊"这一大坝最薄弱的环节。为后续的"集中式"诊疗赢得时间。在作为主要矛盾的医院环节中，矛盾主要方面，乃是"候诊"环节。这里是聚集潜在（疑似）病人最多，防护挑战最大的一个环节。解决这一环节的问题，因资源饱和带来的"隔离"难题也就解决了大半。

3 社区医院能替代大医院门诊吗？

社区医院不能代替大医院门诊，转变为应急门诊并不是大医院门诊功能的简单转移。两者的任务不同：大医院门诊，面对的是危重患者和不确定的病情，对于后者，检测和诊断必须在一起；应急首诊则目标很明确——只需"筛查"是不是病毒携带者。这就使得检测和诊断可以在空间上分离。

社区医院替代的仅仅是大医院门诊中"筛查"病毒携带者、劝退普通肺炎或感冒患者的功能。现代网络技术和交通手段，使得原来门诊必须集中诊治的程序在空间上可以细化和分解。分工后的社区首诊只需重点负责"取样"一道工序，然后送往有检测条件的大医院，确诊后，再由专门的救护车运往定点大医院进行更全面的检测和隔离治疗。这样首诊可以变得非常快捷——只需将病毒携带者和其他患者分开，就算完成任务。同时，正如"建议"中指出的，要"提升社区基层医疗点的防护标准"。这一构想事实上已经一定程度上在一些地方得到实践。

随着新型检测设备和试剂盒的推出（中南医院发热门诊表示2个小时左右就可以完成核酸检测），首诊工作还可以进一步前移——简易的移动检测车甚至可以深入到有条件的单位和家庭，代替"首诊"这项传染性最大的环节。"筛查"结果如果"是"，就直接通过网络"无接触"地报告给社区医院对口的定点医院；如果"不是"，就转移给非定点的常规医院或开药后回家休息。

社区医院任务简化后，防护标准就可以按照冠状病毒特殊的防护要求快速改造。其时间和经济成本应当会低于建设大规模集中收治的大型医院的投入。与此相适应，体制也要快速切换：

（1）社区医院必须由定点大医院统筹管理，将其作为其发热门诊的延伸，确保后继服务无缝衔接。

（2）与此相配套，大医院发热门诊适当限号，一旦超过防疫上限，就要适时取消大医院发热门诊，代之以分布式门诊（或采用网上挂号排队的办法分流人数），并通过短信、微信等公布社区医院挂号指标，及时引导、反复提醒就诊者首选社区医院，否则，涌向大医院仍会是发热病人的首选。

（3）补充或改装足够的机动设备，应对空间分散后运输需求的增加。

4 "分区接诊、集中诊治"设想主要适用于什么样的城市？

这一建议针对所有城市。"分区接诊"应当是处于防控阶段城市的重点；"集中诊治"应当是疫情已经较大规模扩散的城市的重点。

"分区接诊"的核心是隔离。城市进入防控阶段，就要尽快做好限流和取消大医院集中式发热门诊，并将所有社区门诊临时改为定点大医院发热门诊的准备。同时，针对病毒传播特点，完善检测设备配置、提升病毒防护水平。在疫情紧急的情况下，社区医院可以停止其他门诊，只接收发热病人。在社区医疗点不足的地区，可以用临时房屋或配备必要设备和防护的移动车辆代替。同时在手机地图App上公布门诊地址或呼叫车辆的程序，通过医院的空间移动减少病毒携带者的移动。

"集中诊治"的核心是收治。疫情失控的城市在短时间内成倍扩大诊治能力是必须的，其中与规划关系比较大的就是空间。除建设集中式的"小汤山"医院外，也可在主要定点医院周围紧急征用民用资源如招待所、学校、酒店等。如果说"分区接诊"是向前加深防疫战线，"集中诊治"就是向后加深防疫战线。"分区接诊"是优先，"集中接诊"是保底。两者共同构成防疫的纵深。

5 外地务工者较多的城市，面对返城高峰，在城市规划上可以采取哪些临时措施减少病毒在人际间传播？

除了上述的建议外，返城高峰后，社区医院

的"筛查"应当进一步前移至"单位"和"住区"，单位要逐日筛查疑似（如发热）的员工，住区要重点对易感人群（如老人）防护提出建议和督查，有条件（便携式检测设备）的还要上门排查。

6 应对突发式公共卫生事件，特别是面对此类重大疫情防控，在城市规划、医疗卫生设施建设和城市管理方面还有什么建议？

公共卫生事件的发生和自然灾害有相似之处，城市规划不能完全阻止公共卫生事件的发生。如何在事件发生后进行反思、加以总结，将其带来的危害减少到最小，城市规划能够发挥积极的作用，这和城市防洪规划的原理类似。洪水发生有其规律，城市规划通过设定城市防洪标准可以减轻洪涝灾害。因此，规划只能在有限资源的条件下，为不确定的风险（比如百年一遇的洪水）做准备。这就意味着我们不可能在所有地方都按照所有潜在风险配置完全足够的医疗卫生设施。因此，做好风险评估和应急预案十分重要，只有那些成本最低的公共卫生应急体系规划，才是现实且"可持续"的规划。

建议一："平战结合"。

社区医院（医疗点）就是应对突发事件的"储备"，平时可以像普通医院那样接诊，一旦出现突发事件，就可以迅速改造为大医院的特殊门诊，承接"瞬时"暴增的首诊。每个社区还可配备特殊车辆，平时作为公交，紧急情况下召回改为应急流动门诊。社区内的退休医生、私人医疗从业者甚至医学院的学生，可登记为"预备役"医生，

接受防传染培训。

建议二：精确定位。

国外大学曾经有一个研究项目，通过在污水井里安放试剂和传感器，及时发现污水中的病毒。由于污水收集有明确的分区，通过污水井就可以准确知道城市中那些街区存在传染病毒。这样就可以避免将整个城市都拖入高等级的应急状态，将封锁的区域限制在最小范围。

这一思路应用到规划上，就是要想办法尽快将传染范围在空间上定位。定位得越准确，突发事件影响的范围就越小，恐慌也就越容易得到控制。通过应急响应分级，把突发公共卫生事件的冲击减少到最小。相比集中的定点综合医院，社区诊所发现的病例，可以通过大数据更清楚地在空间上刻画出不同烈度的传染范围。从而在特定的点上最大限度地集中有限的医疗资源。

建议三："小汤山"备用地。

社区医院的作用只能用来最大程度减少集中传染，缓解公共卫生事件暴发第一时间给核心医院带来的冲击，并不能用来承载源源不断涌来的感染者。如果说北京抗击 SARS 的一个成功做法，就是快速建立"小汤山"医院。"小汤山"的选址既要便于隔离（水源下游、远离人口密集地区），又要便于利用城市既有设施（医院、道路）和外部支援（靠近物流、机场）。与城市的接口（电力电信、给水排水、煤气供热）要预先留下接口。施工图设计甚至施工方案都要完成各项手续，要保持随时可以冷启动状态，短时间内转为"小汤山"。以核心医院为依托，向前迅速建立多个社区门诊，向后，建立庞大的病床资源，在极短的

时间内快速构筑起抵御突发事件冲击波的大纵深防线。

建议四：网络技术。

随着网络应用的普及，虚拟空间也应纳入未来的突发公共事件应急规划。像"双十一"考验阿里的能力一样，紧急公共卫生事件为网络技术创新提供了需求。

例如：可以通过确诊病人近期手机移动轨迹，了解其可能的扩散途径与范围，甚至向社会公布使其他人能查询自己与该病人在时间上和空间上是否有交集（如同一时间使用交通工具）。社区医院发现的病例第一时间直接上网，可以避免社会对通过行政传递信息失真怀疑带来的恐慌，第一时间将疫情的分布和进展向社会公开。捐赠物资通过现代物流系统追踪其流向，增强社会对慈善捐助系统的信任。

中国城市规划学会"1 月 27 日学会建议"专家组

人们静止，城市快进

—— 大疫中对未来城市发展趋向的思考

2020 年 2 月 6 日　　董　慰

一场新型冠状病毒肺炎疫情，让中国人春节的亲友相聚戛然而止，几乎所有人都主动"禁足"，静止于家中。而与此同时，城市和社会也似乎被按了快进键。一方面，快速精准的人员追踪、定点治疗、物资供应、交通管理、信息共享等迫切的需求加速了智慧城市相关的技术研发和平台建设；另一方面，"最后一公里"的防疫策略也在一定程度上铺开了以社区为基本单元的社会治理。

1　拥抱技术，建设精准、精细的智慧城市

在此次疫情的应对中我们首先看到的是，互联网的广度、速度和精度在防疫的各个环节大展其能，全面提升了各行各业的效率和服务水平。

医疗服务平台系统的研发使得日常的线上挂号和预约早已是平常之事。而疫情暴发下，在医院病患集中、存在交叉感染风险的情况下，线上的简单问诊、相关知识科普和自测评估为居家隔离的更大多数人提供了第一道防线和第一步诊断，

也减少了定点医院的门诊压力；电子病历和医疗信息系统等促进了全国范围内病例信息的共享，加快了抗病毒研究的进程；健康信息管理系统、医学留观系统使得人员身份信息和健康监测数据的线上采集轻松实现，为疫情期间的人员健康信息管理提供了极大便利。

疫情追踪方面，人口迁徙的大数据分析使我们对各个地区的疫情动态建立起初步的预判，及早地对重点人口迁徙目的地采取重点防控；在电子地图中录入病患的地址信息，为附近的居民提供了警示；更有科研团队开发的 App（疫情踪）已可实现手机用户与病患时空轨迹的匹配度分析，进行风险提示并发现与病患接触的潜在传播者。

物联网技术为应急物资和生活物资的供应提供了极大的保障。各地紧缺物资统一调度，货运物流企业通过统一的调度平台积极参与，实现了供需信息的对接和车辆信息的共享，物资按需分配，车辆通行简化；市民积极响应"少出门"，而各个城市的生活服务平台则极大地解决

了生活物资供应的后顾之忧，纷纷推出"无接触配送"。

突发事件是对城市综合治理水平的一场考验。城市规模的扩大、城市风险的增加，使得传统的城市管理模式被日渐淘汰，互联网信息技术的应用，使智慧城市成为未来的城市发展理念。通过以上几点，我们不难看到这一好的趋势，但也必须承认我们与"智慧城市"的建设目标之间仍有着相当大的距离。智慧城市是信息技术手段与城市发展理念、运作模式、体制机制的有机融合，在智慧理疗、智慧交通、智慧政务等各个系统的协同控制下，推动城市治理向着快速反应、科学决策的目标发展。其中，建立情报灵、判断准、反应快的城市突发事件情报支持体系，打破部门、行业的孤岛式运营，集中高层调度以高效处理，是城市智能化建设的重要模块，是智慧城市公共安全与应急管理的必然要求，也是我们未来努力的方向。

2 下沉社区，建设共享、共治的人民城市

当防控疫情成为一场全民战争，社区生活圈已成为抵御病毒的主战场，社区治理也受到了极高的重视。

基于新型冠状病毒肺炎人际传染的特点，医疗一线以外的防疫重点在于以个人和社区为中心的公共卫生和联防自保，各地的城乡社区积极展开行动。在浙江，疫情严重的温州市和杭州市率先采取社区封闭和设岗排查等严密措施，采取一个责任主体、一支体温计、一个口罩、一张表格、一支笔、一份宣传册的"六个一"措施，实行闭

环管理。此外，针对居家隔离人员，社区主动提供餐食、医药和生活用品的配送，引导社区居民在防疫和生活物资的获取上进行协商，其中免费口罩的发放采取网上预约和定点配送，受到了一致好评。

2017年，中央发布《中共中央　国务院关于加强和完善城乡社区治理的意见》，为开创新形势下城乡社区治理新局面提供了根本遵循。国家推动社区治理，建设社区共同体，不仅是利益共同体，更是命运共同体。因此，社区对突发事件的应对能力十分重要。

英国是社区建设的发源地，具有一套相当完善的社区应急管理系统，不仅在理念上推动形成"社区自救"的应急能力；更通过社区系统抗灾战略框架的制订，细化了社区应急中个人、社区和其他参与者行为的指导原则，理清了参与社区减灾救灾合作的各个角色分工；同时，建立了社区防灾数据库和多个社区应急预案模板，以应对不同的紧急情况。诚然，英国能够形成高度的社区系统抗灾能力与其全面的社区治理体系建设是密不可分的，政府积极投资建设、社区资源自我分配、社区事务公共参与，长期的社区自治在极大程度上增强了居民对社区的责任感，形成了良性的社区互动、互助模式。

反观我国，虽然在此次疫情中，城乡社区发挥了极其重要的作用，保障了联防联控的有序进行，在一定程度上体现了基层自治能力的提升；但是，我们的社区自治机制仍不健全，政府部门包办过多、社会力量和市场主体的参与缺乏长效机制、居民参与缺乏组织化渠道等问题亟待解决。

相信疫情过后我们会迎来社区治理和营造的浪潮，新型冠状病毒肺炎疫情所暴露出来的诸多问题需要更多系统性思考和实践去解决。

最后，回到我们个体，大疫之中，"线上教学""线上办公""线上医疗"，甚至300人的"线上会议"已然成为必然选择，人与人的交往被极度压缩到了网络空间。相信此刻的我们，即便是重度"宅男""宅女"也会希望站在阳光下，与现实的人在城市中相遇、握手、交谈甚至拥抱。城市，安全而美好！

董　慰　哈尔滨工业大学建筑学院副教授、博士生导师，中国城市科学研究会健康城市学术委员会委员，中国建筑学会计算性设计学术委员会秘书长

病毒伤人，瘟疫伤城

—— 在疫情中反思城市风险应对的早发现、早隔离和早治疗

2020 年 2 月 6 日　　俞　静

每天早上，第一时间关心的就是武汉的疫情。这是湖北的疫情，更是全国的疫情。

截至 2020 年 2 月 5 日，疫情的确诊人数达到 27447 例，而死亡人数已经达到了 563 人。这个数据已经超过了 2003 年非典型性肺炎的疫情数据。当年，非典型性肺炎的报告临床诊断病例为 5327 例，死亡为 349 人。从武汉 12 月底至今暴露出来的种种问题来看，这一疫情已经从公共卫生领域的突发事件，发展成为一场波及全国范围的公共卫生引发的社会危机。

表 1

日期	确诊人数（人）	死亡人数（人）	确诊死亡率（%）
2020 年 2 月 6 日	30600	633	2.07
2020 年 2 月 5 日	28140	564	2.00
2020 年 2 月 4 日	24363	491	2.02
2020 年 2 月 3 日	19701	425	2.16
2020 年 2 月 2 日	17205	361	2.10
2020 年 2 月 1 日	14380	304	2.11
2020 年 1 月 31 日	11791	259	2.20
2020 年 1 月 30 日	9692	213	2.20
2020 年 1 月 29 日	7711	170	2.20
2020 年 1 月 28 日	5974	132	2.21

资料来源：国家及各地卫生健康委信息发布

1 疫情是如何发生的？

专家王西富医生（微博 @ 急诊夜鹰）从公共卫生角度，谈到传染病防控的三大关键是"早期发现、早期隔离、早期治疗"，他认为"这三点在目前的武汉还做不到，新的感染案例还在发生"。同样，我们从城市运营的角度来看，这次的疫情，也充分说明整个城市系统应对突发事件所需要遵循的这三大要点："早期发现、早期隔离、早期治疗"。危机往往是由于复杂交错的原因造成的。而这次危机的产生，关键在于城市运营系统的应对迟滞，而导致城市系统各层面、各条线分别被洞穿、被切断，最终成为相互叠加又无法相互保障和维系的共同问题。

一月初，我们"忽视"各类预警信号，导致了"早期发现"良机错失。

我们熟知，地震等自然灾难前尚有各种小动物发出生存预警。回到人类社会，我们却对难能可贵的各种专业系统发出的预警，未能形成足够的重视。危机的产生，往往伴随着无数个微小的变异信号。从最初的医生对临床特殊病例的疑问，到实验室根据少量病例提出的化验报告，再到各地专家小规模的统计和模拟分析，各种预警信号，都未能形成足够的被"发现"。甚至在更私人化的网络空间内，这些信号还被以冠以"谣言"之名遭到"否认"。从某种意义上来说，舆论热度降低的同时，这些警示信号的强度和频度都被抑制了。

根据外交部发言人的表述，我国自 2020 年 1 月 3 日起已向国际通报过疫情和相应的防控措施。然而在武汉市内，直到 1 月 19 日，百步亭社区的 4 万多个家庭还是在没有得到任何疫情防控提示和措施下，参加了传统的活动——"万家宴"。此后，根据经济观察报的公开报道，仅百步亭社区的怡康苑 3779 户 5 个单元网格中，至 2 月 4 日中午 12 点，其中 1 个单元网格中就有近 40 名重症、高度疑似患者在排位的状态中。对于百步亭社区的安居苑、百合苑所统计的 91 栋楼中，50 栋楼出现发热病人。这也进一步证明，医疗卫生专业领域虽然已经发出了预警信号，但尚未能够有效地纳入城市决策体系，更未能有效地触发城市危机应对系统发挥及时作用，"早期发现"的机会就这样流失了。

一月中，我们"外松—内松"式的城市管理，导致了"早期隔离"无法实现。

危机突如其来。如果说为了减少对正常社会秩序的冲击而选择"外松内紧"的应对策略的话，不论疫情如何发展，提高对可能存在的危机的重视，强化对传染性疫情中的人员流动的有效引导和管理，是危机应对的核心能力。

对 2003 年 SARS 疫情的惨痛教训，让香港对防范工作高度重视。早在 12 月 31 日初有传言时，香港媒体就报道称其为一种"新沙士（SARS）"以引发民众关注。当地政府从 1 月 2 日开始通报疑似案例（当时仅有 3 人），而香港高铁站则启动了对武汉来车的清洁强化工作。同样，湖北省内也有及时决断和行动的代表，就是靠近武汉的潜江。自 1 月 17 日收治 32 名确诊为肺炎发热的病人后，潜江第一时间终止市民集聚的娱乐活动，出台了类似于"封城"的各项措施。仅仅是提前一周，对潜江的整体疫情防控产生了显著的实际效果。

反观武汉，作为一个九省通衢的中心城市、移民城市，由于自身对疫情防控的后知后觉，却并未及时有效地对周边城市的疫情防控形成提前警示、提前协调和提前统筹等各项应对工作。据 1 月 27 日武汉市长的讲话所示，武汉春运期间共计 500 多万人离开武汉，离开武汉的人群中约 60%~70% 前往湖北省其他城市过年。而 1 月 23 日封城当天，依然有约 30 万人离开武汉，20 万人流向周边城市，其中孝感占 16.91%，黄冈占 14.12%。由于缺乏城际之间的疫情防控应对措施，这些正常的人员流动客观上导致了疫情进一步扩散，而中国各级县市普遍面临的公共资源短板和公共设施不足的问题，又加剧了医疗保障的严峻局面，这些问题在1月下旬集中爆发。

一月底，我们知"封城"然不知"封城"所以然，导致"早期治疗"难上加难。

从传染病防治角度看"封城"，紧急叫停高铁、航空等对外交通，对大规模的跨地人流直降到零进行速冻处理，以最快速度在有限时间、有限条件下控制全国进一步扩散，尽快摸清全国发病情况，这是有效的。但值得反思的是，对内封停公共交通等措施，却又缺少对城市基础生命系统正常运行的专项保障，则暴露出了行政管理中的粗糙和颟顸。一个城市内外交通承担着不同职能，对内交通还是内部抗疫的重要生命线。公交可以分时减量、限量，车厢可以强化消毒、测温，对医疗、安保等后勤保障人员可以持证用车、定班用车，这些组合措施没有跟上，直接导致了全城的交通出行困难。

同时，对于这样的公共卫生问题，平时就积弊众多、供应紧张、设施不足的公共医疗资源，面对短时间的集中挤兑，更是难上加难。据数据显示，武汉市的万人三甲医院的数量在全国排名第一，超过北京和上海，人均床位数和人均卫生技术人员数也处于全国前列。这个情况下，依然出现了大面积的求医不得、求治不能的问题，更反映出常态化的公共服务体系，在紧急状态下，缺乏危机情景的动态化的应对方案。"封城"意味着短缺和内部资源的"自给自足"的重新思考。此时的救治，显然已经不仅仅是公共卫生问题，而是城市的系统保障问题。就需要尽快调整思路，进行城市公共资产、公共设施和公共场地系统整合，才有可能满足瞬时高峰医治需求。

危机处置，一种是以高强度的力量集中化解，一种是让冲突在各种矛盾和竞争中去达成共识从而获得消解。考虑到公共卫生危机的外部性问题，显然疫情的处置更倾向于前者。然而，武汉市层面所表现出来的常态化的行政能力，已无法响应危机带来的高能级战略要求，未重视信号，未正视问题，未提前做好应对方案，错失了"早期发现、早期隔离、早期治疗"最佳时机。而那些在2019年12月、2020年1月里因为不了解疫情而无意被传染，着实是令人难过的。短短一个月，我们付出了巨大的生命代价和经济创伤。现在，剩下的就是和病毒的持久战。

2 规划如何应对？

2.1 当下的规划能否应对

最近，规划圈内外，纷纷讨论"新冠肺炎下的城市和规划应对"。通过上文所述，我们可以看到，传统的城乡规划本质是一种常态化视角下的技术应对，它解决的是静态谋划和供应问题，而无法解决系统不确定难以归类的危机所产生的"早期发现、早期隔离、早期治疗"的难题。从这一点上，我们无法在传统的城乡规划中找到极端危机的动态应对方案。

如果一定要说有什么关系的话，那就是从危机的视角思考规划的方案，包括如何在城乡规划中加强对极端风险的多情景评估，如何加强基础运行设施的应急管理和统筹协调，如何加强公共设施和公共空间的应急保障和平灾调用。而这些内容本身并非新的内容，它们在我们的专业教科书中，我们的编制成果中，我们的技术规范中，都已经积累了丰富经验的技术内容。现代城市规划的产生，就源自于公共卫生问题，诞生百年来，关于公共卫生领域的经典研究也已经硕果累累。但同时，我们也要清醒地认识到，教科书上能找到答案的，往往就不是"危机"了。因为无论有怎样的研究和规划的成果，要让这一切成果发生成效，都取决于整个系统的"健康"和"尽职"。灾难面前，唯有早发现、早隔离和早治疗，才是一切行动的基础。

2.2 规划可以如何改变

与此同时，我们可以思考的是，我们是否可以跳出传统的规划思维惯性，从国家、城市治理的角度，重新思考城乡规划的新范式、新概念和新内涵。我们可以重新思考规划的刚性要求，我们可以重新思考规划的统一性原则，我们可以重新思考规划的物化倾向，我们更可以思考规划的政治化的演变。我们也许可以在更高维度上，为规划寻找新的赛道。（英）芭芭拉·亚当在《风险社会及其超越》一书中，曾经提出以财富衡量的社会形态向以风险衡量的社会形态的转变。这也是我们可以重新思考的应对危机的规划转变。

风险是永远存在的，再好的计划也难以穷尽所有危机的应对。人类社会充满着这样的不确定性。但人类从来没有因为不确定性而停下发展的脚步。城市是由人组成的，城市发展并不只为了城市发展，城市发展终究是要实现人的发展。人的发展最终形成了人类文明的进步。不确定条件下的应对能力，决定了这个文明的未来。

病毒伤人，瘟疫伤城。新冠疫情是一场谁也没有料到的"战争"，是在如此长久的和平和发展主旋律下遭遇的一场特殊的"战争"。我们能否幸运地走出"战争"，就要看我们为这场"战争"做了多充分的准备，做了多积极的应对。

俞　静　上海同济城市规划设计研究院有限公司院长助理

理性封城防疫十策

2020 年 2 月 6 日　　仇保兴

当前湖北、浙江等省已有二十多座城市已实施"封城"，这是决胜本次防疫的终极一战，封城能否有效，关键在于能否保障城内民众基本生活品质；能否有利于疑似病人分流早诊断；能否对确诊患者早治疗；能否扼制住可能出现的群体性恐惧等。总之，我们面对的是具有高度不确定性的敌人，必须将政府信用和动员能力用到极致和科学，才能"人留得住，城封得好，疫防得住"。具体建议如下：

（1）封城之后要确保基本供给，所有事关居民基本生活质量的超市、药店、物流、菜场等都应正常开业。供水、燃气、消防、供电、通信、电视、垃圾收集运输处理等城市生命线更不能出任何差错。原则上应采取局部封先于全城封、有确诊者的社区严于一般社区的办法，防止"一刀切"的简单粗暴作法。

（2）除封城初期为控制人流和缓解中心医院"挤兑"实行暂时市内交通管制外，市内私人交通应放开。做好消毒工作后，网约车、出租车也应放开。市内主次道路、过江隧道更不必封闭，否则会影响防疫物资运输、人力调配、物流运营和社区防控及市民互助自救工作的开展。

（3）尽快建立分级医疗体系，应由省市三甲医院承担重症病人医治，市（区）县级医院就近诊治一般患者。对患者突增的疫区可采用外地对口支援封城各区和市（县）医院的办法，医疗队的医疗物资也可由派出省市政府保障。

（4）应将疫情防控重点放在城市和人口稠密的市郊，防止有限医疗资源分散低效使用。2003年 SARS 防治实践已证明，居住分散的远郊农村不是防疫重点。但防疫宣传工作和公共卫生工作要到位。

（5）各封城市政府应立即集中几大通信运行商协同作业，通过手机信令实时监测人口流动情况，使局部封查和防疫工作更有针对性。已实行网格式精细化智慧管理的城市，应充分运用网格监管和社区管理相结合，强化社区自我封闭、自治自防工作。

（6）建议将输血车、公交车辆简单改造为流动诊疗车，分批次将携带诊断试剂盒和消毒剂的医务人员送到各社区就地开展诊断工作，尽早化求医为送医，尽可能减少交叉感染。支持有条件的社区医院扩充隔离病房，就地就近承担发烧疑似病人的诊治，减轻中心医院压力。

（7）各市政府应充分利用政府信息平台调度好国际、国内医疗救助物资的需求信息发布、物资接收、转运和分配工作。政府要善于发挥各种社会组织的救助功能而不能简单化取而代之，尤其要支持和动员物流快递企业正常运营，支撑各社区机构自我封闭、自救自防。

（8）加强 12345 市长公开电话和微信（按每二十万人大于一线的容量扩容），抽调市级后备干部三班倒接听市长电话（每人每天接听三十五个电话以上），充分发挥"应急有事找政府"扼制群体恐惧的作用。

（9）机场、火车站、港口和汽车站都必须由政府派督查员全天候督查，确保正常运转，确保应急物资转运和进出人员消毒监控。市内外物流系统的正常运转尤为重要，这正如战时的后勤保障，应全力保障。

（10）所有人群集中形式的活动（如必须的开会、培训、免费发放药品物资等）都应用线上派发加线下快递来替代。政府应率先采用和鼓励所有机构采用"掌上办""线上办"的办法提供服务和部署工作。封城期间还应进一步丰富网络和电视文化活动。建议国有机构减免费用，有线电视、国内通信流量、用电、天然气、用水等实施费用减免，直接让利于城内民众。

总之，封城属终极手段，成本极高，一般疫情不能滥用。不得已封城时也应顺序渐进，科学理性应对，防止走极端，力求做到封人员流动、保物流畅通，确保早预防、早诊断、早治疗，确保城内民众生活质量和防疫治疗工作的开展。

二〇二〇年一月廿七日初稿，二日一日修改

本文转载自微信公众号"中国城市科学研究会"（CSUSorg）。

仇保兴　国务院参事，中国城市科学研究会理事长

优化个人交通通勤，安全保障全面复工

2020 年 2 月 8 日　　姚　栋

自 2020 年 1 月 7 日官方披露新型冠状病毒疫情至今已一个月，整个国家的生产和生活都遭遇重大困难。为了保证国民经济的正常运行和救灾防疫物资的生产和运输，全面复工迫在眉睫。可以预见没有严重疫情暴发的城市在不远的将来即将迎来全面复工。鉴于社区和工作场所都可以落实卫生防疫的具体措施和责任人，通勤将成为下一阶段公共卫生的防疫难点。

1　潜在的大规模个人交通

基于目前掌握的信息，新型冠状病毒主要通过飞沫传播。感染者的飞沫会波及其身边约 1.8m 距离，尚不清楚病原体在物体表面保持活性的时间。[1]对于一般通勤人员，只要避免人群聚集，佩戴医用口罩和手套，就可以有效地避免被传染的风险。

大城市当前主要的通勤方式包括地铁、公交车等公共交通，私人小汽车、出租车、网约车、助动车、自行车和步行等私人交通方式。仅就人群聚集造成的传染风险而言，私人交通方式远比

公共交通安全，其中又以私人小汽车最为安全。考虑到国民收入、城市道路和环境承载力，以及实际运能，小汽车、出租车和网约车不应该也不可能成为主要通勤方式。因此在做好安全防护后使用助动车、自行车和步行等个人交通方式可能是相对而言感染风险更低的通勤选择。

据国家信息中心发布的《2019 年第二季度中国主要城市交通分析报告》显示，全国 10 大城市平均通勤路程都在 8km 以上，用时都超过 45 分钟。其中，北京上海上班族平均单程通勤路程都超过 12km，平均单程通勤时间接近 1 小时。[2]按照平均时速为 25km/h 的国标计算，12km 的通勤距离需要用时小于 30 分钟，通勤时间可能小于公交出行。尽管个人交通在耐候性和舒适度上明显低于公共交通，但是以防疫安全为前提，势必会有大量通勤者选择个人交通方式出行。

以上海为例。2017 年上海市公共交通日均客运总量 1796 万乘次。[3]假设其中 50% 的乘客选择转由个人交通出行，且每个乘客均为上下班两次通勤，则会出现 449 万个人交通通勤者。假设其

病毒传播速度有多快

像新冠病毒这样的冠状病毒只能传播到距离被感染者大约 6 英尺（约 1.8m）的地方。尚不清楚它们在物体表面上能存活多久。

其他一些病毒（例如麻疹）可以传播 100 英尺（约 30m），并在物体表面上存活数个小时。

THE NEW YORK TIMES

图 1　新冠状病毒的传播风险
图片来源：https://cn.nytimes.com/china/20200201/china-coronavirus-contain/

中 50% 选择助动车或者自行车出行，则在高峰时间将出现超过 220 万新增的非机动车，为城市道路和交通管理带来巨大压力。面对疫情带来的城市通勤变化，建议从以下四个方面做出积极应对。

2　优化个人交通通勤的建议

2.1　区域间非机动车专用道建设

在区域间为大流量的非机动车通勤开辟专用道甚至于高速专用道是可行的方案。德国在 20 世纪 90 年代就开始兴建自行车高速公路，国内外都有成熟先例可供借鉴。基于高德地图交通大数据发布的《中国主要城市交通分析报告》显示，北京市 2019 年 5 月开通的回龙观到海淀自行车高速通行时间略快于私人小汽车，大幅优于公交通行时间。[2] 划分临时性的非机动车专用道具有可行性，近年来城市大数据的普及可以提供科学依据。

2.2　主干路非机动车道扩容并设置待转区

在主干道增加非机动车路权，扩大非机动车

图 2　北京市的非机动车高速公路
图片来源：https://www.xiangshu.com/thread-3651030-1-1.html

道的宽度并为非机动车设置待转区可以有效避免交通事故。非机动车交通事故已经成为近年来高速增长的事故类型，面对潜在的大规模个人交通，非机动车道改革刻不容缓。我国台湾地区在 1968 年开始采用机慢车两段左转制度，避免左转与直行非机动车之间的交通事故。[4] 郑州、邯郸和天津等城市陆续试点设置"非机动车左转待转区"，以确保机动车和非机动车各行其道，安全出行。这些都是非机动车道扩容的有效经验。

图 3　郑州东风路文化路的非机动车左转待转区
图片来源：http://www.sohu.com/a/244207217_760138

图 4　共享单车阻碍人行道通行
图片来源：作者自摄

2.3　社区层面加大交通安宁化建设

在社区层面加大交通安宁化建设，限制机动车通行并增加非机动车停车场地，鼓励多样化的个人交通出行。为减少事故并恢复街道的公共空间功能，代尔夫特理工大学教授尼克·德波尔提出居住区道路花园化改造的生活庭院（Woonerf）概念，自 1969 年以来已被复制到世界各地。[5] 交通安宁化建设不仅在主要发达国家的社区层面有着广泛应用，在纽约、巴黎、伦敦等大城市中心区也有很多成功经验。以保障防疫安全为前提，以居住社区为单位划定交通安宁化区域并限定机动车车速和行驶方式是切实可行的措施。一方面鼓励市民多使用骑行和步行等个人交通方式，减少人群聚集；另一方面要消除人行道通行宽度和停车空间的死角，保障人与人之间、人与车之间的安全距离。

2.4　对社区层面个人交通创新的包容管理

在社区鼓励多样化的个人交通出行方式，以防疫安全距离取代速度优先，以人为本共同构筑安全家园。自治共治在社会高速发展后有效弥补了政府治理能力的不足，认可国民对于自身安全的重视，认可国民创新能力对于全社会的发展有着不可忽视的价值。在交通安宁化社区的范围内，包容管理各种保障安全距离的个人交通方式创新，例如允许电动滑板车上路，允许快递员和接送学童的家长使用和临时停靠具备安全罩的助动车，对于减少近距离接触感染和主被动安全事故可能都有帮助。

图 5　折叠后可以自动随行的电动滑板车
图片来源：https://www.thepatent.news/2020/01/15/mantour-x-the-new-light-portable-and-self-balancing-electric-scooter/

3　对于大城市交通方式的反思

　　新型冠状病毒的疫情肯定可以被控制，但是它带给社会生活和城市规划的影响将是长期性的。从人与人之间的关系重新思考空间规划，防疫安全提供了一个新视角，个人交通通勤的思考只是一个开始。本次疫情改变了人与人之间的安全距离、社交方式和通勤选择，相信也会很大程度上改变城市的生活方式。重视每一个人的安全意愿以及对于美好生活的追求，不仅要关注环境对人的影响，也要重视人与人之间的影响。

　　工业革命以来公共卫生危机促进了理性思维下的城市法规和城市规划的发展。本次疫情的发生和应对也符合传统规划思维——环境影响人，所以改变环境也能解决问题，关闭和封锁传染源，甚至封城的极端措施都符合这一线性思维。然而一旦人传人开始就进入了完全不同的发展轨迹，不再是环境影响人，而是人影响人，似乎传统的空间规划手段就失效了。这篇短文从个体视角重新思考了构建安全通勤的空间响应措施，希望能引发更多同行的讨论，也希望能够启发更多的国民参与城市生活的创新。

　　向本次疫情的每一位死难者致以深切的哀悼！向每一位防疫前线的工作者致以崇高的敬意！

参考文献

[1]　KNVUL SHEIKH, DEREK WATKINS, JIN WU, MIKA GRONDAHL. 新冠病毒疫情能有多糟糕？这里是六大关键问题 [EB/OL]. [2020-02-01] [2020-02-06] https：//cn.nytimes.com/china/20200201/china-coronavirus-contain/

[2]　数据思维 . 城市大数据丨 2019 年 Q2 中国主要城市交通分析报告 [EB/OL]. [2019-07-26] [2020-02-07] https：//zhuanlan.zhihu.com/p/75296272?utm_source=wechat_session&utm_medium=social&utm_oi=827650901660540928

[3]　国新发布 . 上海举行推进公交都市创建有关情况发布会 [S/OL]. [2017-10-10]. [2020-02-07] http：//www.scio.gov.cn/XWFBH/gssxwfbh/xwfbh/shanghai/Document/1565669/1565669.htm

[4]　机慢车两段左转标志 [/OL]. [2012-12-10] [2020-02-07] https：//theworld.fandom.com/zh/wiki/%E6%A9%9F%E6%85%A2%E8%BB%8A%E5%85%A9%E6%AE%B5%E5%B7%A6%E8%BD%89%E6%A8%99%E8%AA%8C?variant=zh-cn

[5]　Eran Ben-Joseph. Changing the residential street scene：adapting the share street（woonerf）concept to the suburban environment [J]. APA Journal, Autumn 1995：504-515.

姚　栋　同济大学建筑与城市规划学院副教授，中国城市科学研究会健康城市专业委员会委员

每一次灾难都是成长的洗礼

2020 年 2 月 9 日　　段德罡

最近，新型冠状病毒肺炎疫情弄得很闹心，每个人也因此不得不进入了一段别样的生活。借助于越来越发达的互联网，绝大多数人开始了更加彻底的线上生活——通过网络订购各种生活物资，通过网络了解疫情、了解社会百态。除了医务人员及一些与疫情相关的特殊人群，每个人都被要求尽量待在屋里，不要给社会添乱。于当下中国，人们已经习惯了奔忙在生计或事业理想中的常态，而时逢非常态的春节假期，疫情等级的升级使得回归岗位的"复工"都成了受到政府严控的行为。朋友圈里，没见到几人为春假的延长而欢呼雀跃，倒是有不少搞怪的视频在表述着被"软禁"于家的百无聊赖，以及对未来的隐隐担心。显然，这次疫情对于每一个个人乃至整个国家都将带来极大的伤害。对于个人，我们需要面对从生活不便到生计艰难；对于国家，严重依赖国际贸易所带来的经济急剧下滑可能导致社会稳定将面临巨大挑战。传说中的"苦日子""紧日子"或许真的已在眼前。

中国改革开放四十年取得了辉煌的成就，以经济建设为中心的基本国策使得全社会凝心聚力促发展，同时，人们的价值观也在慢慢发生变化，效率与公平本是社会发展的两翼，我们却更多关注效率，速度与品质构成了城乡建设 DNA 双螺旋结构，而我们更在意速度。不均衡发展终究会导致系列问题的产生。虽然这些年党和政府已经尽全力推动生态文明建设，引导城乡健康发展；中国城市规划学会也已连续三年以"理性""品质""活力"来呼唤城乡发展回归其应有逻辑，然而四十余年的欠账并非一朝一夕可还清，在特定的时间我们不得不面对大自然的疯狂报复。2003 年的非典如此，今年的新型冠状病毒肺炎亦如此。

面对疫情，其实我们无需过度恐慌，冠状病毒肺炎导致的死亡人数远不及流感。按近年的死亡率，中国每天约有 26760 人死亡，武汉每天约死亡 200 余人，疫情并未导致死亡率发生显著变化。我们必须相信党和政府，相信医务工作者，这次疫情必将过去。尽管当前有诸多让我们气愤的事情发生，相信党和政府迟早会厘清责任，给全社会一个交代。作为规划从业者，我们要清醒地认识到在抗击新型冠状病毒肺炎的战役中，我们发挥不了什么作用。疫情过后，面对如何建设真正幸福和健康的城乡才是我们当下应该开始做好准备的事情。

病毒面前，人人平等。面对疫情防治，城乡的重点有别。近日总有一些帖子在担忧乡村成为此次疫情的重灾区，我认为大可不必。乡村的人口密度远小于城市，单个村庄的人口有限，依托基层组织发动群众群防群治，发现疫情及时上报，病人转运至县级以上医疗机构救治，所在村封村隔离，即可有效遏制疫情扩散。医疗设施的城乡差距使城市才是救治病人的主战场，然而由于城市的人口规模、人口密度及城市的开放性、流动性，其对疫情的防控要远比农村复杂，市民面对的威胁也要远大于村民。

这些年在各地搞乡建，我们在不同村子都建了微信群，年前疫情防控形势严峻受到国家高度重视以来，在群里看到的各种信息客观描述着这段时间村里老百姓的各种状态，突出有两点：

1. 乡村基层组织发挥着重要作用。1月下旬随着疫情升级，各地农村迅速响应国家关于疫情防控的各项措施。不管是铲断道路、设置路障阻隔交通，还是用词夸张的标语口号，抑或是村干部大喇叭里的吆喝，无一不在以农村特有的方式表达着基层组织对国家要求的贯彻，表达着疫情防控的决心。微信群里，我看到街镇村各级基层领导干部以身作则，挨家挨户检查防疫措施、宣传疫情防控的通知要求、指导健康生活方式、安抚群众平静面对疫情等，这说明我国的基层组织建设是成功的，乡村稳定是国家走向繁荣的基础，也是疫情结束后百业重振的前提。

2. 微信聊天内容呈现越来越多的正能量。平日里，每个村的微信群总有很多负能量的内容，各种抱怨、指责的言语，各种未经证实的谣言帖子等，近一段时日，这些内容渐渐少了。除了一些宅在屋里的无聊打趣外，大家相互间更多的是关心与问候，对村庄防疫工作提出建议，对政府采取的各种管制措施的理解与点赞，呈现出万众一心的精神面貌。此外，最令人欣喜的是老百姓开始对健康生活方式有了一些讨论，话题从个人卫生到珍视亲情，进而到对大自然的态度等。不得不说疫情给了每一个人一段反思过往、自检得失及构想未来的机会。每个人如此，这个社会也当如此。

相信在这次疫情结束后，我们会在各方面获得成长，政府会更高效，官员会提高担当意识，城乡的应急能力会得到提升，公共服务会进一步完善，全民价值观会回归理性，人们的生产生活方式会更健康……针对广大的乡村地区此后一段时间的工作，我认为应注意以下几个重点。

1. 在疫情中后期，应借势展开一些村民的帮扶教育工作，从卫生习惯到举家饮食等，培育村民的健康生活方式；从自家宅院收拾到周边的环境整治，引导村民自力更生建设美好家园；从微信文章到科普书籍推荐，引导百姓尊重自然、传承文化；进一步提高村庄的凝聚力，利用微信群组织村民展开村庄发展的讨论，引导老百姓保护和利用好资源，谋划乡村产业，鼓励有担当有能力的村民站出来带领大家壮大集体经济等。未来有段时间，规划师没有条件下乡，可以利用微信等网络工具联手基层干部为村庄展开服务。

2. 本次疫情对中国经济将带来伤害，很多中小企业可能会生存困难，由此带来大量就业岗位的消失，这对村民外出务工获取收入是一个巨大的挑战。地方政府必须意识到这个问题并做出相应的部署，一方面要做好村民的思想干预工作，让老百姓对未来可能面对的困难有心理准备；另一方面，各地政府要尽力在当地创造更多的就业岗位，引导农民就近就业，减少成本支出。同时，可以预计到随着疫情结束、村庄解禁，农民工将蜂拥而出，对各种公共交通将带来巨大挑战，相关部门应做好预案。

3. 规划师、设计师应调整乡村规划建设的目标取向，充分意识到乡村是社会稳定的基石，是人与自然和谐发展的前沿。因此，乡村规划不要把乡村变成资本的竞技场，不要把产业至上的固有思维由城市延伸到乡村。保护好绿水青山，传承好优秀传统文化，完善基础设施建设，提高公共服务水平，倡导有度的乡村产业和舒缓的生活节奏，乡村规划要致力于为老百姓打开有别于城市的另一种幸福生活模式。

每次灾难都是成长的洗礼。
愿从此后，
中国城乡皆健康安全，
繁荣幸福。

2020 年 2 月 3 日　西安　居家隔离中

段德罡　中国城市规划学会乡村规划与建设学术委员会副主任委员、学术工作委员会委员，西安建筑科技大学建筑学院副
　　　　院长、教授、博士生导师

疫情防控，重在社区

—— 规划师参与北京社区工作调查报告

2020 年 2 月 10 日　　刘　荆

城市社区人口密度大，既是疫情防治工作的重点，也是防治工作的难点。笔者在北京居住的小区在街道领导下，由社区党支部和居委会（以下简称"两委"）牵头，成立由两委、物业、流管员和党员积极分子五类群体组成的社区防控工作组（以下简称"社区工作组"）。笔者作为党员积极分子，同为一名城市规划师参与了社区工作，将自己所见所闻所感与大家分享。

1　社区疫情防控工作重点

社区工作组主要以"区—街道"设定的规划框架开展，各社区结合工作框架发挥主观能动性解决具体问题，表现出"自上而下"为主，"自下而上"为辅的工作特点（主要参照文件见表 1），社区工作组五项重点工作如下。

社区防疫工作参照的主要文件（截至 2020 年 2 月 5 日）　　　　　　　　　　表 1

时间	发文部门	事件 / 文件	相关要求
1 月 29 日	北京市新型冠状病毒感染的肺炎疫情防控工作领导小组	《北京市新型冠状病毒感染的肺炎疫情社区（村）防控工作方案（试行）》	按照"早发现、早报告、早隔离、早诊断、早治疗"的原则，实施群防群治、联防联控，网格化、地毯式管理，最广泛动员群众自我防护，最坚决防止疫情输入、蔓延、输出，最严格落实综合防控措施，最果断处置疫情，最有效控制疾病传播，坚决打赢这场疫情防控的人民战争
2 月 1 日	北京市住房和城乡建设委员会	《关于物业服务企业做好新型冠状病毒感染的肺炎疫情防控工作的通知》（京建发〔2020〕15 号）	要求各物业企业，加强住宅小区出入管理工作
2 月 4 日	北京市社区防控组办公室	《病例信息通报流程》	社区（村）党组织书记立即组织病例居住地所在小区（村）落实相应防控措施，并配合疾控部门落实流行病学调查、密切接触者追踪和隔离等措施。同时做好保护患者个人隐私工作的同时，提醒居民做好个人防护，注意收集居民反映，加强宣传引导，避免出现恐慌情绪

时间	发文部门	事件／文件	相关要求
2月5日	北京市社区防控组办公室	《社区（村）党组织书记疫情防控应知应会重点内容》	领会中央和市委关于疫情防控的主要精神和要求，掌握各级各类防控规定，熟知社区（村）情况，严格社区（村）出入管理，细致排查人员，做好重点人群防护工作

1.1 严格管理小区出入口

关闭小区非主要出入口，保留的出入口设人员值守，对本小区的车辆发放临时出入证，非本小区车辆、访客等逐一进行体温测量和登记，管控快递、外卖人员进入小区。

图1
资料来源：作者和社区工作组拍摄

1.2 排查人员，做好信息登记

按照"北京市疫情跟踪数据报送系统"数据要求，根据派出所提供的信息和小区门禁卡系统信息，排查社区湖北在京、离京和返京人员情况并进行实时跟踪。建立本小区和非本小区人员登记表两本台账。工作组同志发挥创新能力，利用第三方APP采用二维码扫描形式填报，避免了纸质登记字迹潦草和统计不便，同时为后期人口普查打下良好工作基础。

图2
资料来源：作者和社区工作组拍摄

1.3 定时消毒，整治社区环境

每天进行公共场所防护，重点做好楼栋、垃圾等的清洁、消毒工作并实时记录，及时清运垃圾，改善环境卫生状况。同时对疫区返京人员行李进行消毒，将病毒挡在门外。

1.4 信息宣传，营造良好氛围

制定社区宣传标语、宣传页，张贴在社区宣传栏、小区出入口等处便于群众知晓。同时利用社区、党员和业主微信群加强科普宣传和群众情绪疏导。

图3
资料来源：作者和社区工作组拍摄

图 5
资料来源：作者和社区工作组拍摄

图 4
资料来源：作者和社区工作组拍摄

1.5 重点人群和社区居民服务

掌握居家隔离密切接触者等重点人员情况，定期电话或微信联系；为小区居民提供生活保障，如督促物业及时清运垃圾，联系符合要求的菜商进入小区为居民提供新鲜蔬菜；关注老人、儿童、残疾人等重点群体需求，做好生活保障。

2 社区疫情防控问题观察

2.1 工作组人员数量少，沟通协调不足

社区工作组人数较少，24 小时不间断值班，需要登记和排查的信息众多，同时正值冬季，对工作组人员的体力和耐力都是巨大考验。社区工作组成员中，两委和流管员属政府管理，其中两委人员由街道直属管理，流管员由当地派出所管理，物业人员由物业公司管理，虽统一形成工作组，但实际工作中各司其职，待遇也有较大差别，互帮互助力度不够。

2.2 医疗装备缺乏降低自身和居民信心

街道仅对两委人员提供了口罩，未配备防护服、防护眼镜等专业装备，曾有居民质疑工作组成员的防护安全不达标，如接触病患受到感染，再接触其他居民则存在社区传播的风险，也降低了工作组自身和居民对于信息登记和社区管控治理的信心。另外，社区每日消毒液用量巨大，街道提供不足造成消毒次数不够，工作组对于医疗装备的使用和培训缺乏，技能受限等，都一定程度造成居民的信心下降。

2.3 部分上级指导性文件落实存在困难

北京市住房和城乡建设委员会发布的《关于物业服务企业做好新型冠状病毒感染的肺炎疫情防控工作的通知》（京建发〔2020〕15 号）规定对非本住宅区车辆、访客、新租房入住人员等进入住宅区要逐一进行体温测量，体温正常者方可进入小区，并做好登记。实际操作中，利用街道配备的医用红外体温计，在室外低温情况下很难进行准确的温度测量，利用腋下电子体温计在室外也不具有可操作性，使得体温检测在一定程度上流于形式。

2.4 居民基本生活诉求与疫情防控产生矛盾

为满足疫情期间居民的采购需求，两委经协调沟通，在征得 75% 小区业主支持的情况下在小区广场设置果蔬销售点，并严控价格；但菜商为外地在京租住人员，返回自己居所时遇到阻拦造成无家可归，降低了社区服务的积极性。再如，外来人员禁止入内造成超市、快递公司、团购、自种水果蔬菜的村庄农户等各式货物聚集于小区门口，需居民出门自提，存在病毒传播风险，给社区防疫工作造成困难。

3 社区疫情防控后续工作建议

3.1 注重社区公共空间利用与设施布局

非常态时期社区宣传尤为关键，可考虑根据小区规模合理增加宣传栏数量，并设置于小区出入口、中心广场等明显区域，本小区宣传栏位于地下室出口处，宣传作用受到限制。另外，快递取货地的位置选择应与疫情期间小区出入口管控策略结合，合理设置自提柜的位置和空间，开展"无接触配送"，以应对疫情期间种类多样的货物需求，避免人群和货物大量汇集于小区门口，降低感染风险。

3.2 探索政府和企业合作共同治理模式

两委和物业人员在应对疫情时是合作伙伴关系，密切配合可解决政府资源不足的问题，降低防控成本，同时提升物业管理水平，实现双赢。当前急需建立一套应对非常态时期"预、救、建"于一体的综合管理体系和应急预案。政企合作共同治理模式下的应急预案建议包含：合作的组织机构模式，疫情各阶段预防计划，社区高危人群、高危环境定位，危机跟踪处理制度和危机时期社区公共空间利用管理办法等内容。

3.3 加强常态化预防能力建设培养居民防范意识

培养居民危机防范意识，比如街道可通过公众号、短信、宣传栏等各种形式向社区居民提供各种危机防护措施，避免和降低灾害的影响，甚至可以成立专门的危机应对小组对其他城市和国家社区灾害事故进行及时宣贯和培训，培养居民的危机意识。同时，更重要的是加大与社区居民情感的连接和互动，让居民产生社区一体化、灾害共同体的思想意识。比如，让居民参与、体验居委会的日常工作，了解工作内容和难处，在灾害来临时刻，除了社区工作组的宣传教育、督导、服务外，社区居民可以更加自发地保护自己、关心邻居，把社区安全看作自己息息相关的事情，才能产生更多的同理心，对社区工作者有更多包容，形成政府协调指导、社区自治救助、居民认同归属的良性互动。

3.4 区街道做好装备供给和薪资保障

保护好社区工作者的人身安全是保护社区居民安全的前提。疫情过后，市区街道应核算社区防治对医疗物资种类和数量的需求，加强应急储备物资库中医疗物资的配备。另外，应研究出台《非常态时期社区工作者的薪资补偿制度》，覆盖所有社区工作者，可探索社会化的管理模式，鼓励企事业单位员工支援灾时工作，在工作单位报备给予适当补偿，解决灾时工作组人员不足问题。

3.5　建立社区信息化服务平台

根据本次疫情观察，需建立社区居住人口的信息登记和动态更新、外来人口登记、社区动态信息发布和通知三个平台并完善平台使用和相关管理制度。人口信息排查和登记是本次疫情防控的重点工作，同时也是应对各种非常态事故的关键。疫情过后，政府应考虑统一工作平台，帮助社区解决技术问题并统一做好信息化培训。建立社区动态信息发布和通知平台是提高工作效能，保证信息透明，传达无死角的有效途径。另外，在建立安全社区的背景下做好外来人口登记的管理办法和制度，是常态时期的社区精细化管理的必备技能，也能有效应对非常态时期的管理工作。

刘　荆　中规院（北京）规划设计公司生态市政院安全中心，高级工程师、注册规划师

新冠肺炎疫情危机下应急响应梳理及建议

2020 年 2 月 10 日　　黄勇超　吕　惊　蒋　彤

1　SARS 后国家应急响应体系的建立

　　我国的应急响应体系是在 2003 年"非典"疫情以后正式开始系统化建立的。针对"非典"疫情期间暴露的突发事件应急体制不健全、处理和管理危机能力不强、一些地方和部门缺乏应对突发事件的准备和能力等问题，政府下定决心全面加强和推进应急工作。我国的应急体系按照"一案三制"的总体架构逐步开始建立和完善。"一案"是指应急预案，就是根据发生和可能发生的突发事件，事先研究制订的应对计划和方案。"三制"则是指应急工作的管理体制、运行机制和法制。

　　2006 年，国务院发布实施《国家突发公共事件总体应急预案》，2007 年，全国人大常委会通过并施行《中华人民共和国突发事件应对法》（以下简称《突发事件应对法》）。之后的十年时间里，我国陆续颁布相关的法律法规 60 多部，基本建立了以宪法为依据、以《突发事件应对法》为核心、以相关法律法规为配套的应急管理法律体系，使应急工作做到有章可循、有法可依。中央财政还投入资金重点进行了应急物资储备和应急队伍装备的建设，我国的应急能力和灾后恢复重建的能力有了明显进步。2008 年，在南方雪灾和汶川地震中，国家应急体系得到了更大的锻炼和更好的提高。

　　2017 年，中共中央　国务院《关于推进防灾减灾救灾体制机制改革的意见》（以下简称《意见》）的提出，标志着我国的应急管理体系进入了新的阶段。《意见》中提出：

　　"推进防灾减灾救灾体制机制改革，必须牢固树立灾害风险管理和综合减灾理念，坚持以防为主、防抗救相结合，坚持常态减灾和非常态救灾相统一，努力实现从注重灾后救助向注重灾前预防转变，从减少灾害损失向减轻灾害风险转变，从应对单一灾种向综合减灾转变。"

　　我国的应急体系正在习近平总书记提出的"总体国家安全观"的方略下，以现代应急管理理论体系为基础，进一步理顺党政军、政企社、央地外的定位和关系，深入把握现代应急管理中突发事件机理变化规律，逐步构建具有中国特色的现代应急管理体制。

2 国家层面的新冠肺炎疫情应急响应

《国家突发公共卫生事件应急预案》是国家针对四类突发事件中的突发公共卫生事件而制定的应急预案，预案中对应急组织体系及职责，突发公共卫生事件的监测、预警与报告，突发公共卫生事件的应急反应和终止，善后处理等内容进行了规定。根据突发公共卫生事件的性质、危害程度和涉及范围，预案将其分为四级，其中本次新冠肺炎疫情属特别重大突发公共卫生事件（Ⅰ级）。

当特别重大突发公共卫生事件发生后，国务院根据事件性质和应急处置工作的需要，成立全国突发公共卫生事件应急处理指挥部，构建应急组织体系，协调指挥各级相关部门与机构开展医疗卫生应急、信息发布、宣传教育、科研攻关、国际交流与合作、应急物资与设备的调集、后勤保障以及督导检查等应急反应措施。

通过梳理我们可以看到，针对此次新冠肺炎疫情，国家层面基本是按《国家突发公共卫生事件应急预案》在进行应急响应工作，快速建立了疫情应对小组，形成了应急组织体系，统筹各级政府、各部门机构采取了应急反应措施，对防控疫情起到了关键的作用，也得到了世界卫生组织的认可。将应急预案和整个疫情响应过程中的工作相比较，也反映出来一些不足：

（1）预案内容仍可以进一步深化和完善。预案中规定了应急响应的启动条件和级别，从体系上构建起了宏观层面的应急板块和分工，但是对于不同响应级别下的具体举措没有做进一步细分；由于缺乏具体的疫情扩散情境假定，预案中对于响应过程中可能出现的问题预判仍显不足，

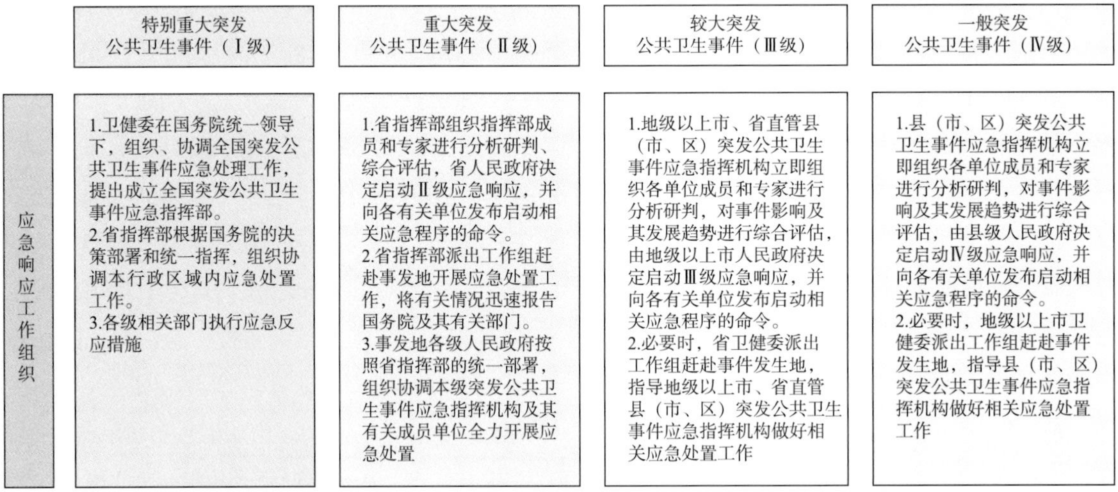

特别重大突发公共卫生事件（Ⅰ级）
重大突发公共卫生事件（Ⅱ级）
较大突发公共卫生事件（Ⅲ级）
一般突发公共卫生事件（Ⅳ级）
应急响应工作组织
1.卫健委在国务院统一领导下，组织、协调全国突发公共卫生事件应急处理工作，提出成立全国突发公共卫生事件应急指挥部。2.省指挥部根据国务院的决策部署和统一指挥，组织协调本行政区域内应急处置工作。3.各级相关部门执行应急反应措施
1.省指挥部组织指挥部成员和专家进行分析研判、综合评估，省人民政府决定启动Ⅱ级应急响应，并向各有关单位发布启动相关应急程序的命令。2.省指挥部派出工作组赶赴事发地开展应急处置工作，将有关情况迅速报告国务院及其有关部门。3.事发地各级人民政府按照省指挥部的统一部署，组织协调本级突发公共卫生事件应急指挥机构及其有关成员单位全力开展应急处置
1.地级以上市、省直管县（市、区）突发公共卫生事件应急指挥机构立即组织各单位成员和专家进行分析研判，对事件影响及其发展趋势进行综合评估，由地级以上市人民政府决定启动Ⅲ级应急响应，并向各有关单位发布启动相关应急程序的命令。2.必要时，省卫健委派出工作组赶赴事件发生地，指导地级以上市、省直管县（市、区）突发公共卫生事件应急指挥机构做好相关应急处置工作
1.县（市、区）突发公共卫生事件应急指挥机构立即组织各单位成员和专家进行分析研判，对事件影响及其发展趋势进行综合评估，由县级人民政府决定启动Ⅳ级应急响应，并向各有关单位发布启动相关应急程序的命令。2.必要时，地级以上市卫健委派出工作组赶赴事件发生地，指导县（市、区）突发公共卫生事件应急指挥机构做好相关应急处置工作

图 1 突发公共卫生事件分级响应工作组织图
资料来源：作者整理

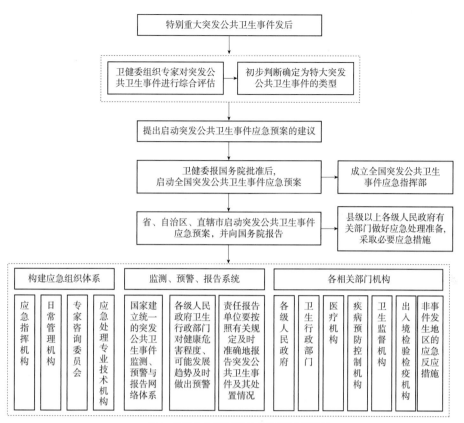

图 2　突发公共卫生事件应急预案的启动程序
资料来源：作者整理

只能依靠指挥部的紧急决策进行支持。

（2）协调统筹的应急部门可以进一步扩大。预案中对于卫生行政部门、医疗机构等卫健相关部门的应急响应措施进行了详细规定，但对其他应急部门和资源的协调统筹力度仍显不足。此次疫情中，党中央紧急成立应对疫情工作领导小组，充分调动各部门机构，为防控疫情提供了强力支撑，这是之前的应急响应预案中没有考虑到的。

（3）预案内容更新和调整频率有待提高。现行《国家突发公共卫生事件应急预案》编制于2006年，随着应急管理部门的改革调整，新技术

和新形势的不断变化，预案需要及时进行更新和调整。

3　地方层面的新冠肺炎疫情应急响应

各地的应急响应迅速有序。至2020年1月31日，全国共31个省、市或自治区全部启动一级响应，接连出台多项政策规定，涉及医保、市场、教育、旅游、出行、返工等方面，这和我国的应急体制不断完善是分不开的。

疫情中心地区的应急响应仍显不足。此次疫

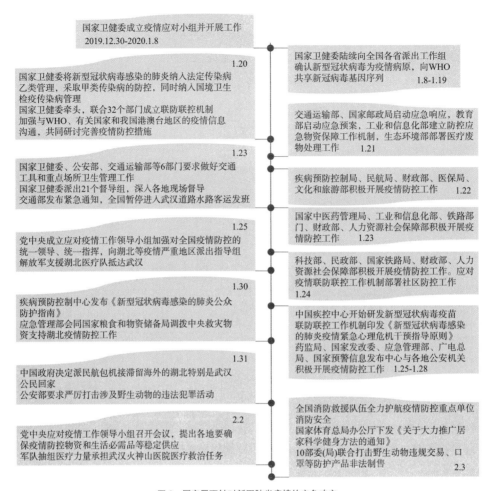

国家卫健委成立疫情应对小组并开展工作
2019.12.30-2020.1.8

1.20
国家卫健委将新型冠状病毒感染的肺炎纳入法定传染病乙类管理，采取甲类传染病的防控，同时纳入国境卫生检疫传染病管理
国家卫健委牵头，联合32个部门成立联防联控机制
加强与WHO、有关国家和我国港澳台地区的疫情信息沟通，共同研讨完善疫情防控措施

1.23
国家卫健委、公安部、交通运输部等6部门要求做好交通工具和重点场所卫生管理工作
国家卫健委派出21个督导组，深入各地现场督导
交通部发布紧急通知，全国暂停进入武汉道路水路客运发班

1.25
党中央成立应对疫情工作领导小组加强对全国疫情防控的统一领导、统一指挥，向湖北等疫情严重地区派出指导组
解放军支援湖北医疗队抵达武汉

1.30
疾病预防控制中心发布《新型冠状病毒感染的肺炎公众防护指南》
应急管理部会同国家粮食和物资储备局调拨中央救灾物资支持湖北疫情防控工作

1.31
中国政府决定派民航包机接滞留海外的湖北特别是武汉公民回家
公安部要求严厉打击涉及野生动物的违法犯罪活动

2.2
党中央应对疫情工作领导小组召开会议，提出各地要确保疫情防控物资和生活必需品等稳定供应
军队抽组医疗力量承担武汉火神山医院医疗救治任务

国家卫健委陆续向全国各省派出工作组
确认新型冠状病毒为疫情病原，向WHO共享新冠病毒基因序列
1.8-1.19

交通运输部、国家邮政局启动应急响应，教育部启动应急预案，工业和信息化部建立防控应急物资保障工作机制，生态环境部部署医疗废物处理工作 1.21

疾病预防控制局、民航局、财政部、医保局、文化和旅游部积极开展疫情防控工作 1.22

国家中医药管理局、工业和信息化部、铁路部门、财政部、人力资源社会保障部积极开展疫情防控工作 1.23

科技部、民政部、国家铁路局、财政部、人力资源社会保障部积极开展疫情防控工作。应对疫情联防联控工作机制部署社区防控工作 1.24

中国疾控中心开始研发新型冠状病毒疫苗
联防联控工作机制印发《新型冠状病毒感染的肺炎疫情紧急心理危机干预指导原则》
药监局、国家发改委、应急管理部、广电总局、国家预警信息发布中心与各地公安机关积极开展疫情防控工作 1.25-1.28

全国消防救援队伍全力护航疫情防控重点单位消防安全
国家体育总局办公厅下发《关于大力推广居家科学健身方法的通知》
10部委(局)联合打击野生动物违规交易、口罩等防护产品非法制售 2.3

图3 国家层面针对新冠肺炎疫情的应急响应
资料来源：作者整理

情当中，湖北省与武汉市的应急部门做出了很大努力，及时根据预案成立了新冠肺炎疫情防控指挥部并开展工作。但是疫情发展超出了预案的考虑，指挥部面临着极大的防控压力，反映出来的问题包括：

（1）定点收治医院的承载能力没有提前评估，需要紧急建设的传染病医院的选址和建设流程没有提前做出推演；

（2）对于应急响应期间来自全国各地的大量应急医疗物资如何接收和分配没有进行提前考虑和演练；

（3）预案中提到了对于交通枢纽和疫情严重地区的封锁行动，但是对于封锁行动之后的配套保障措施缺乏考虑；

（4）在疫情信息的公开和民众心理疏导救助方面具体措施和应对考虑仍显不足。

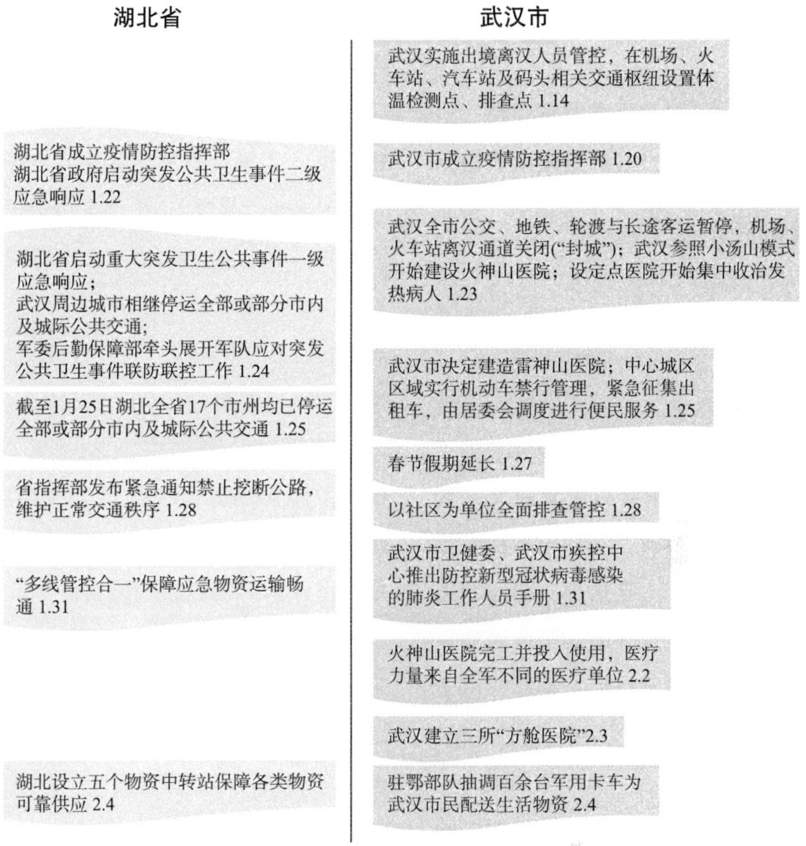

湖北省	武汉市
	武汉实施出境离汉人员管控，在机场、火车站、汽车站及码头相关交通枢纽设置体温检测点、排查点 1.14
湖北省成立疫情防控指挥部 湖北省政府启动突发公共卫生事件二级应急响应 1.22	武汉市成立疫情防控指挥部 1.20
湖北省启动重大突发卫生公共事件一级应急响应； 武汉周边城市相继停运全部或部分市内及城际公共交通； 军委后勤保障部牵头展开军队应对突发公共卫生事件联防联控工作 1.24 截至1月25日湖北全省17个市州均已停运全部或部分市内及城际公共交通 1.25	武汉全市公交、地铁、轮渡与长途客运暂停，机场、火车站离汉通道关闭("封城")；武汉参照小汤山模式开始建设火神山医院；设定点医院开始集中收治发热病人 1.23
	武汉市决定建造雷神山医院；中心城区区域实行机动车禁行管理，紧急征集出租车，由居委会调度进行便民服务 1.25
省指挥部发布紧急通知禁止挖断公路，维护正常交通秩序 1.28	春节假期延长 1.27
	以社区为单位全面排查管控 1.28
"多线管控合一"保障应急物资运输畅通 1.31	武汉市卫健委、武汉市疾控中心推出防控新型冠状病毒感染的肺炎工作人员手册 1.31
	火神山医院完工并投入使用，医疗力量来自全军不同的医疗单位 2.2
	武汉建立三所"方舱医院"2.3
湖北设立五个物资中转站保障各类物资可靠供应 2.4	驻鄂部队抽调百余台军用卡车为武汉市民配送生活物资 2.4

图 4 湖北省以及武汉市的应急响应行动
资料来源：作者整理

4 重大疫情危机的响应改进建议

4.1 运用底线思维进行应急响应需求推演

所谓底线思维，就是客观地设定最低目标，立足最低点，争取最大期望值。习近平总书记曾多次强调要善于运用底线思维。在对抗疫情、保护人民群众生命安全的应急响应中，要提前考虑最坏结果，努力争取最好的结果。在应急预案的编制过程中，应充分利用现有的研究成果，将病毒致病机理、病毒扩散模型、人员流动模型等进行综合分析，考虑最坏情景推演所需的响应手段和资源，将其纳入应急预案，才能做到有备无患、遇事不慌，牢牢把握疫情防控的主动权。

4.2 更加充分和全面地挖掘应急资源潜力

从目前的应急响应来看，国务院和卫健系统（包括疾病控制中心CDC）承担着巨大的压力，从疫情研判、应急人员动员分配、应急物资接收调配、公众信息公开、媒体采访等方面都需要花时间和精力应对，难免显得有些应接不暇。按照突发公共卫生事件应急预案，卫健系统确实是疫情处置的核心部门，同时应急管理部、国家人防办、武警等其他成建制的有较多处置突发事件经验的机构、组织和部门也可以充分纳入抗击疫情的队伍里面来，发挥各自的经验和能力。

4.3 充分考虑疾控体系的进步并有效利用

2003 年"非典"过后，中国的疾控体系（CDC）得到了长足的发展，中国建立了从国家直到县级的疾控体系。疾控系统的职能、人员和理念都有了全方位变化，病原学研究逐步得到重视，卫健委建立起覆盖 31 省份的专家库，可圈定相距最近的专家及时赶赴疫情现场，主要病毒实验室的硬件条件也已经达到了国际先进水平。国家还建立了疫情直报系统、公共卫生健康信息平台、电子病历、病案首页库等，信息化建设有了长足发展。但是，如何将疾控体系的进步充分运用到疫情监测、舆情引导和疾病防控等方面，是未来应急响应中需要重视的问题。

图 5 消防、人防等其他应急处置部门也具有参与突发公共卫生事件处置的能力

4.4 用好用足参与到应急响应中的民间力量

电商平台的重要性再次显现。在"非典"疫情后得到快速发展的电商平台成为公众获取医疗物资供应和调控的关键渠道。面对爆发的需求，京东、阿里、美团、多点等主流电商企业发出了坚决履行责任全力保障应急物资供应的联合倡议书，主动开展了价格监测，打击投机囤货、优先保障医院供应等行动。电商平台的主动作为对疫情期间平抑物价、避免人员聚集、打击非法投机行为起到了良好的作用。

各大快递公司成为抗击疫情的生力军。针对武汉目前医疗资源严重不足的问题，各大快递公司也纷纷驰援武汉，为其开辟了专门通道。大年初一，超过十家的主快递物流公司宣布，开通驰援武汉救援物资的特别通道，全力保障疫情防控相关物资运输。来自国内外的海量救灾物资通过各大快递公司源源不断地送往抗击疫情的前线。

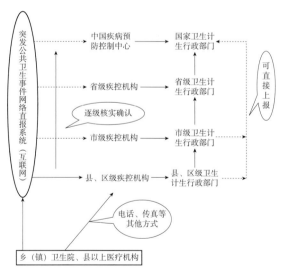

图 6 我国建立的突发公共卫生事件网络直报系统

图7 各方民间力量积极参与新冠疫情应急响应工作

民间企业和慈善基金积极承担社会责任。滴滴成立医护保障车队，专门负责免费接送医护工作者。武汉酒店业自发组织了"武汉医护酒店支援群"，主动和各大医院进行对接，邀请上下班不便、得不到较好休息的医护人员免费入住酒店。各大民间慈善基金会也积极在国内外开展了应急保障物资的紧急募集和运送。

和非典时期相比，在移动互联网更加发达的情况下，民间力量在此次应急响应中发挥了更大

的作用。可以说，本次新冠肺炎疫情成为民间力量在应急响应中发挥更大作用的新起点。在今后的应急响应中完全可以将应急物资储备、应急物资需求信息匹配、应急物资募集和配送、应急救援人员运送等功能更多地交给民间力量去做。政府更多地起到协调管理、统筹保障的作用，形成一个更好的良性循环机制。

5 结语

虽然我国已经建立了"纵向到底、横向到边"的应急体系，在此次新冠肺炎疫情的应对中，国家和地方也基本按照突发公共卫生事件应急预案进行了快速的应急响应。但是，在这种高度复杂、涉及多个职能部门甚至波及全球的重大突发公共卫生事件面前，我们的应急响应工作在底线思维、新技术应用、民间参与等方面仍有很多的改进空间。各方仍需要在战斗中继续总结经验，进一步提高国家和地方的应急响应水平。

参考文献

[1] 突发公共卫生事件应急条例.
[2] 国家突发公共卫生事件应急预案.
[3] 中共中央国务院关于推进防灾减灾救灾体制机制改革的意见.
[4] 人民日报：一张图让你明白新冠病毒肺炎疫情时间线.
[5] 中华人民共和国国家卫生健康委员会 2020 年第 1 号公告.

黄勇超　北京清华同衡规划设计研究院城市公共安全规划研究所规划研究室主任
吕　惊　北京清华同衡规划设计研究院城市公共安全规划研究所规划师
蒋　彤　北京清华同衡规划设计研究院城市公共安全规划研究所规划师

复合功能空间协同下的动态防疫空间网络建构初探

2020 年 2 月 11 日　　高　洁　刘　畅

新型冠状病毒肺炎疫情发生以来，自 1 月 23 日武汉封城开始到 2 月 6 日，第一个 14 天的传播期已经过去，疫情拐点虽尚未出现，但结合疫情发展的阶段性特征，以及对第一阶段工作的反思，第二个 14 天的工作重点和对象已然清晰，即解决前期由于医疗资源缺配，居家隔离的确诊未收治患者或疑似患者的收治工作（主要指湖北省内地区），这也是未来防控突发传染病和体现人性关怀的关键步骤。

1　为什么要构建防疫空间网络？

在当前阶段，由于及时采取集中隔离等疾控措施，全国其他地区的疫情基本上趋于平稳，武汉依旧是疫情最严峻的地区，也是疫情防控工作的重中之重（图 1）。由于本次病毒的复杂性导致的核酸检测有效性较低以及既有医疗资源难以满足突如其来的病患潮等客观现实，武汉从疫情发生到现在，大量的疑似患者和个别确诊患者无法得到收治，前期采取的居家隔离的措施使这些患

者的家属成为新感染发生的"重灾区"，同时也增加了社区扩散的潜在风险。而较为分散的病人收治模式，也在一定程度上摊薄了优质医疗资源的力量，使供需矛盾更加突出，也成为武汉的病死率为其他地方 30 倍的原因之一。

综上我们可以看出，湖北武汉是疫情最集中最严重的地区，重症患者多，住院治疗周期长，对床位的需求也远较其他地方迫切，床位短缺是目前武汉这个疫情中心的痛中之痛。故本文的研究重点即如何在现有医疗设施资源无法提供足够

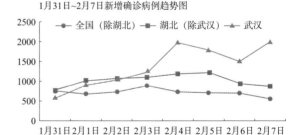

1 月 31 日~2 月 7 日新增确诊病例趋势图

图 1　2020 年 1 月 31 日~2 月 7 日新型冠状病毒肺炎新增确诊病例趋势图
资料来源：作者根据公众号丁香园·丁香医生全国新型肺炎疫情实时动态数据绘制

收治空间的情况下，构建动态防疫空间网络体系，实现病患隔离收治的效率最大化。

2 防疫空间网络的构成是什么？

我们将突发性传染病的潜伏、出现、暴发及消失的过程看作一个系统，而与其相关联的防疫空间的布局、空间、运行模式等可看作另外一个系统；相对来说，前者有序但无法预测，后者实际存在却无序、不成整体，分为多个各自为政的子系统。从医学、传染病学本身的角度出发，可以通过梳理前个系统的特点，以此为参照，介入协同论的方法，探究防疫空间系统从无序变为有序的可能性，以及内部多个子系统协同运作、互为支撑的方式，发现其系统内部自组织的适应性，最终为防疫空间网络的构建指明方向。

消灭疫情的关键路径在于有效切断传播途径和保护易感人群，对应的关键行为为预防、控制和救治，相应地可以明确防疫空间网络的基本构成元素即为以上三项关键行为提供场所的空间。

基于以上思路，我们可以构建隔离点、枢纽、中心三类防疫空间，分别对应预防、控制和救治三项防疫行为，形成以"N 个隔离点 +1 个枢纽 +1 个中心"为基本构成单元的防疫空间网络（图 2）。其中，"隔离点"指对疑似和轻症患者进行集中隔离的空间，也是当下武汉防疫空间的瓶颈，"N"指在当前疫情暴发的阶段，我们不能再把抗疫工作的阵地局限在医卫体系内，必须挖潜可利用的一切城市空间，迅速发挥城市规划中平灾结合的能力，将城市中具备一定的弹性、可变

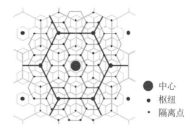

图 2 防疫空间网络体系模型
资料来源：作者改绘

性、应急性的场所，都纳入到 N 个隔离点的范畴内，对这些空间的利用也决定了城市应对疫情的"效率"与"效益"；"枢纽"指救治中心之外的负责病患诊断、转运的医疗空间，一般由后备医院和社区医院来承担，通过枢纽对病患进行确诊分送，"1"指每个单元中至少包含一家后备医院或社区医院；"中心"指传染病救治中心，由区域内实力强劲的传染病专科医院和综合医院承担，"1"指每个单元中至少包含一家定点收治医院。

由此形成分级诊疗、网格化管理的"N+1+1"联动网络，一方面可以根据传染病的暴发区域，迅速调整隔离点、枢纽、中心的联动范围，在不同区域内部组织起更具防御能力的控制网络；另一方面，也可以根据疫情发展的不同阶段特点，在枢纽和隔离点的选择上动态调整和优化，"枢纽"对"中心"的单方面联系能够提高效率，疫情信息能够迅速地传递给上层医院，患病人员也可以进行迅速地转移，减少患病人群对其他人口的传染概率。

3 如何实现防疫空间网络的动态联动？

防疫空间网络中的每个单元都会形成一个防控的联合体，联合体可呈现出依随疫情暴发点

位置、规模大小、严重程度的不同而有机变化的态势，在必要时，可以进行相互的转换与范围的调整。也就是说，随着疫情的发展变化，在不同时期内防疫空间网络中单元构成要素的角色是可以转化的。这样动态联合的网络模式，有利于解决在疫情大规模暴发时，集中优势资源在关键点位上的问题，对资源的科学配置提供有力的支持。在疫情初期和后期，配置较完善、专业性较强的传染病医院或个别规模较大的综合医院可以转变为"枢纽"，向上担负起单方面与城市疾病预防控制中心和大型综合医院的信息、医护人员、医疗设备的沟通和衔接任务，向下则负责组织网络内其他基层医院进行有效的隔离与救治。在疫情的中期，也就是目前的焦灼时期，则需要尽可能增加"中心"和"隔离点"的空间容量，结合全国医疗人员和医疗资源的调配，将"中心"构建为救治危重症和重症患者的防线，将"隔离点"构建为集中隔离轻症和疑似患者的防线（图3）。

目前，火神山医院和雷神山医院的建设为"中心"的扩容提供了有力的支持，建议在此基础上，尽快通过全国范围内的医疗人员和医疗资源的调

配将武汉目前有条件成为"中心"的医院进行软件和硬件的升级，进一步提升网络中"中心"的数量和容量。

对于"隔离点"的扩容，需要尽快将公共设施和公共场地物尽其用，进行确诊轻症患者的隔离；有选择性地征用部分酒店宾馆、培训中心、度假中心等进行疑似患者的隔离，对这些企业进行一定的财政补偿，以消减疫情对相关行业带来的经济打击。通过建筑设计和室内设计等专业的配合挖掘公共设施和有条件利用的建筑空间的转化能力，结合应急装置的使用，尽最大努力实现区域内最大比例的集中隔离，这样除了有助于在疫情期间充分发挥防疫空间网络的作用之外，也使城市空间不至于产生功能冗余式的资源浪费。

在疫情焦灼的现阶段，也是资源最紧缺的阶段，除了拓充空间的绝对容量，我们还需要通过时间拓充空间的相对容量。2020年2月4日，国家卫生健康委发布全国出院患者平均住院日是9天多一点（除湖北省），湖北省的平均住院日是20天。湖北省平均住院日时间较长，一是和重症患者比较多有密切关系；二是和武汉市更为严格的出院标准有关，相较于国家的临床诊疗方案要求，其增加了10~12天的观察期。在此过程中，需要充分发挥"枢纽"的上下联动作用，通过动态互联协议等形成有效的上下传导机制，对处于治愈观察期的患者进行"降级"的隔离收治，发挥"中心"的最大作用，为危重症和重症患者服务。

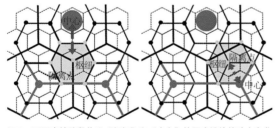

图3　不同疫情阶段作为"枢纽"和"中心"的医疗设施的动态变化
资料来源：作者改绘

4 结语

　　未来的 14 天是我们这场战役中最关键的 14 天，疫情熊熊大火能否得到有效控制，春运返程潮对北上广等一线城市未来疫情的扩散影响，都将在未来 14 天中见分晓。资源供给和分配的效率和效益是我们打赢这场战役的关键，本文构建的"N+1+1"防疫空间网络既是针对当前武汉最迫切的困境，也是面向未来一线城市有可能出现的疫情反扑局势，只有使整个系统高效地运转起来，才能保障我们每一分输出的高效性和打击的精准性。

　　最后，向在一线战斗的医疗工作者们致以我们最崇高的敬意！

高　洁　北京交通大学建筑与艺术学院城乡规划系讲师，北京市丰台区责任规划师
刘　畅　中国城市规划设计研究院绿色城市研究所城市规划师

韧性城市视角的"新冠病毒疫情"解读与应对

2020 年 2 月 11 日　李晓宇　朱京海

1　核心概念："韧性城市" VS "脆弱城市"

"韧性（Toughness）"最初是物理学概念，表示"材料在塑性变形和破裂过程中吸收能量的能力"。自 20 世纪 70 年代以来，韧性理念和基本理论就被用于生态学的研究中，后来逐渐扩展到了社会生态系统、工程系统等诸多领域。

"韧性城市"则是近年来国际社会和规划学界在防灾减灾领域使用频率很高的专业概念，是指"城市或城市系统能够化解和抵御外界的冲击，保持其主要特征和功能不受明显影响的能力"，也认为其"面对当前以及未来房地产市场的诸多干扰甚至颠覆力量时，能够承受考验或是顺应潮流并加以善用（第一太平戴维斯研究部）"。简言之，就是"当灾害发生的时候，韧性城市能承受冲击，快速应对、恢复，保持城市功能正常运行，并通过适应来更好地应对未来的灾害风险"。

在漫长的农业文明时代，城市本生长于自然、孕育于田园，天然具有"类生命体"的基本结构，象天法地、因地制宜——"韧性"是传统城市固有的"空间基因"。18 世纪以来，三次工业革命造就了工业文明，快速支撑了现代主义城市的扩张，城市成为世界人口和经济活动的主要载体，但"韧性"的基因更多地被"刚性"的材料所替代，当人们享受城市的繁荣与舒适的同时，地震、洪涝、海啸、卫生防疫、危险品泄露、恐怖主义等各类突发安全事件依然层出不穷，甚至有逐年升高的趋势——全球大城市的聚集效应都面临着日渐"脆弱"的安全环境，公共安全成为全球大城市的致命短板。就公共卫生领域而言，世卫组织（WHO）自 2007 年颁布针对管理全球卫生应急措施的《国际卫生条例》以来，共宣布了包括本次新冠病毒疫情在内的六次国际突发公共卫生应急事件，都给全球城市经济社会发展造成了严重影响，在其背后是大城市超强的集聚扩散能力和全球化背景下频繁的人口流动。

随着对工业文明发展的反思，生态文明建设越来越受到重视。十八大以来，生态文明建设已经作为统筹推进"五位一体"总体布局和协调推进"四个全面"战略布局的重要内容,"韧性"正是城市进入生态文明时代需要重新拾起的"核心"内容。

2 "新冠病毒疫情"对城市运行体系的全方位"冲击"

"新冠病毒"无疑是 2020 年以来公共安全领域最大的"黑天鹅",它基本循着"野生动物→人→物理介质媒介→其他人""野生动物→人→飞沫传播→其他人""野生动物→人→接触传播→其他人"的传播路径。依附现代交通网络体系,"纳米"级别的病毒据具有了"千万公里"级别的传播距离,尤其在春运这样超大规模的人群流动期间,对于病毒传播而言无疑具有"几何量级增长"的可能性。诸多城市的商业中心、文化娱乐场所、交通枢纽、公共交通工具等高密度的人群活动空间即成为病毒传播的"高频"区域。在这样的基本传播模式前提下,我国"超大人口规模、超强流动性、超大国土面积"无疑面临着巨大的压力和挑战。

目前,无奈之下各城市启动一级公共卫生响应机制,"有效阻断或减少病毒传播"成为防疫战的关键,禁止集会、单位延工、学校延假、商场延休、交通管制、社区设岗等一系列措施陆续实施。这种阻断对"工作、生活、交通、游憩"等城市功能都造成了阶段性的严重影响,是被迫对城市人群活动隔离实施的"逆向操作"。正如南方日报 1 月 30 日报道"按下暂停键,武汉负重前行",而全国截至 2 月 4 日(春运第 26 天),铁路、道路、水路、民航共发送旅客 1132.2 万人次,比去年春运同日下降 86.8%。

3 "韧性城市"建设对突发性公共安全事件的重要能动作用

从国际上看,总体上欧美日发达城市由于总体进入了后工业时代,同时也因近年来陆续遭到重大灾害警示,韧性城市推进进程较快。如纽约 2030 战略制定实施了《一个更强大、更有韧性的纽约》,防控的风险主要是洪水和风暴潮。伦敦制定实施了《管理风险和提高韧性》计划,防控的风险主要是洪水、高温和干旱。新加坡实施了《未来城市计划》,推进宜居环境、永续发展和韧性城市建设。日本则颁布了《国土强韧性政策大纲》,防控的风险主要是地震和海啸。

近年来,我国对韧性城市的研究和实践进展加速,如北京成为全国首个将"韧性城市"建设纳入新一轮城市总体规划的城市,雄安新区规划建设也基于韧性城市方法形成可持续的分散组团式结构。如上海实行城市安全风险分级分类管控,制定风险管理清单,编撰风险预警蓝皮书,并深化隐患排查治理,建立了健全城市应急管理体系。

总体而言,国内外各大城市对于地质灾害、气候灾害领域的韧性城市研究成果较多,也开展了大量的实践活动,但在应对突发性卫生安全实践的韧性城市研究和实践相对较少,依然任重而道远。

3.1 韧性城市理论建立了"事前预警—事中防治—事后恢复"闭合链条

韧性城市理论方法在时间维度上"覆盖了事前、事中、事后应急管理全流程",强调城市对公共安全事件的抵御、吸收、适应、恢复、学习的能力,对于有效应对城市突发事件和可持续发展具有重要意义。

3.2 韧性城市方法整合了"工程技术—城市治理—智慧平台"三大体系

韧性城市理论与应用研究在"防止城市脆性断裂"的统一目标导向下,在"应激—防控—恢复"的基本方法框架下,初步形成了市政工程、土木工程、建筑工程、人防工程、城乡规划、城市公共管理、公共环境卫生、地理信息等多学科交叉和融合创新局面。以清华大学、浙江大学、中国科技大学、国防科技大学、中国矿业大学为代表,陆续成立了韧性城市实验室或研究所,在防灾减灾、海绵城市、人防工程等方面做出了积极探索。

3.3 韧性城市实施涵盖了"科技创新—管理创新—文化创新"相关领域

"韧性"实际上代表了有机体的自我洞察、自我恢复和自我建构的能力,是一种积极应对困境的优秀品质。韧性城市的建设需要大量的工程技术、信息技术作为基础支撑,动员则需要多样、有效的公共管理和社会治理手段。从较长时间维度上看,韧性城市建设也是一种社会文化的养成过程,中华文化中"多难兴邦、玉汝于成"的优秀品质正是在巨大压力下淬炼而成的精神财富,

近邻日本也在频繁与各类灾害斗争的过程中,全社会形成了相对从容的心理应对和科学有序的行为应对。

4 "韧性城市"规划建设对"新冠病毒疫情"的应对策略

尽管经历了改革开放 40 年大规模的城乡规划与建设实践,但我国城乡规划学在防灾减灾领域理论和应用积累依然不够,针对目前的"新冠病毒疫情"这一突发性公共卫生事件,应当积极采用韧性城市的理念和方法,以"柔"克"刚",以科学理性应对疫情的冲击。

4.1 对策之一:空间韧性——平疫兼顾,强化国土安全

"我国的城市转型发展迫在眉睫,社会建设、经济发展、环境保护三者不可偏废"。此次新冠病毒事件看似随机偶然,实则有其内在因果逻辑,应当成为强化城市健康可持续发展的重要契机。

第一,将各类灾害防治纳入国土空间总体规划体系,在双评价阶段即梳理重大安全隐患事项和空间,并作为刚性底线管控,强化"国家安全发展示范城市评价细则"相关指标在国土空间指标体系中的重要作用,将医疗卫生设施专项单独作为专题纳入编制体系。

第二,做好重大安全事件条件下交通—物流、市政—能源、通信保障等生命线工程的应急方案和预留通道,确保"人员隔离、物流不断、信息畅通"。

第三，保障预留重大卫生安全"非常态"应急集中救治场地，快速补位"常态"公共卫生服务设施，如北京应对SARS的小汤山医院和本次武汉市建设的雷神山和火神山医院。

第四，提前明确各类公共服务设施的"战疫"防护要求，尤其做好体育、文化、展览等大型场馆和酒店宾馆的功能应急准备方案。

4.2 对策之二：信息韧性——城市透视，数据深度画像

突发性公共安全事件考验着城市的快速反应能力，近期，以腾讯、百度为代表运用"时空大数据"为技术工具，基于深度学习的城市时空认知—追踪—刻画方法让"快速反应"成为可能。

以基础地理信息数据为基础，以动态网络开源数据和商用数据为洞察，"数据规划师"能够与医疗卫生等部门密切协同，借鉴气象学、生物学、行为学等方法科学测度方法，一方面，从"核心、轨迹、密度"等多方面刻画城市"疾病地图"，耦合分析各类公共卫生疾病与城市空间的灰度关联，预警各类城市公共活动的潜在风险；另一方面实时监控并模拟各类隔离和疏散产生的流动性变化。

4.3 对策之三：经济韧性——动能转换，催化新兴业态

本次新冠病毒疫情对于我国"投资、出口和消费"三驾马车都带来不利影响，尤其对于零售商业、餐饮、休闲娱乐、旅游等大众消费性经济无疑是"致命性"打击，对培训教育、客运交通、酒店住宿等行业也会带来较长时间的阵痛期。与

此同时，经济学家则预测：大健康产业、线上教育培训、网络传媒、"无人"服务、虚拟现实、智能和装配式建筑、消费和服务型机器人以及各类"宅经济"等将迎来巨大成长空间。

突发事件将会在一定程度上加速城市功能和行业的演替变迁，倒逼智力型、健康型和非大众消费型服务业升级，相关的城乡规划编制和审批管理环节都应做出快速响应，保障"经济韧性"发挥作用。如进一步加强土地的混合利用，倡导慢行社区，减少非必要的长距离交通；适当降低大健康产业基准地价；允许社区嵌入"轻创"功能，为大众创新、万众创业提供包容性发展空间等；倡导采用智能和装配式建筑模式，应对突发事件的"1.5级开发"。

4.4 对策之四：治理韧性——就近分诊，倡导社区共治

社区治理实际上构成了防疫和恢复的基本空间单元，围绕社区中心的15分钟生活圈是市民活动的"第一层空间"，也是就近参与城市公共活动最频繁的空间载体。

应以15分钟生活圈为载体，将社区治理与卫生防疫相结合，基于城市空间结构和人口分布，切隔为大分区和小社区，将寻诊确诊的功能"下沉"到定点社区医院，将疑似隔离观察快速稳定在家庭空间，就近诊断能够减少疑似病例的空间接触面与并加快病例甄别速度，以空间的分散化换取整体救治的时间机遇期，减少交叉感染的概率，最大程度分担中心医院的救治压力。据《三联生活周刊》报道，武汉初期在应对新冠

肺炎的过程中，因医疗机构短缺、医院检测条件不达标等原因，延误了案例确诊时机，是造成疫情失控的重要原因。本次疫情客观上也为普遍提高社区基层医疗服务设施供给和服务水平提供了动力。

另外，街道—居委会积极开展宣传教育和治安联防工作能够切实发挥减少居民外出活动和提高健康意识的重要作用。据搜狐新闻报道，武汉百步亭社区在1月中旬仍出现4万余家庭参加的社区聚餐，这都暴露出社区治理层面的严重缺位。反之，浙江、河南、山东等地的快速反应和深入社区、乡村的基层"硬核治理"工作，发挥了较好的积极作用。中国扶贫基金会2015年发布的《中国公众防灾意识与减灾知识基础调查报告》显示，只有不到4%的城市居民做了基本防灾准备，24.3%的受访者关注了灾害知识，针对重大公共事件的社区共治共享共建依然有大量工作需要开展。

4.5 对策之五：自检韧性——部门联合，排查空间隐患

武汉市"华南海鲜市场"成为本次疫情的空间焦点，虽然城市各个部门都有自己的规范和标准，但是执行力度不一，步调不一，也往往在满足经济发展的前提下放松警惕。痛定思痛，各城市应急工作领导小组应加强卫生防疫、执法，自然资源、住建、生态环保等部门的信息沟通与联合行动，以壮士断腕的决心推进城市公共安全体检评估，对有重大安全隐患的"易燃易爆易传染"等空间场所逐一排查、评估、整顿甚至清理，坚决采取"亮剑"行动推进各类商业场所、生产单位的规范化、标准化、健康化，将潜在的安全风险降至最低。

4.6 对策之六：研究韧性——学科交叉，促进多措并举

韧性城市理论与实践并非城乡规划领域的"独门秘笈"和"独到理解"，本次新冠疫情造成的危机为学科融合发展提供了新的契机，有着非常广阔的研究视角和发挥空间。应积极借鉴地质学和气象学领域的韧性研究成功经验，促进城乡规划与公共环境卫生、预防科学、土木工程、交通工程、地理信息系统、社会公共管理等学科融合创新，深入研究光环境、风环境、热环境、安全卫生防护以及特殊空间场所的邻避条件等技术标准，将韧性城市理论研究快速转化为应用生产力，进一步推进精细化管理和精致化设计，提高城市的健康水平。如2011年以来，美国北卡罗来纳州戴维森镇（The Town of Davison）积极推行实施"戴维森为生活而设计"，涉及休闲和开放空间、健康食品、医疗服务、公共交通和积极交通、可负担性住房、经济与就业机会、邻里完整、邻里与公共空间安全、环境质量以及绿色和可持续发展、健康街道等十余个主题，发挥了积极的经济社会效应。

5 结论

现代城乡规划源起于公共卫生事业的发展和对第一次工业革命的反思，1848年英国出台的《公共卫生法》奠定了城乡规划的法理基础，自

此城乡规划从权力工具、空间美学向公共政策迈出了历史性的脚步。现代城市规划的诞生，可以说也是对工业革命造成巨大负面影响的"韧性矫正"。直到现代主义规划的鼻祖霍华德1898年出版的《明天：通往真正改革的和平之路》，也开宗明义地阐述"田园城市是为健康、生活以及产业而设计的城市"。2016年10月，联合国第三次住房和城市可持续发展大会正式审议通过了《新城市议程》，其中将"城市生态与韧性"作为重要议题，明确"环境领域的生存底线是建立安全、韧性城市，基本原则是降低人工环境的冲击，保护自然生态"。

城市作为经济社会发展和人口集聚的主要载体，不断面临着各类公共安全风险。当前，面对"新冠病毒疫情"带来的巨大危机，城乡规划从业者更应深刻理解和运用"韧性城市"思维方法，将"平时储备—疫时应对"有机结合，促进"建设可持续和具有抵御力的城市"，推动"生态文明导向下"的城市现代治理历史进程，为弥足珍贵的城市健康生活贡献力量。

李晓宇　沈阳市规划设计研究院有限公司高级工程师，沈阳建筑大学城乡规划学博士
朱京海　国家重点研发计划项目首席科学家，中国医科大学环境健康研究所所长、博士生导师，沈阳建筑大学城乡规划学博士生导师

基于急性传染病疫情防控的规划响应

2020 年 2 月 12 日　　冷　红　李姝媛

当前，新型冠状病毒肺炎正在国内肆虐，疫情牵动着每一个中国人的心。同 2003 年暴发的 SARS 一样，这一疫情同样属于典型的公共卫生事件中的传染病流行事件，给城市公共安全带来严峻挑战。从城市规划层面，基于急性传染病疫情的防控特征与需求，如何通过规划技术手段参与应对此类城市公共卫生事件的发生是值得重视的课题。在回溯疫情暴发以来的防控薄弱点以及借鉴国内外经验的基础上，以城市公共安全中的健康安全为导向，从城市规划视角，结合急性传染病"流行病学调查、监测和控制"的工作特征，可以从城市空间健康安全信息系统和城市空间健康安全防灾规划两个方面做出积极的响应。

其一，城市空间健康安全信息系统的构建对于传染病疫情的空间预警和空间监测至关重要。

疫情发生前通过城市空间健康安全信息的警报提供辅助的疫情空间预警。疫情预警对于防止传染病疫情广泛传播发挥着重要的战略性作用。通过大数据分析，密切关注城市空间信息中健康安全信息的动向，可以在疫情暴发及大规模蔓延以前，为政府和居民提出前瞻性和时效性的警报。以美国经验为例，其建立的"全国城市应急医学网络系统"通过接收、分析不同城市空间场所中可能与传染病暴发有关的异常信息和突发的传染疫情病例，及时地发现多例传染病事件的病源和病原体，从而有效地控制和预防更多感染的发生。不同传染性疾病具有不同传染源和传播途径，空气、饮水、飞沫、尘埃微粒、蚊虫、粪便都有可能成为传播媒介，而初期少数的传染事件能够通过城市空间与居民行为指标得到反映，通过挖掘潜在的城市空间与居民行为的关联性指标，并将指标与急性传染病事件建立起对应的综合信息网络，从而提供多方位的线索，则有可能针对疫情发生为疾控部门提供辅助预警，以便于多部门及时采取相应的防控措施，使疫情蔓延防患于未然。

疫情发展中通过城市空间健康安全信息的识别提供辅助的疫情空间监测。在此次新型冠状病毒肺炎疫情发展过程中，不同研究团队从宏观区域层面对人员流动和发病趋势的预测以及地方政府从城市层面实时进行的发热门诊信息公布均在疫情监测中发挥了重要作用。在空间健康安全信息系统中，三甲医院、发热门诊、社区基层医疗点以及临时建设的"方舱医院"（洪山体育馆、武汉客厅和武汉国际会展中心提供的轻症患者隔离医院）之类的资源型信息获取十分重要，它们的布局是否均衡合理，患者是否了解其具体位置与功能，是否能够最快速、便捷地到达相应医疗场所，对于把握诊疗时机、降低在辗转路径中传播病毒的风险至关重要。而针对风险型信息的识别包括疫情传播点和易感人群的空间分布更需要引起高度重视。不同类别的传染病有不同易感人群，2003年发生的SARS疫情和2009年发生的甲型H1N1流感中，年轻人更易受到病毒的侵袭，而此次新型冠状病毒肺炎的易感人群则是以免疫功能较弱的中老年人为主。因此，掌握不同易感人群在城市中的时空分布规律和行为活动特征，进而对具有高危易发人群分布的地区采取针对性的防范策略并提供重点防控和安全保障十分重要。

其二，城市空间健康安全防灾规划对于传染病疫情控制起到重要的空间载体支持作用。

城市空间健康安全防灾规划应当纳入城市公共安全规划整体考虑，其中，针对急性传染病疫情防控特征与需求以及疫情引发的城市公共卫生事件提出针对性的规划应对是该规划中的重要部分。为了综合、有效地应对突发传染病疫情，除了充分发挥各类绿地阻隔和抑制疫情传染的功效外，还需要以健康安全为导向，以城市传染病疫情识别和风险评估为基础，从平灾结合的角度，开展城市空间健康安全防灾规划的编制并采取相应实施措施。目前，城市公共安全规划中涉及防灾规划中平灾结合的部分主要是针对突发的自然灾害如地震、洪水以及突发人为灾害（如火灾）等灾害发生时，如何将广场、公园、体育场、学校操场等场地作为临时的避灾避难场所，而针对突发传染病疫情的防控，大多数城市尚未考虑到建筑与用地布局的平灾结合。从此次新型冠状病毒肺炎在武汉暴发的情况以及政府采取的有效措施来看，城市规划必须要有针对传染病疫情暴发的空间应对措施，因此需要在城市防灾规划中增加相应的规划内容，例如从总体层面和详细层面按照不同规模传染病发生的情境预先规划设定集中防控、集中治疗、临时隔离观察、临时物资储备等平灾转换和平灾结合的建筑和用地类型及相应指标，为应对传染病疫情提供足够的空间载体支持。同时，疫情发生时，医护人员需要获得应急医疗物资，重轻症患者需要前往医院，而普通居民需要获得日常生活物资，因此还需要采取平灾结合的应急交通运输方式，包括疏散和物资配送体系规划，从而提升应急物资供应能力和满足疫情发生时城市的基本运转。

在SARS疫情过去十七年后的今天，新型冠状病毒肺炎疫情又蔓延各地。在全球一体化和大规模城镇化发展的背景下，未来的人类社会还会经受什么样的考验？在突发公共卫生事件面前，如何确保公众的健康安全？这些既需要政府、医护人员的决策判断，也需要各相关学科研究者的共同配合。城市规划从业者应该未雨绸缪，而非斗而铸兵，不断地努力探索促进人类健康安全的城市规划理论和方法。

冷　红　中国城市规划学会学术工作委员会副主任委员，哈尔滨工业大学建筑学院教授、博士生导师
李姝媛　哈尔滨工业大学建筑学院博士研究生

马路市场规划

—— 湖北黄石疫区临危受命的"特殊生活圈"

2020 年 2 月 14 日　　陈　煊　杨　婕

2020 春节关键词：湖北、武汉、疫情、新冠肺炎、病毒、隔离……

2020 元宵节后新增关键词：疫情防控、消杀、菜篮子、社区、复工……

被新冠病毒肆虐的中国城市就像瞬间被按暂停，国人悄无声息地度过了这个艰难的春节。随着疫情控制发展到拐点，老百姓春节存储物资也到了拐点。民以食为天，各地政府开始统筹市区超市、农贸市场、马路市场、网店等任何能够健康有效地提供百姓生活物资的力量。其中，处于湖北疫区的黄石市政府于 2 月 5 日正式对外发布该市全面开放"马路市场"，打响了疫情区"菜篮子"建设工程，大胆创新之举得到了老百姓的肯定，并有效地抑制了病毒的积聚性扩散，省内其他城市如大冶市、武汉市也逐步展开马路市场建设来服务疫区人们的日常生活。

1 马路市场：疫情区的非正规"菜篮子"

生活保障一直是国际社会发生疫情后城市治理的重要内容，中国的各级政府部门也在不断加强城市疫情之后的生活保障建设力度，食品安全问题、食物价格增长问题、购物出行带来的人群再次积聚问题……都极大地考验着各级政府的综合治理能力。

紧邻武汉的黄石市是湖北省内疫情发生地相对严重的地区，截至 2 月 13 日确诊病例 911 例。近期，笔者对黄石市商务局、市城管局、市场监管局、市招商局等相关部门的访谈和有限的田野调查显示，自疫情以来，黄石市迅速成立市防控指挥部（以下简称指挥部）负责统筹商超防控，确保生活物资的供应，而商户和居民普遍反映大型商超和农贸市场因空间有限、通风性较差，购物时人口聚集更容易产生交叉感染。此外，市场监管局更提出封闭市场执行消杀任务存在对食品的再次污染问题。为此，指挥部迅速联合市商务局、市城管局、市场监管局、各区政府、街道社区等展开对策讨论，针对黄石市商超生鲜部面积过小、商户过于密集等现实问题，指挥部果断决定要发动多方治理力量共同推进临时马路市场规划和建设。

黄石市商务局局长毛甲艳（2020.02）认为，"在这种情况下，'马路市场'的放开很有必要。"

黄石市此次"特殊生活圈"规划中开放的马路市场共计 54 个（黄石港区 15 个、西塞山区 20 个、下陆区 13 个、开发区 – 铁山区 6 个）。

规划完成了现场摸底、沟通协调、布点选址论证、临时设施配建和维护运营等工作。54 个马路市场涉及城市的空地、广场、路边、巷道、院内等不同空间类型，大部分选址靠近原有的菜市场或者原有马路市场（图 1）。

各部门协同管控的工作聚焦在三个板块："空间选址和秩序维护""食品安全""社会组织和人员安全"，具体的职责分工也迅速做了调整（表 1、图 2）。直接参与同步治理的公职工作人员约 400 人，由指挥部统筹，按照辖区和市场大小，每个市场配 6~7 位固定的工作人员服务，分别是 1 位副县级以上干部，1 位科室包保人员，1~2 位区所二级单位人员，2~3 位原农贸市场管理人员，1 位社区管理工作人员。

从 2 月 5 至 12 日，共计一周的时间，来到马路市场的摊贩从最初的 200~300 户增长至近 814

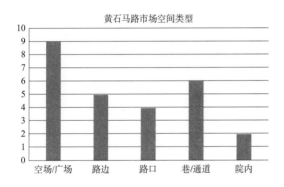

黄石马路市场空间类型

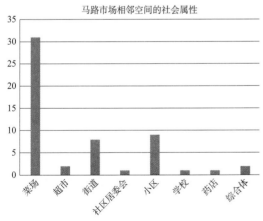

马路市场相邻空间的社会属性

图 1 黄石马路市场的用地类型及其周边邻域的属性

职能部门此次临时性马路市场规划的

具体工作任务分工　　　　表 1

部门	具体工作内容
商务局 （牵头）	• 规划马路市场临时选址、确定边界 • 农产品调度（对接企业和个体流动摊贩） • 安全把控
城管局	• 设定空间和时间准则（限定工作时间、划定边界、摊位间隔、市场出入口） • 制作空间布点导图、建设宣传、辅助教导摊贩工作 • 新建马路市场临时基础设施（增设 162 个垃圾箱、废弃口罩专用收集容器） • 管理市场经营的经营秩序、日常保洁、垃圾清运 • 组织进行集中消杀
市场监督管理局	• 食品安全检查（散装直接入口食品安全检查、农产品的农药残留抽检），并加强抽查频率 • 打击假冒伪劣产品，稳定物价 • 与摊贩、个体经营户沟通对接 • 与社区一起组织专业公司，进行每日两次及以上消杀工作 • 监督经营者和相关人员佩戴口罩
农业局	• 负责蔬菜等农副食品安全
交通局	• 发放食物运输车辆通行证、市区内交通管制
社区	• 限定出门采购人数和次数、入市体温监测 • 沟通协商马路市场具体地点

户（由原农贸市场内部固定摊贩和流动摊贩共同组成），其中猪肉经营户为65户，剩余749户为蔬菜、豆制品等其他品种。在推进马路市场建设中，黄石不仅发挥了原农贸市场、门店超市的力量，更积极高效地利用了原黄石周边浠水、阳新农产

品摊贩散户的力量，这些摊贩长期进驻武汉销售，疫情到来导致渠道被阻而滞留黄石，马路市场的开设为他们敞开了销售场地。从商务局所跟踪到的中端市场消费数据统计来看，马路市场能够较好地满足疫区的日常所需，其快进快出、多口径

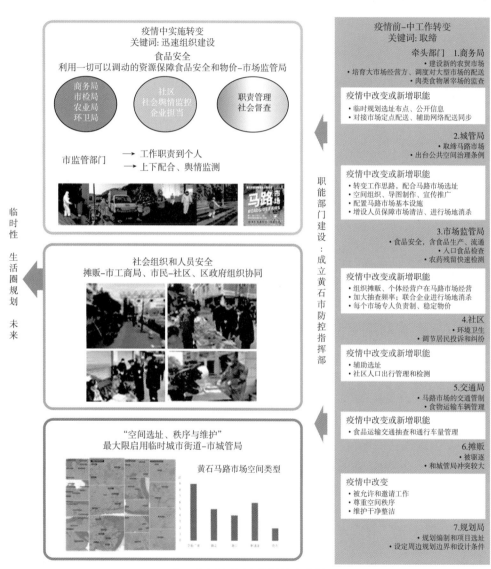

图2　黄石市马路市场的规划与治理路径

图片和数据来源：黄石市商务局、城管局、市场检管局等访谈整理

交易、迅速结单等服务特点能有效抑制病毒的传播，减少了疫区的恐慌，得到百姓信赖，而从政府部门发布的网络推文、微博、抖音视频留言数据等来看，此举深得百姓称赞。

2 为何马路市场饱受诟病：不曾被"生活圈"规划所登记

马路市场大家都不陌生，主要由大量摊贩自我雇佣、临时或周期性地集聚在特定的街道空间内而产生。其常因侵占道路、无组织、无结构、生产服务规模微小等特征而被认为是一种典型的非正规经济活动。地方职能部门多将其视为落后经济形式的典范，多年来商务部门一直努力通过农改超、退路进场、超市建设等方式将摊贩进行"收编"，并同步取缔马路市场。而城管部门具体的执法过程则以驱逐、劝退为主。市场监管部门则因其流动性、微小性而无法展开食品安全的监管工作。环卫部门更因其基础设施欠缺所造成的卫生问题而义无反顾地支持取缔……多年以来各部门对马路市场嗤之以鼻。但居民却离不开它所带来的食物的廉价、新鲜和便利。

回顾自2016年中共中央、国务院提出"打造方便快捷生活圈"以来，生活圈建设的管理单元集中体现在社区、街道，其中很重要的一个内容就是农贸市场建设。为此上海、北京、南宁、重庆、长沙、济南、西宁、无锡等城市都希望通过15分钟生活圈的规划来更新整合原有生活设施。但从现有文献和实践经验来看，各地生活圈规划的内容很难真实地包容原有马路市场，被规划所采纳

的层层填报数据中，并不包含现状的马路市场，因上述的种种问题，各区将新建、改建密闭型农贸市场作为标准实施方案，从而使原来事实存在的马路市场，不得不以自建的方式展开。这也导致众多摊贩通过马路市场获得重要的就业机会和场所，以及"马路市场"为老百姓的菜篮子所做出的贡献减弱。

综上而言，"马路市场"涉及了城市的公共空间（图3），如居住区邻里间的公共权属问题，参与了农、超之间的竞争关系，挑战了城市道路、广场等交通设施的使用管制等。常年来基于层级监控的"运动式"马路市场管理是我国目前应对马路市场常用的管控手段，该方式消耗了大量的城市公共管理资源，而其在矛盾冲突中的执法曾一度成为质疑政府治理公信力的焦点（陈煊、袁涛、杨婕，2019）。那么如何在社区生活圈规划中，促进社区防灾防疫的生活设施建设呢？从此次黄石的经验来看空间形式的多样性，马路市场开敞便捷的天然优势不可估量。黄石市政府城市治理方式如此大的转变，使得此次围绕摊贩以安全食物销售为主体的马路市场应急规划建设的工作意义非凡。

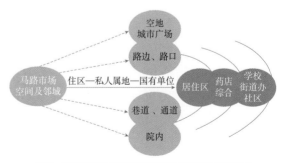

图3 黄石市马路市场临时规划涉及的空间类型与邻域

3 疫情过后：马路市场去留将持续挑战地方政府公共空间治理能力

马路市场是典型的利用城市公共空间进行销售、交流、活动的场所，它以基本相似的流动形式出现在全球的每一个国家，西方对马路市场的治理从 20 世纪 60 年代开始经历了对马路市场摊贩的合法地位认定阶段，审批管理制度的建设阶段，多目标多部门分时段的综合治理阶段，治理过程中也越来越多地出现摊贩协会的身影（Bhowmik S K，2005；CROSS J C，1998；蔡克蒙，2010；笪素林，2017），马路市场发展至今已经形成了一个利益均衡、多目标、多方合作的治理格局。因为马路市场并不仅仅只是市场本身，其身处城市中心，销售环节的一切都被市场规律所牵制。从此次黄石开放的 54 个马路市场的数据整理来看，它涉及了城市空地、路边、路口、巷道、通道、院内等空间类型，包含了和邻域周边的住宅、私人领地、国有单位的密切配合和协商（图 4）。因为疫情中临时性马路市场的建设无需回应周边居民交通出行问题，地方政府财政补贴和建设也直接回馈给城市普通市民包括摊贩本身，该建设过程表明了地方城市综合治理实力和应急能力的进步，也回到了对城市居民切身利益相关的食品健康的关注、低收入群体的社会就业问题、社群文化信赖和认同等重要价值观的原点上。虽为临时之举，却是转变管控思路，真正实现以社会发展、人文关怀、社会就业等为目标的城市治理。身处新冠肺炎病毒重灾区之一的城市摊贩，他们更是义无反顾地响应政府号召，承担

了社会风险，继续用他们的方式服务着这个城市。

疫情之后，城市终将继续回到新鲜蔬菜零售空间的持续性稀缺、低收入就业空间持续压缩，而现代化超市供应链精简的无力之中。如何重塑中国最短、最快捷、最便民的农产品获取生活圈，黄石临时性经验显然是不够的。随着经济体制改革，我国蔬菜零售业慢慢从国家统筹治理体系转变为以利润为导向运行的市场体系。农贸市场作为我国早期蔬菜零售空间代表，随着建设权向市场力量的移交，国有的农贸市场数量逐渐减少，直到完全私有化，新一轮的农贸市场已经逐渐成为控制这些财产的市场经营者的资本积累场所（Qian Forrest Zhang，Zi Pan，2015）。如疫情中所呈现的新一代的"马路市场"在中国能再次成为日常生活圈的重要内容是老百姓最希望看到的，这些在大灾大疫中所积累的共治经验，政府一民众之间所达成的共同契约、信任关系能否在灾后与日常生活中继续发挥它们的作用，这将再次挑战地方政府公共空间治理能力。在世界城市建筑的历史发展进程中，每一次重大的传染性疾病疫情都推动了建筑学和城市规划设计新理念、新方法和新的标准规范的更新迭代（王建国，2020）。疫情之后，希望此次"特殊生活圈"中所带来的真正为民服务的核心价值能引发地方政府思考该如何正面城市真实的生活圈。

谨以此文感谢在疫情中春节无休、不断摸索治理思路、勇于付诸实践、积极服务于老百姓日常生活的各职能部门工作人员，每次灾难都极大地考验并促进治理能力的提升。特别感谢百忙之中接

受访谈的黄石市商务局、黄石市市场监管局、黄石市城市综合管理局、黄石市招商局、黄石市自然资源与规划局等部门同仁们，你们的无私帮助促成了此次疫情后的实践记录整理。

注：文中图表未标明出处的均由作者根据访谈内容整理绘制。

参考文献

[1] 陈煊，袁涛，杨婕. 街边市场的多目标协同规划治理：以美国波特兰街边市场建设为例 [J]. 国际城市规划，2019（6）：34-40.

[2] BHOWMIK S K. Street vendors in Asia：a review[J]. Economic & political weekly，2005，40（22/23）：2256-2264.

[3] BHOWMIK S. Legal protection for street vendors[J]. Economic & political weekly，2010，45（51）：12-15.

[4] CROSS J C. Informal politics：street vendors and the state in Mexico City[M]. Stanford：Stanford University Press，1998.

[5] 蔡克蒙. 中国城管能从外国学习哪些经验 [J]. 法学，2010（10）：108-120.

[6] 笪素林，王可. 城市街头摊贩治理之道——基于纽约街头摊贩治理的分析 [J]. 江苏行政学院学报，2017（6）：72-79.

[7] ZHANG Q F, PAN Z. The Transformation of Urban Vegetable Retail in China：Wet Markets, Supermarkets and Informal Markets in Shanghai[J]. Journal of Contemporary Asia，2013，43（3）：497-518.

[8] 王建国，疫中思策 | 王建国院士：疫情是"危机"也是"契机"[EB/OL]. [2020-02-12]. https：//news.seu.edu.cn/2020/0212/c5485a317118/page.htm.

[9] 5 日起，黄石全面放开"马路市场"，各城区这些地方可以买菜！[EB/OL]. [2020-02-04].http：//www.huangshi.gov.cn/xwdt/hsyw/202002/t20200204_599853.html.

[10] 黄石全面放开 54 个"马路市场"，三大举措确保市民"菜篮子" [EB/OL]. [2020-02-06].https：//baijiahao.baidu.com/s?id=1657782642951214463&wfr=spider&for=pc.

[11] 黄石：马路市场定点导购图助力"菜篮子" [EB/OL]. [2020-02-08]. 网易新闻 http：//3g.163.com/news/article/F4S2Q9NM0517HGNH.html.

[12] 整治"马路市场" [N/OL]. [2018-02-08]. 黄石日报：http：//www.hsdcw.com/html/2018-9-10/936545.htm.

[13] 枫叶路的马路市场上午整治完，下午又恢复原样 [EB/OL]. [2014-06-19]. 湖北日报：http：//www.xianzhaiwang.cn/shehui/5466.html.

陈　煊　湖南大学建筑学院副教授、博士生导师
杨　婕　湖南大学建筑学院博士生在读

面向韧性城市的防疫体系空间问题探讨

2020 年 2 月 14 日　　周艺南　刘晋华　施　展

政府间气候变化专门委员会（IPCC）将韧性定义为："系统能够吸收干扰，同时维持同样结构和功能的能力，也是自组织、适应压力和变化的能力。"近年来，韧性城市理念被用于应对城市偶发灾害，例如雨洪、地震、台风等，此次新冠肺炎的肆虐凸显了提升城市防疫体系韧性的重要性和紧迫性。

首先应明确三个要素：①韧性的主体，即城市防疫体系，它是由相互关联的子系统组成的，主要包括救治系统、隔离系统、预防系统、交通支持系统以及产业支持系统等；②韧性的对象，即病毒、患者及其传播方式；③韧性的内涵，当韧性主体应对疫情时所具有的三种核心能力，即应对疫情的能力、避免疫情发生的能力以及学习和适应能力。

以上三个要素都同城市空间紧密相关，从韧性视角透视防疫体系的空间问题，可以进一步提升我国的防疫能力。下面基于韧性的三个内涵展开探讨。

第一，促进系统冗余，提高应对疫情的能力

韧性城市鼓励创造冗余度，即增加系统的复杂性，使系统具有更多重复的功能或可替代的解决策略，以应对短时间爆发性增长的灾害。从城市群来看，武汉城市群首位度高，虹吸效应大，周边城市医疗资源脆弱，说明外溢的医疗需求不能被周边城市化解，系统脆弱性高[1]，这也意味着周边黄冈等二、三线城市防疫工作将面临严峻挑战[2]。应在城市群尺度上综合布局防疫资源，形成层次鲜明的防疫网络，同时兼顾资源布局的均好性，加强城市之间的支撑作用。另外，从武汉"1+8"城市圈规划中可以看到，周边城市定位具有防疫支撑的潜力，以黄石、鄂州作为物流保障，以孝感、仙桃作为农产品和医药保障等，建议进一步针对疫情期间保障问题，探索建立城市群联防联控机制。

韧性城市主张"平战结合"、错时使用，即调整既有建筑使用功能，增加应急时期收治空间的资源供给。为缓解医疗空间矛盾，避免大量人流向医院聚集产生交叉感染，武汉等城市逐步对人群进行细分，形成了分级应对的隔离空间网络，在此基础上扩大不同类型空间的供给，有效地提高了系统的冗余度。人群分为没有出现症状的密切接触者、疑似病例、临床诊断病例、轻症患者以及重症患者，

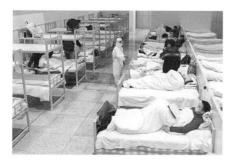

图 1　患者在江汉方舱医院内
图片来源：新华社；新华社记者　熊琦 摄

图 2　健康中国 2030 主要指标
图片来源：新浪微博

分别匹配以居家或宾馆隔离、集中隔离点、有一定医疗条件的机构、方舱医院以及定点医院这五种模式[3]，同时征用现有建筑进行改造，比如体育馆被改造为方舱医院，学校宿舍用于集中隔离点等，这些举措有效加强了系统冗余度。

防疫期间大量公共场所停业，政府通过对空闲公共资源进行调配来弥补收治空间的欠缺，这无疑最为快速、便捷。建议开展公共空间资源清查工作，提前梳理防疫期间可利用的应急绿地、园区楼宇等，按照适用程度分类分级，同时明确征收办法，制定详细的新建或改造措施，针对重要设施开展防疫演练，以保能够在疫情发生的第一时间及时投入使用。例如，对应急绿地提前选址，建设好地下管线设施，平时地上空间可用作城市绿地公园，疫情来临时快速改造为防疫医院或集中隔离点；方舱医院本意并不是用于传染病收治，建议结合防疫特点对现有方舱医院形式进一步优化；建议各地提前储备类似火神山医院的专业集中救治设施。

第二，完善空间预防，提高避免疫情发生的能力

首先，结合防疫需求，推进健康城市建设。

2016 年我国颁布《"健康中国 2030" 规划纲要》，提出完善全面建设公共服务体系、广泛开展全民健身运动、促进重点人群体育活动以及加强体医结合和非医疗健康干预等要求。当前对健康城市的关注主要集中在非传染性疾病应对方面，结合城市空间环境设计来应对慢性病。建议在此基础上，进一步加强同防疫需求的结合，包括：①依据地区防疫能力预判，优化医疗机构布点；②完善社区医疗体系，推进分级接诊；③构建空间隔离网络体系，简化就诊路线；④完善防疫物资储备，保障重要运输通道安全；⑤促进城市通风，保障水质安全。

其次，要重视源头防治，对易引发疫情的高危区域进行严控。武汉华南海鲜市场处于城市中心区，西侧邻铁路枢纽，人流量较大，监管缺位，产生了严重的安全隐患。今年的禽流感事件并未发生规模性传播，正是因为养殖场位于郊区或农村等人口稀疏地区，容易切断传染源。目前，我国许多城市都存在类似市场，建议针对相关区域开展集中的空间整治，将类似市场进行疏解，能更新的及时更新，不能更新的要置换功能业态、增强街区开放性、提高监管的透明度。

再次，在城市建设中，应重视"共有地带"问题。"共有地带"原本是指"集合住宅中为保证私密性不受干扰而设置的与公共空间之间的缓冲地带"，可以理解为供某一个群体共享的空间。这类空间由于归属不清晰，城市管理部门和业主都认为不在自己管辖范围而疏于管理，一旦物业管理水平较低，容易沦落为城市"三不管"区域。"共有地带"是滋生武汉华南市场的城市形态DNA。在城市建设中应明晰"共有地带"归属，强化物业和监管水平，对归属不清晰的，应在设计阶段

图3

图4　郑州消除"共有地带"的街区案例：建筑面向街道开门，组团中庭划分给私人业主
图片来源：维思平建筑设计事务所提供

避免此类空间出现。著名建筑学家坂本一成在设计中通过消除"共有地带"创造了洁净、开放的空间形态。

第三，强化治理水平，提高学习和适应能力

韧性城市将灾难中的学习和适应作为正向反馈，强调在经历中学习（Learning by Doing）的能力。2003年非典过后，我国应急防疫体系有了巨大的改善，应急治理水平显著提升。由于本次疫情的迅猛程度远超非典，也暴露了一些问题，有待改进。

首先，在应急体制方面，部分地区应急保障机制欠缺，分部门灾种处置模式导致各机构之间综合协同渠道不畅[4]。部分地区应急保障不到位，反应迟缓，权责不清，分部门处理的应急处置模式导致各部门之间，如医疗机构、交通、街道、公安等，协调联动不够，各部门的补位协同机制不顺畅。比如武汉早期医院病床不够时未能及时统筹其他空间资源，物资供应、调配和发放出现一定欠缺等。建议明确地方应急权责，完善应急保障机制，建立应急物品救援反应系统，用来负责保障突发事件后医疗器械、药品等救援物资的储备与迅速到位，改分部门灾种处置模式为部门统筹处置。

其次，在精细化治理方面，全国范围内涌现出的以"网格员"为抓手的网格化管理工具对疫情防控起到了重要作用，应进一步优化推广。城市治理权责下沉，社区成为联防联控的第一道防线，网格员肩负着对疫情监控、防护、宣传教育和弱势群体的生活保障等职责。社区作为城市治

理的最小细胞，分社区而治的方式避免了"一刀切"的问题，使之满足基本要求之下能够灵活施策。同时，也存在部分地区精细化治理水平不到位，比如社区跟其他权责单位对接不畅通等问题，有待进一步改善。

再次，在智慧城市建设方面，针对防疫的相关技术还有待提高。在本次疫情中，似乎难以看到智慧城市应用的身影，不禁有人质疑"这场防疫战里，智慧城市失灵了么？"[5] 其实，由于以往智慧城市的建设偏向基础设施领域，对防疫方面的考虑不足，因而难以形成有效支持。西方学者也提出未来智慧城市方向性变化的判断，即从注重设施的智慧城市到注重问题导向的城市智慧。应针对防疫问题开展技术研究，包括利用手机信号追踪病毒携带者的社交路径，从而精准地对近距离接触者开展隔离；针对社区防疫工作研发相关 APP；开发体温自动检测和预警设施等。智慧

图5　城市网格员开展外来返乡人员摸排
图片来源：https：//mp.weixin.qq.com/s/5lGhF–s7aTdGmBqCvTo–pg

周艺南　北京交通大学建筑与艺术学院讲师
刘晋华　北京交通大学建筑与艺术学院讲师
施　展　北京市海淀区花园路街镇责任规划师

城市建设要紧密结合应用场景，突出问题导向，推进数据开源，打破利益壁垒。

结语

韧性城市空间防疫体系的核心在于建立韧性思维方式。在系统方面，需要整合多种复杂系统，形成组织合理、运转有序的城市有机体；在尺度方面，需要跨越城市群—城市—社区等多维空间，综合利用资源应对突发事件；在场景方面，需要兼顾平时和应急两种状态，在保障防疫的同时优化资源配置。

面对此次疫情，我国采取了最严格的管控措施，取得了巨大的成效。但我们也要清醒地看到，目前防控形势依然严峻，面向韧性城市来讨论防疫体系的空间问题，有助于降低灾害影响，让城市保持高效、安全的运行状态。针对城市防疫空间开展韧性专项规划势在必行。

参考文献

[1]　董全林. 对武汉城市圈疾病预防控制体系建设的构想 [J]. 中国社会医学杂志，2012，29（04）：230–232.

[2]　https：//mp.weixin.qq.com/s/PpEqQsyF2Hklml OvHDLw4A.

[3]　https：//baijiahao.baidu.com/s?id=1657956311408329914&wfr=spider&for=pc.

[4]　谈在祥，吴松婷，韩晓平. 美国、日本突发公共卫生事件应急处置体系的借鉴及启示——兼论我国新型冠状病毒肺炎疫情应对 [J/OL]. 卫生经济研究. https：// doi.org/10.14055/j.cnki.33–1056/f.20200210.001.

[5]　https：//mp.weixin.qq.com/s/mz4Wril5sMIPV 44k79eTDQ.

"疫情地图"热的冷思考

2020 年 2 月 15 日　　苏世亮

地图是一种对现实世界的数据提炼和视觉表征，也是一种现实世界的呈现方式。随着全球进入"读图时代"，地图因其特有的"文本—图本"的二元结构以及直观、形象、易读等特点，成为大众快速了解生存与生活空间的最佳工具。自2019 新冠疫情开始，大众对"疫情地图"的需求与关注也呈现出快速增长的趋势。国内外主流媒体、自媒体、科研院所、国土规划相关部门等纷纷推出了各自的"疫情地图"。"疫情地图"成了新闻媒体报道的必备内容，但与此同时，也出现了"乱用"和"滥用"的情况。因此，在"疫情地图"大热的背后，我们不得不坐下来冷静地思考。

1 "疫情地图"的合法性

新修订的《地图审核管理规定》指出，除下列 3 种情况以外，所有公开传播的地图编绘主体均应当依照规定向有审核权的测绘地理信息主管部门提出地图审核申请。

（1）直接使用测绘地理信息主管部门提供的具有审图号的公益性地图；

（2）景区地图、街区地图、公共交通线路图等内容简单的地图；

（3）法律法规明确应予公开且不涉及国界、边界、历史疆界、行政区域界线或者范围的地图。

其中，国务院测绘地理信息主管部门负责下列地图的审核：

（1）全国地图；

（2）主要表现地为两个以上省、自治区、直辖市行政区域的地图；

（3）香港特别行政区地图、澳门特别行政区地图以及台湾地区地图；

（4）世界地图以及主要表现地为国外的地图；

（5）历史地图。

目前在社交媒体传播的"疫情地图"，较多涉及国界、两个以上省、自治区、直辖市行政区域的情况。然而，大多数"疫情地图"均没有审图号或未标注底图是否来源于自然资源部提供的国家标准地图。部分地图出现了行政区划错误，甚至有明显的红线类错误（例如藏南、钓鱼岛、南沙群岛等），造成了此类"疫情地图"不具有合法性的尴尬境地。此外，《地图审核管理规定》未对变形地图的合法性进行明确界定，建议谨慎使用。如若确实不具备条件申请审图号，可以通过借助信息图表或者拓扑图的方式进行信息表达。

2 "疫情地图"的科学性与规范性

现实世界最终会以什么样的方式进入信息世界，在很大程度上取决于地图表征手段上的科学性与规范性。马克·蒙莫尼尔教授在其著名的作品《会说谎的地图》中指出，任何地图数据都有可能被操纵。我国行政区划的空间范围大小不一，人口密度也相差甚大。在这样的情况下，如果表达指标不科学或者可视化手段不规范，"疫情地图"就会向我们"说谎"，传达错误的信息。"疫情地图"从本质上来讲属于专题地图。因此，我们必须保证表达指标的科学性，同时规范化设计"疫情地图"的符号系统、颜色系统、比例尺系统（电子地图除外）等。

3 "疫情地图"的实用价值取向

"疫情地图"的实用价值主要通过 4 个层次来体现。第一，表达热点区域，展示疫情流行高发区域；第二，警示风险区域，让公众了解潜在危险或风险区域；第三，揭示盲区，强调那些未被关注却本应该被关注的区域；第四，发现误区，披露那些被误判、错判或者有待纠偏的区域。然而，当前的"疫情地图"偏向于单纯展示发病人数的空间分布，多停留在表达热点区域或者警示风险区域的层次。尚未有效表达发病人数与人口密度、建成环境、社会经济因子的潜在关联，未达到揭示盲区、发现误区的层次。

4 "疫情地图"的人文价值取向

"疫情地图"与普通专题地图最大的不同，在于其叙述的是人本视域下微观个体生命与权利的故事。因此，"疫情地图"以人的生命为表达中心，浸透着浓厚的人文主义观念，以人文关怀为基本价值取向，其设计的落脚点也要回应人的问题。将发病或者死亡人数简单以数字的形式表达在地图上，可能无法促使阅读者对人文价值进行思考，甚至会因数字的降低而感到欣喜，忘却了每个数字都对应一个生命。因此，如何设计出可以传达人文价值的"疫情地图"是我们必须思考的问题。

苏世亮　武汉大学资源与环境科学学院副教授

公众如何提升自身免疫力，防治新型冠状病毒肺炎？

2020 年 2 月 16 日　　王　慧　李晓光

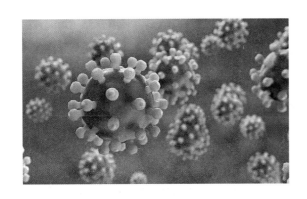

面对新型冠状病毒肺炎，除了做好个人防护措施尽量避免接触病源以外，在很多预防建议中，提到要保持健康生活习惯、提高免疫力。一般而言，个人的免疫系统强弱很大程度上决定了抵抗疾病的能力，在这样一个全民对抗病毒的时期，增强个体抵抗力是更为直接且有效的防病治病方法。那么，免疫力究竟是什么？我们应该如何有效提高免疫力呢？

首先，我们先看一组数据："1 月 27 日，中国疾病预防控制中心发布了最新的'中国 2019 新型冠状病毒疫情进展和风险评估报告'称，目前发现的病例男：女比例为 1.16︰1。年龄中位数为 49 岁，范围为 9 个月~96 岁，15 岁以下年龄组病例占不到 0.6%。潜伏期平均 10 天（1~14 天）。有基础性疾病、年龄大的患者容易发生重症和死亡。"这一数据提示不同性别、不同年龄人群患病风险不同，如果你是一名身体健康、免疫力好的年轻人，感染的风险会降低，感染后痊愈的概率也较大，因此在远离传染源的同时，增强免疫力也会起到很好的保护作用。

人体的黏膜系统是机体免疫的第一道城墙，空气或食物中的细菌或病毒入侵人体前，需要突破黏膜防线（包括呼吸道、胃肠道、泌尿生殖道等黏膜屏障）。保护好黏膜免疫系统可以提高身体的免疫力。

当病毒或细菌入侵机体后，免疫系统两大部队马上作出反应：一是在液体中作战，成为体液免疫。通过识别细菌或病毒的抗原分泌专门对付的抗体用于清除入侵物。二是在固体中作战，成为细胞免疫。免疫细胞与病毒或细菌近距离作战，通过直接分泌细胞因子来杀伤敌人。整个作战过程被称为急性炎症。炎症过程中会先后出现发热、咳嗽、咯痰、全身无力等症状。发烧是一种保护机制，可以加快清除病毒。肺部感染引起的炎症就会咳嗽、咯痰，全身无力主要是发烧的结果。这种由细菌或病毒感染导致的急性炎症反应，在免疫功能健全的人体内一般十几天或两周就会痊愈。

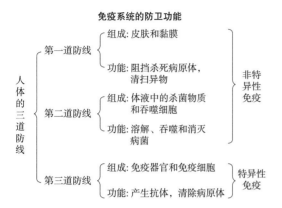

免疫系统的防卫功能

人体的三道防线

第一道防线
　组成：皮肤和黏膜
　功能：阻挡杀死病原体，清扫异物

第二道防线
　组成：体液中的杀菌物质和吞噬细胞
　功能：溶解、吞噬和消灭病菌

非特异性免疫

第三道防线
　组成：免疫器官和免疫细胞
　功能：产生抗体，清除病原体

特异性免疫

免疫功能低下者易被病毒和细菌侵染，比免疫功能正常者更易得病或在相同的环境中病情更易加重。在免疫功能不健全的情况下，免疫细胞就会把患者健康的细胞误杀，而且杀个不停。在急性病毒感染中，免疫反应激烈，免疫细胞一路追杀甚至健康细胞，以至引发并发症，最后致命。

其中一种叫作"细胞因子风暴"的现象就是由于免疫平衡被打破，导致过多免疫细胞及炎症因子聚集，引发组织充血、水肿、发热、损伤，直至全身性炎症反应，导致患者多器官衰竭而死亡。

2019- 新型冠病毒感染重症患者出现了 IL-6，TNF-α，IFN-γ 等促炎性细胞因子的显著升高，具有细胞因子风暴的特征。目前关于细胞因子风暴的产生原因和机制仍然不清楚。

面对新型冠状病毒肺炎，如何提高自身免疫力？

免疫力的提高并不需要依靠什么昂贵的食材，从生活日常着手才是王道。

1　营养均衡：牢记 10 条"膳食经典"

人体免疫系统正常发挥作用需要有足够的营养物质支持，在日常生活中，需要摄入足量且比例恰当的营养素来维持免疫系统的正常运作。首先应当保证蛋白质、脂肪、糖类三大营养物质均衡，其中蛋白质是构成机体的重要物质，缺乏蛋白质机体无法产生足够的免疫细胞和免疫分子，从而影响机体免疫力。我们在之前的科普工作中详细介绍了疫情期间营养饮食建议"突发公共卫生事件应急科普系列六 | 防治新型冠状病毒肺炎流行的饮食营养科普解读"，具体请详细阅读。参照《中

国居民膳食指南》健康饮食，牢记 10 条"膳食经典"：食物多样，谷类为主，粗细搭配；多吃蔬菜、水果和薯类；每天吃奶类、大豆或其制品；常吃适量的鱼、禽、蛋和瘦肉；减少烹调油用量，吃清淡少盐膳食；食不过量，天天运动，保持健康体重；三餐分配要合理，零食要适当；每天足量饮水，合理选择饮料；如饮酒应限量；吃新鲜卫生的食物。

2 合理有氧运动：科学适量的有氧运动，循序渐进

运动与机体免疫功能密切相关，规律适当的运动可以增强人体免疫能力，增强对感染性疾病的抵抗力。

在家进行科学适量的有氧运动，如做原地慢跑、原地半高抬腿、跳绳、踢毽子等方便进行的运动，可以刺激免疫系统帮助提高对于新型冠状病毒的抵抗能力。值得注意的是，运动只要使心

跳加速即可，太过激烈或超过一小时，身体反而会产生一些激素，抑制免疫系统的活动。短时间极限量大强度运动导致剧烈炎症反应，长时间大负荷的运动可抑制免疫细胞的功能。长期从事高强度运动训练（尤其是体能类耐力性项目），机体内乳酸产生会增加，而研究表明，乳酸蓄积会抑制机体的免疫反应，对各种疾病的易感率上升，抵抗力下降，形成运动性免疫抑制现象，所以建议运动不要过量。

3 睡眠：7~8 小时充足的高质量睡眠，避免熬夜

充足且有质量的睡眠有助于提高机体免疫力，睡眠时人体的免疫系统能够得到某种程度上的修复和提升，体内具有免疫功能的细胞及其所产生的免疫活性物质增加，产生抗体的能力也在同时增加。反之睡眠剥夺会在各方面削弱人体的免疫系统，长时间的睡眠不足或者睡眠质量差，可抑

制免疫反应，导致人体免疫力的降低，导致免疫细胞数量减少或活性降低，细胞因子、炎症介质生成受阻。此外，熬夜成为现代年轻人的家常便饭，但其实睡眠是提高免疫力的关键。研究表明，睡眠质量好的人体内T淋巴细胞和B淋巴细胞的含量明显高于睡眠质量差的人，而T淋巴细胞和B淋巴细胞是免疫系统的"主力军"，其水平高低可直接影响人体抵抗病毒、细菌的能力。

因此，睡眠充足有助于提高机体免疫力，保持每天7到8小时的健康睡眠，减少或避免熬夜，对预防病毒侵袭，战胜疫情至关重要。

4 情绪：时常保持愉快心情，减少焦虑

情绪与免疫之间通过神经—内分泌—免疫调节网络关联，人体的"神经—内分泌—免疫"系统是一个整体，神经系统分泌的很多神经递质将直接作用于免疫系统和内分泌系统。新型冠状病毒肺炎疫情当前，人人自危，难免产生负面情绪，但是负面情绪太大往往会给人造成巨大的压力，而正是这种压力会"打击"我们的免疫系统，影响血液中白细胞和抗体的数量，以及免疫细胞的功能，甚至过度焦虑使机体对有害物质所产生的抗体减少；而且，负面情绪的持续时间、性质与免疫改变程度存在着一定的联系。例如负面情绪持续的时间越长，悲观程度越重，特殊类型的淋巴细胞减少越多。最后往往是原本健康的人却出现各种不适的症状。相反，积极乐观的情绪可以增强人的免疫力，降低机体炎症反应，增加机体在疫情期间对抗病毒感染的抵抗力。

因此，疫情期间调整好心态，时刻保持愉快心情，乐观积极地生活，也是取得抗疫胜利的法宝。

5 宅家抗疫，阳光不隔离

紫外线对皮肤的照射能够帮助维生素D在皮肤转化生成，而维生素D不仅在机体血液水平的免疫调控中发挥着重要的功能，还能调节T、B淋巴细胞以及单核/巨噬细胞的功能，降低一些慢性疾病的发生，如传染性疾病、肿瘤、自身免疫性疾病、心脏病等。绝大多数人每天在阳光下10~20分钟即可，老人长些，但一般都建议在30分钟内。注意疫情期间在室内晒太阳，一定要打开窗子，让阳光直接与皮肤接触。因为能够促进矿物质代谢和维生素D形成的紫外线穿透能力较弱，因此隔着玻璃晒太阳无法达到目的。"冬天露出脸和手"就是最佳选择了。晒太阳后一定要多喝水，多吃水果和蔬菜，以补充维生素C，这样可抑制黑色素的生成，防止晒斑。如果无法满足晒太阳的条件，可以合理补充一些维生素D制剂。

同心协力，战胜疫情，美好的明天就在眼前！请你我相信，疫情终将过去，继续关注健康，拥有健康是生命永恒的话题！

本文来源于微信公众号"上海交通大学公共卫生学院""应急科普：新型冠状病毒"。

感谢上海市毒理学会、上海市科学技术普及志愿者协会对本应急科普系列的支持。

王　慧　上海交通大学医学院公共卫生学院院长、教授、博士生导师，国家杰出青年，中国青年女科学家获得者，入选"2019国家百千万人才工程"，被授予"有突出贡献中青年专家"荣誉称号
李晓光　上海交通大学医学院公共卫生学院研究员、博士生导师，入选上海市青年拔尖人才、上海市浦江人才，主要从事慢病化学预防和免疫预防研究

突发传染病防控常用名词的含义究竟是什么？

2020 年 2 月 17 日　　徐　刚

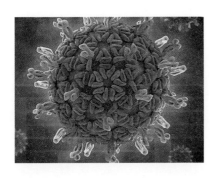

新型冠状病毒，作为一种之前从未在人体中发现的冠状病毒新毒株，人们对它的认识经历着一个由浅入深、从局部到全面的渐进过程。在此过程中，除了义无反顾地投身抗疫前线的白衣天使，为抗击疫情做好辅助、保障工作的各行各业的工作者值得特别赞颂之外，减少外出和聚会，做好消毒和个人防护，积极配合进行流行病学调查、隔离医学观察、隔离治疗的公民也都是在为最终疫情的控制和消灭贡献力量。

那么，流行病学调查、隔离医学观察、隔离治疗这些平时不太常用的名词，又在这段非常时期内频繁刷屏，它们的含义究竟是什么，有什么联系与区别，在控制流行过程中能起到什么作用呢？

流行病学调查

在尚未研制出针对性的疫苗之前，为减少新型冠状病毒通过呼吸道和接触等传播途径不断传播和扩散，必须通过迅速高效的流行病学调查找到患者、疑似患者、潜伏期感染者、密切接触者等潜在的传染源。然而在典型症状发生之前，每个人的生活轨迹和社会交集通常是零乱且繁杂的，流行病学调查就是在发生疫情的现场，对特定人群中的每一个调查对象，透过琐碎的生活片段，利用敏锐的目光、丰富的经验、足够的耐心和缜密的推理，采取抽丝剥茧式的调查方式，收集环境和个人行为资料，揭示疾病发生和传播的"来龙去脉"，根据蛛丝马迹找出传染源和一条条与之紧密相连的传染链条，为找准合适的节点，切断传播途径做足准备。除此之外，流行病学的调查结果也有助于了解该病的传播特点和传播途径。

例如，湖南省疾病预防控制中心的专家分享了一个有代表性的流行病学调查案例，清晰地展现了一起由夜宵店的聚餐而引起聚集性疫情传至四代病例的全过程。案例中的首发病例（第一代病例）是一例有武汉旅行史的发热病例杨某，通过流行病学调查发现其在发热前有武汉探亲并接触过有类似"感冒"症状者的暴露史，这一结果不仅帮助专家将其怀疑为新冠肺炎的疑似患者并最终确诊，同时还根据他在症状加重前有与多名亲友乘车以及与多名同事在某夜宵店聚餐的接触史，帮助确诊了 8 名二代病例，同时在对二代病例进行调查的基础上，发现了由于开会相邻而坐、共进午餐、交谈等近距离接触而被感染的三、四代病例各 5 例和 3 例。这次共 17 人发病的聚集性疫情涉及人员众多，给流行病学调查工作的开展带来极大的难度。调查员耐心细致地对每个病例在发病前 14 天直至被诊断为疑似病例期间的行动轨迹和接触的人群进行询问，不断排查，同时根据最新调查结果，及时采取有针对性的留验和隔离治疗措施，每日追踪管理密切接触者的健康状

况，最大限度地缩小了疫情蔓延的范围。

为指导在全国范围内更科学地开展新冠肺炎疫情的流行病学调查，中国疾病预防控制中心专门制定并发布了《新冠肺炎病例个案及事件流行病学调查流程图》，虽然主要适用于专业调查人员，但是作为潜在的有可能接受调查的您也不妨通过这张图，大致了解一下调查的过程和主要内容。

大家可能都非常关心全国、湖北省以及您所在地区每天的疫情动态，而政府公开发布的每一例确诊病例、疑似病例、密切接触者的数据信息，都饱含着流行病学调查工作者的辛勤汗水和被调查者的理解与配合，这样才能使隐匿在海平面之下的许多未处于潜伏期的病毒传播者浮出水面，得以识别，得以及时阻断传播，使更多的人处于安全地带。因此，无论何种原因，一旦您成为流行病学的调查对象，请务必积极配合调查，如实反馈，对调查所需的信息不能有丝毫的隐瞒和懈

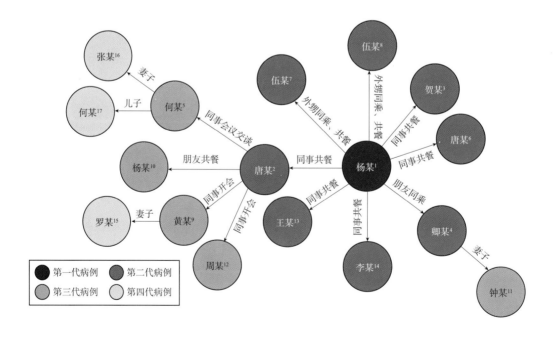

新冠肺炎病例个案及事件流行病学调查流程图

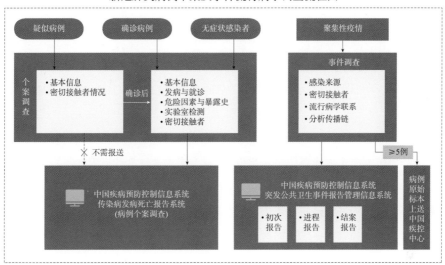

怠，这不仅是为您的健康着想，也是为您的家庭、社区、城市乃至国家的健康安全所应尽的义务。

山东省潍坊市公安局奎文分局依法对故意隐瞒旅行史和接触史的新型冠状病毒感染的肺炎患者张某某立案侦查，由于其刻意隐瞒，导致117名人员实行隔离观察，其中还包括68名医务工作者。江苏省南京市一名新冠肺炎患者陈某某因故意隐瞒去过外省的行程，导致65名密切接触者被集中隔离医学观察，南京警方根据有关法律规定，以涉嫌妨害传染病防治罪对其立案侦查。全国多地正在对多位隐瞒接触史或行程，甚至拒不配合接受流行病学调查的患者开展立案侦查。

隔离医学观察

隔离医学观察也称为留验，是"医学观察"和"医学隔离"的统称，指的是对甲类传染病的密切接触者应限制其活动范围（隔离），并要求在指定场所进行诊察、检验和治疗（观察）。隔离的目的是将密切接触的高危群体与无密切接触的一般人群分隔开来，以切断传播途径。新冠肺炎目前采取甲类传染病的防控措施，其隔离医学观察通常采取居家或集中隔离医学观察两种形式，若密切接触者有发热等症状的必须集中隔离医学观察，无发热等症状的一般采取居家隔离医学观察。观察时间从最后一次密切接触开始往后推14天，观察期满，若未出现上述症状，则可解除隔离医学观察。

2020年2月10日下午，国务院应对新型冠状病毒肺炎疫情联防联控机制举行新闻发布会，介绍了加强基层社区疫情防控有关情况，伴随各地陆续复工，各地普遍要求返程人员返回居住地后，应第一时间主动到社区登记并测量体温，对于从重点地区返程的人员要实施居家医学观察14天。

在无特殊情况下，对绝大部分乙类和丙类传染病的密切接触者，一般仅实施"医学观察"即可，即被观察者在正常工作、学习等情况下，接受体格检查、病原学检查和必要的卫生处理。

隔离治疗

隔离治疗是针对传染病患者或疑似患者采取的措施，即使是疑似患者在确诊前也必须在指定场所单独隔离治疗，隔离的目的是将其与周围易感者分隔开来，以切断传播途径，治疗的目的在于控制和消灭传染源。隔离期限应根据治疗效果和医学检查结果确定，直至确保不再具有传染性为止。根据新型冠状病毒感染的肺炎诊疗方案（试行第五版修正版），患者体温恢复正常 3 天，呼吸道症状明显改善，肺部影像学显示炎症明显吸收，连续两次呼吸道病原核酸检测阴性（采样时间间隔至少 1 天）才符合解除隔离治疗和出院的标准。

根据《中华人民共和国传染病防治法》的规定，已经确诊的新型冠状病毒感染肺炎病人、病原携带者、疑似病人，应当接受隔离治疗。已确诊或疑似病人拒绝隔离治疗并进入公共场所的，显属"明知故犯"，属于希望或者放任新型冠状病毒传播，危害公共安全，将依法论处。

本文来源于微信公众号"上海交通大学公共卫生学院""应急科普：新型冠状病毒"。

感谢上海市毒理学会、上海市科学技术普及志愿者协会对本应急科普系列的支持。

参考文献

[1] 红网（湖南红网新闻网络传播有限责任公司）. 直击新冠疫情流行病学调查真相（一）夜宵店里的病毒接力 [EB/OL]. [2020-02-08]. https：//health.rednet.cn/content/2020/02/08/6701292.html.

[2] 中国疾病预防控制中心. 新冠肺炎病例个案及事件流行病学调查流程图 [EB/OL]. [2020-02-13]. http：//www.chinacdc.cn/jkzt/crb/zl/szkb_11803/jszl_2275/202002/t20200213_212588.html.

[3] 澎湃新闻. 全国 12 位新冠肺炎患者被立案调查！最高可判死刑 [EB/OL]. [2020-02-08]. https：//www.thepaper.cn/newsDetail_forward_5861698.

[4] 中国新闻网. 故意隐瞒，南京"致 65 人隔离"新冠肺炎患者被立案侦查 [EB/OL]. [2020-02-12]. http：//www.chinanews.com/sh/2020/02-12/9087970.shtml.

[5] 新华网. 湖北一新冠肺炎患者不听劝告致 41 人密切接触被立案侦查 [EB/OL]. [2020-02-07]. http：//www.xinhuanet.com/2020-02/07/c_1125542614.htm.

[6] 中华人民共和国国家卫生健康委员会. 关于印发新型冠状病毒肺炎诊疗方案（试行第五版 修正版）的通知 [EB/OL]. [2020-02-08]. http：//www.nhc.gov.cn/yzygj/s7653p/202002/d4b895337e19445f8d728fcaf1e3e13a.shtml.

[7] 李立明. 流行病学 [M]. 8 版. 北京：人民卫生出版社, 2017.

徐　刚　上海交通大学医学院公共卫生学院社区健康与行为医学/儿少与妇幼卫生学系副教授，主要研究方向为社区人群的健康影响因素与行为干预，临床试验的效果评价

疫情防控时期的生活物资供给

—— 开放马路菜场的优势、风险与经验

2020 年 2 月 20 日　　胡　淼

城市基本生活物资供给对于疫情防控时期实施"封城"或"小区封闭"政策的城市是一项重要任务。湖北省黄石市面临疫情防控与物资保障的双重压力，在数个大型商超均有销售人员确诊的情况下，于 2 月 5 日发布了"即日起全面放开'马路市场'"的消息。作者作为黄石市民，认为这一政策虽能缓解超市内人群聚集的压力，但也对城市治理能力提出了挑战，当日通过市长信箱递交建议书，提出了合适的物资配送途径与马路市场完善策略；当日下午在市商务局的来电中详细了解了治理机制，讨论了所提建议。十数天来，部分建议得到采纳，马路市场不断完善与发展。

2 月 16 日，黄石中心城区宣布所有小区一律严格实行战时管控，基本生活物资由社区集中配送；2 月 18 日起市区马路市场正式关闭，标志着其阶段性任务的结束。对为期 14 天的马路市场政策的优势、风险与经验进行总结，有助于为疫情时期其他城市物资供给策略制定提供经验借鉴。

1　全面开放马路市场的优势与局限

政策中的"马路市场"指的是由市商务局牵头，一方面组织批发企业落实货源与运输车辆，另一方面组织个体经营户和摊贩在城市空地、广场、路边、巷道、院内等地点定点经营的"临危受命"（陈煊，2020）的 54 个露天市场，其销售主力是原农贸市场固定个体经营户与流动摊贩。

摊贩经济作为非正规经济，常被视作落后、低效的经济形态，认为会导致严重的环境损害，应予淘汰[1]；但一些学者认为其也存在促进地区经济增长、降低低收入人群生活成本、为弱势群体提供重要就业机会与场所、锻炼个体经商能力等优点[2]。管理得当的街市有助于改善社会治安、形成社会关系网络、带动周边公共设施建设、形成城市文化[3]，对城市日常生活建构具有积极的经济与社会意义。在疫情防控特殊时期，马路市场相较商超亦具有通风性好、结算迅速、便于居民采购的优势[4]。

摊贩管理通常需基于一套完整的治理服务机

制。例如波特兰制定有食物车设计、审批许可、运营监管、年检等环节，涉及环境、交通、财政、公园更新等部门，各部门牵头管理不同地段售卖审批[3]；纽约摊贩治理则依赖广泛的公众参与、有效的集体行动和由周密的法规体系、专业独立的监管机构及刚柔并济的执法策略构建的良好治理体系[2]。

然而，国内城市基于市容市貌与交通秩序维护的目标过去往往采取"运动式"街市治理手段，管理效果常不理想[3]。尽管黄石有疏堵结合、限时贩卖等策略[5]，但部分马路菜场阻塞道路、乱吐乱扔、活禽未隔离宰杀、水产区污水横流、废烟废气扰民等问题仍然严重且反复出现，货运通道、给水排水设施等条件未有改善[6~8]。况且疫情时期马路市场承担着与日常摊贩经济完全不同的任务，不能简单地将马路市场的开放与摊贩经济优势的发挥相等同。因此有必要参考疫情防控的要求，对全面开放马路菜场的风险进行评估。

2 全面开放马路市场需考虑的风险

新冠病毒的传播需同时具备传染源、传播途径与易感人群三个环节。传染源以新冠病毒肺炎患者为主，无症状或潜伏期内的患者亦可成为传染源；传播途径以飞沫传播、接触传播为主，封闭环境中长时间暴露高浓度气溶胶亦可能传播；人群普遍易感。

从这三个环节出发，全面开放马路市场前应考虑以下几个风险。

（1）传染源的切断：此次马路市场由个体经营者和摊贩直接运营，但正如新闻评论区中一位摊主的自述[4]，他们往往来自四面八方，防范意识和卫生习惯也有限，尽管社区安排有人员监测入市体温，但是否能确保800余名经营者中不存在无发热症状的或潜伏期内的病毒携带者？和超市集中分销的运营方式相比，分散经营的马路市场分销效率较低，市民难免会货比三家、讨价还价，其与病毒接触的可能性也相应增加。

（2）传播途径的阻断：政策中的选址基本与原有马路菜场结合，部分（据陈煊统计26条中有6条）是夹杂在居民区中的小巷通道（包括市中心

图1　2月13日黄石市永安里马路市场
图片来源：作者自摄

规模最大的永安巷），通风不佳，过去因污水横流、阻塞安全通道等问题常受投诉，甚至被菜场上的居民指责"无法生存"[9]。这些条件短时间内难以改变，开放这部分市场需事先消除疾病在前来采购的市民和周边居民中传播的可能。

（3）人员集聚的防范：尽管马路市场相较商超空间较开敞，但仍是最有可能发生人员集聚的场所之一。"全面开放马路市场"在保证"菜篮子"的同时也不可避免地释放出了鼓励采购的信号，在此情况下应尤其注重人员集聚的防范。

此外，针对食品安全保障、环境卫生消杀等任务，不同职能部门是否建立有良好的合作机制，避免过去工作架构条块分割、权责不明的现象出现，也是为了维持政策运行必须考虑的问题。

3 黄石市全面开放马路市场的经验

黄石市马路市场政策随着战时管控的实行于2月18日正式结束。回顾这一为期14天的过渡性政策，其基于疫情防控要求，为规避疾病传播风险，采取了一系列调整举措，较有效地缓解了"封城"后的生活基本物资供给压力，获得了不少市民的好评。这些举措可归为：

（1）加强摊贩管理，市场定期消杀。对商贩统一管理，监控其健康情况，限制商贩定点贩卖；规定每名卖菜摊主必须戴口罩和手套；每日分上午、下午对摊主测温两次；每日市场交易结束后进行清扫保洁与消毒。

（2）控制人员距离，妥善处置废弃物。规定卖菜摊位间间隔至少2m，避免飞沫传播；投放162个垃圾箱和"废弃口罩"专用收集容器，避免被病毒污染的废弃物造成二次污染。

（3）减少采购者逗留时间。在本地报刊、网络媒体和市场入口处公开各市场所售商品信息和价格，以便居民提前制定购物清单，选择出行路线，减少逗留时间；市场设有小广播循环播放，提醒市民采购物资后迅速离开市场。

（4）调整部门职责分工，建立联合治理机制。其中由商务局牵头，负责规划选址与农产品调度，城管局承担准则制定、设施设置、保洁消杀工作，市场监督管理局承担食品安全检查、稳定物价、经营者监管工作，农业局负责农副产品安全，交通局负责运输车辆管理，社区负责入市体温监测与采购人数限定。此外还抽调有城管、公安、市场监督和社区人员组成联合队伍，对各"马路市场"进行日常巡查管理。

这些举措涵盖了新冠肺炎防控的三个环节，建立了清晰的合作式治理框架，各部门转变了过去以"取缔"为主的马路市场治理思路，较大程度上支撑了马路市场的良好运营。

4 开放马路市场的完善策略

然而黄石市马路市场的运营并非一帆风顺。2月16日上午，市中心永安里马路市场因政令传达不当出现了抢购生活物资、短期内人员聚集购物的情况，相关责任人被问责[10]。参考国内外相关案例，反思此次马路市场实践，总结其在市场选址、病毒传播路径的阻断以及易感人群的保护方面可进一步完善。

4.1　应分级规划，科学选址

国际上，柏林商业中心规划对邻里、社区、地区、市区等不同级别的供给中心（Versorgungszentren）的商业面积、零售业种与比例进行了区分；国内城市如保定也根据生活圈理念制定了社区、片区、市级三级便民市场体系，采取了不同经营模式与管理方式，马路市场亦被纳入其中[11]。尽管疫情时期的马路市场具有临时性属性，但作为特殊时期为数不多的集中采购场所，若能在规划部门的指导下，按照5分钟、10分钟、15分钟分级（徐磊青，2020），利用不同规模的开敞空间，按照购买频率由高到低合理布置米、油、肉、菜等基本生活物资，居民采购想必更加有序，物资配给效率更高，人员集聚的可能性更小。此外，鉴于部分马路市场位于小街小巷、阻塞通道的事实和城市严格交通管制的现状，可考虑在特定路段减少主干路车道数量，将市场设置于邻近的宽敞的主干路（通常也是城市通风廊道），通风与卫生环境将有所改善。对此需商务局与城管局协调，在特殊时期就相关规章作出一定的让步。

4.2　应进一步减少顾客与摊贩的接触

在货源充足、价格持平的现实情况下，可通过轮岗等制度减少同一时段同一市场中的摊位数量，同一类商品2~3个商贩即可。另外，借鉴疫情期间长沙、重庆等地"无接触式"市场经验，可将商品提前称重、打包，支持扫码支付，从而减少市民挑选，避免询问价格，阻断病毒传播。

4.3　应严格控制市场内采购人员数量

避免人员集聚是疫情防控重中之重，也是马路市场最大风险所在。对此，街道、社区（居委）等部门可结合"居民通行证"等现行人流控制政策，建立简易的线上、线下取号平台，控制市场内人员数量。

鉴于疫情防控形势严峻复杂，必须从源头上切断传染源，阻断传播途径。理想情况下，可利用电子商务，通过政府、社区、企业多层级协作，开展生活物资集中配送代购，最大程度避免人员接触，这也是2月18日黄石实行严格战时管控后目前所采用的方案。而在小区封闭管理前的政策准备时期，马路市场因群众基础深厚、货源面广、供给灵活，能有效地缓解居民基本生活物资供给压力，可为后续更严格的管控措施奠定基础，不失为一种切实可行的过渡性策略。

总之，马路市场政策有其优势，但也必须审视其潜在风险，因地制宜地作出调整，在保障物资供应的同时做到统筹有序，才能助力决胜疫情防控阻击战！

参考文献

[1] Illy H. F. Regulation and Evasion. Street-vendors in Manila [J]. Policy Sciences, 1986, 19: 61-81.

[2] 笪素林，王可. 城市街头摊贩治理之道——基于纽约街头摊贩治理的分析 [J]. 江苏行政学院学报，2017（06）：72-79.

[3] 陈煊，袁涛，杨婕. 街边市场的多目标协同规划治理：以美国波特兰街边市场建设为例 [J]. 国际城市规划，2019, 34（06）：34-40.

[4] 王怡. 5 日起，湖北黄石全面放开"马路市场"，确保市民"菜篮子"供应 [N]. 东楚晚报，2020-02-04.

[5] 李雯. 设立疏导点限时段买卖 马路菜场还路于民 [N]. 黄石日报，2016-11-18.

[6] 丁欢，熊峤. 黄石农贸市场"变脸记" [N]. 东楚晚报，2016-09-06.

[7] 张小波，马家嘴集贸市场将搬家 新址为袁海湾集贸市场 [N]. 东楚晚报，2012-05-09.

[8] 东楚晚报新闻暗访组. 本报记者暗访城区 6 个农贸市场有的脏乱差 有的整洁有序 [N]. 东楚晚报，2018-05-28.

[9] 黄石港区网络信访中心. 湖北省黄石市永安里菜市场上居民无法生存 [DB/OL]. [2014-07-24]. http：//liuyan.people.com.cn/threads/content?tid=2603870.

[10] 中共黄石市纪委. 关于黄石港区胜阳港街道落实疫情防控措施不力问题的通报 [EB/OL]. [2020-02-17]. http：//www.hsjwjc.gov.cn/lzyw/202002/t20200217_605098.html.

[11] 苏永帅，单长江，邸晶，杨常青，赵玉川，韩阳. 城市马路市场问题及其治理研究——以保定市主城区为例 [C]// 中国城市规划学会，重庆市人民政府. 活力城乡 美好人居——2019 中国城市规划年会论文集（12 城乡治理与政策研究）. 北京：中国建筑工业出版社，2019：708-717.

胡　淼　同济大学城乡规划学在读博士

COVID-19 和 SARS：相同与不同

2020 年 2 月 21 日　　陈　郁　廉国锋　罗勇军

2019 年 12 月，在武汉市出现不明原因病毒性肺炎，经测序验证，发现与之前存在的冠状病毒有高度的同源性，故此次冠状病毒于 2020 年 1 月 12 日被 WHO 正式命名为 2019 新型冠状病毒（2019-nCoV）。而在当地时间 2020 年 2 月 11 日，"科研路线图：新型冠状病毒全球研究与创新论坛"在瑞士日内瓦开幕，该论坛由 WHO 和"全球传染病防控研究合作组织"共同举办。WHO 总干事谭德塞博士在论坛记者会上宣布，将新冠肺炎命名为"COVID-19"，其中字母 CO 代表"冠状"（corona），字母 VI 代表"病毒"（virus），字母 D 代表"疾病"（disease），数字 19 代表该疾病发现时间为 2019 年。随后，国际病毒分类委员会冠状病毒研究小组（CSG）在预印本网站 medRxiv 上（注：预印本指研究成果还未在正式出版物上发表，medRxiv 网站的论文均未经同行评议）发表了最新关于新型冠状病毒命名的论文，将新冠病毒正式命名为"SARS-CoV-2"。

在更早的时候，2 月 9 日湖北省召开了第 19 场疫情防控工作新闻发布会，介绍湖北省新冠肺炎疫情防控科研攻关工作的进展情况。在会上，华中农业大学教授陈焕春表示，新型冠状病毒使用与 SARS 冠状病毒相同的受体进入细胞，与蝙蝠中发现的 SARS 相关病毒拥有 87.1% 的相似性，与 SARS 病毒有 79.5% 的相似度，与一个云南的蝙蝠样本中发现的冠状病毒的相似度高达 96%。

WHO 命名为 2019-nCoV，CSG 命名为"SARS-CoV-2"，我们认为新冠病毒是 SARS 相关冠状病毒。那么，SARS 病毒和我们这次遇到的新型冠状病毒有什么联系？它们之间又有什么区别呢？下面我们一起来探讨 2019-nCoV 与 SARS-CoV 以及两者在临床表现和治疗等方面的异同，帮助大家进一步认识这两种病毒引起的肺炎差异。

冠状病毒是一类外覆囊膜，基因组为单股正链的 RNA 病毒，在自然界中广泛存在。1937 年，病毒最早从鸡身上分离，而到了 1965 年，相关人员分离出第一株人的冠状病毒。由于在电子显微镜下可观察到其外膜上有明显的棒状粒子突起，形态类似于中世纪欧洲帝王的皇冠，因此其被命名为"冠状病毒"。目前,冠状病毒只感染脊椎动物,如人、猪、猫、犬、禽类等。

根据感染对象的不同，冠状病毒又可分为可感染人的冠状病毒和动物冠状病毒。对比病毒基因序列的同源性和相似性，所有发现的冠状病毒可通过系统进化树分为 α、β、γ、δ,其中 β 属冠状病毒又可分为四个独立的亚群 A、B、C 和 D 群（图1）。目前，所有能够感染人类的冠状病毒共有 7 种，包括导致本次疫情的 2019-nCoV,以及 HCoV-229E、HCoV-OC43、SARS-CoV、HCoV-NL63、HCoV-HKU1 和 MERS-CoV。HCoV-229E 和 HCoV-NL63 属于 α 属冠状病毒，HCoV-OC43、SARS-CoV、HCoV-HKU1 和 MERS-CoV 均为 β 属冠状病毒，其中，HCoV-

OC43 和 HCoV-HKU1 属于 A 亚群，SARS-CoV 属于 B 亚群，MERS-CoV 属于 C 亚群。动物冠状病毒包括哺乳动物冠状病毒和禽冠状病毒。哺乳动物冠状病毒主要为 α、β 属冠状病毒，可感染包括猪、犬、牛、马等多种动物。禽冠状病毒主要来源于 γ、δ 属冠状病毒，可引起多种禽鸟类，如鸡、鸭、鹅、鸽子等发病。

SARS（SevereAcute Respiratory Syndromes）是严重急性呼吸综合征的英文缩写，其病原体也是一种冠状病毒，现统称为 SARS-CoV。从基因序列上面看，SARS-CoV 和 2019-nCoV 虽然有 79% 的相似性，提示两种病毒都是冠状病毒下的不同分支，但两者依然是不同类型的病毒，且20% 的基因序列差异表明两者的差异依然很大。

分析 2019-nCoV 的基因序列，可以发现其与两种蝙蝠相关冠状病毒有高度的同源性，分别是 bat-SL-CoVZC45（同源性 87.99%；查询覆盖率 99%）和 bat-SL-CoVZXC21（同源性 87.23%；查询覆盖率 98%）（图2），但是由于同源性低于 90%，表明这两种病毒也不是 2019-nCoV 的祖先病毒。考虑到蝙蝠作为冠状病毒的天然储存库，2019-nCoV 的源头是蝙蝠的可能性很大，但是极有可能存在一种或者多种动物中间宿主，使这一病毒通过中间宿主进一步向人体传播。目前，报道称 2019-nCoV 的中间宿主可能包括蛇、水貂以及穿山甲等。需要注意的是，这次疫情的暴发时间对于蝙蝠和蛇类来说是冬眠期，并且华南海鲜市场上面没有发现有蝙蝠售卖。因此，2019-nCoV 的中间宿主依然未知，还有待进一步探索。

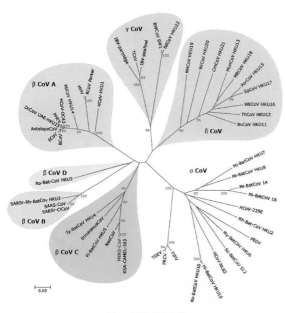

图 1　冠状病毒分类
图片来源：网络

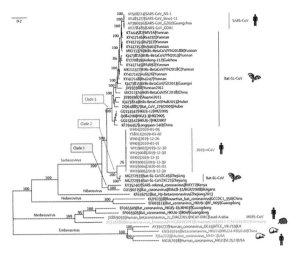

图2 2019-nCoV 和其他冠状病毒系统发育图
图片来源：引自 Lancet

在症状和体征方面，由于两者都是以呼吸道症状为主要表现，故存在部分相似症状。影像学提示两者肺部都有炎症表现，并且绝大多数患者都有发热、刺激性咳嗽和疲乏，部分患者还出现了严重的呼吸困难。但是，COVID-19 和 SARS 患者也有一定的区别，COVID-19 患者的上呼吸道感染症状，如鼻塞、打喷嚏、咽喉疼痛等和消化道症状如腹泻、恶心、呕吐等较少，很多病例是无症状感染者。而 SARS 患者多以发热为首发和主要症状，体温高于 38℃，呈持续性。绝大部分都是显性感染，隐性感染者少见，也未发现隐性感染者的传染性。

COVID-19 与 SARS 对比 表1

病毒类型	2019-nCoV	SARS-CoV
传染源	疑似蝙蝠	中华菊头蝠等
中间宿主	未知，可能有水貂、蛇和穿山甲	果子狸
传播途径	接触、飞沫、粪口传播（需明确），母婴传播（可能），气溶胶传播途径尚无证据，WHO 提示在炎热湿润气候中也能传播	呼吸道气沫、接触、气溶胶传播，感染高峰期在秋冬和早春
易感人群	人群普遍易感，老年人和有基础疾病者感染后病情严重，儿童及婴幼儿也有发病	人群普遍易感，青壮年为主，老年人及有基础疾病者感染后病情严重，男女无差别，具有较强的传染特性，儿童感染率较低
潜伏期	最短 0 天，最长 24 天，中位数 3 天	潜伏期 2 周之内，常见 2~10 天
流行区域	主要集中在中国武汉，周边区域疫情严重，日本、德国、美国等国家也有累计	主要集中在中国北京、广东广州，涉及 32 个国家和地区
病因	2019-nCoV 感染	SARS-CoV 感染
发病机制	2019-nCoV 主要通过血管紧张素转化酶 2（ACE2）进入宿主细胞，ACE2 不仅存在于 II 型口腔、鼻腔、眼结膜以及肺细胞表达，而且在食道鳞状上皮细胞、复层上皮细胞以及回肠、结肠中高表达，因此病毒感染的途径可能通过呼吸道、胃肠道进行传播。此外，病人外周血流式细胞检测提示 T 细胞存在过度激活现象，具体表现为 Th17 淋巴细胞的增加和 CD8 细胞毒性 T 淋巴细胞的增加，表明过度激活的免疫反应可能是加重患者损伤的重要机制。尸检结果提示双侧弥漫性肺泡损伤伴细胞纤维黏液样渗出物，总体表现与 SARS 类似	SARS-CoV 的 S 蛋白与宿主细胞的受体相结合，随后在多种炎性因子（IFN-α、IFN-β、IL-1、IL-12 等）介导下发生一系列级联反应，造成弥漫性肺损伤。病理的主要表现显示弥漫性肺泡损伤和炎症细胞浸润，患病时间较长的病例出现明显的纤维增生，导致肺纤维化

病毒类型	2019-nCoV	SARS-CoV
症状	多数为普通型和轻型，表现为发热、干咳、乏力，严重者出现休克、急性呼吸窘迫综合征等	起病急，传染性强，以发热为主要症状、可有畏寒、体温常可达38℃。伴有头痛、肌肉酸痛、全身乏力和腹泻。感染后期可有呼吸困难、休克、呼吸衰竭等症状
诊断	根据流行病学史、临床表现、实验室检查、影像学检查、病原学检查等综合分析	同左
治疗	目前无特异性药物，主要对症治疗。可给予α-干扰素雾化吸入治疗，以及联合抗HIV病毒药物洛匹那韦/利托那韦，严重的患者酌情短期使用糖皮质激素，瑞德西韦、阿比朵尔、达芦那韦，磷酸氯喹。痊愈病人血浆治疗目前尚在实验中。如有感染可给予抗菌药物治疗。糖皮质激素不建议常规使用，重症患者可考虑酌情使用	卧床休息、氧疗、加强营养等支持治疗。避免多种药物（抗生素、抗病毒药物、免疫调节剂、糖皮质激素等）长时间大剂量使用，如大剂量使用糖皮质激素者可造成股骨头坏死等并发症。至今尚无肯定有效的抗病毒药物，严重者可使用糖皮质激素，合并感染慎用抗菌药物
预后	早发现、早治疗，多数患者预后较好，大部分病例症状相对较轻，死亡人数主要集中在60岁以上人群以及慢性基础疾病者	早发现、早治疗的患者预后良好。随着年龄增加，伴有基础疾病的患者死亡率增高
预防	及时佩戴防护装备（N95、医用口罩、一次性口罩、防护服、护目镜）、清洁消毒、勤洗手、少去人群密集地、提高自身免疫力、加强个人防护。疫苗尚在研制过程中，多个机构参与研制	勤洗手、勤通风、戴口罩、穿防护服、调整好心态、加强身体锻炼

此外，在流行病学方面，COVID-19和SARS的主要传染源均为患者，早期患者中一半以上都有华南海鲜市场的接触史，并且在人—人之间在接触后快速传播。虽然目前尚未发现超级传播者，但不能否定其存在，这与SARS的传播类似。然而，在传播途径上两者有显著不同。SARS导致了大量医务人员被感染和医源性传播，医务人员总的感染比例在20%左右，部分省份可在50%以上。COVID-19虽然也有在医院内传播的案例，但是相比患者总数而言，比例较小（3019名感染，1719例确诊，5人死亡），而且COVID-19患者绝大部分还是在院外感染，且以聚集性传播为主。因此，在吸取SARS防护经验的基础上，我们也要采取对应的防护策略。

参考文献

[1] Genomic characterisation andepidemiology of 2019 novel coronavirus: implications for virus origins andreceptor binding.[published January 30, 2020]. Lancet. doi: https://doi.org/10.1016/S0140-6736（20）30251-8.

[2] Clinical features of patients infected with 2019 novel coronavirus in Wuhan, China. [published January 24, 2020]. Lancet.doi: https://doi.org/10.1016/S0140-6736（20）30183-5.

[3] Zhu N, Zhang D, Wang W, etal. A Novel Coronavirus from Patients with Pneumonia in China, 2019 [publishedJanuary 24, 2020]. N Engl J Med.doi: 10.1056/NEJMoa2001017.

[4] Chen N, Zhou M, Dong X, etal. Epidemiological and clinical characteristics of 99 cases of 2019 novelcoronavirus pneumonia in Wuhan, China: a descriptive study [published January30, 2020]. Lancet. doi: 10.1016/S0140-6736（20）30211-7.

[5] Huang C, Wang Y, Li X, etal. Clinical features of patients infected with 2019 novel coronavirus inWuhan, China [published January 24, 2020]. Lancet. doi: 10.1016/S0140-6736（20）30183-5.

[6] Chan JF, Yuan S, Kok KH, etal. A familial cluster of pneumonia associated with the 2019 novel coronavirusindicating person-to-person transmission: a study of a family cluster[published January 24, 2020]. Lancet. doi: org/10.1016/S0140-6736（20）30154-9.

[7] Wang D, Hu B, Hu C, et al.Clinical Characteristics of 138 Hospitalized Patients With 2019 NovelCoronavirus-Infected Pneumonia in Wuhan, China [published February 7, 2020]. JAMA. doi: 0.1001/jama.2020.1585.

[8] Wei-jie Guan, et al. Clinicalcharacteristics of 2019 novel coronavirus infection in China. Medrxiv preprint2020. Doi: https://www.medrxiv.org/content/10.1101/2020.02.06.20020974v1.

[9] 中华预防医学会新型冠状病毒肺炎防控专家组.新型冠状病毒肺炎流行病学特征的最新认识.中华流行病学杂志, 2020,, 41（2）: 139-144.

[10] 中国疾病预防控制中心新型冠状病毒肺炎应急机制响应流行病学组.新型冠状病毒肺炎流行病学特征分析.中华流行病学杂志, 2020, 41（2）: 145-151.

[11] 中华医学会, 中华中医药学会. 传染性非典型肺炎（SARS）诊疗方案.中华医学杂志, 2003, 83（19）: 1731-1752.

[12] 郭积勇, 等. 北京市1091例严重急性呼吸综合征临床诊断病例流行病学史再调查.中华预防医学杂志, 2004, 38（2）: 84-86.

[13] 北京市防治非典联合领导小组、信息组.北京市SARS流行病学分析.中华流行病学杂志, 2003, 24（12）: 1096-1099.

陈 郁 陆军军医大学军事医学地理学教研室博士、讲师，主要从事医学地理学研究
廉国锋 陆军军医大学军事医学地理学教研室住院医师，主要从事医学地理学相关研究
罗勇军 陆军军医大学军事医学地理学教研室教授、博士生导师，重庆地理学会常务理事，第三批重庆市学术技术带头人后备人选，中国生理学会应用生理学专业委员会委员，主要从事医学与健康地理相关研究

促进"复工复产"、实现"疫后复兴"的对策建议

2020 年 2 月 23 日　　仇保兴

当前全国除湖北之外新增确诊新冠肺炎的患者已实现十五天持续下降，不少省份已多天无新增病例，理应立即全面复工复产，这一方面能为湖北抗疫决战提供强大的后勤保障，另一方面更是挫败国外反华势力扼制我国崛起的不二选择。建议采用以下策略，在确保疫情不扩散的前提下，尽快促进复工复产和扩大投资，尽快实现"疫后复兴"。

一，社区精准封闭是阻断疫情传播最有效的手段，数百万社区干部、志愿者和网格员作出了许多可歌可泣的功绩，但少数害群之马的恶劣破坏作用也随之浮现。建议从快严肃查处非疫区少数基层干部层层加码、违法挖断公路封锁交通物流、随意封闭居民门户、任意截留邮寄的防疫物资、阻挠企业复工、甚至乘机敲诈勒索等典型案例，以儆效尤。

二，无论是复工复产还是抗疫，物流快递企业不仅是排头兵，更是当前急需的社会"公共品"，必须率先全面复工复产。建议国家有关部委和地方政府对这类企业给予紧急优惠政策和公开排名激励，力求"疫后复兴，粮草先行"。为防止恢复物资人员流动过程中的疫情反弹，建议在各类封闭的公共空间（包括高铁、轮船、公交车辆）和物流仓库加装臭氧发生器杀灭病毒。

三，对复工的小微企业实施上年度社保金返还的优惠政策。较之税收减免，社保金返还有三大优势：一是能鼓励企业少辞退员工，二是补助能快速精准到位，三是因"有征有返"有利于激励企业在正常年份多交社保金。

四，对全球供应链重点企业和零部件供应商，由所在地政府给予重点帮扶，促使他们尽快复工复产。国家相关部委进行监管并进行复工复产程度实时排名和相应奖惩。重点外贸企业的快速复工复产是"反脱钩"挫败反华势力和维持全球化秩序的主要策略，应给予高度重视。

五，建议国家卫健委会同相关部委，依据各地疫情的攻防战的教训，尽快提出强化全国公共防疫和治疗体系建设方案。今后所有医院、各级党校、住宿制学校和培训机构的设计方案都必须考虑到防疫时能快速改造成传染病医院。对湖北

等疫情严重的省份，可仿照汶川灾后重建"对口支援"模式，由援助省组织资源进行设计、施工、安装调试、人力培训和运行管理"一条龙"重建，尽快补齐当地公共卫生和防疫设施不足的短板。

六，全国数十万个村庄在本次新型肺炎疫情袭击过程中，表现出易封闭性、自我维持能力强、对外部公共设施依赖程度低的特点。建议将农民闲置住房和宅基地对城市居民的租赁期延长至三十年以上。这一方面可满足中产阶层异地购置二套房需求，促进城乡融合振兴乡村，另一方面可迅速扩大民间投资规模，更重要的是，一旦下次疫情和灾害来袭时，城市居民可提前自行疏散至农村，从而增强国民经济体系整体韧性。

七，本次疫情攻防战最成功的经验之一就是及时封闭有疫情的居民小区并精准到具体楼宇和楼层。建议总结各地城市在疫情中暴露出的软硬件短板，在全国范围加速推进城市老旧小区改造和社区公共卫生设施建设。这不仅能改善居民日常生活品质，而且在疫情来临时，能迅速有效地进行社区自我封闭防卫阻断疫情传播。

八，建议全面总结各地智慧城市、公共信息系统、智慧社区和网格式精细化城市管理系统在本次防疫战中的经验与教训，结合推进5G建设进程，全面提升城市治理现代化水平。值得指出的是，近几天各地普遍出现因大量增加的在线教育和视频会议造成网络瘫痪事件暴露了网络软硬件的短板，应扩大投入尽快补齐。

据初步估算，以上八条策略一旦实施，至少可形成十万亿元的新增社会投资和相应的消费能力，更为重要的是能为国际贸易"反脱钩"和决胜防疫战、实现"疫后复兴"提供强大动力和资源保证。

本文转载自微信公众号"中国城市科学研究会"（CSUSorg）。

仇保兴　国务院参事，中国城市科学研究会理事长

医学地理与 2019 年 NCP 防控

2020 年 2 月 23 日　　孙徐川　刘鑫源　罗勇军

1　什么是医学地理

　　医学地理是研究人群疾病和健康状况的地理分布与地理环境的关系，以及医疗保健机构和设施地域合理配置的学科。它是地理学的一个分支学科，医学和地理学相互交叉形成的边缘学科。研究领域包括自然环境、生物环境和地球人文社会环境对人体健康和疾病的影响，为人体健康提供合理的理论和措施。医学地理学对查明和控制疾病流行，探索环境致病原因、选择疗养地、评价最适宜人类生命的环境条件、进行新开发区医学地理评价等都有重要意义[1]。

2　医学地理对 NCP 发生与防控的作用

2.1　疫情开始阶段：提供数据空间可视化

　　新型冠状病毒疫情发生时，可利用地理学中的 GIS 技术，根据不同区域感染者的基本情况、活动轨迹等进行空间可视化，可以展现出疫情暴发的程度、病毒传播的范围和地理分布规律，为政府决策提供理论支撑，为群众自我保护提供依据[2-4]。

2.2　疫情蔓延阶段：使用全基因组测序

　　为了解本次疫情暴发的原因，从医学角度通过对提取的病例样本进行全基因组测序，测序结果显示新病毒可能起源于蝙蝠等野生动物，这为找到传染源打下坚实的基础。例如，2020 年 1 月 23 日，石正丽团队提到 SARS-CoV-2 与蝙蝠来源的 RaTG13 毒株在全基因组序列层面相似度（sequence identity）很高，达 96.2%，但最大差异在 S 蛋白，与 S-RBD 序列相似度为 93.1%。2020 年 1 月 31 日，在流感病毒序列分享网站上，美国贝勒医学院 Joe Petrosino 课题组将广东缴获的穿山甲中分离出的病毒序列与这一次的 SARS-CoV-2 的 S-RBD 进行比对，蛋白序列相似度达 97%。2020 年 2 月 7 日，华南农业大学从穿山甲中分离出的毒株与 SARS-CoV-2 序列相似度达 99%，推测穿山甲可能是新冠病毒的中间宿主。

2.3　疫情控制阶段：提供优化控制措施

　　基于感染新型冠状病毒患者的活动轨迹，可分析疫情空间扩散的风险，为多区域联合防控提供理论依据；利用 GIS 技术可建立物流应急管理系统，以确保物资能够及时输送到最需要的地点；能有效控制疫情的扩散 [5-6]。

2.4 疫情结束阶段：为社会生产结构恢复提供建议

本次疫情对各行各业都带来了不少冲击，由于区域的差异性，在之后产业恢复重建的时候，需要有效协调不同地区之间经济要素的空间关系；从健康地理的角度研究本次疫情对人地关系的影响，争取引导群众的行为，维持社会的安全。

3 结语

随着人类活动影响的增长，以及生态环境恶化，人类健康问题已成为普遍关注的问题，医学地理在保护人类健康的战略决策中起的作用越来越大。此次疫情期间，医学地理在防控响应中能积极发挥作用，为国家为社会做出贡献。

参考文献

[1] 杨林生，李海蓉，李永华，等. 医学地理和环境健康研究的主要领域与进展 [J]. 地理科学进展，2010，29（01）：31-44.

[2] 陈洪生."智慧城市"中市政 GIS 地理信息系统构建 [J]. 计算机产品与流通，2019（12）：106.

[3] 古黄玲，陈海楠，王韬，陈小惠. 基于 GIS 的大气污染物扩散评价与可视化 [J]. 科技创新导报，2018，15（31）：91-93.

[4] 艾靖播. 专题数据空间可视化方法在地图服务中的应用 [J]. 测绘与空间地理信息，2013，36（09）：106-107+113.

[5] 戴梦南，周英，陈珊，汪金发，易良杰. 地理信息系统（GIS）技术在非洲猪瘟防控和恢复生猪生产的应用分析 [J]. 中国动物保健，2019，21（12）：33+38.

[6] 郭立超，魏薇. 地理信息系统 GIS 发展现状及展望 [J]. 科技资讯，2019，17（33）：5-6.

[7] 地理学到底能为疫情防控做点什么？[EB/OL].（2020-02-13）. https://mp.weixin.qq.com/s/0MkcUHZk_kZmCq7mW3yXpg.

孙徐川　陆军军医大学军事医学地理学教研室助教、硕士在读，主要从事医学地理学研究
刘鑫源　陆军军医大学军事医学地理学教研室助教，主要从事医学地理学研究
罗勇军　陆军军医大学军事医学地理学教研室教授、博士生导师，重庆地理学会常务理事，第三批重庆市学术技术带头人后备人选，中国生理学会应用生理学专业委员会委员，主要从事医学与健康地理相关研究

"健康"与"韧性"理念下应对突发性公共卫生事件的空间规划策略探讨

2020 年 2 月 25 日　　李　翅

2020 年新年伊始,突如其来的新型冠状病毒 [世界卫生组织(World Health Organization, 简称 WHO)将新型冠状病毒引起的疾病命名为 "COVID-19"] 改变了中国春节的传统节奏。传染性极强的新冠病毒疫情在湖北武汉暴发,继而极速传播到湖北省和整个中国。这个来势汹汹的病毒对人类生命构成了重大的威胁,严重地影响了国家安全和社会经济的发展,同时也让我们意识到城乡人居环境建设和社会管理体系在面对疫情防控时的诸多问题。

1　从"公共卫生事件"到对"建成环境"的关注

人类历史上,许多城市都经历了重大瘟疫,例如飞鸟绝迹的雅典、高墙筑起的普罗旺斯、横尸遍地的君士坦丁堡、人们活在墓地里的米兰、惊恐万状的伦敦(加缪著作《鼠疫》)。在那个医学还不太发达、城市建设相对落后的时代,人们奋起反抗可怕的瘟疫,普通人民是渴望生命与激

情的真正勇者。

在与瘟疫战斗的过程中,人们逐渐认识到瘟疫的传播与城市建成环境之间存在着密切的联系,倡导健康发展理念的现代城市空间规划体系在公共卫生危机中应运而生。1848 年,英国颁布了人类历史上第一部综合性的公共卫生法案——《公共卫生法》(The Public Health Act),由此英国的一大批公园、排水和垃圾清运等公共设施得以建设,城市的物质环境水平得到提升,在一定程度上改善了城市居民的健康状况。

19 世纪中后期,基于细菌学与流行病学的公共卫生理论,对大量传染病传播途径进行的研究揭示了公共健康与公共空间环境之间的密切关系,为城乡环境治理措施提供了充分的依据。这一时期,城市公园建设也得到了发展。在伦敦核心区泰晤士河两岸,原来的皇家公园,如海德公园、里琴公园、格林公园、圣詹姆士公园以及丘园逐渐向市民开放,形成真正的城市公园系统,促进了城市公共健康的进步。

1888 年,英国利物浦工人村"阳光城"(Port

图1 英国利物浦工人村"阳光城"中央公共绿地
图片来源：作者自摄

Sunlight）的建设，继承了《公共卫生法》所构建的"建成环境—公共健康"这一理念，采用了轴线规划布局，住宅围绕轴线上的公建和教堂，大片方形的绿地楔入住宅，并实行人车分行。为工人们提供了一个健康愉快的环境，同时也提高了工厂的生产效率（图1）。

20世纪初霍华德的"田园城市"提出一种理想的城市形态：由若干田园城市围绕一个中心城市，构成一个多中心的、复杂的城镇集聚区，在城市之间的地区布置大量的公共卫生设施，如精神病院、病休所、酗酒者收容所、传染病院等，将与公共卫生安全有重大影响的设施布置在城郊的大片空地上，将城市中央公园广场布置在城市最核心的位置，结合居住区、学校来布置公园和绿带。其理论的众多追随者不断试图在实践中通过城市环境建设来改善公众的健康水平，加大城乡开放空间的布局和利用。

2 "健康城市"运动与"韧性城市"理念

城市在面对许多突发的重大疫情时，往往会显得惊慌失措、无力应对。不管是医护人员、防御物资、卫生设备、应急诊疗场所等公共卫生资源，还是市民隔离场所和日常生活所需的空间都会面临短缺问题，这些反映出我们在城市规划布局、社区卫生诊疗、公共服务设施以及公园绿地的建设方面缺乏前瞻性，没有留出足够的富余空间来支持和应对突发事件。

1984年，WHO将健康城市定义为"一个不断制定这些公共政策并创造这些物质和社会环境，使其人民能够相互支持、履行生活的所有职能，并充分发挥其潜力的城市"，WHO欧洲区域办事处将其原则转化为促进健康的切实可行的全球行动纲领，随后逐渐演变为影响全球的"健康城市运动"。越来越多的城市决策者和管理者意识到人居环境建设给城市、社会和公众带来的诸多健康效益，并将其列入城市公共卫生保障政策中，构建科学合理的城乡开放空间规划路径和稳定完善的管理机制。

2018年7月，中国城市科学研究会主办的"城市发展与规划大会"在苏州召开，期间成立了"中国城市科学研究会健康城市专业委员会"，专业委员包括医学、公共卫生学、城乡规划学、风景园林学、地理学和建筑学等相关学科的专家，共同推进健康城市的规划设计研究。2019年12月，"国际智慧城市峰会及智慧生态博览会"在郑州召开，期间成立了"中国城市科学研究会韧性城市专业委员会"，专业委员包括工程、水利、生态、城乡规划学、风景园林学和建筑学等相关领域的专家，共同推进韧性城市的理论与规划研究。

总而言之，当前在城乡规划和建设领域，应对公共卫生问题相关的规划设计体现了"韧性城市"与"健康城市"的理念，都强调从整体、系统上构建城市的防灾、避险以及恢复体系，科学合理的城市开放空间体系是人们应对突发公共卫生事件的主要规划策略。

3 基于"健康"与"韧性"的空间规划策略

3.1 城市区域空间的冗余与韧性应对

尺度超大、高度密集的城市可能会带来更多的生态环境问题，城市走向区域整体发展可能更具有可持续性。同时，城市的发展要立足长远，为应对突发事件的出现，须为子孙后代留有足够的冗余（redundancy）空间，促进人与自然和谐共生。

面对区域与城市防御系统脆弱方面的扰动，城市的供给应具备一定的缓冲能力，而这种缓冲能力主要依靠空间系统的冗余性实现。在国土空间规划中，不仅要在城市与城市之间预留大量的生态冗余空间，还要对城市的土地利用做出具有弹性的策略，划定战略留白用地以应对城市发展的不确定性。这些留白用地既可以为优化提升城中的重要功能预留战略空间，为城市未来发展预留弹性，促进城市集约高效、结构调整、布局优化，实现城市高质量发展和可持续发展，也可应对不时之需，为城市安排应急避灾设施。这次在武汉面临新冠疫情时，关于火神山、雷神山传染病医院的选址就引发了广大规划设计人员的关注。

3.2 完善城市与社区开放空间体系

城市开放空间指的是供人们日常生活和社会公共使用的室外空间，包括街道广场、户外游戏场地、城市滨水区、公园绿地以及自然风景地等。开放空间不仅是人们游憩、相互交流的空间，也是人们接受大自然环境教育的场所，更重要的是有利于提高城市的防灾避险能力。

（1）城市绿色开放空间。开放空间中最重要的莫过于城市公园绿地。19世纪50年代，安德鲁·杰克逊·唐宁（Andrew Jackson Downing）提出保护自然、接近自然的风景园林理论，呼吁建立城市开放空间。从奥姆斯特德（F. L. Olmsted）规划的"纽约中央公园"、波士顿的"翡翠项链"，到随后的芝加哥公园系统、日本的防灾性绿地系统规划，都是通过系统性的开放空间布局形成秩序化的城市结构，提高城市抵抗自然灾害的能力。

（2）建设城市通风廊道。城市通风廊道（ventilated corridor）是为提升城市空气流通能力、调节局地气候环境、改善人体舒适度，以大型空旷地带连成的贯穿城市密集地区的开放空间结构，可结合城市的楔形绿地、带状绿地、线性绿地进行建设。通风廊道应沿盛行风的方向伸展、引导自然气流吹向城市建成区，不仅有利于治理空气污染，而且可以快速分散空气中的细菌、病毒，避免引起重大的疫情。

（3）提升社区公共空间品质。社区开放空间作为城市基本的活动空间，是人们日常生活中使用最频繁、最方便、最高效的公共空间，社区开放空间的环境品质尤为重要。社区花园、口袋公园、街头绿地、游戏场、社区服务中心广场成为促进人们身心健康的微空间，也是面对突发事件应急的临时疏散空间。

3.3 加强公共卫生的应急准备和规划

完善城市公共卫生服务体系，积极发展社区公共卫生服务，形成功能布局合理、服务设施完善、方便社区居民的公共卫生服务网络。因此有必要做好公共卫生的应急准备和规划。

（1）分级分类布局医疗卫生设施。在城市国土空间总体规划的基础上，结合卫生健康事业的要求，配置空间资源，做好医疗卫生布局专项规划，建立"区域医疗中心＋市级医院＋区级医院＋社区医院"的体系，对传染病医院、精神病院等各种特殊专科医院进行合理布局。

（2）突出基层医疗卫生机构。在规划布局医疗卫生设施时，必须考虑重大疫情的可能性，突出基层医疗卫生机构的作用。多系统协调、加强综合统筹、提高社区医院的诊断和收治能力，避免因为诊疗能力不足、转诊运输而引起的不必要的资源消耗和防疫风险。

（3）开展社区级紧急韧性规划。为加强社区的韧性，有必要开展社区级紧急韧性规划。包括紧急避难场所、应急服务中心的合理布局以及生命通道的建设，保障在突发紧急情况和灾难期间，快速地将各种资源设备送到正确的地方，并帮助居民更快地恢复生活生产。

3.4 构建基于社区的应急管理模式

中国的城市治理，一般是按照"城市—区—街道—社区"的模式进行管理，街道是城市的细胞，社区是城市运行的基本单元，面对突发公共卫生事件，社区的作用显得尤为重要。完善的社区组织管理体系可以为社区在应对重大突发事件方面做好充分的保障，社区规划师可以在提供社区信息、咨询以及治理工作中发挥重要的作用。为了解决这一问题，提出以下3点建议。

（1）建立一个全面的、交互式的信息平台。应对重大疫情时，各个社区的基础设施、可用资源水平各不相同，必须建立一个基于大数据网络的综合信息平台，提供城市各类型社区组织机构和活动信息、政府服务和举措的相关信息以及反馈机制。

（2）加强社区服务、管理的综合能力。社区既要承担服务的作用，也要有基层管理的功能。组织社区防控、动员群众自我防护防止疫情的扩散和蔓延，实施群防群治、联防联控的策略以及网格化、地毯式的管理方式。

（3）加强公众参与，培养社区凝聚力。在社区治理中，为社区居民提供基于社区计划中的志愿者参与机会，鼓励社区居民参与到社区的各项事务中，逐步培养市民的主人翁意识、社区家园意识，强化社区的凝聚力。

4 结语

"健康城市"强调人们生活的生态环境和公共服务体系，"韧性城市"强调城市应对灾害的恢复能力，它们都是从可持续的思想层面促进城乡人居生态环境高质量发展。相信通过这次突发性公共卫生事件，中央会进一步完善重大疫情防控体制机制，健全国家卫生应急管理体系。同时这场疫情也让我们对如何提升城乡人居生态环境建设质量这一问题做出进一步的思考，探讨应对突发性公共卫生事件的空间规划策略。

从"健康城市"和"韧性城市"理念出发，以城市与区域的国土整体空间评价为基础，保护区域冗余空间与生态安全格局，建立城市与社区开放空间体系，加强公共卫生的应急准备和规划，构建基于社区的应急管理体系。通过街道责任规划师制度，将城市空间规划和生态环境治理的重心向基层下移。社区规划师与建筑师、风景园林师、艺术设计、社会学各种专业人才下沉到街道、社区，提供精准化、精细化的服务，与社区居民一道共同构建健康、安全、可持续的空间环境。

参考文献

[1] Fee E, Brown T M. The Public Health Act of 1848[J]. Bulletin of the World Health Organization, 2005, 83（11）: 866-867.

[2] Rosen G. A History of Public Health[M]. Baltimore: JHU Press, 2015.

[3] Awofeso N. The Healthy Cities Approach: Reflections on a Framework for Improving Global Health[J]. Bulletin of the World Health Organisation, 2003, 81（3）: 222-223.

[4] 马国馨. 非典与城市减灾 [J]. 北京观察, 2003（6）: 11.

[5] 董慰曾. 注重规划设计合理性，改善居住环境：抗击"非典"的思考 [J]. 中国住宅设施, 2003（4）: 29-30.

[6] 李秉毅, 张琳. "非典"对城市规划、建设与管理的启示 [J]. 规划师, 2003（S1）: 64-67.

[7] 秦波, 焦永利. 公共政策视角下的城市防灾减灾规划探讨：以消除传染病威胁为例 [J]. 规划师, 2011, 27（6）: 105-109.

[8] 张云路, 马嘉, 李雄. 面向新时代国土空间规划的城乡绿地系统规划与管控路径探索 [J]. 风景园林, 2020（1）: 25-29.

[9] NYC Department of City Planning. A Greener, Greater New York[EB/OL]. （2007-04）[2020-02-14]. http: //nytelecom. vo.llnwd.net/o15/agencies/planyc2030/pdf/planyc_2011_ planyc_full_report.pdf.

[10] NYC Department of City Planning. A Stronger, More Resilient New York[EB/OL]. （2013）[2020-02-14].https: //www. mendeley.com/catalogue/stronger-more-resilient-new- york/.

[11] NYC Department of City Planning. One New York: The Plan for a Strong and Just City[EB/OL]. （2015-04-21）[2020- 02-14]. https: //www1.nyc.gov/site/planning/.

[12] 仇保兴. 基于复杂适应系统理论的韧性城市设计方法及原则[J]. 城市发展研究, 2018（10）: 1-3.

[13] 陈涛, 王玉井. 安全韧性雄安新区中的卫生应急风险与对策研究 [J]. 中国安全生产科学技术, 2018（8）: 18-22.

[14] 戴慎志, 冯浩, 赫磊, 等. 我国大城市总体规划修编中防灾规划编制模式探讨：以武汉市为例 [J]. 城市规划学刊, 2019（1）: 91-98.

[15] 李彤玥. 韧性城市研究新进展 [J]. 国际城市规划, 2017（5）: 15-25.

[16] 特里·法雷尔. 伦敦城市构型形成与发展 [M]. 杨至德, 杨军, 魏彤春, 译. 武汉: 华中科技大学出版社, 2010.

本文来源于微信公众号"风景园林杂志"。

李 翅 北京林业大学园林学院教授、博士生导师，教育部高等院校建筑类专业指导委员会城乡规划专业分委员会委员，中国城市规划学会风景环境规划设计学术委员会副主任委员

抗肺疫中资源配量短缺的观察与启示

2020 年 3 月 2 日　　周建军

面对武汉、中国抗击肺炎疫情的一幕幕，笔者有三点突出感受：①肺疫快狠毒，预控隔断治有滞误；②举国之力，事迹催人泪下；③人物空间短缺，临时抱佛脚。

受现代信息论和机械工程学设计中功能与空间配置启发，我认为城市冗余空间（Redundancy Space）是积极空间、功能空间和应急空间，不是多余空间、消极空间、可有可无空间，具有与主体运行空间有同等功能或属性的积极功能或属性，就如飞机的三个发动机一样，三个中的任何一个都能独立工作，但不必要同时工作，突发事故时，可轮值，功能并等，为了确保更安全须安装三个（三个发动机是标必配，纳入成本造价和运维，大大提高系统安全性，城市系统莫不更如此）。除认识不到位外，有些城市规划公共空间配置本身就存在先天问题或缺陷，一旦突发公共事件，问题是必然的，结果是可想象的。城市中的冗余空间不多余，而实际规划建设中更是短板。其实城市冗余空间是分级、分类、分区布局，远近结合，平战结合，更是战略

图片来源：https：//www.sohu.com/a/313301519_782355

资源，是城市高质量现代化治理能力和水平提升的小少而不可或缺的要素之一。

建议在新一轮国家空间规划用地分类中增加一种新用地类型〈用途〉——冗余用地〈空间〉，暂且命名之。从某种意义上看，①城市"冗余空间"也应归为强制〈约束性〉指标，规划应有结构性配置（配比）要求，纳入常效运维，具有替代轮值特性，而非可有可无，纳入常效运维；②城市冗余空间平战转换激活体机制应常态和规范化；③城市冗余空间是提高城市重大公共安全事件发生时应急保障空间及系统安全性不可或缺的部分。一孔之见，仅供参考。

周建军　浙江舟山群岛新区总规划师

门户有风险，南方有湿气

2020 年 3 月 2 日　马向明

2 月 26 日的中央政治局常委会指出，当前全国疫情防控形势积极向好的态势正在拓展。钟南山院士也在媒体上说，"中国新冠肺炎疫情在达到高峰之后很快就下来了"。这对全国人民来说真是一个大好消息：因为这是一个多月的全体人民齐心协力，特别是广大医护人员无私奉献的优良结果！

然而，2 月 28 日，世界卫生组织宣布将新冠疫情全球风险由此前的"高"上调为"非常高"。世界范围的疫情警报非但没有因中国状况的改善而降低，反而是提高了！到 28 日，中国境外日新增确诊病例已连续第 3 日超过中国，于是，世界卫生组织总干事谭德塞强调新冠疫情可能转变为全球流行病。

"一开始以为中国控制住，世界会没事，现在发现中国控制住了，世界出事了。"——张文宏医生的这句话十分确切地描述了新冠病毒疫情被全球化带入了一个更复杂的阶段。

如果回顾一下历史，人类历史上大的传染病传播，甚至发生，都是跟贸易等人员交流密切相关的，如中世纪欧洲的黑死病，有说法认为是与蒙古大军进军欧洲相关；而北美印第安人的大量消失也认为是与欧洲人的疾病随着哥伦布的第一次美洲之旅后蔓延到了新大陆相关。新的贸易线路的开通触发新的经济活动，也可能触发新的疾病传播，如 1910 年发生在东北的鼠疫，就是中东铁路修通后新的经济活动引起的。因此，在历史上，作为门户城市在享受商贸带来的源源不断的财富时，也要承受预计不到的大风险，如 1665 年英国伦敦遭遇大瘟疫，1720 年法国海上门户马赛遭逢瘟疫侵袭。根据史料记载，1918 年"西班牙流感"进入中国时最先是在广州、上海等门户城市出现疫情。现在全球各地之间相互联系的紧密程度是人类历史上任何一个时期都不可相比的，新冠病例海外增长迅速，往后进一步转变为全球流行病一点都不足奇。随着贸易化的进步发展，首当其冲的风险承受者，将是中国与全球经济联系密切的门户城市，北、上、广、深将不得不进入第二次严控防疫战。

新冠疫情的具体起因还是个谜，如病毒的宿主是什么、0 号病人是谁等依然还不清楚，现在要推测疫情发生的关联因素是什么依然困难，但是，如果我们把2003年的SARS疫情和这次新冠疫情一起审视的话，还是有两点可以引起我们注意。

第一是疫情在武汉出现应该与武汉作为门户城市的作用相关。2003年的SARS疫情可追溯的第一个病例并不是发生在广州，而是在周围的城市，但广州是珠三角的医疗中心，病人被送到了广州，于是疫情在广州通过医院感染而暴发。这次新冠疫情的第一个病例是谁还没公布，但是，作为当地物资交流、公共服务中心和门户城市的武汉承受疫情的冲击是无可避免的。珠三角20世纪90年代的高速增长后出现SARS，长江中游地区近十年的快速发展后出现了新冠疫情，门户城市深受冲击，因此，门户有风险，这是两次疫情已经或者将要继续告诉我们的第一件事。希望疫情过后，当我们的城市再把"全球城市"或者"国家中心城市"等列为城市发展目标的时候，需要明白自己在说什么和随之必须要做的事是什么。门户城市在全球价值链中享有着独特的位置，但其与地域的密切关联性及与全球的连接性所带来的风险也会随着人类对资源利用的无止境而增加。

第二是疫情较容易在南方出现。南方气候湿热，地形复杂，森林茂盛，自然界为病毒提供了各种各样的宿主，可以想象，南方的自然界不仅病毒种类多，跨物种传播的概率也大，近年发生的禽流感也多发生在南方。传统上广东人就把阴森森的地方称为"湿气大"而尽量避开。如果说人类与病毒的战争是长期的战争，那么，位处"湿气大"的南方的城市就要更加关注这个战场。十分有意思的是，美国的国家疾病控制中心（CDC）就设立在其南方城市亚特兰大。在谈到为什么CDC不在华盛顿而在亚特兰大时，有一个材料上说到了三点理由或好处："为了对抗南方多发的传染病"；"这里是交通中心"；"可以远离政治的干预"。

新冠肺炎疫情在我国迅速传播，比SARS的传播效能高出数倍，这背后除了两种病毒本身的差异外，应该与武汉在交通区位上处于对中国版图的控制性位置离不开。如果疫情过后需要重构中国的防疫系统，建议把中国的国家疾病预防控制中心迁到武汉来，一来可以把疾控中心推到疾病多发地的前沿中枢位置，加强国家对疾病风险的控制和反应速度；二来可以让科学家更独立和更临近前沿地工作；三来也有利于北京功能疏解任务的完成。

马向明　广东省城乡规划设计研究院总工程师、教授级高级规划师，中国城市科学研究会健康城市专业委员会委员

新型冠状病毒（2019-nCoV）肺炎防控的地理学视角

2020 年 3 月 8 日　　杨林生　王　利　李海蓉

岁末年初，一场突如其来的新型冠状病毒肺炎疫情，在考验城市管理的同时，对相关学科研究也提出了新的挑战。与 2003 年 SARS 相比，地理学在疾病防控方面的作用更加明显，不仅地理工作者主动行动起来，对新型冠状病毒的防控开展系列分析研究，在疫情的空间传播、病情动态分析、应急资源调配以及对社会经济影响等领域，将传统的时空分析与大数据相结合，提供了切实有用的论文、研究报告、科普公众号等，而且地理学的方法手段不断融入不同层次防控措施中，诸如肺炎疫情地图、病例小区分布、病例动态轨迹等，这些空间动态可视化信息在服务于部门疫情防控的同时，也为疫情期间大众群体的日常行为与心理疏导提供引导。

1　地理学在新型冠状病毒肺炎防控中的作用

1.1　新型冠状病毒肺炎传染传播的时空分析和模型

地图空间可视化几乎是此次疫情中所有核心媒体的表达方式，如百度疫情实时大数据报告、凤凰网全球疫情实时动态等；而基于 SARS 及其他传染病的传播与防控经验，地理学空间模拟方法也可广泛应用于此次新型冠状病毒的扩散预测，诸如人口迁移空间交互模型、传染病空间交互模型等（王丽，2016）；人口迁移的空间依赖性导致疫情存在空间外溢风险和"热流区"，空间外溢性已在河南、浙江、湖南、安徽等地体现出来，"热流区"也在广东、北京、重庆等地有所表征；虽然通过封城已控制病毒的进一步扩散，但解封后的人口流动带来潜在的暴发风险还需谨慎。

1.2　人口流动与潜在病人的分布

流动人口是新冠病毒扩散的重要群体，亦是控制疫情的关键。地理学者基于人口流动数量、流动人口结构和特征以及流动渠道，描绘了武汉封城后，（潜在）一代病毒携带者的流动轨迹，进而评估病毒扩散风险区域、识别次级传播中心城市（周成虎等，2020）；此外，利用社交媒体及移动通信运营商等大数据，结合人口流动的驱动因素，识别疫情期间和后期尤其是交通解封后的返工潮可能带来的潜在风险，对于防控与预警至关重要。

1.3 病例（或疑似病例）的行动轨迹时空追踪

流行病学调查和隔离是控制病毒扩散的核心手段，此次疫情的流行病学调查主要基于入户调查、社区的密接调查和电话调查，而对于确诊疑似病例的行动轨迹，多为（疑似）患者口述，存在不确定性；而将移动网络信息手段应用到流行病学调查中，诸如国务院办公厅电子政务办公室等开发的"密切接触者测量仪"、联通公司发布的"疫情防控行程查询助手"和中山大学开发的"疫情踪"APP的轨迹追踪等（柴彦威和张文佳，2020；周素红，2020），能够精准描绘病例的时空轨迹，在精准查找和识别密切接触人群和风险区域方面表现出明显优势。

1.4 疫区医疗资源短缺与外部应急医疗资源调配

公共服务是现代城市的基石，是公共卫生应急的关键（张国华，2020）。区域医疗资源的空间格局、数量、类别和特征，对于及时救护和防控至关重要；结合疫情暴发的严重程度和动态变化，明确武汉等地区资源短缺和对应区域医疗资源的配置特征，能够最大化地支持医疗资源的对口调配与补充（陈方若，2020；李维安等，2020）。对外部应急资源的调配，首先需明确调配区本身的疫情状况和资源需求评估，需在保障本地医疗资源和医护人员的前提下，开展调配；其次是调配区相关产业的分布情况与产出情况，诸如生产口罩、防护服等紧缺医疗资源的企业的产量；再次，基于对湖北各市疫情评估和各市区范围内的医疗资源和医护人员数量和特征，分派对口支援医疗队和医疗资源；最后，结合医疗资源生产的空间格局与输送途径，确保资源调配效率的最大化。

1.5 疫区分级管控和精准施策

从1月23日武汉等城市封城到现在已经一月有余，尽管防疫还处在吃紧关头，但统筹推进疫情防控和经济社会发展、落实分区分级精准复工复产是中央的大政方针。开展区域/社区管控级别划分和风险分级在考虑病例/疑似病例的同时，纳入了对人口流动，尤其是从疫情高发区的人口潜在流入量考量，外防输入、内防扩散，精准施策，全力做好北京等大城市疫情防控工作，是当前防疫工作的当务之急。

2 下一段地理学参与新型冠状病毒肺炎防控的建议

从以上分析看出，无论地理学家的主动参与还是新型冠状病毒防控实际工作，地理学在疫情防控的应急阶段都发挥了明显的作用。但是从传染病的防控来说，地理学在现场疾病监测、应急防控资源调配等方面不具优势。未来地理学应当和预防卫生及其他学科一道，反思本次重大疫情事件暴发、发展的深层原因，并未雨绸缪，为防止类似事件的再次发生提供科技储备。为此建议开展：

2.1 新型冠状病毒肺炎的地理空间分布及地理环境与社会因素深度解析

新冠病毒的传播受到人类活动的驱动和病毒传染性的影响，病毒的传染性、在环境中的存活能力受到多种地理环境因素的限制，而人口流动与行为模式受到社会经济等的驱动，因此，需从人地系统科学的角度出发，基于灾后精准的疫情数据，结合不同地理环境下病毒的传染特征，解析形成新冠疫情空间分布的自然地理与社会因素的驱动机制。

2.2 新型冠状病毒肺炎防控成效和经验评估

在国家的统筹下，各地采取了不同类型和程度的新冠病毒防控措施，涉及医务救援、交通管控、社区隔离等多个层次的协作，其他部门、企业和个人亦采取了相应的手段，在进行防控的同时，最大可能地维持社会秩序和社会运行，诸如生活物资供给、教育、线上工作等；这种举国参与的管控行为，涉及每一个领域和部门，构建多系统联合评估系统，对本次疫情进行全面评估，对于我国的公共卫生应急管理体系建设具有巨大意义。

2.3 新型冠状病毒肺炎的社会经济影响分析

目前这方面的研究已经开始，各个领域的专家学者、决策者都可以根据本行业特点评估新型冠状病毒对本领域的影响，但地理学具有综合特点，从不同空间尺度开展新型冠状病毒的社会经济影响，尤其是对国家发展目标（如脱贫攻坚）和重大区域战略的影响及未来政策的精准调整，具有天然的优势。从目前形势看，还要做好统筹新型冠状病毒防控和经济社会发展的中长期打算。

2.4 与生态文明制度相适应的环境卫生制度研究

十八大以来，包括环境和生态保护与修复在内的生态文明制度体系日益完善，生态环境质量显著提高。环境的修复和治理包含很明确的以人口健康保护为目标，但生态保护和修复往往仅仅局限在自然生态系统保护和修复。传染病微生物的宿主和媒介源于自然环境，细菌和病毒能传播到人与人类对待自然的行为及人的环境卫生行为密切相关，建立与自然生态保护和修复相适应的环境卫生制度，通过生态环境保护实现人类健康保护，把人口健康融入可持续发展的各个目标内，一直是世界卫生组织倡导的目标。

2.5 传染病协同监测、预警和应急决策研究

传染病暴发实质是顶级自然灾害，其发生、发展与环境密切相关，开展复发和新发传染病监测、预警，必须考虑其依存的自然环境和可能威胁的人类生存环境，因此，构建自然环境、传染病（包括宿主、媒介等）和社会环境协同观测系统，捕捉重大传染病发生的早期证候信号，有利于提前预警传染病风险；同时构建包括卫生在内的各类自然灾害应急响应系统，对传染病的应急管控具有重要意义。

2.6 健康城市和健康社区规划与管理

与经典的传染病不同，从这次新型冠状病毒肺炎的流行和危害看，其对农村和偏远地区卫生资源薄弱的地区影响明显较弱。城市的无序扩张导致相对短缺的公共卫生资源配置和低下的城市

管理效率是造成新型冠状病毒传播扩散的重要因素。如何基于现代健康城市的理念，合理布局城市功能单元和卫生资源配置，把预防的窗口进一步前移，是地理学者，尤其是城市规划学者的使命。

参考文献

[1] 王丽 . 2003 年中国 SARS 传播空间格局及人口流动驱动因子研究 [D]. 北京：中国科学院大学，2016.

[2] 周成虎，等 . 新冠肺炎疫情大数据分析与区域防控政策建议 [J].

中国科学院院刊，2020，35（2）：200-203.

[3] 陈方若 . 大疫当前谈供应链思维：从"啤酒游戏"说起 [J]. 中国科学院院刊，2020，289-296.

[4] 李维安，等 . 突发疫情下应急治理的紧迫问题及其对策建议 [J]. 中国科学院院刊，2020，235-239.

[5] 柴彦威，张文佳 . 时空行为视角下的疫情防控——应对 2020 新型冠状病毒肺炎突发事件笔谈会 [J/OL]. 城市规划，2020.

[6] 张国华 . 现代城市发展启示与公共服务有效配置——应对 2020 新型冠状病毒肺炎突发事件笔谈会 [J/OL]. 城市规划，2020.

[7] 周素红 . 安全与健康空间规划与治理——应对 2020 新型冠状病毒肺炎突发事件笔谈会 [J/OL]. 城市规划，2020.

杨林生　中国科学院地理科学与资源研究所研究员、博士生导师，中国地理学会健康地理专业委员会主任委员
王　利　中国科学院地理科学与资源研究所助理研究员
李海蓉　中国科学院地理科学与资源研究所副研究员

谈新型冠状病毒（2019-nCoV）疫情应对策略演化

2020 年 3 月 10 日　　李新虎

0　引言

新型冠状病毒（2019-nCoV）肺炎疫情暴发以来，已经蔓延到了全球五大洲的九十多个国家。根据丁香园公布的疫情动态信息（https：//ncov.dxy.cn/ncovh5/view/pneumonia? FCDate=2020-03-06），截至 2020 年 3 月 8 日，全球累计确诊 106311 人，累计死亡 3600 人，中国境内累计确诊 80863 人，累计死亡 3100 人。为了应对疫情，各个国家采取了各种防控策略，中国在疫情暴发的不同阶段，也采取了不同程度的应对策略。这些不同的应对策略，究竟该如何认识，如何评价，每个人的看法可能各有不同。

笔者认为，面对疫情，如同面对一场战役，采取什么样的应对策略需要结合"敌我"双方的特征来确定，并随着"敌我"双方态势的变化相应地调整应对策略。而且，在"敌我"双方态势分析的基础上，判断应该采取什么样的应对措施，需要对应对措施的成本和效益做出考量。

1　"敌我"态势分析

作战需要做到知己知彼，在传染病疫情中，敌方是病原，主要是微生物（病毒、病菌）或寄生虫，我方是人类。

面对一场疫情，需要了解传染病的病原特征（包括病原种类、生存条件、自然宿主和中间宿主等）、流行病学特征（包括传播途径、易感人群、传播动力学参数、病死率等）、临床特征等。特别要注意的是，对于新出现的传染病疫情，对其基本规律的认识有一个过程，检测与治疗方法的研制，都需要一定的时间，有效疫苗的研制和投入使用需要更长的周期。越早地发现疫情，可以越早地开展流行病学调查，可以越早地掌握敌情，把握疫情应对的时机。

我方的情况，从个人和群体两个方面分析。个人的传染病知识储备、个人的身体素质和社会经济条件、地理位置、疫情信息获取的实时性等都会影响个人对疫情的判断，进而影响在疫情中个人行为的选择。对于特定的人类群体，社区、城市、国家等不同尺度，对于本区域实时疫情信息的获取和分析能力，对于人群行为的引导、组织和调控能力，物资和医护人员的调配能力等等。

值得一提的是，这里虽然使用了"敌我"一词，是为了方便大家理解，而且确实疫情如军情，讲究时机的把握、情报消息的准确、整体战略部署、人员的行动一致等。但是，并不意味着人类和微生物是完全敌对的，只是在特定的疫情中才是如此。从全球生态系统来看，微生物是人类赖以生存的地球生态系统不可或缺的一部分，这里不详细讲。

2　成本与收益考量

不同的疫情应对策略，会有不同的成本支出，经济社会方面的，有时候甚至是生命，这容易理解。疫情应对过程中的收益，简单来说，就是采取措施相对于不采取任何措施，减少的健康损失（包含生命损失）。

对于一场新发生的疫情，如果不采取措施可能造成的健康损失也是未知的，根据已有的知识和数据构建模型进行模拟预测是有效的方法。

当然，模拟的结果与实际发生的情况可能不一定完全吻合，但是，对于疫情的发展进行模拟演算是了解应对措施收益最重要的方法之一。结合不同的计算设备，在学校、社区、城市尺度，全国尺度，甚至是全球尺度上进行演算模拟，是一个需要加强的重要研究方向。

3　新型冠状病毒（2019-nCoV）肺炎疫情应对策略演化

从现在回顾疫情的发展，可能大多数人都会给出自己的优化应对策略建议。但是，大家一定要考虑到疫情是逐渐变化的，对于疫情的认识也是从无到有的。当时的所有应对策略，都是基于当时对"敌我"双方态势的认知，以及成本和收益考量做出的。在这一过程中暴露出的机制性的问题，大家可以去反思，去总结。但是，评估早期疫情应对措施时，对疫情初期所能了解的基本知识和信息应该有所考虑，大家可以去思考，这里不多展开。

对于输入性疫情的国家来说，由于已经有了早期疫情暴发国家的相关研究基础，相当于对"敌情"有了一定了解，对于疫情防控是优势的，也可以结合本国的特点，采取合适的应对策略。新加坡是一个城市型国家，本身医疗卫生基础好，反应和决策都比较快，又是输入性疫情国家，总体表现是值得学习的。

4　建议

（1）完善传染病报病系统，加强疾病信息的公开透明。SARS疫情之后国家重金建立传染病网络直报系统，此次疫情中是否还有不足和漏洞之处，需要认真研究和改善。

（2）加强"疫情"预警。特别是针对新出现的传染病，要有高度敏感的反应机制，对于世界上其他地区新出现的传染病也要及时进行输入性风险评估和预警。特别对于一线医疗人员提供的新情况，卫生防疫部门要有及时有效的反馈和调查机制。

（3）加强对传染病疫情的公众参与，群防群策机制。

5　结语

新型冠状病毒疫情不是人类遇到的第一次大规模传染病疫情，也不是最后一次，做好持久战准备。疫情如军情，重如泰山。

李新虎　同济大学建筑与城市规划学院城市规划系研究员，中国城市科学研究会健康城市专业委员会副秘书长

疫情防控时期日常食物供给的非正式社会响应路径和思考

2020 年 3 月 23 日　　陈　煊　杨　婕　吴英豪

截至 3 月 22 日，武汉全城抗疫达 60 天，新冠肺炎疫情的防控已经取得阶段性成效，但抗疫还在持续，保障居民的日常食物供应成为了此次抗击疫情的"第二战场"。随着武汉相继实施封城、暂停公共交通、住宅小区封闭管理等措施，如何保障居民的日常食物供应给武汉的城市治理带来了巨大的挑战。本文基于武汉 4 个社区居民日常食物的社会供给观察，14 位居民、4 位食物传导志愿者、6 位食物供应商的有限数量的访谈，微博、抖音、微信公众号、美篇等自媒体，以及新浪、腾讯、网易、财新、楚天都市报、长江日报、央视等新闻平台数据观测整理，对疫情期间武汉食物供应的非正式响应路径进行了梳理。

1　疫情中日常食物供给方的动态变化

疫情发生以来，武汉市政府不断调整食物供应方式，相继实施超市以点对面的供给，开放露天马路市场的自由采购，以及线上采购、"无接触"配送等多种措施，致力于保障居民日常生活的基本需求（图 1、图 2）。在此过程中，武汉市及其周边的社会力量也积极加入了居民的日常食物保障工作，包括社区门店个体、批发商、武汉市郊的农场主和养殖基地经营者等，这些社会力量在应急状态下通过微信群及采购小程序等平台组成了临时性社会网络，高效、稳定地供应了日常食物，从采集的社区样本来看其供应量达 90% 以上。

1.1　从大型超市到马路市场：食物供销不匹配矛盾升级

截至 2020 年，武汉传统农贸市场约 400 个，这 400 家农贸市场是解决市民生鲜需求的主要渠道，零售份额占比达到 70% ~80%[1]。封城初期，400 家农贸市场很快就陆续被关闭，居民日常生活物资采购完全依靠商超解决。该策略一方面导致农贸市场作为食物供应链中重要一环骤然断裂，使以食物零售为生的菜贩无以为继，也使食物批发商失去了固定的销售渠道，交通管制也造成武汉市郊大量的水产养殖、蔬菜、禽蛋类等

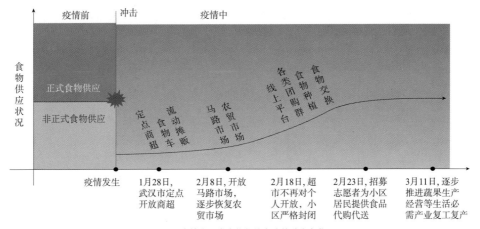

图1 疫情中日常食物供给方式的动态变化

图2 疫情中日常食物供给方式变化
（a）超市；（b）马路市场；（c）商超直配；（d）屋顶种植；（e）小区团购
图片来源：（a）新浪财经；（b）楚天都市报；（c）搜狐视频@无为李爷；（d）搜狐视频@航拍天多高；（e）美篇@西雨漫

农产品严重滞销。另一方面，单纯依靠大型商超供应的方式则因商超人手不足、物资损耗、运输成本升高等原因导致其价格虚高与供应不足。积聚在超市采购的居民在短时间内暴增，更引起部分居民恐慌性集中抢购，增加了其交叉感染的概率（图3）。

至此，两者形成了"想卖的卖不出去，要买的买不了"的食物供销不匹配矛盾。对此武汉市政府组织逐步恢复农贸市场经营，组织露天马路市场营业，截至2月8日开放14个露天马路市场[2]。

销售品种既包含来自白沙洲、四季美等武汉批发市场的土豆、萝卜、大葱等耐储的大路菜，也包含摊主们从武汉周边农户地里采购而来的藜蒿、红菜苔等当季、本地的鲜叶菜。马路市场进入社区周边是武汉市各局级部门共同治理的结果，它短暂地缓和了供需矛盾，也因其空间开阔、无需排队等优点，受到周边居民的青睐。国家商务部于2月17日紧急发布支持有条件的地方稳步恢复农贸市场、马路市场经营，畅通食物供应渠道，保障生活必需品供应[3]。

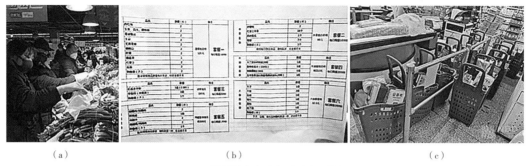

（a）   （b）   （c）

图3　居民滞留超市采购、超市打包销售

图片来源：（a）长江日报；（b）（c）环球网

1.2　从马路市场到超商和社区联动：食物直配凸显教条式"官僚主义"

基于疫情控制潜在的风险评估和无法预计的协调性治理的工作量，2月18日武汉再次封闭了马路市场，改为社区团购的形式。市商务局组织中百、武商、沃尔玛、麦德龙、家乐福、大润发、永旺等商超企业，将生活物资直配到由1406个基层社区管理的7102个封闭小区。街道、社区的工作内容在排查、收治完成后需要迅速转换为统计居民购买需求、到超市统一采购所需物资，每个社区8~10名工作人员平均需负责5个小区，每名社区工作人员约需承担300名居民的物资供应任务。

社区、超商共同面对人手不足、超负荷的工作量问题，以致直配团购覆盖范围非常有限更无法应对居民瞬息万变、短期激增的需求，使短期内的食物供应出现质量参差不齐、菜价高、捆绑销售等问题（图3）。导致"汉骂""深夜马路市场"等事件在网络发酵。而地方政府对车辆通行监管、食物安全监控、场地安全排查等教条式的管理使将大部分食物销售方被排除在直配之外，通过网络暴露的"通行证""农产品滞销""隔窗喊话"等事件再次将民众对地方政府疫情应急治理能力的质疑推向舆论焦点。网络事件的升级、供给资源支持的多样性扩充等问题倒逼武汉商务局相继公布33个线上采购平台、交通局开通电子通行证网上办理方式、农业农村局相继公布63个水产养殖单位联系方式、25个鸡蛋团购配送信息，以增加生活物资的社会供应渠道。

1.3　非正式组织联动：线上线下城市隐形移动"食物车"

据笔者调查，在电商覆盖范围、食物供应有限的情况下，武汉居民、商家自发组织形成的"自救团购群"成为大部分小区居民最终解决食物供应问题的首要选择。首先，社区零售店、个体零售商、批发商、热心居民、单位、农业合作社等多主体不断加入到"自救团购群"的组织中来，使用移动食物车进行食物配送（图4），居民和商家通过邻里互相认证、推荐建立联系并通过网络进行互动。小区零售店为居民提供葱、姜、蒜、野山椒等调料和干货类食物作为团购的补充。仟吉、周黑鸭、Today等品牌连锁店以及全民直采

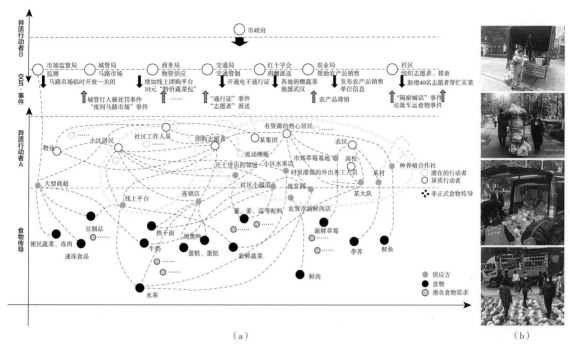

图4　多方力量参与的食物供应行动建构移动食物车网络
图片来源：（a）作者自绘；（b）美篇＠曾惠、王涛、悠竹林林

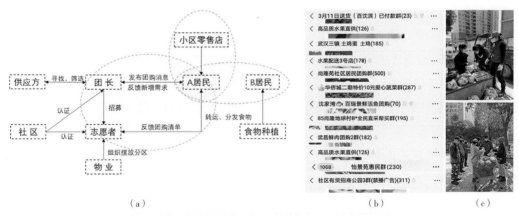

图5　自我援助型小区自救团购群的组织方式及居民食物获取网络
图片来源：（a）（b）作者自绘；（c）新闻晨报

等供销对接平台也通过开发线上平台等新兴形式不断加入，食物类型涵盖蔬菜、肉类等日常所需食物以及水果、牛奶、蛋糕、卤味、热干面等个性化需求的食物。其次，小区内的食物种植与邻里食物交换是部分自我援助型小区居民的重要食物获取途径（图5）。

2 非正式社会响应在日常食物应急供应链中的价值

在上述武汉日常食物应急供应链的建设中，前两次断崖式的封闭式供给均由地方政府内部转动，耗尽地方治理所有力量和其他外援城市的物资。种种突发网络事件说明了疫情下民生保障工作的公转并没有撬动民转，更旗帜鲜明地揭示出地方政府忽视了非正式社会响应等民转力量在日常食物应急供应链中的价值，未能搭建支撑社会响应平台的治理漏洞。最终线上线下城市隐形移动"食物车"网络的建构说明了大部分社区依托原有的社区信息发布群、瑜伽群、舞蹈群、团购群等各类微信群进行临时转变而展开食物采购与自救的可行性。

基于信任和互动而形成的网络共同体将食物非正式传递链嵌入应急供应之中，据已有调查显示，其在此次疫情中保障了食物供应的稳定，并呈现出以下特征：

（1）居民反馈的食物价格、内容、购买数量、配送时间、质量保障等需求能精准、灵活地及时得到反馈，形成食物传递的良性供应链，基本"保证每天都可以送不管多少"。

（2）删去了中间商环节，再次恢复了城乡食物生产者、批发商和零售商作为食物供应和流通载体的自主权，从而控制了价格并缓解了郊区农产品积压的问题（图4）。

（3）志愿者组织及时弥补行政指令下达到社区的时间差，从而促成非正式的食物传导精准对位（图4、图5），如A2N志愿者组织专门对接独居老人等特殊人群日常食物采购问题。

（4）社区居民在社区广场、篮球场、楼间空地、小区门口、物业门口等空间内共同取菜的行动和非正式食物交换、借用行为，如葱姜蒜交换、热干面换泡面、借米、油等不断地促进了邻里认知和供应链的稳定。

而自始至终如何规划和配置相应的空间和管理规定来发挥社会力量的作用以保障居民日常食物传导仍未得到重视。

3 思考：日常食物传导，一个对于空间规划完全陌生的领域

规划作为一门空间建设学科，其影响范围广泛，以面向未来和公共利益为导向，关注空间系统性以提高人类住区的宜居性。最近的研究中，食物、卫生、教育和能源系统也开始引起了规划者的关注。其中对于食物城市的研究多在农产品的生产加工、食物安全和食源疾病的监控预警等领域[4]。食物系统与城市空间的关系研究非常罕见，上文所述的"关闭农贸市场－设置定点商超－开放农贸市场－开放马路市场－关闭马路市场"等政策的反复变化，反映了地方政府应急空间治理能力的短板，甚至也反映了部门决策的认知误区。如马路市场作为一种非正式食物传导方式，短暂进入武汉社区缓解了供应矛盾[5]；屋顶、花园、空地等都市食物种植空间促进了老年人的日常公共生活[6-8]，也在此次疫情中提升了居民食物供应弹性[9-11]；社区广场、楼间空地、小区门口、街边等临时性公共空间也被小规模食品生产商、加工商、供应商和分销商等利用起来提供食物传导。在疫情外常因其无组织、无结构

以及侵占道路、产生噪声扰民、污染等问题，被规划部门当作落后空间形式所取缔，引发城市治理冲突和重复建设。规划对标准化空间的极端重视使其忽视了食物传导空间的本质是为城市居民提供新鲜、多样且廉价的食物，也忽视了依托食物空间形成的公共生活场所，及其为城市移民提供就业机会、弥补绿地管理和维护经费短缺等价值[12-14]。而近年来的现代化、标准化规划配置食物空间导致了上文所述的微小型食物空间主体的边缘化和食物供应链的不断窄化等问题。

我们很难从过往规划的文献和工作内容中找到规划师们对于保障民生的食物空间的关注，在整个抗疫过程中自然资源及空间建设相关部门在应急性空间建设领域的贡献力较弱。疫情之后，如何将食物系统要素融入空间规划和设计理念中，提升城市食物空间的系统性建构，为我国城市应急情况下科学展开空间救助提供新思路，值得每一位规划师思考。

感谢百忙之中接受访谈的志愿者、居民、社区工作人员以及食物供应商们，你们的无私帮助促成了此次记录整理。

参考文献

[1] 姜璇.农贸市场升级改造，需求占比超七成，传统菜场如何转型升级 [EB/OL]. 2020-03-16.http：//dy.163.com/v2/article/detail/F7RM45BS0518VS7Q.html.

[2] 北京商报.商务部：武汉市政府正在推动逐步恢复农贸市场经营，组织露天马路市场营业 [EB/OL]. 2020-02-09.https：//baijiahao.baidu.com/s?id=1658047380641255996&wfr=spider&for=pc.

[3] 北京商报.商务部：有条件地方要稳步恢复农贸市场、马路市场经营，增加生活必需品供应网点 [EB/OL]. 2020-02-17.https：//baijiahao.baidu.com/s?id=1658788193290200701&wfr=spider&for=pc.

[4] 李国强，谭燕.加强食物安全治理任重道远，国务院发展研究中心 [EB/OL]. 2019-06-12. http://www.drc.gov.cn/xscg/20190612/182-473-2898706.htm.

[5] 胡淼.疫情防控时期的生活物资供给——开放马路菜场的优势、风险与经验 [EB/OL]. 2020-02-20.https：//mp.weixin.qq.com/s/71pkZ4eDTupXOoZTylPcMA.

[6] 东楚晚报.为何中国老人到哪都种菜 [EB/OL]. 2018-08-27. http://www.hsdcw.com/html/2018-8-27/933930.htm.

[7] 李雪.一位城区老人的心声：想找块空地种菜真难 [EB/OL]. 2014-03-24.http://rizhao.dzwww.com/rzxw/201403/t201403249878931.html.

[8] 农村老人进城闲不住，四处找荒地开荒种菜，开发商要建房都很无奈 [EB/OL]. 2018-06-12.https：//baijiahao.baidu.com/s?id=1602806636667995949&wfr=spider&for=pc.

[9] 打造家庭菜园，从容面对疫情 [EB/OL]. 2020-02-11. https://mp.weixin.qq.com/s/71pkZ4eDTup XOoZTylPcMA.

[10] 封城武汉，结束了我和妈妈的菜园之战 [EB/OL]. 2020-01-24.https：//mp.weixin.qq.com/s/-we8dDRVlrvRrHP4Cia6gw.

[11] 我的楼顶菜园（一），不平凡的 2020 年一月 [EB/OL]. 2020-02-04.https：//mp.weixin.qq.com/s/Ud32z8cXgjKYegnlLhH3eg.

[12] 陈煊，袁涛，杨婕.街边市场多目标协同规划管理方法：以美国波特兰街边市场建设对比 [J].国际城市规划 2019,34(06)：34-40.

[13] 刘悦来，寇怀云.上海社区花园参与式空间微更新微治理策略探索 [J].中国园林，2019, 35（12）：5-11.

[14] 陈煊，杨婕.马路市场规划——湖北黄石疫区临危受命的"特殊生活圈" [EB/OL].2020-02-14.https：//mp.weixin.qq.com/s/aiyETM63Pq6aHPPs9JgjUg.

陈　煊　湖南大学建筑学院副教授、博士生导师，城市非正规性研究室（UIU）
杨　婕　湖南大学建筑学院博士研究生在读
吴英豪　湖南大学建筑学院硕士研究生在读

城市
发展

与公共健康

导读

面对新型冠状病毒感染的肺炎疫情，既需要坚定信心，同心协力，共克时艰，也需要科学理性地分析思考本次疫情的方方面面。对于规划师而言，从专业角度对城市的规划、建设和管理进行反思，吸取疫情带来的教训，探索面向全面小康的健康、安全和可持续的人居环境，是义不容辞的责任。为此，我们开辟"规划师在行动"的专栏，诚邀专家学者建言献策。

规划应注意并强化对负面问题的思考

2020 年 1 月 30 日　　刘奇志

继 SARS 危机之后，这次的新型冠状病毒危机又给全国城市社会生活造成了极大影响，如何能尽早发现、及时避免和减少这些突发危机给社会所造成的破坏和影响已成为规划工作者应该而且必须考虑的问题。

可事实上，我国的规划工作受专业教育和社会需求的影响，多乐于从正面的角度来思考完善城市生活、描绘美好未来，却极少居安思危，甚至不从负面角度来认识和思考有可能出现的问题及矛盾，也正因此，往往在城市出现重大问题后、社会对规划进行批评和指责时，我们规划工作者还会觉得很冤枉，认为：我们在规划方案中已经就城市问题及发展做了大量工作，是主管方不注意或是尚未完成规划行动所造成的问题，这怎么能说是规划没有做好的原因呢？可反过来，咱们若站在社会的角度想一想：既然让你来做规划，就是因为发现城市某些方面有问题、发展不利，希望能通过规划来解决问题、促进发展，可你所做的规划却重在为城市未来描绘一幅美丽画卷，讲述的多是针对现有问题、依据规划如何进行多年不断完善、从而在规划期末来实现美好蓝图，而社会更加关注、对社会影响更大的现实问题，在规划中却极少、甚至没有讲该如何及时解决并杜绝出现其他类似新问题，结果是在规划开始前就已发现的现实问题常常由于解决不及时而越来越严重，甚至还出现了一些新问题在规划中却又找不到解决方案，这能说是一个好规划吗？

事实上，当这些问题出现时，我们也是市民，也会受影响。因此，规划工作者必须面对并解决这些问题。要解决这些问题，我觉得至少应注意以下几个方面：

首先，我们在规划中要注意并强化对负面问题的思考。规划不能只是描绘美好未来、再反推近期建设规划来解决现实问题，而应该正反两方面同步思考，甚至在某些时候还应先思考负面问题的解决方案，因为这些是当前社会最迫切需要解决的问题，美好的蓝图大家有耐心去等着一步一步慢慢实现，可现实问题大家却没耐心等，而是希望能早日彻底解决。例如，若某地区饮水源被污染，规划不能只是去考虑如何处理水源污染及新水源地选址建设，而应该甚至还需要优先考虑该地区居民的现实饮水问题该如何解决，应能直接并迅速解决污染所带来的生活问题，否则可能会出现伤害人命的危险。

其次，我们要注意思考并避免负面问题可能会带来的不良影响。"千里之堤溃于蚁穴"是古人给我们留下的经验总结，目前大家多用于质量管理，其实对我们规划也同样重要，因为规划的一笔一画直接会影响到城市未来的生活与发展。例如，武汉市当年在第一条过江隧道建设时为节约、高效，特意将原规划设计的单向三车道修改为两车道，这从正常通行状况下考虑，其宽度确实能满足当时的通行量需要，但其却没有考虑到城市交通量的快速增加，尤其是没考虑当两车道两台车同步慢行、碰撞出事故，或者是一台车出事故而横占两车道时会对地下隧道的整体交通及安全所带来的影响。而事实上，该隧道通行之后正是因为这些问题而给隧道通行乃至城市交通体系带来极大不良影响。

关键，我们不能只看到负面问题的不良影响而应该看到大家都不愿意出现负面问题，只要我们能在规划中将负面问题分析清、解决方案理明确，"负负得正"其实还有促于我们规划方案的通过与实施。1998年，一方面是我们在做创建山水园林城市规划、希望保护和利用湖泊来营造公园绿地，另一方面是房地产开发商看中武汉的湖泊资源、希望能占用湖泊减少城市中心区的拆迁困难。而正在矛盾冲突时，1998年夏天暴雨所造成的汉口地区滞水使我认识到地势低洼的汉口湖泊其实还具有城区防洪调蓄作用，再经过同志们的系统分析后发现：出让一个西北湖的土地资金还不如其汇水范围内武汉商场因三天滞水所带来的损失大，市规划院拿出此问题完整分析报告后，市里不仅再没有人提出填湖卖地而且还因此通过了湖泊保护规划及相应地方法案，使武汉166个湖泊正式纳入蓝线管理并成为城市宝贵资源。

当然，我们还要能及时发现并提出负面问题的解决方案。城市天天在发展变化，我们在规划编制之初调研时所发现的问题，在规划研讨、审批及实施过程中都会有新的变化，如何能及时发现并应对、解决这些负面问题，是规划工作者必须思考和解决的问题。武汉早在2004年就编制完成并经市政府审批通过了中心城区中小学布局规划，可在十年后还是出现了洪山南湖地区30万居民住进去后孩子却无中小学可读的问题，深入调研分析你会发现：这十年里地方政府出让建设了一批又一批居住区，可所规划配套的中小学需要政府出资且用地拆迁困难而一拖再拖未建设，倘若规划不只是关注建设而同时关注建设后的发展变化及需要，及时提出公共服务设施配套要求，若能对已出现配套不足的地区不再允许地方政府出让土地及建设，这些问题可能不会发展到这样严重。

城市，犹如一个人，规划不仅要关注其成长与理想、为其描绘美好蓝图，也要关注其健康、分析其发展中所出现的问题，特别是那些负面问题（正如人类的疾病一般），应能提前预防并予以及时治疗。

刘奇志　中国城市规划学会标准化工作委员会副主任委员

新冠肺炎凸显城市空间治理能力短板

2020 年 1 月 30 日　　田　莉

庚子新春，一场来势汹汹的新冠肺炎席卷神州大地。每一个中国人，在担忧、恐惧和为医务人员及感染者的祈祷与祝福中，度过了一个五味杂陈、终生难忘的春节。作为一名规划人、空间环境与公共健康的研究者，面临这场给人民、国家和社会带来巨大影响的公共卫生灾难，迫切需要反思，传染病产生的城市环境源头是什么？在应对突如其来的传播力极强的疾病面前，城市管理者能做什么？

传染病的广泛传播历来是人类面临的巨大难题。18 世纪中叶，随着工业革命的爆发，大量农民迁入城市，恶劣的居住环境和严重匮乏的城市基础设施给公共健康带来严峻挑战。随着海外贸易的发展和人口集聚，各类传染病在世界范围内传播，19 世纪中叶源于印度的霍乱即四次肆虐英国，造成大量人口死亡和巨大的社会恐慌。

1831~1832 年在英国暴发的霍乱引发了大量的卫生调查，其中最著名的是查德威克于 1842 年发表的《大不列颠劳动人口卫生状况报告》。他坚信疾病的"瘴气说"，认为正是腐殖物、排泄物和垃圾散发的气体导致了疾病，因此将公共健康问题"更多归因于环境问题"。"空间环境—公共健康"的关联直接影响了后来的田园城市理论，成为 20 世纪初现代城市规划诞生的重要基石。

伴随着医学领域"细菌说"的突破，"瘴气说"逐渐式微，公共卫生领域的兴趣从物质环境建设更多地转向了细菌学研究。大量公共卫生领域的学者投入对病原菌及其传播途径的研究，霍乱、鼠疫、伤寒、结核等恶性传染病疫苗的研发，对传染病的预防和治疗起到了关键作用。自 20 世纪 70 年代开始，公共卫生又开始关注物质环境和社会经济领域。随着城市健康问题的逐渐凸显，空间环境对个体和公共健康的影响再一次引起人们的广泛关注。

本次新冠肺炎的蔓延，再一次说明了空间环境品质对公共健康的重要性。位于汉口火车站旁黄金区位的华南海鲜市场，其非法的野味交易和恶劣的环境，缺失的检疫证明、生意兴隆下的脏乱差、屡传拆除而难拆的现状，为病毒的侵袭提供了入口。其地处火车站旁的区位，又为疫情的蔓延提供了渠道。事实上，随着城市发展进程的加速，火车站周边传统批发市场的业态升级和改造，已提上很多城市的议事日程，更何况是人流巨大且卫生隐患突出的海鲜与野味市场。

在众志成城抗击病毒的过程中，应不忘对卫生管理与城市管理的严重失职行为进行调查。同时也提醒城市的管理者，治标还需治本，未雨绸缪，及早对存在健康隐患的公共环境进行严格评估和综合整治，并搬离人口密集的中心城区，对人民群众的健康何其重要！

为抑制本次新冠肺炎疫情的蔓延，武汉采取了"封城"的策略和中心城区禁行的措施，希望阻断病毒的传播。然而，随之而来的医疗工作者和病人出行不便，大量患者的"医疗挤兑"，再次将城市治理能力的短板暴露在公众面前。这固然是一方面由于公共卫生领域长期呼吁的"分级诊疗"未真正落实，公众对社区医院的技术水平与设备等难以产生信心，因此一股脑儿涌向大医院；另一方面也暴露了城市应对突发事件统筹能力的欠缺与社区治理的短板。

为此，我们呼吁：

一、有必要将健康影响评估纳入城市规划与管理过程，由规划部门联合公共卫生部门设计一套规范的健康影响评估程序，使社会各方都能参与评估。健康影响评估自 20 世纪 80 年代开始即在北美和一些欧洲国家开展，其旨在将众多复杂的健康影响因素整合进既有的环境影响评估体系，唤醒城市决策者做出健康导向的决策。如美国洪堡县的总体规划中，即引入"健康评估影响程序"，要求规划师、公共卫生人员和公众对不同规划方案的健康影响效果进行综合评估，以选择对公共健康最有利的方案。

二、提升面向公共健康的城市与社区治理能力。一方面，要建立城市应对公共卫生事件的应急体系，在特殊时期建立分区、分片的管理机制，使交通、医疗、后勤供应等能有条不紊地进行；另一方面，建立社区公共卫生与疾病预防的体系，建立联动的社区安全与综合治理措施，使居民在灾难突发时期可以有备无患、减少恐慌。

特别值得强调的是，改善环境卫生传播媒介是城市与社区治理关注的焦点之一，导致急性传染病出现的一个重要因素是环境改变。环境治理不仅有助于控制已有疾病，还可以减少新的疾病发生。在城市和社区的各个层面，无死角地保持环境卫生、减少积水死水、消灭老鼠和蚊虫等的栖息场所、善待野生动物，在疾病控制工作中可以起到事半功倍的效果。

田　莉　中国城市规划学会规划实施学术委员会副主任委员，清华大学建筑学院城市规划系教授

"大健康"科技新趋势下的城市医疗规划展望

2020 年 1 月 31 日　　邱　爽

医疗设备的小型化、便携化是目前"大健康"领域的一大新趋势。通过和数据云端的人工智能"医生"相配合，便携化医疗设备可以直接面向个体，快速检测病症并提供定制的治疗咨询方案，实现"点治疗"（Point of Care）。这样的科技变迁将使未来的医疗诊断和治疗趋于"扁平化"，每个人都可以借助便携化的医疗设备对疾病进行检测和治疗，从而大幅减少对于医院等"中心化"医疗机构的依赖程度。在面对疫情时，"扁平化"的诊疗科技可以提高疑似病例的检测效率，减少医疗资源的"挤兑"现象；同时，"足不出户"的"点治疗"可以直接实现对确诊病例的定位与隔离。这意味着医院的分级、分类以及空间分布选址这些在传统的医疗专项规划中至关重要的内容在未来的重要性会降低，城市医疗规划的重心应该从"空间专项规划"向"医疗服务管理"转变。

1　"大健康"行业的科技新趋势

目前，小型、便携的医疗设备的研发工作已经逐渐成熟，典型案例包括小型化的超声波设备等。而更多针对特定病症的小型化检测设备也逐步涌现，如用于血液检测的"潘多拉 CDx"，由一个小型离心机 + 探测器组成，只需要把人类血液样本放到其小光盘上，15 分钟之内就可以读取血液中的各项指标，并且提供一份十分详细的血液报告，目前已经用于乳腺癌临床检测，其检测过程不仅无痛，而且效率和准确度较高。另一个案例是手持 DNA 分析设备，外观类似手机，可以通过采集一滴血液样本，分析出是否感染了某种疾病和病毒，并检测出病人所感染病毒的抗药性强弱，整个过程不到 20 分钟，检测结果还可上传到云端，辅助医生分析。面向个人的可穿戴设备更是便携式医疗设备未来的主要发展方向，其中达到医学要求的个人手环市场已逐步火热起来，有的已获得相关部门批准，成为正式的医学设备。

2　解决城市防疫的关键难点

便携式医疗设备通过将诊断、治疗的医疗资

源下沉到个体（Point），可以大幅度减少医疗资源短缺和"看病难"的问题，而其对于城市疫情的防治处理工作更是具有重要价值。此次新冠肺炎疫情可以看出城市防疫工作的关键是要提高疑似病例的检测效率，减少医疗资源的"挤兑"现象；并且对确诊病例能够进行快速有效隔离。武汉所出现的"医院挤兑"现象，原因不仅是确诊的患者数量过多，而是疑似病例甚至是普通流感病人也由于恐慌涌入医院。这不仅不利于医疗系统的合理运转，同时也极大地增加了交叉感染的概率。

便携式医疗设备可以通过收集个体的医疗样本数据，将其传回人工智能数据云端进行分析，并快速反馈样本的检测结果。这不仅可以从根本上提高病例检测效率，同时对于反馈结果显示呈阳性的病例可以马上进行定位，并进行隔离（或在家自行隔离）。技术上的重点是在便携式医疗设备中嵌入能够对样本进行分离提取的操作系统，并在数据终端针对病毒基因序列信息进行大数据分析，通过人工智能得到识别病毒特异性基因上特征靶标的具体算法。

3 城市规划层面的建议

医疗行业的"扁平化"趋势并不意味着城市医疗规划的式微。事实上，不管哪个行业领域的"去中心化"的同时，都更加依赖一个强大的管理中枢。它为各个扁平化的个体提供相应的配套服务，是"去中心化"能够成为现实所必要的基础设施。具体来看，未来城市医疗规划面临从"空间专项规划"向"医疗服务管理"的转变，规划的具体内容包括"建立一个信息云端，提升一个服务终端，制定一个商业模式"。

首先，需要构建一个中心化的数据收集和处理云端。这样的数据平台不仅与各个"点治疗"的个人医疗设备联通，同时还需要将各个设备进行空间定点，形成一套"医疗地理信息数据"。目前很多城市都已经拥有规划层面的地理信息平台，在未来可以将其与医疗板块的数据资源进行对接，构筑起打造"健康城市"的信息基础设施。

其次，为医疗设备的使用、维护维修提供配套服务终端。"点治疗"方案决定了这样的服务终端数量，并且要"贴近群众"。本文的建议是将目前中国城市中存在着的大量民营药房提升为这样的服务终端。这样选择的理由是，药房广泛分布于城市的大街小巷和社区周边，数量多且与老百姓生活联系紧密；同时这些药房目前的商业模式是以卖药为生，由于市场竞争巨大，也面临转型升级的问题。如果将便携式医疗设备的相关服务职能下沉到药房，不仅可以解决居民和家庭的相关配套需求，同时也为药房开辟了一个新的市场领域，将以卖药为主的传统药房商业模式延展到更加广阔的医疗服务领域之中。由于药房之间的竞争激烈，不能提供此项服务的药房将会被淘汰，这意味着政府几乎不需要财政投入就可以完成针对个体医疗设备的服务。这也可以看作是城市存量规划的一个应用：即提升存量药房商铺的使用效率。医疗专项规划在其中需要完成的工作主要包括制定医疗设备使用的标准和流程、细化设备维修的准则以及针对医疗数据保密等相关的制度设计等。

最后，依托医疗大数据建立合理的公共财政商业模式。城市规划的一大职能就是为政府提供合理的商业模式。在便携化的医疗设备时代，医疗设备所收集传回的个人医疗数据可以带来实实在在的收益，其中与医疗保险相结合的 HMO 模式（Health Maintenance Organization）是一种目前已经发展成熟的可行的公共财政商业模式。HMO 模式是指通过追踪医疗保险会员的身体数据，向其提供相应的预防和治疗建议，最终目的是为了降低会员的医疗保险支出。保险公司通过帮助人们少生病，从而节省了保险费用，并从中盈利。这种模式最早是由美国凯撒集团开创，并在 1973 年被美国法律所确定。HMO 模式在美国取得了公认的成功，目前美国有三分之一的人都在凯撒集团参保。可以预见，这对中国国有的保险公司而言是一个巨大商机，至少可以大幅度缓解不堪重负的医保社保收支赤字。和目前城市规划中测算土地开发的"收益—成本"类似，围绕医疗数据所构成的商业模式的财务测算也将是未来城市医疗专项规划的重要内容之一。

邱　爽　厦门大学经济学院博士研究生

加强规划的科学性是城市防灾的前提和基础

—— 以临港新片区的一段往事为例谈起

2020 年 2 月 1 日　　骆　悰

导读

本文以临港新片区规划中的问题及重点为例，指出城市规划最优先的当为找准城市的特点和潜在的问题，而不是形态描摹和愿景勾勒；城市的安全保障是所有规划的基础和前提。在行业变革、社会转型、城市问题愈加复杂多元的当下，规划的科学性也已不局限在技术内容层面，而是贯穿其决策、编制、管理、实施和动态监测维护的全过程。规划的科学性本质上是城市治理水平的反映。

2019 年 8 月，国务院印发《中国（上海）自由贸易试验区临港新片区总体方案》，设立中国（上海）自由贸易试验区临港新片区。该地区最早由上海 2020 总体规划提出设置新城（当时名为芦潮港新城）；其后更名为海港新城，并奠定今天临港主城区的空间雏形；2003 年结合两港（空港和海港）资源、顺应装备制造业发展机遇谋划设立大型产业区，经过比选论证决定结合海港新城建设临港新城，其总体规划于 2004 年实施，成为如今临港新片区的主体。

在当初新城国际方案征集时，收到的方案大多因为临港地处上海最东南端的滨海区位，而把新城定位为滨海都市，并围绕该定位描绘了由沙滩、游艇、亲水空间等元素组成的美丽图景，并据此展开编制相关专项规划。

然而现实中的临港并不具备这样的条件。一方面，该地区处于淤积性海滩，由历史上不同时期淤积成陆，因此是靠海但无海景。另一方面，该地区有较高的防灾要求，堤顶高程达 10.4m，属于滨海但看不见海。这两个因素决定了理想中的海滨城市根本无法实现。

不止于此，该地区地势低，是上海大陆地区内河排海的重要出口。也就是说，除了这里是防风防潮的前沿，也是全市蓄洪排涝的关键地区，更是因地处内河最下游，水质条件相对较差，与新城的定位存在距离。

还有，该地区属于上海的"新大陆"，所以现状水系发达但体系性差。这从当地河道的名字上就能看出其复杂性。除了"河"，常见的还有

"港""塘""沟""浜"等，属于典型的夹塘地貌。"港"是指能排海的河道，涨潮闭闸，降潮排水，为放射型；"塘"则是历次围垦的海塘道路，为圈层型。另外，规划范围内还有 1/3 为新围垦滩涂，水系为零。

针对这样的特点，在当时的新城总体规划编制过程中明确把水安全问题优先处理，着重解决城市防汛安全、规划与现状水系的协调、水环境质量确保以及不同水质分区间的衔接等问题。对于整个城市的核心，以生活功能为主、建设在滩涂上的主城区，通过人工湖泊滴水湖和人工河道形成重要的蓄洪排涝基本保障，再通过严格控制的水系保护环及数条独立的引清河道，确保地区水质；尽可能利用现状水系，尊重原有地形地貌，提升安全保障；设置若干出海闸和节制闸或橡胶坝，科学调控城市内部水位。

当时的规划主管部门更通过管理创新，要求与新城总体规划同步编制重点要素规划，并作为总规附件一同实施。此举既保障了城市最重要的市政、交通、防灾骨干系统落地不走样，也为实施建设节省了时间。

2020 年是该版临港新城总体规划的规划到期年，规划实施十七年来，包括水安全规划在内的新城重大基础设施系统从未发生颠覆性调整，城市各项建设在此大框架内有条不紊地推进。水安全优先也并不耽误城市景观的塑造，临港环滴水湖带已成为城市的象征，环湖自行车赛、音乐节、新年环湖跑等活动增添了城市的活力。事实证明，当年的规划编制和管理实施举措，为临港新城从零起步的开发建设发挥了科学的引领作用，也为

现今的临港新片区奠定了重要基础。

与此形成反例的是，西北边疆某城市当年跟风学大连的大广场理念，不顾当地地形、地貌、地势特征，贸然在荒漠山地简单照搬内地平原地区的方格路网和广场布局，导致汛期来临时，刚建成不久的城市街区就被瞬时暴发的洪水淹没，后续规划只能推倒重来，不仅为地方平添了灾害也耽误了城市的发展。

是以，城市规划最优先的当为找准城市的特点和潜在的问题，而不是形态描摹和愿景勾勒；城市的安全保障是所有规划的基础和前提，也只有通过精准的问题把脉才能形成针对性的应对举措和有效实施手段。

临港环滴水湖的建设在这些年来始终没有停下精益求精的步伐，其景观风貌正因为不断与时俱进而愈发具有自身的独特魅力。相反，与城市安全相关的主要规划举措却需要在城市全面建设前一步到位，否则就会带来难以估量的损失，这就对城市规划的科学性提出了严肃的要求。

2019 年 5 月国务院发布《关于建立国土空间规划体系并监督实施的若干意见》（以下简称"意见"），强调规划要具备战略性、科学性、协调性

图 1　临港 2017 环滴水湖带效果图

和操作性，具体而言要求"坚持生态优先、绿色发展，尊重自然规律、经济规律、社会规律和城乡发展规律，因地制宜开展规划编制工作"，这"四个规律"可以说就是规划的科学性要求。

但在各地实践过程中，还存在一些偏颇。部分规划重视"生态优先、绿色发展"，但对体现规划科学性的"四个规律"的工作深度不足；重视城市发展愿景、理念目标的制定，但对城市问题和挑战等基础性研究深度不足；重视规划的约束性指标的制定，但对城市的发展方向等重大战略研判以及防灾、交通、市政等支撑系统的内容深度不足。

此外，对国土空间规划的定位和作用的认识也存在一定的误区，一定程度上削弱了规划的科学性。

意见第二条"总体要求"中明确要求"发挥国土空间规划在国家规划体系中的基础性作用，为国家发展规划落地实施提供空间保障"。但国土空间规划在国家规划体系中扮演基础性作用的定位显然并不等同于在市级规划体系中的定位。

2018 年 11 月下发的《中共中央　国务院关于统一规划体系更好发挥国家发展规划战略导向作用的意见》中指出："国家发展规划根据党中央关于制定国民经济和社会发展五年规划的建议，由国务院组织编制，经全国人民代表大会审查批准，居于规划体系最上位，是其他各级各类规划的总遵循。国家级专项规划、区域规划、空间规划，均须依据国家发展规划编制。"

城市一级的国土空间规划并非是规土部门一家的职责，而是由城市各部门通力协作。以临港总体规划为例，前期的决策论证阶段（包括选址和核心内容的确定），由市发改委、经信委、环保局和规划部门共同推进，中后期的成果编制阶段，则有各建设专项主管部门全力协作，共同推进专项规划的编制，才保障了前文所述的重点要素规划的编制到位。

因此，城市一级的国土空间规划既非土地利用规划的升级版也非城乡规划的空间版，它应该是城市建设的纲领性文件而不只是基础性保障，是一定时间期限内指导一座城市发展的施政总纲。"空间"只是载体、"多规合一"只是手段，科学指导城市发展建设才是其核心职责。

在行业变革、社会转型、城市问题愈加复杂多元的当下，规划的科学性也已不局限在技术内容层面，而是贯穿其决策、编制、管理、实施和动态监测维护的全过程。规划的科学性本质上是城市治理水平的反映。

十九届四中全会提出要推进国家治理体系和治理能力现代化，等同于为规划行业树立了努力奋斗的新目标。让规划具有更强的科学性，让我们的城市更安全、更健康，当成为每一个规划从业者的职业使命。

骆　惊　中国城市规划学会城市更新学术委员会委员，上海市城市规划设计研究院副总工程师、技审中心（总师室）主任

加强重大突发公共卫生事件的防与控，城市规划该怎么办？

2020 年 2 月 1 日　　许重光

尽管自 2003 年非典暴发以来，对流行疾病安全问题引起了高度重视，并建立了一系列的安全应急措施，但从这次新型冠状病毒所反映的公共安全问题，我们还没有真正做好应对重大疫情的准备。网络上有很多声音在问：为什么有了 2003 年抗击非典的成功经验，本次新型冠状病毒疫情的危害还是这么大？不同专业、不同的视角有不同的思考和解析，作为城市规划从业者，需要从专业的视角反思，如何加强重大突发公共卫生事件的防与控。

与 2003 年抗击非典相比较，这次冠状病毒疫情暴发的城市化发展背景有了很大的变化。

一是我国的城镇化率从 2003 年的 40.5% 提升到 2019 年的约 60%，人口更加向大城市集中。截至 2019 年，我国常住人口超千万的城市已有 16 座，如果没有充分的准备，疫情暴发时防控的难度可想而知。

二是我国的高铁、机场、高速公路、城际交通在十几年间有了飞速的发展，城市群、都市圈经济已经成型，中心城市之间的联系也更加紧密。

三是在我国居民收入增加后，旅游、度假、娱乐逐渐成为百姓生活的"必需品"。城市的各种节日庆祝活动增多，人们的交往与流动更加频繁，这也为疫情的扩散创造了客观条件。

然而，城市在变得越来越高效集约、宜居宜业、丰富多彩的同时，城市公共安全的危机意识却没有跟上来，城市资源优先向有实际产出的领域倾斜，城市公共卫生领域历史欠账较多的情况没有得到明显改善，针对重大突发公共卫生事件的软硬件建设存在不足，城市公共安全应急响应机制不健全，应急反应能力不足。武汉市在 2019 年 9 月 19 日曾做过应急处置演习，但情况真正发生的时候仍然难以应对突发风险。

重大公共卫生事件具有突发性、偶然性及不可预测性，从源头上加强重大突发公共卫生事件的防与控，有几个方面的问题值得研究。

1　如何建立区域联动机制

在全球化、区域一体化发展的背景下，城镇群、都市圈已成为重要的城市化现象，在重大突发公共卫生事件面前，区域内没有城市能独善其身。在本次新型冠状病毒疫情演化过程中，武汉"1+8"城市群首当其冲，武汉周边的市县也是受疫情影响非常严重的地区，但在"封城"防控疫情的时候并没有同步进行，导致中心城市的人流往周边扩散，周边城市向其他区域扩散。在城镇群、都市圈城市合作机制中，应该研究建立有效的区域联防联动机制，防止意外事故的扩张与蔓延。

2　如何建立以中心城市为核心的防御体系

2003 年非典与 2020 年新型冠状病毒，中心城市都是抗击疫情的前线，从国际上看，2013 年暴发的中东呼吸综合征，国际化城市和中心城市也是疫情的前线。因此，加强中心城市的应急响应能力与体系支持，是城市规划要重点考虑的内容之一。从重大突发公共卫生事件的特点分析，一般的综合性医院并不足以承担责任，应由专业的医疗机构承担相应职责。建议结合城镇体系规划，在中心城市设立大区级的综合性重大突发公共卫生事件应急响应中心，负责本区域的疫情监测与应急管理。规划上统筹选址，根据区域发展设置应急响应基地，储备应急物质，专业人员可采取"预备役"定期服务模式，做好"平时"与"战时"相结合的响应机制。

3　如何发挥社区的"闸门"作用

本次新型冠状病毒疫情防控的一个新动向是社区正在发挥越来越大的作用，一些从疫区出来的人员，选择采取防护措施在家自我隔离，社区代表定时上门体检，有效地节约了社会资源。加强社康医院的选址和建设标准，强化其作为第一道预防的"闸门"功能，是城市规划、城市治理与公众参与的一个新结合点。

公共安全风险管控具有系统性、复杂性、突发性、连锁性等特点，需要跨系统、跨行业、跨部门的专业合作与统筹协调。如何发挥城市规划在防控方面的作用，需要反思我们的规划机制与传统模式。对于流行疾病所引发的公共安全问题我们还缺乏充分的认识与准备，要采取更积极的态度去正视和研究这方面的问题，需要更为全面的整体性规划，甚至是大区域范围内的整体联动规划，以面对真实的灾情、疫情带来的应急需求，为那些尚未到来的极端恶劣环境下的人类生存场景做预测性的安排。

许重光　中国城市规划学会城市生态规划学术委员会主任委员

城市规划应对突发公共卫生事件的理性思考

2020 年 2 月 2 日　　谭纵波

突如其来的新型冠状病毒感染的肺炎疫情（以下简称"新冠肺炎疫情"）席卷中华大地及全球多个地区。从目前确诊人数来看，最终感染者数大幅度超过 2003 年的"非典"将是大概率事件。面对这一公共卫生领域的突发事件，包括城市规划在内的各界都在积极应对，力图全力做出自己的贡献 [1]。作为城市规划工作者，愿将自己的思考分享如下：

1　面对突发公共卫生事件城市规划可以做什么?

此次"新冠肺炎"是一次典型的突发公共卫生事件，与 2003 年的"非典"具有较强的相似性。在"非典"期间，城市规划工作者就针对城市规划可以应对的诸多方面提出了自己的思考和建议，例如：城市规模控制、城市形态布局、城市绿化系统规划设计、城市防灾规划、卫生防疫设施布局、基础设施建设、社区组织以及建筑规划设计标准制定等 [2-4]。甚至有专家率先提出了之后风靡全社会的有关"健康城市"规划建设的倡议 [2]。

这些思考和建议反映了当时城市规划界应对突发公共卫生事件的积极态度和专业水准，对城市规划应对当下的状况依然具有现实意义。但是也应客观地看到，这些建议多集中在传统的物质空间规划设计领域，而对于城市及其规划的本质性问题较少涉及。由此也可以看出，如果仍然囿于传统城市规划的观念和范畴，那么城市规划在应对城市突发公共卫生事件时所起的作用是有限的。因此，此次"新型肺炎"所带来的不仅是一次城市的危机，也是一次重新认知城市与城市规划的契机。

2　城市与大规模传染病

无论是 2003 年的"非典"还是此次"新冠肺炎"，城市这种大规模人口密集区均被视作大规模传染病快速蔓延的传染源和疫区，以至出现据此控制城市规模的观点 [3]。超高的人口密度和大规模人口聚集确实有利于病毒的扩散感染，以流感为例，一个城市中被感染的人数大约与这个城市的人口规模呈 1.15 次方的超线性关系[5, 6]。这是事实，但不是事实的全部！这可以从历史和现实两个角度来认识城市与大规模传染病的关系。历史上有据可查的人类大规模传染病是在一万余年前伴随着农业的产生和发展而出现的。农业所带来的人类定居和大规模驯化饲养家畜既是传染病的主要源头也是造成大规模传染并致死的原因[7]。因此，人类的聚居形态和农业的发展才是大规模传染病的根本原因，规模不断扩大的城市只不过是放大了这种状况，而绝非"元凶"。另外，正是赖于工业革命后发展起来的近现代医学和公共卫生学才从根本上上抑制了大部分传染病的大规模暴发和流行。而现代医学与公共卫生学本身的发展也离不开城市的支撑；从现实角度来看，也没证据证明城市的规模在大规模传染病的暴发中扮演了决定性的角色。在世界卫生组织过去 10 年间宣布的 5 起"国际关注的突发公共卫生事件"中，无一例外均与当地的公共卫生服务水平相关，即便在跨国界的传播中发达国家的致死率也明显低于发展中国家①。

虽然在其他因素不变的前提下，城市规模确实会提高传染病的传播效率，但同时城市也是医疗资源集中和可获得高水平公共卫生服务之地，因此，关键是如何将城市规划建设成可提供高质量公共卫生服务的地区，而不是通过限制城市规模来解决大规模传染病在城市中的流行。

---

① 2009 年始于墨西哥的甲型 H1N1 流感在墨西哥的死亡率达 2%，但在墨西哥以外死亡率仅 0.1%，在美国约为 0.02%（数据来源：https://zh.wikipedia.org/wiki/2009%E5%B9%B4H1N1%E6%B5%81%E6%84%9F%E5%A4%A7%E6%B5%81%E8%A1%8C）。

3　城市是高质量公共卫生服务的载体

在现代社会中，便捷的区域性乃至全球化的交通手段在将不同城市中的人群密切地联系在一起的同时也为病菌的传播提供了前所未有的方便。位于交通节点上的大城市也扮演了大规模传染病扩散传播节点的作用，客观上提高了病毒的传播效率。

但是，城市不仅是现代社会生产、生活乃至创新的载体，在历史上也是公共卫生服务的诞生之地，公共卫生服务的出现是人类智慧在城市进化过程中的创造性应用。为了应对城市人口密集所带来的传染病，城市中诞生了公共卫生这一近代科学领域。现代医学研究与进步、疾病治疗更离不开城市的支撑。不仅如此，按照城市设施利用效率的法则，城市基础设施等与公共卫生服务相关设施的效率与城市人口规模也同样呈 1.15 次方的超线性关系。换言之，城市人口规模越大，享受同等水平公共卫生服务的成本就越低（约为 0.85 次方的亚线性关系）。从这个意义上来说，城市反过来亦是抑制传染病传播的节点。

在英国，对公共卫生的重视和相应服务的出现甚至直接催生了以城市基础设施建设和建筑物管控为代表的近代城市规划。城市的长时空维度演变特性以及城市规划的任务导向特征决定了无论是城市还是城市规划均能够以非常包容的姿态来应对人类社会中出现的种种问题，包括突发的公共卫生事件。问题的关键应聚焦于如何才能提供高质量的公共卫生服务上，而城市与城市规划都是实现这一目标的过程中不可替代的平台。

4 基于理性认知与判断的城市规划

无论是孙中山先生提出的"知难行易"，还是日本的福泽谕吉提出的"人心（思想观念）—制度—器物"论，均表明了理性主义对事物认知重要性的强调，城市规划在面对突发公共卫生事件时也不例外。只有理性地认知客观事物，敬畏和尊重客观规律才能实现既定目标。从迄今为止的"新型肺炎"进展状况中，可以大致得出以下认知和教训。

首先，在可以预见的未来，病毒、细菌以及由此引起的大规模传染病将伴随人类社会和城市不断演化，共生共存。当然新型病毒与传染病的出现是自然界被动选择的结果，而城市的进化则是人类主动选择的结果，只要人的认知与意识不发生重大偏差，那么主动权就应该在人类这一边。

其次，城市发展与大规模传染病的流行均有着其自身的规律，城市规划应充分了解并应顺这些规律，扬长避短，积极发挥城市作为高质量公共卫生服务的载体与抑制传染病流行节点的积极作用，预防并尽可能削弱城市在传染病流行中的负面作用。

其三，看似强大的人类社会与城市依然存在诸多非常脆弱的领域，在开展城市规划与建设这种改变自然状态的工作中，应永远保持对自然和客观规律的敬畏之心。

其四，包括城市规划在内，城市应做好日常的公共卫生服务以及应对突发公共卫生事件的物质和心理准备。

最后，公共卫生服务不仅需要城市空间与设施等"硬件"的支撑，更需要城市治理等"软件"的高效运行。城市规划在做好物质空间规划设计等传统领域工作的同时，适当将关注点向城市治理等相关领域拓展，力争使城市"硬件"的规划设计与城市"软件"的运行紧密结合。

既然现代社会不可避免地产生大量人与人的交往，那么我们城市规划人有责任使这种交往更加安全、更加宜人，不仅限于平日，也包括如此次般非常之时。

祝愿疫情早日得到控制，社会早日恢复如常！

参考文献

[1] 中国城市规划学会.分区接诊、集中诊治——一个减少冠状病毒扩散的规划建议.中国城市规划微信号.2020.1.27.

[2] 任致远等.SARS与城市座谈会发言（摘要）.城市发展研究 [J].2003，4：1-7.

[3] 李秉毅，张琳."非典"对城市规划、建设与管理的启示.规划师[J].2003，6-2：64-67.

[4] 韩秀琦，等.反思"非典"：城市规划建筑设计图人员的现在进行时.城市规划通讯[J].2003，9：10-12.

[5] 杰弗里·韦斯特（Geoffrey West）.规模[M].张培，译.北京：中信出版集团，2018.

[6] 万维钢.规模的硬规律.规模（解读本）[M].北京：中信出版集团，2018.

[7] 贾雷德·戴蒙德.枪炮、病菌与钢铁：人类社会的命运（修订版）[M].谢延光，译.上海：上海译文出版集团，2014.

谭纵波　中国城市规划学会理事、国外城市规划学术委员会副主任委员，清华大学建筑学院城市规划系教授

公共安全导向的国土空间规划本源思考

—— 关于重大公共卫生事件下城市空间防控系统建设

2020 年 2 月 3 日   朱京海   战明松

18 世纪工业革命在英国兴起，促使人口和经济向城市集聚，形成伦敦、曼彻斯特、兰开夏、伯明翰、利物浦、格拉斯哥、斯卡斯尔等新兴工业化城市。城市的人口、数量、规模、分布、经济和生活方式发生巨大改变，由此造成因基础设施不足而导致的城市脏乱差问题并引发疾病，如：13 世纪一直持续到 17 世纪的黑死病毁灭 1/3 的城市人口；饮水不卫生造成的伤寒病导致丧命；出现西班牙流感、霍乱、疟疾、传染性肺炎等传染病。直至今日，冠状病毒、非典型肺炎、禽流感、猪流感等重大公共卫生事件依然是城市规划及国土空间规划急切关注和解决的焦点问题。

现代城市规划因卫生问题而产生，首先需要解决的问题就是卫生健康问题。随着城市化的不断推进，规划的各利益主体对公共卫生、基础设施、生态环境等与人民生活质量密切相关内容的关注有所降低。直至党的十八大将生态文明写入两个一百年的奋斗目标，十九大提出生态文明建设的根本任务，城市规划理念应以习近平新时代中国特色社会主义思想理论为指导，哲学价值取向上以提供高品质公共服务取代"唯 GDP 论"，内容上回归到治理、管理城市的卫生和空间环境问题。

在编制和实施医疗卫生配置规划时，不仅要突破传统"均等"原则中关于医疗机构覆盖范围的局限，还需要对突发公共安全事件设置应急预案，并及时作出响应，通过规划干预来建设与公众需求相匹配的医疗服务体系。其中，建立城市空间防控系统应该成为重要的内容。

传统的医疗卫生专项规划，重点关注医疗资源总量发展、服务体系建设、提高医疗资源利用效率、完善基层医疗机构配置等。专项规划中虽然对可能发生的公共卫生事件建立应急响应预案，但根据"非典"和"新型冠状病毒"事件的经验和启示，现有应急响应预案存在资源供需错位、响应慢、时间成本高等问题。针对暴露的问题，我们提出集中和分散相结合的城市重大公共卫生事件防控系统，即集中高水平医疗资源和均匀布置基层社区医院（图 1）。

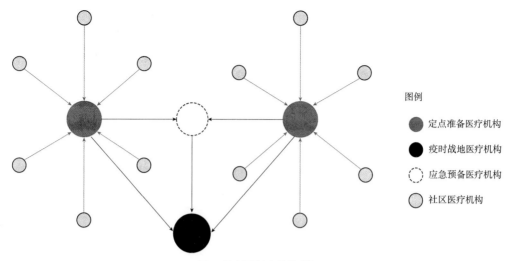

图1 城市规划空间防控系统

1 统一部署集中的高水平医疗资源

1.1 合理确定定点准备医疗机构

在现行医疗卫生体系中，建立"平战结合"的防控准备预案，合理调配全市及地区优势医疗卫生资源。在未发生重大公共卫生事件时，定点准备医疗机构以自身为单位，平时进行人员训练、物质准备以及为人民提供医疗服务。当发生重大公共卫生事件的"疫情战"时，预备转"现役"医院，依托设备水平高、规模大、床位充足的医疗机构，集中全市及地区优质医护人员、药品与器械设备等医疗资源，提供统一进行隔离、观察、诊疗、治疗、康复等医疗卫生服务，并调配医院自身及其他医疗机构各科室的医疗资源，以便及时进行病理检验和分析等。如在新型冠状病毒事件中选取武汉协和医院牵头建立定点准备医疗机构。

1.2 选择恰当的应急预备医疗机构

防控系统除定点预备医院外，还需要划定应急预备医院选址，以便及时有效控制疫情的转播和扩散。该应急预备机构选址可参照人防工程，按照相应规则划定防控半径，集中收治疑似患者和需要医学观察的患者。当定点预备医院自身的床位和规模不能满足疫情需要时，启动应急预备机构。如1988年1月至3月上海"毛蚶风暴"近30万人感染，政府、企业和街道腾退工厂、库房和部分学校作为临时安置点。

1.3 适时建设疫时战地医疗机构

若通过疫情RO（基本再生数）的预期，上述两项预案仍不能满足对确诊病例的安置和治疗时，可启动新建疫时战地医院。如2003年4月"非典"期间，集中力量在小汤山疗养院北部空地建设非典定点病房，直至2010年4月2日拆除。虽然面对重大公共安全事件，国家和地方可集中力量优先配置经济和基建资源，但仍需要消耗一定时间成本去建设，存在一定的滞后性。

2 均匀布局社区医疗机构

各地公共卫生专项规划中不断关注和强调基层医疗机构的建设和完善，社区医院兼具公共卫生职能，疫时应发挥基层公共卫生防疫职能。社区医疗机构平时以疫情防控和基本诊疗职能为主，兼具养老和康养功能。在面对突发重大公共卫生安全事件时，可参考苏联的"邻里单元"理念，制定相对均匀的社区医疗机构防控机制。依托社区医疗机构制定和实行分散预防、居家防控、居家观察、居家隔离等措施实施预案，由社区医疗机构提供医疗资源发放、患者统计汇总、咨询与转诊等基层服务。

公共安全导向的国土空间规划本源应是以利用现阶技术手段去分析和解决城市工作中需要面对的诸多问题，而建立集中与分散相结合的多级空间防控体系，有助于从城市规划层面及时对重大公共卫生事件作出规划响应，有利于节约控制疫情、诊治隔离病患者的时间成本，为战胜疫情作出积极贡献。

朱京海　国家重点研发计划项目首席科学家，中国医科大学环境健康研究所所长、博士生导师，沈阳建筑大学城乡规划学博士生导师
战明松　沈阳建筑大学博士研究生

SARS 之后的香港城市规划与建筑设计的变革：

基于城市气候应用的十七年探索与实践

2020 年 2 月 4 日　　任　超

1　背景概述

　　香港位于亚热带季风气候区，夏季高温高湿，冬季较为温和。其三面环海，多山地，由于受到地形的影响，从 20 世纪 40 年代以来城市发展一直采用集约高密度模式，现已成为世界闻名的高密度城市之一。现有土地面积约为 1100km²，居住着约 750 万居民。其中仅有 23.8% 的土地为建设用地，剩下大部分为草地、林地及农业用地。在香港，超过总土地面积的 1/3 为郊野公园和自然保护区，受到法律控制。由于香港寸土尺金，

一直以来，香港重视对于生态环境的保护和管控，先后制定和颁布了《水污染管制条例》《海上倾倒物料条例》《空气污染管制策略》《废物处置条例》《噪音管制条例》等法规条例，并制定相应的环境控制标准和环境保护目标，为生态多样化、保育物种及遗传多样性和香港长远可持续发展提供有效保障。

　　2003 年非典型肺炎在香港暴发，香港特区政府对于城市生态环境，特别是城市气候及大气环境非常重视，在近十七年间先后开展多项有关城市气候与环境的顾问项目，颁布多项技术通告和

图 1　香港高密度市区景象

设计指引，逐步将科学研究与评估成果应用到本地城市规划、城市设计及建筑设计多个层面，提升城市环境品质（表 1）。

本文将简述涉及香港城市气候应用的相关顾问项目，从而小结香港十五年来的探索与实践经验以供其他城市参考和借鉴。

2 空气流通评估方法－可行性研究

2.1 项目简介

2003 年非典型肺炎在短短两个月内夺走了近三百人的生命，前后近 1500 人受到感染，一度造成社会恐慌，特区政府集中主要人员调查及检讨非

香港特区政府及行业协会开展的有关城市气候应用的顾问项目（任超，2016）　　表 1

时间 / 政府部门	顾问研究	技术条例及设计指引	设计层面
2003~2005 规划署	《空气流通评估方法－可行性研究》	2005 年香港特区政府前房屋及规划地政局和前环境运输与工务局联合颁布：《空气流通评估技术通告》	• 建筑设计层面 • 地盘设计层面 • 地区规划层面
		2006 年 8 月《香港规划标准与准则－第十一章》加入空气流通意向指引	• 城市设计层面
2004 至今 房屋署	《可持续公屋建设的微气候研究》	2004 年由房屋署针对其下公共屋邨的建设与设计开展相关微气候研究	• 建筑设计层面 • 地盘设计层面
2006~2009 屋宇署	《顾问研究：对应香港可持续都市生活空间之建筑设计》	2010 年 6 月香港特区政府可持续发展委员会向政府提出《优化建筑、设计缔造可持续建筑环境》51 项建议，包括可持续建筑设计指引	• 建筑设计层面
		2011 年香港特区政府屋宇署颁布：《认可人士、注册结构工程师及注册岩土工程师作业备考 APP151－优化建筑设计缔造可持续建筑环境》及《认可人士、注册结构工程师及注册岩土工程师作业备考 APP152－可持续建筑设计指引》	• 建筑设计层面 • 地盘设计层面
2006~2012 规划署	《都市气候图及风环境评估标准－可行性研究》	2007 年香港特区政府规划署开始逐步修订及更新各地区的规划法定图则《分区计划大纲图》	• 地盘设计层面 • 地区规划层面 • 城市规划与设计层面
		2007 年开始在新市镇与新发展区等规划项目中应用，如：观塘市中心重建、西九龙文化区发展等	• 城市规划与设计层面
2010~2013 规划署	《有关为进行本港空气流通评估而设立电脑模拟地盘通风情况数据系统的顾问研究》	2013 年开始在规划署网站上公布地盘通风情况数据系统供公众使用	• 建筑设计层面 • 地盘设计层面 / 地区规划层面
2016~2018 香港绿色建筑议会	《香港绿色建筑议会都市微气候指南》	2018 年完成，该指南介绍切合香港环境的都市微气候设计策略，以及优秀案例供香港建筑业界参考	• 建筑设计层面
2015 环境局	《香港气候变化报告 2015》	香港在应对气候变化行动上所作的贡献，致力于让香港整体规划和单个发展项目均依从可持续发展原则，平衡社会、经济及环保方面的需要	• 城市规划与设计层面
2017 环境局	《香港气候行动蓝图 2030+》	由香港特区政府 16 个决策局和部门共同制订的报告，详述香港 2030 年的减碳目标及相应措施	• 城市规划与设计层面 • 建筑能耗层面
2016~2018 规划署	《香港 2030+：跨越 2030 年的规划远景与策略》	一项全面的策略性研究，旨在更新及指导全港长远规划与发展策略	• 城市规划层面

典型肺炎快速传播的原因。随后公布的《全城清洁策划小组报告 – 改善香港环境卫生措施》提出：

在建筑物设计方面，"重新注意建筑物的设计，特别是排水渠和通风系统的设计"；在城市设计方面，"……落实城市设计指引，改善整体环境，尤其是通风情况，亦正研究日后的大型规划和发展计划，引进空气流通评估"；在公共屋邨管理方面，"改善城市和建筑设计以提供更多休息用地、开设更多绿化地方，令空气更加流通"（全城清洁策划小组及政务司司长办公室，2003）。

这也正是开展《空气流通评估方法》这一政府顾问项目的大背景。

《空气流通评估方法》顾问项目以香港高密度城市结构为重点，针对建筑物户外总体通风环境，提供空气流通评估方法、标准、应用范围和实施机制，特别是为土地用途规划，以及发展建议的初步规划与设计，制订一般的指导原则，区别于《建筑物条例》下的个别建筑物设计及室内自然通风设计，以及《环境影响评估条例》下的空气质量影响评估（Ng，2005）。

该研究采用风环境测试（风洞测试或者电脑数值模拟），选择风速比为评价指标设计。

$$VR_i = \frac{V_{pi}}{V_{\infty i}}$$

V_{pi} 代表该位置内从 i 方向吹来的行人路上的风速。

$V_{\infty i}$ 代表从 i 方向吹到该地盘的风速。

VR_i 代表从 i 方向吹过该地盘的风速比。

F_i 代表风从 i 方向吹向该地盘的比率。16 个风向均须考虑。

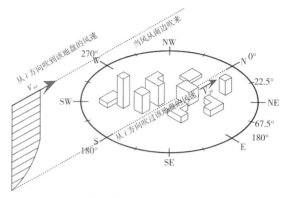

图 2　风速比（Ng，2009b）

VR_w 代表风速比。

研究结束后，香港特区政府将相关成果编入《香港规划标准与准则 – 第十一章：城市设计指引》中，其中推荐在地区与（建筑）地盘不同尺度下改善空气流通的意向性设计指引（PlanD，2005），利用概念图示有效地向设计人员和普通大众介绍相关设计措施，如通风廊的构建和连接、利用绿化带开敞空间的衔接增加城市通风程度、建筑群房后退的设计等。

2006 年 7 月，特区政府发出《空气流通评估技术通告第 1/06 号》以及其附件 A《就香港发展项目进行空气流通评估技术指南》，订定出空气流通评估涉及的建筑开发项目类型和应用实施机制。

2.2　城市规划应用[①]

目前政府的新市镇规划（如：新界粉领北古洞新市镇）、新发展区（如：前启德机场发展计划，Ng，2009a，见下文）以及大型公共屋邨等都纷纷开展空气流通评估，并纳入相关土地用途规划研究，用于控制建筑分布、街道走向以及地区发

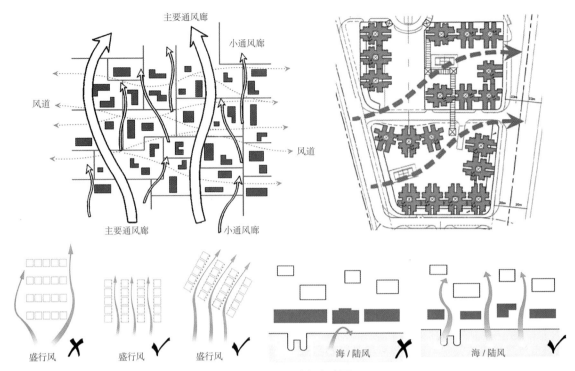

图3 香港城市设计指引 – 摘要
资料来源：PlanD，2005

展强度等。私人楼宇开发方面，政府虽无强制条例执行空气流通评估，但是私人开发商一般在提交楼宇设计图则时，也会开展相应的空气流通评估，以便城市规划委员会项目评审顺利通过。

前启德机场在 1998 年前是世界上最繁忙的机场之一。新机场启用后，为位于市区邻近九龙和维多利亚港的机场旧址提供了一个很好的发展机会（图 4）。香港特区政府在 2004 年开展启德规划检讨并以"零填海"为出发点，建议了三个概念方案大纲图供公众咨询以及进行相关技术研究，包括空气流通研究，以制定初步发展大纲图。前启德机场地盘是一个狭长的地形，总面积达 133hm^2，具有广阔的海港景观，并毗邻高密度发

展区，该地盘的主要盛行风为东南向。

该项目属于新发展区（NDA）规划项目，是香港第一次应用实施空气流通评估的项目（项目参考编号：AVR/G/01）。该评估主要分为两个部

图 4 前启德机场的位置
资料来源：规划署，2006；香港特别行政区土木工程拓展署，2007

分：初步评估与详细研究。

初步评估：希望通过计算机流体动力学（CFD）模拟对三个概念方案进行风环境研究，为制定初步发展大纲图提供建议。其中地盘风环境特性由 WWTF 的风洞实验开展后得出（图5）。

空气流通评估的结果显示，三个概念方案大纲都发现了一些问题区域，图6的左图为 CFD 模拟结果所示概念方案大纲图1的问题区域。这些

问题区域主要包括：①主要街道走向与东南盛行风向不一致；②大体量的裙楼阻挡来风；③铁路车厂及上盖项目造成背风区风速较低。初步发展大纲图考虑了空气流通评估研究结果的这些问题区域，对大纲图草图进行了改进（图7），迁移了铁路车厂并改化为东南/西北坐向的发展地块，这样盛行的东南风可以进入该区域，并且可以进一步沿着街道渗入西北向临近启德的地区。

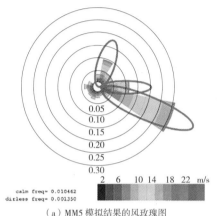

（a）MM5 模拟结果的风玫瑰图

（b）风洞实验1：2000 的模型

图5 风洞实验
资料来源：CPMJV, 2007

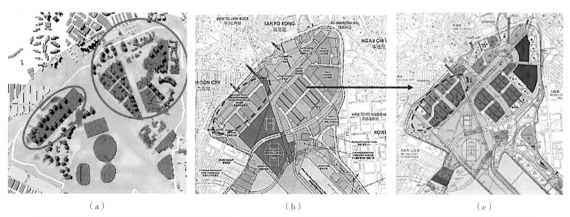

（a）　　　　　　　　　　　（b）　　　　　　　　　　　（c）

图6 （a）CFD 模拟结果所示概念方案大纲图1的一些问题区域；（b）（c）改进初步发展大纲图草图中的街道走向顺应盛行风向
资料来源：CPMJV, 2007

此外，根据空气流通的结果，还针对初步发展大纲图提出了一些修改，包括采用面积 2hm² 以下的小型地块、改善人行道风环境、取消裙楼和网格式街道布局、30% 的用地为休息用地、多元化的园景网络以及缔造更多自然的绿化环境。

根据空气流通评估结果（CPMJV，2007），为配合启德的城市和园景设计，所有建设项目的发展概念（Ng，2009a）包括：

"不设平台"设计（图 7a）。

预留通风廊及非建筑用地（图 7b）。

（a）不设平台的建筑设计——启德公共屋邨德朗邨和启晴邨

（b）预留的通风廊及非建筑用地

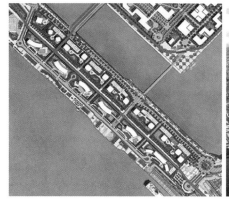

（c）小型建筑地块

（e）未来建成后的模拟效果图

（d）建筑物高度轮廓

图 7　启德建设项目的发展概念与模拟效果图

资料来源：CEDD，2013

划分成 2hm² 以下的小型地块（图 7c）。

整体绿化率不少于 30%；不少于 20% 需设于行人区；及为不少于 20% 的天台面积进行绿化；其中 98hm² 的休息用地（占总土地面积 30%），为主要的歇息空间，用来降温及舒缓热岛效应；同时提供多元化园景网络及提供更多自然绿化环境。

有序的建筑物高度（图 7d、e）：应用层级高度概念由海岸至内陆缓缓上升。

另外，针对初步评估结果，明确了问题及重点关注区域。随后，又陆续开展了详细研究，包括：启德第 1A 及 1B 区公共租住房屋发展计划（AVR/G/18），启德发展计划 [工程检讨（AVR/G/63）]，启德发展计划 [德坊（AVR/G/64）]，启德发展计划工程研究与前期工程设计及施工—勘察、设计及施工（AVR/G/76）以及启德邮轮码头大楼（AVR/G/70）。

3 都市气候图及风环境评估标准 – 可行性研究

项目简介

作为《空气流通评估方法》的后续研究项目，香港规划署再次委托香港中文大学的研究团队调查香港整体城市气候状况与资源，考查建立可实施的风环境评估标准的可行性。城市气候研究主要针对夏季城市热岛、风环境状况以及香港居民的室外人体舒适度三个方面来开展（Ng et al., 2008）。其评估结果绘制成城市气候分析图以及城市气候规划图（Ren et al., 2011）。城市气候规划图的城市气候信息应用于城市规划及辅助相关设计，特别是更新分区计划大纲图（Outline Zoning

Plan）有助于订定规划指标和控制土地类型、建筑开发强度和城市形态等。

鉴于香港复杂的城市形态和混合土地用地状况，城市气候图的绘制不仅考虑土地利用信息、地形地貌、植被信息，更重要的是选取详细精准的三维城市形态信息。这不仅使城市气候分析与评估和城市、建筑形态相衔接，更重要的是便于落实后续规划和设计的应用。

该项研究还有以下值得注意的创新：①风环境信息图绘制是第一次归纳总结了香港背景风环境、地形所成的管道效应、局部地区的海陆风环流系统以及下行山风的情况。同时划分风环境区域，并针对未来的发展提出规划指导建议。这些信息更新了香港城市规划中设计师们对于香港风环境的认知，便于他们检视各区风环境及其特点，在选择道路走向、建筑设计时有可靠的科学依据。②对于室外人体舒适度的调查。由于缺少全球亚热带室外人体舒适度的调查，在设计或规划时没有室外热舒适指标可供参考。因此研究团队在 2006~2007 年间开展针对香港城市居民的超过 2700 份热舒适度问卷调查。结果发现香港人在夏季远比欧美人耐热，超过 28℃ 后才会开始有明显不舒适。因此，为了达到舒适的城市居住环境，基于前期研究结果，风环境评估标准包括两个达标方法：以防止滞风环境的出现的评估表现方法，以及对于弱风环境下无法达标而提出的补偿设计措施。

该项目完成后，陆续得到中国内地城市以及来自新加坡、中国澳门特别行政区、荷兰和法国等地的市政府和研究机构的邀请，帮助其所在城市进行城市气候评估与规划应用。

4 顾问研究：对应香港可持续都市生活空间之建筑设计

项目简介

为了回应规划署提出需要关注和改善的香港城市生活空间问题（包括城市通风及采光设计、城市热岛效应、行人空间环境、城市绿化及保护山脊线），香港特区政府屋宇署委托研究团队开展优化都市生活环境的可持续性研究。该项研究首先检讨香港建筑法规条例及实际运作中有关涉及以上城市生活空间品质的问题，其后根据香港实际情况，针对新建楼宇提出三个关键指引：控制楼宇之间的透风度促使城市内部空气流通，窄街后退确保行人区域的空气流通，提高楼盘内的绿化覆盖率以改善微气候环境及舒缓城市热岛效应（图8）（HKBD，2011）。

随后香港特区政府屋宇署基于所提出的三项关键指引，编制出《APP151- 优化建筑设计　缔

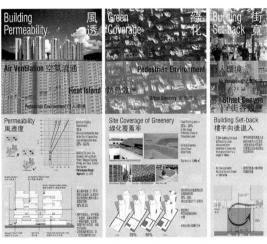

图8 《对应香港可持续都市生活空间之建筑设计》的建议指引
资料来源：HKBD，2011

造可持续建筑环境》及《APP152- 可持续建筑设计指引》两个供认可人士、注册结构工程师及注册岩土工程师作业备考的建筑设计指引（图9）（BD，2011，2016）。为配合实施该两项设计指引，香港特区政府发展局从2011年4月起实施将APP152作为审批豁免楼宇总面积10%的考虑条件，以鼓励私人开发商在实际楼宇开发项目中采取这些推荐的设计措施。

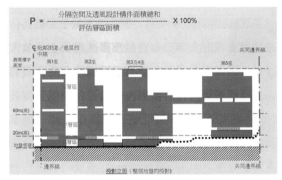

图9　楼宇透风度计算及示意
资料来源：BD，2011

5 都市微气候指南

5.1 项目简介

香港绿色建筑议会主要致力于推动和促进香港可持续建筑方面的发展和水平，并针对亚热带高密度建筑环境制订各种绿色建筑环评相关的策略与规范。香港绿色建筑委员会于2016年委托顾问团队开展都市微气候研究，期望能为本地设计师提供有关城市微气候的知识和启发微气候设计。因此，该指南一方面利用简单平实的语言普及城市气候的基本知识，另一方面基于选区回顾了的本地和海外与（亚）热带城市微气候应用相关的政策、导

则和成功案例，确立影响人体热适度的主要城市微气候要素为风、热辐射、温度和降水，并根据本地楼盘所处的不同城市环境归纳出适用于实践改善城市微气候的31项建筑设计策略（图10）（香港绿色建筑议会，2018）。研究成果也与绿色建筑环评的评分系统相衔接。该指南供建筑业从业者、设计师、政府及普通大众参考，暂无法律效力。

5.2 建筑设计应用

香港本地采用微气候设计的最大发展商是香港房屋委员会。承担设计、施工和管理香港公共屋邨的职责，位列全世界最大公营房屋计划之一。辖下现有公营租住房屋单位数756000，香港有约30%的人口居住其中。2003年非典型肺炎暴发，自2004年以后新落成的约100个建筑项目，均

采用微气候研究，其结果贯穿在设计、施工和使用的全过程（图11）。

6 有关气候变化的应用

有关香港气候变化的科学研究主要由本地学者和香港天文台的科学家开展，香港特区政府环境局于2015年发表《香港气候变化报告2015》，旨在呼应香港在应对气候变化方面的措施与贡献（ENB，2015）。同时香港特区政府其他部门也都纷纷响应，如：发展局及其辖下的部门也都积极参与及研究各项应对动作，从而致力于让香港整体规划和单个发展项目遵从可持续发展原则（图12）；运输与房屋局会在公共房屋及运输层面，推行减排节能（香港特区政府，2015）。

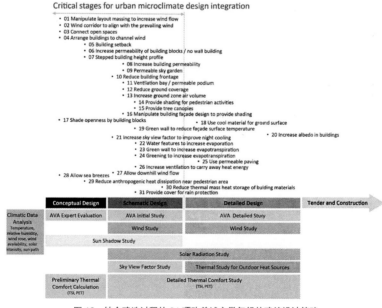

图10　结合建造过程的31项改善城市微气候的建筑设计策略
资料来源：香港绿色建筑议会，2018

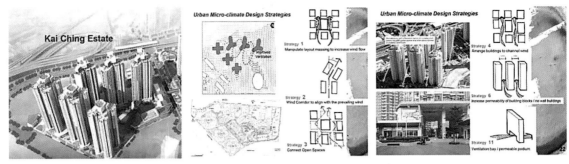

图 11　结合建造过程的 31 项改善城市微气候的建筑设计策略
资料来源：香港绿色建筑议会，2018

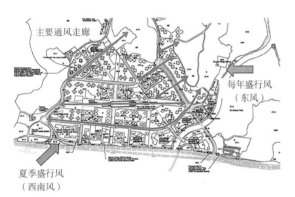

图 12　古洞北新发展区通风走廊
资料来源：香港特区政府，2015

随后，香港特区政府还颁布了《香港气候行动蓝图 2030+》以履行《巴黎协定》的条款，其中有关城市规划方面的应用主要涉及通过美化园景为城市"降温"，拓展铁路网络整合城市规划、房屋及运输，改善步行环境的品质和街道景观，而在楼宇与基建方面主要推广节能及提升能源效益的措施。

《香港 2030+：跨越 2030 年的规划远景与策略》(《香港 2030+》) 是一项特区政府检讨香港未来跨越 2030 年全港长远发展的策略性研究（香港特区政府规划署，2016）。其中提出面向规划宜居的高密度健康城市，建议善用现有的蓝绿自然资源，提供生态走廊，重塑自然资源网络，特别是都市森林策略，同时在进行规划与设计时需要考虑城市气候及空气流通因素（图 13），这些目标都突显对气候变化挑战和威胁的应对，使香港具备相应的抗击力（香港特区政府规划署，2016）。

7　经验总结与展望[②]

自 2003 年起至今，香港特区政府规划和建设部门已陆续开展相关城市气候应用超过十五年。本文作者所在的香港中文大学研究团队参与大部分的政府顾问项目，作为研究人员和香港市民，现将相关的应用经验总结如下，以供中国其他城市参考。

7.1　基础数据信息平台的构建与支撑

为了有利于城市气象数据、污染数据、土地用地数据与规划数据等的收集与融合，必须加强专业机构间，专业机构、各级政府与各部门间的协作，构建信息共享平台（Ng & Ren，2018）。例如：香

图 13 《香港 2030+：跨越 2030 年的规划远景与策略》
资料来源：香港政府规划署，2016

港地政总署负责收集和绘制城市建成和自然环境数据，包括地形高程信息、建筑街道、土地利用等，非常全面，数据的获取也非常容易。如果是特区政府委托开展的顾问项目，通常是免费使用。同时公众和研究机构人员也可以公开获取。

7.2 科学量化城市气候规划与设计

城市规划不应再停留在"纸上画画，墙上挂挂"的纸上概念性设计方案阶段，方案的深化和优劣选取不应取决于图面表达效果，更为重要的是方案背后的科学分析和定量化评估的支撑。比如在香港，通过风洞实验得到风速比计算数值，评估建筑方案对基地和周边风环境的影响。香港也利用大型电脑流体力学模拟结果获得精确的风环境时空数据，并将其地图化，纳入城市风环境评估的基础信息系统。

7.3 精细化城市规划与城市管理

透过多年来参与香港特区政府的相关顾问研究项目，可以发现各项研究中特区政府一方对于城市管理目标量化明晰，各部门分工协作职责清楚，对于完成的研究成果落实的管控也是标准和透明的。例如：空气流通评估项目的报告均可在政府规划署网站上获取。不同部门的研究项目也会有跨部门其他人员的参与。

7.4 政府、研究机构及企业的跨学科及跨部门的多方协作

"城市气候应用"的目标是提升城市居住环境品质，包括改善城市空气流通、缓解城市热岛和提高公共健康与热舒适度等。城市规划方案的有效期短则十年，长可达数十年，而其影响深远甚至可达百年。一旦出错，大拆大建又浪费人力物力。

因此在城市开发建设时，有必要明确建设项目对城市气候环境的影响评估，并将这些相关城市气候应用和改善措施纳入规划方案深化和优选的过程（Ng，2012）。香港规划署的城市规划委员会在评审建设项目时，会邀请气象部门、环保部门、公共卫生部门的相关人员参与指导。

"罗马不是一日建成的"，同样，改善人居环境，甚至是修复生态环境，也不是一日之功。城市生态系统可以包括两个部分，城市人类以及人类聚居和生存环境。而在生存环境中囊括经济、社会文化环境、人为建成环境、生物环境以及自然环境。自然环境以大气、水、土等组成（沈清基，1998），都是看不见摸不着，却赖以生存的基本要素。气候环境必须作为自然资源加以保护，为达致生态文明建设，就必须将其纳入管控和城市发展应用范围。

原文刊登于：任超，吴恩融，叶颂文，等.高密度城市气候空间规划与设计——香港空气流通评估实践与经验[J].城市建筑2017（01）：20-23.

特别感谢香港绿色建筑议会和香港大学教育资助委员会对于本团队的研究支持。
另外，本文中所涉及城市气候应用的政府顾问项目均基于与香港特区政府相关部门的通力合作，特别得到规划署、香港天文台、房屋署、屋宇署、建筑署的大力支持和协助。同时也感谢奥雅纳工程顾问公司及吕元祥建筑师事务所的研究伙伴的长期合作。

参考文献

[1] BD.（2011）. Practice Note for Authorized Persons, Registered Structural Engineers and Registered Geotechnical Engineers PNAP APP-152：Sustainable Building Design Guidelines（Chinese Version）, Building Dept. of the Hong Kong Government.

[2] BD.（2016）. Practice Note for Authorized Persons, Registered Structural Engineers and Registered Geotechnical Engineers PNAP APP-152：Sustainable Building Design Guidelines, Building Dept. of the Hong Kong Government.

[3] CEDD.（2013）. Kai Tak Development. Hong Kong.

[4] CPMJV.（2007）. Kai Tak Development Comprehensive Planning and Engineering – Stage 1 Planning Review – Technical Note 4（AVA Report for Draft PODP）, Final Report. 2007.

[5] http：//www.pland.gov.hk/pland_en/info_serv/ava_register/ProjInfo/AVRG01_AVA_FinalReport.pdf.

[6] ENB.（2015）. Hong Kong Climate Change Report 2015（pp. 122）. Hong Kong.

[7] HKBD.（2011）. Building Design to Foster a Quality and Sustainable Built Environment.（APP-151）. Hong Kong：Hong Kong Government Retrieved from http：//www.bd.gov.hk/english/documents/pnap/signed/APP151se.pdf.

[8] NG, A.（2009a）. Kai Tak – A sustainable and green development. Paper presented at the International Conference on "Planning for Low Carbon Cities", Hong Kong http：//www.hkip.org.hk/plcc/download/Ava_NG.pdf

[9] Ng, E.（2005）. Feasibility Study for Establishment of Air Ventilation Assessment System – Final Report. Hong Kong：Department of Architecture, The Chinese University of Hong Kong.

[10] Ng, E.（2009b）. Policies and technical guidelines for urban planning of high-density cities – air ventilation assessment（AVA）of Hong Kong. Building and Environment, 44（7）：1478-1488.

[11] Ng, E.（2012）. Towards Planning and Practical Understanding of the Need for Meteorological and Climatic Information in the Design of High-density Cities：A Case-based study of Hong Kong. International Journal of Climatology, 32（4）, 582-598. doi：10.1002/joc.2292

[12] Ng, E., Katzschner, L., Wang, Y., Ren, C., & Chen, L.（2008）. Working Paper No. 1A：Draft Urban Climatic Analysis Map – Urban Climatic Map and Standards for Wind Environment –

Feasibility Study Technical Report for Planning Department HKSAR. Hong Kong：Planning Department of Hong Kong Government.

[13] Ng, E., & Ren, C.（2018）. China's adaptation to climate & urban climatic changes：A critical review Urban Climate, 23, 352–372. doi：http：//dx.doi.org/10.1016/j.uclim. 2017.07.006

[14] PlanD.（2005）. Section 11：Urban Design Guidelines. Hong Kong：Retrieved from http：//www.pland.gov.hk/ pland_en/tech_doc/hkpsg/full/ch11/ch11_text.htm#1. Introduction.

[15] Ren, C., Ng, E., & Katzschner, L.（2011）. Urban climatic map studies：a review. International Journal of Climatology, 31（15）, 2213–2233. doi：DOI：10.1002/joc.2237

[16] 任超 . 城市风环境评估与通风廊道规划 – 打造 "呼吸城市" [M]. 北京：中国建筑工业出版社，2016：113–160.

[17] 全程清洁策划小组及政务司司长办公室 .（2003）. 全城清洁策划小组报告 – 改善香港环境卫生措施，立法会参考资料摘要 . Retrieved from http：//www.legco.gov.hk/yr02–03/chinese/ panels/fseh/papers/fe0815tc_rpt.pdf.

[18] 沈清基 . 城市生态与城市环境 [M]. 上海：同济大学出版社，1998.

[19] 规划署 .（2006）. 启德规划检讨，香港规划署，http：//www. pland.gov.hk/pland_en/p_study/prog_s/sek_09/website_ chib5_eng/chinese_b5/Revised%20PODP%20Report%20（Chi）.pdf.

[20] 香港特区政府 .（2015）. 新闻公报：环境局发表香港气候变化报告2015. 香港：Retrieved from http：//www.info.gov.hk/ gia/general/201511/06/P201511060771.htm.

[21] 香港特区政府规划署 .（2016）. 香港2030+：跨越2030 年的规划远景与策略 . 香港：Retrieved from http：//www. hk2030plus.hk/SC/document/ 2030+Booklet_Chi.pdf.

[22] 香港特别行政区土木工程拓展署 .（2007）. 启德发展计划：启德分区计划大纲图（S/K22/4）Retrieved 03.25, 2014, from http：//www.ktd.gov.hk/

[23] 香港绿色建筑议会 . 都市微环境气候指南 . 香港，2018：118.

① 内容来自任超 . 城市风环境评估与风道规划——打造 "呼吸城市" [M]. 北京：中国建筑工业出版社，2016.

② 部分内容基于任超 . 城市风环境评估与风道规划——打造 "呼吸城市" [M]. 北京：中国建筑工业出版社，2016.

任 超 现为香港大学建筑学院副教授，IPCC 第六次报告特邀贡献作者，香港绿色建筑议会绿色建筑专业人士，香港特区政府空气流通评估顾问成员。研究领域为城市气候应用、生态可持续设计与规划。自 2006 年以来参与中国（香港、武汉、北京、台湾、澳门）、新加坡、荷兰（阿纳姆）和法国（图卢兹）等地的多项政府大型顾问研究项目，评估城市风环境、通风廊道及绘制城市环境气候图，以及编制相关规范和设计条例。编著有《城市环境气候图》（中英版）、《城市风环境评估与风道规划——打造 "呼吸城市"》，同时发表国际学术期刊论文及研究报告 50 余篇，多次获得国际研究奖项。现为国际城市气候学会（International Association for Urban Climate）董事会成员、国际学术期刊《Urban Climate》编委成员和《Cities & Healthy》学术顾问。

疫情、空间、人、规划

2020 年 2 月 5 日　　尹　稚

疫情

疫情，成灾要素有三：传染源、传播途径、易感人群。源头为本是为一；复杂社会，必有流，传播也，是为二；人，海量，差异化，类聚群居，也就可生万物了，疫情在，此万物不祥。从防疫免灾的代价看，显然源头控制小于传播途径控制，更小于易感人群控制，且每升一级防控成本呈几何级数上升，如棋盘赌米。源头控制应是公共政策的优先选择，举国体制如真抓实干，这是拿手好戏，可事半功倍。事态发展到要控流、控人时，疫已灾变，只好亡羊补牢。

空间

空间，器也。载人、载物、承流。与时俱进，因需求层级变化而更新换代，甚至涅槃重生。初求可用，规模、质量、区位、路由选对即可；再求好用，安全、便捷、高效、性价比高，凡此种种，升级不断；三求享用，被载者还能乐在其中，

精神愉悦，不亦乐乎，已有牛棚无菌，可享音乐，产牛肉质鲜美，产奶营养丰富，牛且如此，况乎人居环境，改善何难？四求耐用，先讲"万年牢"，可传世，现更讲究承灾可伤而不毁，甚至毁可速生。需求层级越高，制器代价也随行就市，水涨船高，还需量入为出，量力而行。国人制器，万难不难，已有国际美誉，规划之功在代价权衡，选址无误。

人

人，非物件，有主观能动性，理性有限，感性复杂，最难搞惦。空间本体无善恶，空间载人即成场所，善恶何从也就不由空间本体了，善恶因果常在人的一念之间而天差地别。所以当下记住与人相关的那张 A、B、2B 的关系图最可保住小命。当然，如果再能知道 A、B、2B 们的分布坐标和流动轨迹，保命的机会必定大增。洞察人的行为与空间地理信息的匹配关系确系规划师强项，但笃信空间可以改造人，远不如相信法规和道德教化可以改造人来得靠谱高效。

规划

规划，规划之于疫情最大的作用是防患于未然，即风险防控。未病先防，源头控制优先，情报掌控至关重要；控流、控人重在时效，防控预案在先，亡羊补牢重在以快制胜；临战保持规划活动与治理活动密切结合，这是实战，不是技术演习。

至于规划如何管用、好用、够用，建议重温一下规划的基本目标和达成途径。

规划的三个基本目标

为决策者提供制定相应公共政策所需的信息和智能服务，契合精准是本事，宏观粗算，微观精算，长时重趋势，应急重要点是常态；

提供实施公共政策的技术性或政策性预案，可操作性是核心，一题能多解的是学霸；

能随时参与公共政策的选择和执行，有应变能力，当好实战参谋，升任参谋长时，恭喜你。

达成规划目标的四个基本途径

技术活动与治理活动的高度融合，价值观的深度磨合；科学家参政、议政也有个先当学生后当先生的学习过程，摆谱小则误事，大则祸国；

对影响相关公共政策的关键系统进行科学分析和预测，包括确定性的趋势判断和对不确定性的洞察，科研无止境，决策有时效，学会在有限的资源、时间内形成靠谱的"假说"更重要，进而能厘清"假说"成真的条件，理出轻重缓急，你是大咖了；

完成公共政策关键环节的时空呈现，这是行业内功，有技术硬核，也有学会"讲人话"的沟通与传播技巧，人神同在讲鬼话的是骗子；

为实施提供有效的资源保障清单，该码人的码人，该设庙的设庙，该立规矩的立规矩，反之亦然。

愿天下无疫，盼有疫无灾，宏愿哉。

尹　稚　中国城市规划学会副理事长、住房与社区规划学委会主任委员，清华大学中国新型城镇化研究院执行副院长、教授

直面"新冠"疫情的城市规划反思

2020 年 2 月 6 日　　雷　诚

　　庚子年伊始，突如其来的新型冠状病毒疫情改变了传统的春节节奏。让大家"鼠"居于家，体验了一把"宁愿长点膘，也不外面飘"的无可奈何，甚至有人戏言今年底将迎来一大波新生儿的高峰……这些"乐观调侃"背后更多的是各行各业的积极思考应对。作为城市规划人，我们应当直面"新冠"疫情挑战，主动思考城市规划的初心、内核与未来。

1　城市规划的百年轮回

　　城市规划与公共卫生防疫关系源远流长。18~19 世纪英国城市无序发展带来疟疾、霍乱等传染性疾病的流行，空前的公共卫生问题推动了现代意义上公共卫生和城市规划的诞生，开启了两者的首次跨学科合作。此后公共卫生和城市规划两个学科各自独立发展，渐行渐远，交流甚少。以美国为例，城市规划学科致力于解决城市发展和住宅建设的研究，公共卫生行业则从事传染病、环境污染、职业健康等研究[1]。

　　直到 20 世纪 80 年代，公共卫生学科逐步关注肥胖、心理等"慢性疾病预防"，开始研究城市空间与人的健康关系，学科的再次合作为"健康城市"的萌发和成长奠定了坚实基础。20 世纪 90年代美国引领的"健康与规划设计"蓬勃兴起，凸显了空间环境因素的干预作用，城市空间环境成为健康支持的重要内容之一。2002 年开展"设计促进积极生活计划"研讨，关注焦点不再是"空气、水质和噪声污染"等传统健康影响要素，更强调通过多层次的空间环境要素规划设计实现促进市民体力活动的积极影响[2]。2010 年将城市规划与环境设计作为落实公共健康理念的中坚学科，率先提出了"纽约市城市公共健康空间设计导则"，针对公共健康问题提出了 151 条设计策略，指导城市规划与设计创造健康空间环境，引导市民体力活动行为和生活方式并最终促进健康[3]。

　　回顾"医疗与康复——健康与场所——健康与设计"的百年发展轨迹，秉承公共卫生防疫"初心"的城市规划，在庚子年似乎又轮回到了诞生的原点，公共卫生防疫再次成为城市规划无可回避的话题……

2 城市规划的内外嬗变

我国"健康城市与规划"研究正在持续推进，重点针对"非传染性疾病"，在土地使用、空间形态、道路交通、开放空间等要素领域提出了相应的规划干预方法[4]。从研究进程来看，健康城市与规划要完成学科系统性的提升还有很长的路。直面这场不期而遇的"新冠"疫情拷问，进一步反思城市规划内涵和外延的限制在于：

一是固守空间内核，"见物不见人"。城市规划长期将城市空间视为"二维化"的均质空间，这是老生常谈的问题。单一空间思维不仅忽视了城市"易致病空间"，而且基本无视"城市人"的复杂性，忽略不同人群实际活动特征与使用需求，尤其忽视了"易致病人群"的特殊性。二是学科交叉尚未内化为实际动力。两个学科百年分合后的今天，城市规划与公共卫生学科交叉和合作深度不足，相关公共健康理念与方法尚未转化为城市规划真正的内在动力。三是"新技术不出实验室"。健康城市相关规划新技术方法的运用仍局限于小部分研究者，尚未常态化成为规划师案头工具。

实际上无论是"健康城市"还是"海绵城市、韧性城市"，可谓"艺多不压身"，最后只落得一个"十八般武艺样样稀松"。因此，直面"新冠"疫情的挑战，"内核更新＋动力提升＋技术创新"成为城市规划提升"防疫能力"嬗变的方向。

3 城市规划的融合应对

针对"新冠病毒"类似的强传染性疾病，城市规划应当聚焦"可防疫空间体系建构"，这既是

疫情管控的需求，同时也是健康城市和规划管控发展的必然。具体从"人与空间、学科融合、技术平台"三个方面探讨如下。

3.1 人与空间融合
易致病人群＋易致病空间的双重识别

强调关注社会空间和城市空间的异质性，理性评价人与城市流动融合的风险状况，合理选择社会空间和城市空间的融合及阻断方式。借助医学研究来摸清传染性疾病的空间引发机制，在此基础上建立"致病风险评估"数据评价识别体系，反向识别"易致病人群和易致病空间"的分布，为各类防控应急规划提供基础数据支持。重点针对本次疫情焦点的"华南海鲜市场"类似潜在风险点分布，结合城市人群流动和易致病人群空间分布模型，可甄别"易致病双重耦合"的静态防疫体系及防疫等级区域，为防疫和应急规划提供指南，指明城市日常公共卫生防疫的方向。同时，建构起以大中城市为核心，综合土地使用、城市交通等方面形成"多节点布控"的可防疫体系，针对特殊人群和特殊空间的分布格局形成有效阻断的防控布点。

3.2 多学科融合
健康支持空间＋可防疫空间的双效叠加

从城市空间的健康与安全双重效用出发，正向识别和评价城市空间的健康友好和可防疫程度。通过公共卫生学、医学、地理学等学科理论，把城市空间环境的主动性"健康支持"和被动性"可防疫"融为一体、双效叠加。在健康支持评价方面，

西方学者提出了"步行指数""个人空气污染暴露程度"等一系列指标，动态开展"健康影响评估"可以准确描述城市不同区域空间环境的健康程度以及改进提升的可能性。在可防疫空间评价方面，设想通过合理遴选相关指标建立"可防疫指数"评价体系，可借此评价城市空间在传染性疾病防疫方面存在的缺陷与不足，从而为下一步更新规划设计提供明确的整治方向。

3.3 防疫与管控融合

公共疾控数据+国土空间规划的双构平台

当前我国疾病防控体系主要包括国家、省、市和县四级疾病预防控制中心，基层社区卫生服务中心和乡村卫生机构，突发公共卫生事件应急管理是由"中央—省—地市—县"四级疾病控制与预防工作网络组成[5]。这些公共卫生和疾控部门对传染性疾病进行了数据监控、数据收集和统计。通过丰富监测疾病类型、细化社区级的统计数据，基于共享分析数据、共同合作建立"公共健康—空间规划"双构数据平台，搭建起城市居民健康状况和城市空间的关联体系。通过双构平台的建构，进一步指导城乡国土空间规划，合理布局物质生产和流通空间，建立疫情时期基本生活物资的生产和流通体系；均衡、合理布局公共卫生应急救治医疗体系，避免患者集中在少数医疗机构；择选并预留临时性集中救治医疗设施用地[6]。同时，在疫情暴发过程中，双构平台可以有效整合信息、动态监控疫情进展，利于合理划定疫区等级和社区防控，精确规划检查网络布点。

"人类发展过程中曾多次遭遇大规模传染病暴发，正是在与疾病不断抗争的过程中，人类才得以不断进步发展"。2003年SARS病毒肆虐，已引起规划学科的警惕和关注；2020年又逢新冠病毒，希望能够引起广大规划工作者的共同关注，直面困境、建言献策，提升健康城市建设！

谨以此文：

致敬坚守在一线的医护人员！

祝愿平安健康洒满中华大地！

参考文献

[1] 李煜. 城市易致病空间理论 [M]. 北京：中国建筑工业出版社，2016.

[2] 刘滨谊，郭璐. 通过设计促进健康——美国"设计下的积极生活"计划简介及启示 [J]. 国际城市规划，2006（02）：60-66.

[3] 刘天媛，宋彦. 健康城市规划中的循证设计与多方合作——以纽约市《公共健康空间设计导则》的制定和实施为例 [J]. 规划师，2015（06）：27-33.

[4] 王兰. 规划健康——疫情之下对城市空间的重新审视. 中国城市规划学会微信.

[5] 齐奕. 基于防控体系的传染病医院设计策略研究 [D]. 哈尔滨：哈尔滨工业大学，2010.

[6] 秦波，焦永利. 公共政策视角下的城市防灾减灾规划探讨——以消除传染病威胁为例 [J]. 规划师，2011（06）：106-110.

雷　诚　中国城市规划学会小城镇规划学术委员会委员，苏州大学建筑学院副院长、副教授

现代城市的本质是现代人的塑造

2020 年 2 月 7 日　　王　凯

近日新型冠状病毒疫情暴发，以及随之带来的城市建设管理上的诸多问题引发业界的广泛讨论。城市的公共卫生、社区治理、应急机制、城镇化模式、流动性、大数据等诸多方面得以重新认识。但更值得深思的是，经过改革开放四十年的发展，中国的城市无论在物质建设层面，还是运行效率方面都取得举世公认的成就，但面对今天的新型冠状病毒，犹如面对十七年前的 SARS 一样，我们的城市依然显得无力、慌乱和踉跄，这和我们四十年快速城镇化之后城市所具备的光鲜外表、高技术设备形成鲜明对照。如果说我们的城市建设是 3.0 版本的话，我们的城市管理和城市人还是 1.0 版本。

芒福德曾经说，城市的一大功能是陶冶人和塑造人，"进入城市的是一连串的神灵，……从城市走出来的，是面目一新的男男女女，他们能够超越其神灵的禁限"。近年来，我们已经意识到四十年城镇化的"上半场"我们的主要成绩在于城市建设量的累积和城市运行基本条件的具备，我们的不足在于质的缺失和对人的关心不够，并

从设施的配备、城市的密度、场景等多个技术层面探讨高品质空间的条件，但从本次新型冠状病毒的肆虐来看，我们城市发展最短的短板恐怕是现代城市的管理和现代城市人的培育。人是城市的主体，在本次疫情中可以说是充分彰显。

关于现代城市的建设与管理如何应对疫情已经有诸多论述，本文仅就城市现代人的培育，谈一点粗浅的认识。说到城市现代人，恐怕有几个主题词：

1　理性

城市是各类要素高度聚集的空间，大城市尤其如此。在这个复杂的系统里，对于一个用四十年走完西方近一个世纪城市化道路的中国城市人来说，如何认识它、运作它本身就是一个挑战。吴良镛先生常说"城市是一个复杂的巨系统"，这就需要我们在城市的认知上、管理上必须讲科学、循规律。2015 年中央城市工作会议上首先强调的就是尊重城市的发展规律，这一看似平常的话语其实道出了

前些年城市发展频出问题的根本所在。仅就城市的规模而言，在过去一些年里，小城市希望成为大城市，大城市希望成为超大城市，超大城市希望成为城市群，这一思想其实贯穿于城市政府和普通市民之中，殊不知城市随着规模的扩张，其冲突点、风险点是呈几何级数增长的，我们看到的是人口、用地倍增带来的经济收益，却忘了倍增带来的风险和挑战。做一个理性的城市人恐怕是第一位的。

2 讲公德

由于城市是所有人的城市，特别是改革开放以来的诸多大城市已经成为国际化的大都会，城市的公共性比以往任何时候都突出。在一个开放的公共空间里，城市人的行为如何做到具有公共意识，也就是老百姓常说的讲公德就十分重要。武汉华南海鲜批发市场的违规经营、之后的管理失序在很大程度上反映了经营者、管理者乃至使用者的公共意识缺失。其实，不管是海鲜批发市场，还是高铁车站、商业大卖场，但凡是城市的公共空间，市民、管理者都应该具有起码的公共意识，分清公共空间和私有空间，分清公共场合的行为和私人空间的行为，才能让城市这个所有人的家园真正具有开放性和安全性。讲公德恐怕是城市人需要做到的第二点。

3 自组织性

城市大了以后，它的管理方式和小城市相比其实有很大的不同。我们往往把一个大城市或超大城市看成是一个小城市的几何放大，其实大城市的复杂性远远超过其规模的扩张。在过去的一些年里，我们可以看到国际上大城市的管理越来越扁平化，无论是伦敦还是东京，都是基于若干片区自治管理的集合。道理很简单，对于小城市而言，任何突发事件的反馈决策链是短的，而对于一个大城市或超大城市而言，决策链就太长了（还不包括其中的阻隔），因此加强基层组织的建设，形成高效有利的自组织系统是现代大城市管理的基础。党的十九届四中全会关于推进国家治理体系和治理能力现代化的重要决定中，就提出了"加快推进市域社会治理现代化。推动社会治理和服务重心向基层下移，把更多资源下沉到基层，更好提供精准化、精细化服务"的要求，以社区为基础，充分发挥城市人自下而上的积极性，是大城市应对各种挑战的基础。

我们常说中国城镇化的"下半场"是城市发展从重"量"到重"质"，今天我们恐怕要补充一句，要从重"物"到重"人"。

王 凯   中国城市规划学会区域规划与城市经济学术委员会主任，中国城市规划设计研究院副院长，《国际城市规划》杂志主编

病毒空间与空间规划的土地用途及建筑用途管制

2020 年 2 月 7 日　　周剑云

病毒是一种有生命的实体，与细菌等微生物能够在自然环境中独立存活不同，病毒作为一种蛋白质结构不能独立存在而只能寄生于某个动物宿主，病毒与宿主的关系可以是共生的，也可能是冲突的。研究病毒本身的生命特征及其成长规律属于生物学的范畴，研究病毒与人体的关系属于医学的范畴，研究病毒的传播途径及其规律则涉及生物学、生态学、传染病学等诸多学科，作为人居环境科学的城乡规划与病毒的存在与传播空间相关。城乡规划学关注疾病发生的地点、环境特征及其传播规律，并试图以空间管制的方法防止和遏制疾病的发生与传播。

与生物学关注病毒本体和医学关注病毒与人体的关系不同，城乡规划学主要从病毒的空间及其与人居空间关系这个维度来研究病毒空间与城市空间的关系。病毒作为生命实体占有一定的物质空间，由于病毒不能在自然环境中独立存活，病毒的空间就是其动物宿主的空间，在武汉发现的新型冠状病毒的动物宿主目前尚不清楚，但是武汉华南海鲜市场存在可能是病毒宿主的野生动物交易。尽管哪一种动物是新型冠状病毒的中间宿主尚不清楚，但是病毒与动物的联系是确定的，华南市场中的动物空间与城市生活十分密切，病毒可能通过某个中间动物宿主而扩大其生存空间，从而与城市居民的生活空间产生交叉，交叉空间提高了居民接触携病毒动物的机会，通过某次偶然的接触导致病毒进入某个人体，从而将病毒带入人群并进入城市居民的生活空间形成疾病的传播现象。从空间维度来分析和解释疾病产生与传播机制，疾病就是病毒空间与人类空间的交叉，疾病传播表现为病毒空间的扩展，那么，城乡规划学的健康环境研究是以病毒的客观存在作为研究前提，通过空间规划与用途管治来降低疾病的机会和减小传播的规模和速度。

武汉发生严重肺炎疾病后，疾病控制专家调查华南海鲜市场发现其存在野生动物交易并提取到相应的病毒样本；随后政府发布有关指令，包括封闭市场和禁止一切野生动物交易等。对于武汉城市发展而言，华南市场或许被拆除而彻底改变这个地点的卫生环境，或需消毒整改而继续作为海鲜市场，但是会禁止其中的野生动物交易。加缪在《鼠疫》中说，它们就潜藏在生活的每一个角落里，永远都不会消亡。由于病毒与动物宿主的关系，城市规划处理病毒空间的措施与通过环境卫生来处理细菌存在空间措施不同，城市规划不是以消灭病毒为目标，而是将病毒作为客观存在而积极处理病毒空间与城市人居空间的关系，也就是规划与管理可能作为病毒载体的动物交易空间与城市空间的关系。

市场是城市空间的一种普遍类型，武汉华南海鲜市场所导致的疾病现象给城市规划提出三个普遍性问题：

（1）市场与动物交易行为；

（2）许可动物交易的市场选址、空间及环境关系；

（3）动物交易市场的使用管制。

从行政管理的角度可以禁止野生动物交易，而无法禁止饲养动物交易，况且饲养动物也不能排除作为病毒的载体，禽流感就是明显的例证。因此，动物交易市场作为一种特殊空间类型需要城乡规划从病毒空间及其空间管制的角度予以关注。

深入分析野生动物在市场出现的普遍现象就触及我国城市规划的土地用途管制和建筑用途管制缺位的制度性问题。简单概括我国城市中的"市场"发生的过程，通常在城市总体规划中指定某一些地块为商业设施用地，在控制性详细规划中细分地块并规定建设指标，包括容积率、建筑密度和建筑高度等，土地管理部门依据规划要求进行土地招标出让；某发展商竞标获得土地后提出市场建筑设计方案，规划管理部门审查建筑设计符合规划用途及指标后颁发规划许可，市场建成并规划验收之后发展商进行招租，商户租下商铺就可以到工商部门申请经营牌照。对于规划部门而言，只要建筑设计图纸标明的用途是商业，且建筑设计符合相应的设计规范就同意建设；对于工商部门而言，只要经营主体具备相应的经营能力，且场所合法就可以经营。从土地规划目标与土地和建筑的实际使用的角度而言，政府部门的管理存在漏洞；规划部门只是建设管理，而没有将规划用途管制延伸到建成后的建筑使用管理，同样，工商部门只是针对经营主体的资格管理，而没有涉及场所或建筑的使用管理。空间管制与主体资格管理忽略了空间与行为对应关系，具体表现为规划用途管制缺乏土地使用行为的规定，建成后又缺乏建筑实际使用行为与规划用途的符合性检查。目前的规划土地用途管制既没有使用行为的性质规定，也没有使用行为的规模要求，没有考虑建筑使用行为的外部影响。对于市场空间，没有空间使用要求（用途规定），动物就出现在市场之中，以动物为载体病毒空间就可能扩展到城市之中，进而与人居空间产生交叉。

我国城乡规划的土地用途管制只是规定了土地上的建筑类型与建设标准，而没有规定土地与建筑的使用行为，规划管理关注的是建筑的物质形态，而不是空间使用行为。尽管建筑形态可能影响城市邻里的美学趣味，但对城市社会和居民生活产生实质影响的是建筑的运作（Operation），即：建筑的实际使用。建成而没有使用的市场可能影响邻里和社区物质形态；运作的市场就聚集人流与车流而影响城市交通系统，动物交易市场就可能扩展病毒空间而影响整个城市或区域。武汉华南海鲜市场的空间致病案例暴露了我国城乡规划的土地用途管制与建筑使用管理的制度性缺陷，建议参考纽约的土地用途分区管制和建筑使用准照制度，在国土空间规划体系中完善土地用途管制并建立"建筑使用准照"制度。

周剑云　中国城市规划学会理事，华南理工大学建筑学院城市规划系主任、教授

疫情视角下五个城乡建设理念的表现与反思

2020 年 2 月 8 日　　刘晋华　周艺南　施　展

引言

当前，城乡建设的理念逐渐多元化发展，各种经验均可被作为现成经验进行"拿来主义"式的实践。但是，对不同的优秀建设理念进行简单相加，并不一定能得到一个优秀的城市。例如，在公共交通发达的城市中，以自行车、电动摩托车等为代表的慢行交通工具很少被民众使用（如新加坡）。因此，"在建设发达的公共交通体系的同时仍然追求完善的自行车道体系"的做法有很大可能是自相矛盾的，并且容易造成资源浪费。

据此，考察不同的建设理念之间是否耦合，是必要的。健康城市的理念与其他城乡建设理念之间的关系同样如此，而此次疫情中各种理念的现实表现则提供了观察这一关系的绝佳机会。

1　精细化城市设计

地权边界清晰、权责分明、环境整洁的海鲜市场具有更大概率不会成为滥杀野物、滋生病毒的场所。塑造和维护这样的场所，是城市设计的责任。

此次疫情在空间环境质量恶劣的武汉某海鲜市场发生，不仅反映了武汉当地饮食文化与全国层面公共卫生意识的相对落后，同时一定程度上说明了城市设计这一空间治理工具在向社区、街道和大型公共活动场所的下沉过程中遭遇的困局。

作为精细化管理的技术工具，城市设计技术体系必须尽早完善——不仅在区域、城市和区段层面进行宏观层面的引导（例如武汉提出的"百湖之城"建设理念），而且应当将这些理念下沉至百姓身边，实施日常生活视角下的有效空间干预，为健康的城市提供健康的空间结构，为健康的社区提供健康的"空间细胞"。

2　有机疏散理念

截至 2 月 5 日凌晨，湖北省范围内确诊的病例占全国确诊人数的 66% 左右，武汉市区的确诊人数又占了湖北省确诊病例的 47% 左右（表 1）。这一粗略的数据结构可以透视湖北省和武汉市城

截至 2 月 5 日的确诊人数及其占比　　表 1

范围	人数	占上个层级的比例
全国	20530	/
湖北省	13522	约 66%
武汉市	6384	约 47%

表格来源：作者根据腾讯新闻整理

镇体系结构的现状。目前看来，这种结构对于疫情防控而言可能是积极的。

从既有应对情形来看，全国范围内其他地区确诊人数何以相对较少，封城的措施为何得以施行，部分原因是周边城市为武汉承载了大量的流出人口（图 1），从而降低了武汉市春节期间封城的运营成本。同时，根据城镇体系和空间圈层分而治之，封城才具有了可行性和操作性。相反，如果本次疫情的发生地位于北京，则后果难以想象。

从未来应对策略来看，以黄冈、孝感、咸宁等为代表的武汉主城外围城市具有设置物流中继站点、人流集散站点的条件，以仙桃为代表的更外围城市仍可恢复必要的医用物资的生产能力，它们均可以支援疫情发生的武汉中心城区。

3　城乡社区生活圈

城市中，社区在为公民日常生活提供必要的基础设施和公共服务的同时，也在社会治理层面发挥基础性的控制作用。社区内部形成的以"网格员"为抓手的网格化管理已经成为当前各大城市主要的空间监测手段（图 2）。

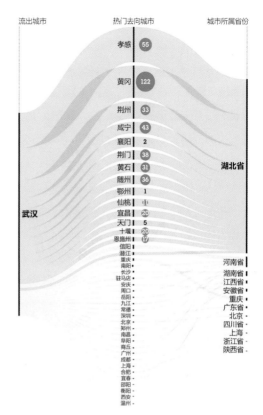

图 1　离开武汉的 500 万人都去了哪里
资料来源：新浪网（https://k.sina.com.cn/article_5726009017_1
554bf6b901900loly.html）

图 2　南京某社区网格员正在实地走访
资料来源：作者拍摄

乡村中，相对于城市生活圈的开放性和流动性，乡村集体展现出对疫情传播的良好阻力作用，甚至在某种程度上成为决定本次疫情不会更大扩散的关键因素。在春节期间，全中国重返乡土化文明的状态。乡土社会在空间上至少固定了 40% 的非城镇人口，同时也固定了大量返乡的城市人口，大大降低了防控成本。另外，中国乡村是一种地缘和血缘的结合体，这一特有的聚落属性为切断交通渠道、建立"人盯人"的监控制度提供了先天的有力条件（图3）。从这一角度而言，乡村对抑制疫情的扩散具有积极作用。也正是基于类似的原因，著名"三农"问题专家温铁军仍希望在本次疫情中，将乡村作为吸纳有害因素和化解社会危机的土壤[1]。这或许提示我们：盲目追求较高的城镇化率存在风险，城乡建设不可偏废其一。

4 开放小区

封闭式小区仍然是城市疫情防控的单元。因其严整的空间产权界限、组织化管理的物业服务、

"一夫当关、万夫莫开"的出入路径、小区微信群等形式的自组织行为等，自发产生了消毒、登记、测体温、相互监督、疫情防控信息通报交流、心理健康维护等活动，均为国家疫情防控提供了自下而上的、更加扁平化的治理结构基础。

反观开放小区，为人的流动提供了便利，并且因其出口多、空间边界的模糊、公共空间形式复杂，增大了管理的难度。在本次疫情中，不少地方政府对开放式小区采取了增加临时物业、重点盯防等措施，甚至有部分开放小区建设了临时围墙（图4）。

在理论层面，健康城市与开放小区似乎并不违背，应是相辅相成的关系；但在当前中国城乡建设的现实条件下，开放小区是否对健康城市的建设具有反作用，仍然值得进一步探讨。

5 公交导向

很明显的是，在两次疫情中（2003 年的非典型肺炎 & 2020 年的新型冠状病毒肺炎），以摩托车、

图3　河南省某村防控新型冠状病毒肺炎的措施
资料来源：中国经济网（http://www.ce.cn/xwzx/gnsz/gdxw/202001/27/t20200127_34193822.shtml）

图4　济南市历下区某小区新建临时围墙
资料来源：鲁网（http://sd.sdnews.com.cn/2020/fgzxfy/jczy/202002/t20200204_2674817.htm）

小汽车等私人交通工具为主的交通方式，在疫情中更加活跃，未受到严重的限制，而公共交通则明显受限。抑制公共交通，在此次疫情中成为切断传染渠道的重要手段——所有城市都在第一时间切断绝大多数的公共交通。

这一现实暗示健康城市与公交导向可能具有完全相反的倾向性。这提示我们，如果健康城市的目标是在疫情发生期间城市交通仍具有为提供正常服务的能力，那么这种交通体系就绝不会是一个公共交通发达但是强力控制私家车拥有量的交通体系。可以说，对私人小汽车的偏见，未尝不是一种病毒。

根据上述论述虽难以对健康城市与其他理念之间的具体矛盾做出明确的判断，但是至少它们已经说明，健康城市理念与其他理念之间并不是完全契合的，甚至存在一定的矛盾性。在注意这一理论事实的同时，也需要警惕：大力倡导某一种理念而断然摒弃其他理念，固守某一种价值观而选择性无视其他价值观，对于当前的中国城乡建设而言是不可取的。城乡建设理念的多元、开放和包容仍是未来的主题。

（投稿日期：2020 年 2 月 5 日）

参考文献

[1] http：//www.bjnews.com.cn/feature/2020/01/ 26/679993. html.

刘晋华　北京交通大学博士后
周艺南　讲师，北京交通大学博士后
施　展　讲师，北京市海淀区花园路街道责任规划师

新型冠状病毒疫情引发的规划思考

2020 年 2 月 8 日　　王国恩　陈道远

凛冬未竟，刚刚跨入 2020 年的中国，疫情中心拥有 1500 万人口的超大城市武汉，正在经受新型冠状病毒疫情的煎熬。在 2020 年 1 月 23 日凌晨，武汉宣布停运所有公共交通，暂停机场、火车站的离汉通道，又称"封城"，此举意在外防扩散。但是，市内各主要医院的发热门诊人满为患、识别确诊时间长、病床紧缺，不能及时收治患者等问题突出。集中治治新型冠状病毒疑似者的初衷无疑是好的，是希望通过集中医院以减小病毒扩散，缩小传染面。但由于武汉市人口基数过大、病毒传染的基本特点不确定，公众过度恐慌造成了盲目治疗的情况。许多没有必要去发热门诊的市民，一窝蜂扎堆涌向医院，导致了不必要的交叉感染。识别过程冗长，大量疑似病例占据了本就稀缺的床位，使感染者得不到及时收治，返家自我隔离导致了新一轮集聚性的感染。

当前新型冠状病毒疫情正在蹂躏着中华大地，我们从这场举国上下的疫情防控战中悟到以下几点。

1　医疗服务设施的基础保障性不可撼动

改革开放四十多年来，我国的城市发生了翻天覆地的变化。城市人口规模增长和用地空间拓展总是不断超出预期，公共设施特别是医疗服务设施规划建设问题尤其突出：医疗设施不足，无论是数量还是规模都捉襟见肘。城市规模在超速发展，开发强度也在不断加大，大城市的建设发生了"质变"，这种变化不同于西方国家的城市，也完全不同于以前的城市，人口膨胀、城区拓展、高强度建设，形成了延绵多达数千平方千米的城区，大面积高密度蔓延城市基质，让本就落后于发展建设的公共设施不堪重负，城市高强度、重负荷不断碾压医疗设施规划原有"千人指标"，拷问"服务半径"规划的实效性。优质医疗资源的区域辐射效应，使我国几乎所有大城市本就稀缺的医疗资源更加紧缺，百姓看病难、看病贵成为"流行语"。本次疫情以惨痛的教训告诫我们，医疗设施的共享性、基础性的硬道理，关键时刻是城市生活和人们得以生存的支柱，而疫情防控的关键时期,这个支柱显得异常脆弱。我国自然灾害多发,今天遭遇的是新型病毒,明天有可能是地震、洪水、海啸、爆炸、火灾,甚至是战争灾害,公共医疗设施的共享性、基础性地位不可撼动。疫情暴发时,医疗设施数量和规模不足,能够诊疗和收治的医疗机构少,基层医疗机构作用未能显现。城市规划和管理必须吸取教训,强化医疗服务设施的强制性地位,超前谋划,做到医疗设施数量的强制性、设施规模的强制性、选址位置的强制性、资源适配的强制性、服务标准的强制性。不管是什么开发建设项目、不管有多大经济利益的项目,在与医疗设施规划建设发生冲突时,必须优先保障医疗服务设施的规划和建设。

2 基于分级诊疗规划应对势在必行

当前我国推行基层首诊、双向转诊、急慢分治、上下联动分级诊疗方针。分级诊疗目的就是按照疾病的轻重缓急及治疗的难易程度进行分级,不同级别的医疗机构承担不同疾病的治疗,各有所长,逐步实现从全科到专业化的医疗过程。在国际上并没有与"分级诊疗"完全吻合的概念,最近似的概念是"三级卫生医疗服务模式"和"守门人"制度。三级卫生医疗服务模式是指:三级医院主要负责危重疾病和疑难复杂疾病的诊疗;二级医院主要承担一般疑难复杂疾病和常见多发病的诊疗;而基层卫生服务中心主要承担常见病、多发病的诊疗和慢性疾病管理、康复治疗等。"守门人(Gate Keeper)"制度包含两个方面:一是全科医生对病人进行首诊;二是由全科医生管理

并协调对病人包括"转上"和"转下"的转诊。

英国的国民卫生服务体系(National Health Service, NHS)是世界著名的医疗服务体系。作为世界上最先涉足医疗机构分级、分工协作的国家之一,英国已经探索出了一套无论在医疗机构定位、医疗资源的分配、全科医生的培养、首诊管理及转诊监管机制各方面都十分优秀且高效的医疗机构分工协作模式。其医疗服务细分为初级、二级和三级。初级服务是由分布在各个社区的诊所或者小型医院提供,主要是由全科医生对一些疾病较轻的患者提供基础的门诊卫生服务;二级服务是由正规医院负责,收治急诊、重症患者及需要专科医生治疗的患者;而一些重症患者则由三级医疗服务机构提供更加专业化的诊疗和护理服务。在整个医疗体系中,各级医疗机构间信息可互查、互通。这种信息流的无障碍交互也保证了NHS统一调度资源,能针对性地安排患者的双向转诊,避免了医疗资源的浪费。

我国市级高等级医院有高层次医务人员,教授、学者、各类研究医护人员配备充足,医务设备齐全。具备大病小病通治的能力;区级医院各方面的资源相对不足,但足以应对一般性疾病和慢性疾病;社区诊所则不具备医治条件,只能为病人做些简单诊疗、配药、打针等辅助性医疗工作。分级分类诊疗是指根据疾病大小、种类、紧急程度,分别到相应医疗机构进行的诊疗。这样可以发挥各级医疗机构的优势,大病重病到高级医院救治,一般疾病到低一级医疗机构就近诊疗,既不延误病情,也能比较充分地利用医疗资源。一般性疾病有常见症状、常规诊疗流程、通用药物、共识的康复标准,

完全可以在区级甚至在社区医院进行诊疗。大病重症和不明原因的传染性疾病虽然需要到高等级医院诊疗，但初期症状的识别可以由基层医疗机构完成，只有无法筛查病因或无力医治时才转送至高等级医疗机构诊治。基层医疗机构数量多、分布广，对早起疾病的识别筛查具有重要作用，可以有效减轻高等级医院门诊的"拥堵"，规避因候诊群聚导致交叉感染。未来应明确区级和社区医院的规划建设要求，提升规划建设标准。

3　医疗资源的错配现状到了非改不可的地步

医务资源配置过度集中，大型医院聚集了高水平、高素质医务人员，也有投入大、档次高的医护设备，形成了对城市和区域就医者的绝对吸引，医院等级划分，也形成了高等级医院就等于诊疗效果好的心理预期，加大了不同等级医院在人们心目中的"级差"，客观上造成了无论是大病还是小病，难治的还是易治的，想方设法也要挤进大医院就诊的选择倾向。尤其是新型疾病来临之时，出现百姓到大医院扎堆看病就医现象，大医院的接诊不堪重负，病人不仅得不到及时识别诊断，更得不到及时收治。基层医院特别是社区诊所医务人员缺乏，设备落后，诊疗不具备"全科"特点，由于民众不相信、不放心基层医院诊疗，在疫情暴发时，基层医疗机构不能发挥量大面广的优势，不能进行症状及时识别，也没有组织隔离（社区和居家隔离），基层医疗机构的首诊和"看门人"作用没有得到有效发挥。如果把高端的医疗资源配置适当下沉，加强区级和社区级

医疗机构人员和设施配置，赋予适当分工和职责，就能发挥其"全科"和"首诊"能力。我国的公共医疗资源自上而下配置模式具有一定的制度优势，完全可以根据城市规划，对应不同地理单元，满足服务人口规模，建立完整的分级服务医疗体系。针对短期内医护力量不足的问题，可以采取"上带下"传帮带的模式，高等级的医院和低等级的医院在诊疗、医师、床位、设备、技术、管理等方面实行联动，各级医疗机构间信息可互查、互通。保障公共医务资源能在各层级间流动，传递至基层，实行高水平、优质量服务普惠于民。各级医疗资源从"错配"到"适配"是实现有效分级诊疗的前提。

4　医疗资源布局从过度集约必须趋向合理均衡

由于早期医疗设施选址的历史原因，我国大城市医疗设施布局聚集，具有"中心化"特征，即总体布局是中心城区数量多，呈现中心化趋势。现有大型高等级医院依附原有高等院校、科研机构，占据中心区位，由于被其他用地包围，大多医院用地紧缺，发展受限，而且与周边用地功能区相互影响，用地局促和交错布局也不利于对危险传染源疾病进行隔离。中心区交通拥堵，停车困难，可达性差。目前不少高等级医院开始或已经在中心区外围建设新院区，过于集中于中心区布局的现状虽然得到一定的改观，但由于中心城区人口外迁和外围新区发展迅猛，新区人口数量和密度大幅增加，新增医疗设施和服务质量不足

以满足就医需求，就近就医和分级诊疗要求难以实现。总体上看，外围城区医疗设施不仅数量不足，布局也不均衡，规划超前性不足，规划新增的医疗设施选址和用地易受市场干扰。医疗设施布局的"去中心化"，就是将一定数量和质量的医疗设施依等级疏散分布在各区和街道，形成覆盖面更广、分布均衡的布局体系，便于分级诊疗，医疗资源布局也更公平。

新一轮空间规划编制在即，要从新型冠状病毒疫情防控短板中吸取教训，全面检视问题，科学务实地做好城市医疗设施规划，医疗设施数量、规模、用地要与其服务范围和人口相适应，研究医疗设施分级服务体系与城市空间结构层级的耦合模式，建立形成内容和形式相统一的适应分级诊疗的医疗设施布局体系。

首先，根据城市发展规模，研究提高医疗设施的配置指标，预测医疗设施所需规模，并且要预留弹性。

第二，根据用地布局、人口分布、服务范围，响应分级诊疗要求，该增加的要增加，该扩充要扩充，落实各级各类医疗设施选址、用地和规划建设指标。

第三，全面梳理检视控制性详细规划，补齐短板，细化落实医疗服务设施用地、建设要求，特别是要保障区级和社区级基层医疗设施的用地和建设需求，验证并完善规划建设指标，在规划管理实施中进行刚性控制。

2003年"非典"仅仅过去17年，新型冠状病毒肺炎又再一次拷问我们的医疗服务体系，疫情面前暴露的问题无疑再次给我们上了惨烈一课，希望这次磨难不仅是教训，而是反思和立刻的理性行动，城市规划没有理由不做好应对。

王国恩　中国城市规划学会城市总体规划学术委员会委员，武汉大学城市设计学院教授博士生导师
陈道远　武汉大学城市设计学院学生

新型冠状病毒感染肺炎疫情下对城市安全规划的思考

2020 年 2 月 9 日　　邹　亮

2020 年，新型冠状病毒感染的肺炎疫情席卷中华大地。回想起十七年前 SARS 疫情期间，笔者正在疫情严重的北京读大学。为了控制疫情传播，各高校陆续采取了严格的封校、分级隔离以及按宿舍分布采取分区就餐等措施。为了尽快控制这次疫情，除了效仿十七年前北京建设小汤山医院集中收治病人，政府采取了更为严格的封城、限行等政策。十七年间，笔者从一个大学生成长为一名城市安全领域的规划师，也见证了中国城市安全与应急管理的发展。中国以十七年前的"非典"为起始，逐步建立起以"一案三制"为架构的国家应急体系；但面对今天的新型冠状病毒，我们的城市依然难以从容应对。城市规划尤其是城市安全规划是城市建设发展与应急管理之间的桥梁，本次疫情值得我们重新审视城市安全规划，思考如何让规划为城市的安全健康发展保驾护航。

党的十八届三中全会通过的《中共中央关于全面深化改革若干重大问题的决定》中把"推进国家治理体系和治理能力现代化"与"完善和发展中国特色社会主义制度"并列为全面深化改革

的总目标，对灾害的科学有效应对则是社会治理的重要一环，因此规划更应注重对关乎城乡安全的社会治理体系的搭建。城市安全规划的架构应逐步从以空间和设施为落脚点转变为构建全面整合的灾害应对体系。

1　完善城市灾害风险要素集合

《中华人民共和国突发事件应对法》定义灾害为突发事件，指突然发生，造成或可能造成严重社会危害，需要采取应急处置措施予以应对的自然灾害、事故灾难、公共卫生事件和社会安全事件。笔者梳理我国各城市已开展的安全专项规划，大多仅限于抗震、消防、人防、排水防涝、地质灾害防治等单灾种防灾规划和涵盖以上灾种的综合防灾规划，其中涉及公共卫生的内容很少；即便是国务院安委会下发的《国家安全发展示范城市评价细则（2019 版）》，专门针对公共卫生的内容也只在"城市安全规划"项下提到了"职业病防治规划"，对突发传染病的防控并未提及。风险是城市安全规划关注的核心，要保障城市安全，就要对城市的安全风险有全面的认识。对公共卫生方面的风险，不仅应考虑地震、洪涝、地质灾害等自然灾害和战争、事故灾难等引发人员伤亡产生的医疗需求，也要将包括突发传染病和其他灾后疫病传播在内的公共卫生风险纳入城市灾害风险评价体系。

2 更新规划设计理念

一直以来，防灾规划的实施情况都不理想，究其原因，一方面，灾害相对来说是小概率事件，防灾减灾工作可谓"养兵千日，用兵一时"，一个城市能提供给防灾减灾设施建设的空间和财力等是有限的，灾害过后，人们容易"好了伤疤忘了疼"，对于防灾减灾这种没有直接效益产生的投入，往往在城市管理中容易被忽视。另一方面，我们的防灾减灾相关的规划甚至规范标准"不接地气"，也是重要原因。例如消防站的建设标准，从 2006 年到 2017 年经过数次修订，消防站占地面积的标准越来越大，而现实是城镇化的发展使城市中心区的用地越来越紧缺，很难找到符合面积要求的用地，导致消防站的选址越来越困难。

城市建设的高标准并不一定是求高、求大，城市规模疯狂扩张的时代已经结束，未来我们更应在空间的精细化治理上下功夫。对于城市的防灾减灾，战略留白、空间复合利用和安全品质是值得规划师们探索的课题。应对 SARS 的北京小汤山医院和本次疫情的武汉火神山、雷神山医院都是在决定建设之前的几天内完成选址工作的，如果在城市规划编制时就将这类应急设施预留空

间，那么可以在灾害来临时更迅速地开展建设工作。为了扩充救治床位，武汉又采取了建设方舱医院的措施。方舱医院的利用场地与防灾规划中的应急避难场所有着很大的相似度，在功能上也有一定的重合度，因此在规划避难场所时，除灾时的应急避难功能，还应进一步完善对应急医疗功能的支持，通过针对不同灾害类型制定功能转换方案实现空间的复合利用。2003 年，香港淘大花园数百居民由于小区的排水与通风系统缺陷感染 SARS 病毒，而后香港特区政府开展多项有关城市气候与环境的顾问项目，颁布多项技术通告和设计指引，逐步将科学研究与评估成果应用到本地城市规划、城市设计及建筑设计多个层面，提升城市环境品质。

3 强化管理要素的作用

高效的管理体系可有效调动防灾减灾资源，实现效益最大化。例如针对本次疫情，中国城市规划学会提出的充分利用社区的医疗资源，采取"分布式接诊，集中式治疗"的策略，有利于合理利用有限的医疗资源，减少"挤兑"情况的发生。

武汉"封城"后，公共交通系统停运，本意是减少人口的流动，借此阻断病毒的传播；然而对医护人员和病人出行的保障措施没有及时到位，预案不足体现了城市治理的短板。《城市综合防灾规划标准》GB/T 51327—2018 对城市灾后的应急保障要求还是落实在基础设施建设上，例如针对交通提出了城市疏散救援出入口、应急通道的布局要求和应急保障分级要求，但对应急交通组织并无指

引。笔者在做博士论文期间曾针对某一选定城市区域内的救灾调度开展研究，针对不同的灾害情景，通过对交通系统受灾情况、区域内客货运输企业分布及运力情况、应急疏散和救灾物资运输需求的梳理，结合数学优化模型提出了灾后交通应急组织方法。有用的规划不应只有静态设施的规划图，还应使人流、物流和信息流能在灾时在这些设施上顺畅地"跑"起来，而这就有赖于管理先行，在灾前未雨绸缪。"凡事预则立，不预则废"，提出完善的应急预案体系指引，也是规划应有的内容，包括树立科学的基于风险评估的应急预案编制理念，健全以情景构建为主线的应急预案流程管理，完善以应急演练检验为重点的应急预案优化机制，提高以个性化服务为特征的应急预案数字化水平。

4 建立区域协同观

武汉在本次疫情中，病例最多，也最受关注，但湖北不止有武汉一个城市，省内人员的流动使其他城市也产生了大量病例，区域协防机制的缺失使整个湖北省面临着更加艰巨的防疫任务。现代交通的发展使城镇群乃至全国、全球的联系更加密切。如同我们之前做全国城镇体系规划、省域城镇体系规划一样，城市公共安全体系在空间布局、设施配置及资源管理等方面也不能局限于一个城市的规划范围，应将更大的区域纳入研究范围，共抗风险，共享资源。山东省 2015 年组织编制了《山东半岛城市群及郯庐断裂带抗震防灾综合防御体系规划》，体现了城市间协同防灾的思路，为区域内的城市编制各自的防灾规划提供指引，是一次有益的尝试。笔者参与的《城镇群类型识别与空间增长质量评价关键技术研究》《国土空间综合防灾网络》等国家研究课题，通过梳理全国典型灾害风险的时空分布特征和防灾救灾资源的分布特点，提出了全国的国土空间综合防灾网络布局、主要城镇群的灾害风险分布特征和应对策略，为区域间的灾害协同应对奠定了一定的研究基础；但这些研究仍然偏重于地震、洪涝、台风等自然灾害，本次疫情提示我们未来还应对公共卫生领域的资源共享和灾害联防联控开展深入研究。

5 结语

"筑城以卫君，造郭以守民，此城郭之始也"。在历史上，人类创造城市就是基于安全的需要，但主要是为了抵御外来侵略；而现代城市人口高度聚集，交通的发展使城市内部以及城际间的人员和物质流动更加频繁，城市系统的复杂性和脆弱性增加。城市单一安全问题的发生往往引发一系列连锁反应，造成巨大的人员伤亡、财产损失和不良社会影响。正确全面地认识风险，通过科学的规划指引逐步建立起城市灾害综合应对体系，完善社会治理能力，是城市安全发展的有力保障。

邹　亮　中国城市规划学会城市安全与防灾规划学术委员会委员，中规院（北京）规划设计公司城市安全研究中心主任，教授级高级工程师

关于传染性疾病防控的城乡规划应对建议

2020 年 2 月 11 日　　贺　慧

在新型冠状病毒肺炎肆虐的背景下，为防控疫情、切断病毒传播，2020 年 1 月 23 日 10 时起，以武汉为代表的部分城市相继发布通告：关闭公共交通和对外交通通道，并要求市民无特殊原因不要离开。可以想象，新春佳节来临之际，采取这样的措施必将给城市市民的生产生活带来巨大影响。我们身为其中的一员，付出了巨大努力，也承受了极大压力。人同此心，在这段最艰难最焦虑的日子里，党中央集结全国人民的力量正和我们一起共克时艰、共渡难关！

近日，我陆续收到许多外地亲朋的微信问询，甚至还有国外教授同行的关心邮件，最为关心的是身体和生活，感恩！我也想在此截张近日微信朋友圈图片报个平安！愿我们大家一切都好！

亲历在武汉居家隔离的日子，有了更多照顾家人的时间，同时，作为规划工作者，更多了一些城乡规划如何面对传染性疫情防控的深度思考：传染性疾病会对疫中、疫后居民的行为造成哪些改变？行为的改变又会对城市公共设施和公共空间产生哪些需求？城乡规划的本质是对社会公共资源的合理再分配，基于当前疫情所暴露的城市公共空间健康性的问题，结合个人的城乡环境行为研究方向，粗浅谈几点基于传染性疾病防控的城乡规划应对新趋向。

1　公共设施配置均衡化

据国家统计局数据显示，截至 2018 年，武汉全市常住人口突破 1100 万，市三甲医院 35 家，而与武汉联系最为紧密的黄冈市（633 万人）、孝

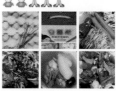

有了美丽善良能干的好邻居，为我们想一切生活所想，团一切生活所需，并利用网络优势，安全防护有条不紊的不接触分批送达，才有了营养全面的盘中餐，感恩！并借此让外地的亲人朋友知道，家里蹲的我们安好！愿我们都安好！🙇

February 9, 2020 6:51 PM　　⋯

感市（492万人），这两个疫情高发的周边城市三甲医院各 1 家，医疗资源的失衡在突发公共卫生事件之时，只会面临极大的抗疫压力和传播风险。此次疫情我们需要吸取教训，医疗资源包括教育资源的空间布局需要从过度集中转向合理均衡，规模过于庞大的医院和学校，真正发生传染疫情时，风险最大，管控的难度也最大。将一定数量和质量的公共设施依层级布局在不同区域，形成覆盖面更广、更均衡公正的空间布局体系，同时结合"分级诊疗"体系的强化，有助于减少传染性疾病的交叉传播，发挥不同层级医疗机构的诊疗作用。

2 公共空间营造健康化

此次疫情应对中，社区既发挥了重要作用又暴露了短板，如果说社区是组成社会的有机细胞单元，那么社区外公共空间是"养分"，社区内公共空间是"细胞质"，家庭半户外空间是"细胞核"，只有三个层级的公共空间协同营造才能构筑完整的防灾防疫圈。基于团队对精神类疾病防控与城市公共空间的相关性研究积累，我们认为在疫情防控中和疫情过后，在缺乏窗外绿视量的密闭空间过久关注网络资讯的市民，或有由共情心理所引发的抑郁类疾病的产生，那么，除却传统意义上提及的绿量指标，品质型尤其是具有疗愈性的公共空间植物配置是非常必要的，如茉莉花、栀子花的香味对抑郁症患者是有解郁功效的，桂花的香味可增强呼吸道疾病中最为普遍的鼻炎免疫力；生菜、鸡毛菜是可以从播种到食用仅为 15 天

的生态阳台菜……这些亦使非常时期足不出户的普通市民多了一份自给自助的健康选择。基于此，在社区外公共空间应满足共生共荣性，社区内公共空间应关注防控疗愈性，家庭半户外空间应引导自给自助性。

3 公共交通错峰适配化

此次疫情，让远程教育和办公得到了最大的践行，虽然是特殊公共事件的应急手段，也或许是未来的一种趋势，但从市民环境行为的需求角度，面对面的真实交流更有利于身心健康，也有利于城市活力营造，基于此，远程办公和教育可作为城市工作和生活的补充手段。公共交通是世界公认的最高效、最低碳的出行方式，然而，在传染性疾病的高发期亦是最危险的传播途径，重大公共卫生事件往往是一场突发性的战役，规划如何做到"平战结合"？我想错峰出行是未来可选择的方向，上班、上学、休假可适当进行错峰出行，远程办公和教育作为辅助，由此，基于传染性疾病阻隔的公共交通压力减负，规划可对公共交通错峰进行时间引导和空间适配。

4 公共防控数据响应化

首先，公共防控数据平台化是基础也是前提，当然智能化是技术也是途径，希望公共防控数据既有预警又有动态跟踪类信息，如防疫物资储备及海量物流追溯、航空铁路人员信息筛查及疫情流动轨迹跟踪等。其次，"平台"强调的是各方均

可使用参照，打破各部门信息沟通瓶颈，以作出合理及时地响应。城乡公共卫生及规划等相关管理部门可基于这样的平台，在突发疫情的应对中作出积极响应，如合理考量防疫医院的选址、规模和规范，临时隔离用房的弹性调配，交通疏导和管制的分区优化等。

行文至此，我很想对至今仍奋战在一线的所有医务工作者表达最诚挚的感恩和祝福！对全国所有心系祖国情牵家乡的海内外同胞表达最温暖的感动！我们一定会在不久的将来，赢得这场看不见硝烟的战争的最终胜利。待春来，玉兰盛开，山川无恙，且把亲朋迎！

贺　慧　华中科技大学建筑与城市规划学院副教授、硕士生导师，中国环境行为学会常务秘书长

城市灾害·脆弱性·应急风险管理

2020 年 2 月 11 日　　唐　波

1　城市灾害

城市的发展见证了历史的变迁和当今世界的发展潮流，城市灾害与城市发展往往相伴而生。灾害不只是给我们带来了巨大的经济损失，更多的是让我们对灾害有了新的认识、反思和审视。城市灾害主要分为自然灾害、事件灾难、突发公共卫生事件和突发公共安全事件四大类型。随着全球经济的高速发展和城市化进程的不断加速，灾害对于城市这个独特的自然—经济—社会系统的冲击和影响也逐渐呈现出一种动态、复杂和不确定的特点[1]。

城市灾害具有以下几个特点：

1.1　必然性和随机性

城市灾害与人类发展是共存的，是一种必然不可避免的现象。但灾害是多重条件下的共同作用形成的，涉及地球各个圈层的物质性质和结构、人类活动的破坏，因此此城市灾害活动又是一种复杂的随机事件，而这种随机性对灾害风险的研究产生巨大的影响。随着科学技术的进步，灾害风险的研究不断得到发展，也逐渐削弱了城市灾害随机事件的不确定程度。

1.2　突发性和渐变性

突发性的灾害一般强度大、过程短，破坏性强，如城市地震灾害、城市突发性洪水灾害等；渐变性主要是指灾害事件的发生主要经历一个较长的时间积累，所以在其强度和破坏程度方面比突发性自然灾害弱，但是持续的时间较长且有一个不断发展累进的过程，如城市内涝、城市地面沉降等。

1.3　危险因素复杂，灾害种类繁多

2004 年，联合国开发计划署（UNDP）将危险因素（Hazard）定义为"潜在的能够带来损害的自然现象或人类活动，通常会引起人员伤亡、财产损失、社会和经济破坏或环境退化"。一般来说，危险因素通常可分为两类，第一类是离散的致灾因子，称为扰动；另一类是连续的致灾因子，称为压力。城市灾害的危险因素之所以这么复杂，

主要是因为城市中特殊的自然环境与人类活动、经济发展状况、基础设施等都可能成为灾害的致灾因子。危险因素的复杂性，一方面使城市灾害种类多样，另一方面使城市灾害的成灾机理和影响机制变得更加复杂。

1.4 城市灾害的放大性和连锁反应

城市灾害特点与城市的特征密切相关。城市灾害效应放大化的特征与城市集聚性和城市系统性有必然的联系。城市化进程不断加速，城市人口和物质财富出现了明显的集聚性，这种集聚效益使城市自然灾害具有明显的放大效应。主要体现在两个方面：一方面城市主要灾害引发城市的次生灾害，另一方面城市灾害的直接损失引起巨大的间接损失。并且城市灾害效应的放大化是非线性的，主要表现在城市灾害的发生过程中，单种灾害变为多种灾害，小灾酿成大灾等。

由此可知，城市灾害的发生会呈现一种链发状态，即某单种灾害会形成灾害链，灾害链在一定条件下会形成灾害群，由此，城市灾害呈现一种放大效应。城市另外一个特征就是系统性，城市是"自然、经济和社会复合的人工系统"，日益庞大的城市系统，一旦灾害发生，就会有"牵一发而动全身"的效应。例如，2008年南方的低温冻害引起电路问题，导致铁路交通等运输受到制约，滞留旅客数量不断上升，居民水电资源得不到保障，各种物资的缺乏带来物价上涨，一系列的连锁事件就这样形成。如受这次新冠肺炎的影响，也出现了医疗设施、应急医疗物资和人员紧张，交通管制受限，生活物资一定程度上缺乏，人群

心理紧张与不安等系列问题。因此，未来城市应对灾害以及灾后恢复的能力成为其可持续发展的一个必要条件。

2 脆弱性

脆弱性是一个复杂的概念。在自然灾害和生态环境领域的研究中，脆弱性被定义为暴露程度、应对能力和压力后果的综合体现[2]；在社会科学和经济发展等研究中，脆弱性被认为是决定人们（单独个人、群体和社区）应对压力和变化能力的社会经济因素[3]。所以，综合自然灾害领域和社会科学领域对于脆弱性的研究，可以认为脆弱性是承灾体（区域、群体、个人等）面对自然或社会环境中的压力或扰动可能造成的损失以及对这些压力和扰动的应对与适应能力，其中这种能力被认为是脆弱性的决定性因素，也在脆弱性调控和风险管理中处于核心地位[4]。随着研究的进展，脆弱性的内涵开始突破"内部的风险"的束缚，逐渐向自然、社会、经济和生态等外延因素拓展，使之从单因素向多因素、一元结构到多元结构演变（图1）。

总结国内外脆弱性的研究，可以发现城市灾害脆弱性研究需要注意以下几个问题。

2.1 了解城市区域环境（自然环境与社会经济环境）和内部空间结构特征

这是研究的前提，因为城市之间的区域环境存在很多差异，每个城市的内部结构特征和它具有的功能是不同的，而这些差异会直接影响其脆弱性。

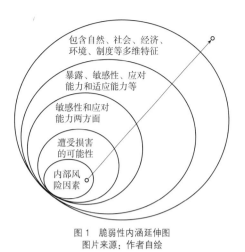

包含自然、社会、经济、
环境、制度等多维特征

暴露、敏感性、应对
能力和适应能力等

敏感性和应对
能力两方面

遭受损害
的可能性

内部风
险因素

图 1 脆弱性内涵延伸图
图片来源：作者自绘

2.2 厘清城市灾害脆弱性的扰动因素和主要灾害类型

这是研究的基础，脆弱性的评价要基于单种灾害类型、多种灾害类型或者区域灾害类型，而每个城市受到的扰动因素和主要灾害是不同的，这些差异会一定程度上会影响脆弱性的变化。

2.3 选取适宜的评价指标和方法

这是研究的关键，指标体系和方法的选取一直是风险评价的重点，如何在了解城市的特征和主要灾害类型的基础上，选择科学合理系统的评价方法和指标是研究城市灾害脆弱性的核心。

2.4 分析城市灾害脆弱性的时空格局和演变

这是研究的展望，城市灾害脆弱性在不同的环境和地域存在着时空格局，在分析脆弱性的基础上来探讨时空格局演变有助于了解城市发展的动态。

2.5 提出风险管理措施促进城市可持续发展

这是研究的目的，对城市脆弱性的研究或者城市风险评价都是为城市发展服务的，提高城市应对灾害的能力及灾后重建恢复的能力是城市可持续发展的重要条件之一。

最后，城市灾害脆弱性是一个连续、动态和循环的过程，其研究过程涉及的尺度、因素和过程是比较复杂。如图 2 所示，人类活动和城市化进程是连结城市灾害和易损性的枢纽，这个过程是相互作用的。城市灾害易损性主要受到城市社会经济条件、城市人类活动和城市化进程的综合影响，主要表现为暴露程度、敏感程度和恢复力三个方面。脆弱性评价之后应提出减缓、调整及适应的措施来应对城市灾害，不断改善城市发展的自然环境条件和社会经济条件。在新的自然环境条件和社会经济条件下，城市灾害又会呈现不同的特点，它的脆弱性肯定会形成差异，这就反映出脆弱性的动态性。在整个城市灾害脆弱性评价的框架图中，特别要注意城市脆弱性的形成机制以及减缓、调整及适应措施对城市区域环境的改善作用[5]。

3 应急风险管理

城市作为一个开放系统，风险源是普遍存在的。特别是在快速城市化背景下，人口流迁规模的不断扩大，对城市资源、环境、基础设施和城市管理提出了严峻挑战，城市要素的频繁流动也加剧了城市的脆弱和失衡，所以城市灾害风险研究是国际灾害研究领域的前沿与热点问题[6]。从

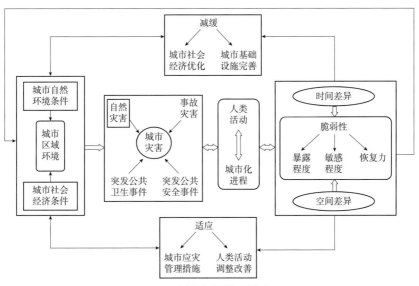

图2 城市灾害脆弱性研究框架
图片来源：作者自绘

20 世纪 50 年代末开始，西方国家相继发生了环境污染、核泄漏、恐怖袭击、自然灾害等事件，这些社会风险问题波及人类生活的各个领域，引起公众的恐惧和焦虑，使风险管理成为一个全球关注的公共问题。重点研究风险的定义、触发因素、放大路径，并进一步研究了应对风险的制度机制、风险的放大因素、风险放大引发的次级效应等问题。在风险管理和治理阶段，国际风险管理理事会提出的风险治理框架，主要包括预评估、风险评估、承受程度和接受程度判断及风险管理这几部分，而风险沟通贯穿始终，侧重帮助风险评估者和管理者发现和控制风险。

与此同时，风险管理研究解释理论和风险治理框架还需要因地制宜地应用，对于不同尺度的研究要区别对待。在风险治理上，要强调由政府—社会—市场—个人共同参与治理风险的立体体系，需要提高城市政府的风险治理能力、积极培育市场的自我规范能力、提高社会组织参与的热情和公平、充分发挥公民社会在风险治理中的作用。但目前我国风险管理体制、运行机制尚不健全；灾害处理和应对方式、技术支撑条件不足；缺乏带有前瞻性的主动、科学的防范策略；灾害应对中缺乏社会力量的积极参与，社会公众的风险意识和公共安全意识匮乏。

4 建议

新型冠状病毒肺炎疫情是一次典型的城市乃至全国范围的突发公共卫生事件。由于发生的时间特殊（春运），这次突发公共卫生事件带来的影响也是非常大的，"受灾"人群多、波及范围广、后续风险高。针对这次疫情，根据城市灾害特点—

脆弱性机制—应急风险管理等研究成果，笔者提出以下几点建议。

4.1 重新审视健康城市规划：加大对城市公共卫生事件的认识和营造具有恢复力、韧性的社区

以往的城市灾害研究多关注自然灾害、事件灾难等，未来要重点加强城市公共卫生事件这一类扰动对城市的危害。公共健康是人类社会系统建设和可持续发展的最基本目标之一，"十三五规划"（2016—2020 年）更是首次将"健康中国"上升至国家战略高度，如何应对公共健康危害，实现健康"公共性"将是未来中国社会发展面临的核心问题之一。公共健康危害形势日趋严峻，综合测度社区恢复力，有利于摸清城市公共健康水平，对推动社区健康治理、促进健康公平、韧性社区的建设具有现实意义，同时对社会—生态系统恢复力研究向公共健康领域拓展及中国化探索具有理论创新意义[7]。所以需要将识别脆弱性人群、构建健康社区环境系统、社区恢复力定量评价等纳入未来健康城市规划的框架和内容。从人口结构、经济规模、城乡格局、资源状况、基础设施、政府管理、生态环境等角度建设韧性社区[8]。

4.2 利用大数据等新兴智能数据，加强对城市人口（弱势群体、流动人口）脆弱性、社区脆弱性的研究

以往的城市脆弱性多关注经济脆弱性、生态环境脆弱性等，对人口脆弱性和社会脆弱研究较少[9]。人口脆弱性和经济脆弱性一样，从侧面可以看出城

市在灾害中的暴露程度和敏感程度。人口脆弱性应注重城市人口的集聚性、城乡人口差异、城乡老龄化、人口受教育程度等因子。值得注意的是，在人口脆弱性的评价因子中运用人口动力学的原理将人口迁入率纳入易损性的评价指标，因为城市地理位置优越、有良好的就业、教育、医疗资源等吸引外来人口的进入，城市之间和城乡之间的人口迁移逐渐成为土地利用、资源开发和环境变化的重要原因。那么，外来人口在进入城市之后的活动方式和适应环境的过程都将会成为城市灾害特别是城市突发事件的一个重要驱动因素。未来，可以利用大数据等智能科技与技术，加强流动人口与城市公共卫生、城市健康之间的关联研究。

社区虽然是我国城市管理的最小行政单位，但却是承担整个社会主体的最大单元，囊括了地理区位、人口特点、交通指引、生态环境等诸多方面因素，内部结构复杂使社区的抗灾和应对灾害的能力薄弱。社区脆弱性的研究也是对宏观尺度脆弱性研究的后续延伸，从以人为本的角度出发，也是为居民群众精准定位办实事的具体体现。

4.3 城市应急风险管理需要"政府—社会—市场—公众"合力完成

新型冠状病毒肺炎疫情暴发之后，中国政府采取了两个"14 天"交通限制和隔离管控等一系列措施，启动了多层次的应急预案，在应急管理中起到了中流砥柱的作用；同时各级政府、各部门（交通、医疗、应急等部门）在党中央和国家的领导下，各司其职，在各自岗位上发挥自己的职能。社会组织和力量、市场机制也在这次疫情

中发挥了物资流通、资金筹备、专业救援的功能等。大多数公众都积极响应"不外出"的预防指导意见，配合这次应急风险管理的行动指南。但在这次疫情应急管理过程中，"政府—社会—市场—公众"之间也存在沟通不够、协作欠佳、时效稍差、缺乏信任、公众自我监督和防护意识不够等问题，在一定程度上削弱了城市本身抗风险的能力，反而加重了一系列的社会危机和不必要的经济损失。所以，城市应急风险管理需要"自上而下"和"自下而上"双重管制相结合，需要"政府—社会—市场—公众"合力完成。

这次新型冠状病毒肺炎疫情给了我们新的反思，面对我国城市高速发展和城市间联系不断加强的背景，如何与时俱进地把握城市化加速阶段新的风险特征，如何摆脱就灾害论减灾的被动局面，如何拓展城市减灾的多学科（城乡规划学、管理学）领域，这些都将成为今后研究的主要思路。同时，如何将这些研究理论、框架和结论应用于未来的城市灾害风险管理、健康城市规划、韧性城市建设等方面，也是今后需要思考和努力的方向。

参考文献

[1] 邹乐乐. SEN 系统的易损性：理论与实践 [M]. 北京：中国环境科学出版社，2010：1-3.

[2] Watts M J, Bohle H G. The space of vulnerability：the causal structure of hunger and famine [J]. Progress in Human Geography, 1993（17）：43-67.

[3] Pelling M. Natural Disaster and Development in a Globalizing World [M]. London：Routledge, 2003.

[4] Adger W N, Kelly P M. Social vulnerability to climate change and the architecture of entitlements[J]. Mitigation and Adaptation Strategies for Global Change, 1999（4）：253-266.

[5] 唐波，刘希林，尚志海. 城市灾害易损性及其评价指标 [J]. 灾害学，2012，27（04）：6-11.

[6] 郭秀云. 风险社会理论与城市公共安全——基于人口流迁与社会融合视角的分析 [J]. 城市问题，2008（11）：6-11.

[7] 杨莹，林琳，钟志平，等. 基于应对公共健康危害的广州社区恢复力评价及空间分异 [J]. 地理学报，2019，74（02）：266-284.

[8] 杨敏行，黄波，崔翀，等. 基于韧性城市理论的灾害防治研究回顾与展望 [J]. 城市规划学刊，2016（01）：48-55.

[9] 唐波，刘希林. 国外城市灾害易损性研究进展 [J]. 世界地理研究，2016，25（01）：75-82+94.

唐　波　中山大学新华学院资源与城乡规划系，副教授

公共卫生事件背景下城市防疫规划思考

2020 年 2 月 12 日　　石　羽　李振兴　石铁矛

经过了 2003 年的非典，2020 年新年伊始新型冠状病毒肺炎在祖国大地肆虐，这一次的疫情对中国老百姓的影响比之非典更甚，因为这次疫情伴随着中国的春运而暴发，人群的流动带动了疫情的扩散，也带来了疫情管控的难度。纵观世界历史，瘟疫给人类带来的灾难更甚于战争，从鼠疫到流感，从天花到霍乱等，瘟疫的死亡率远远高于战争的死亡率，瘟疫对世界各国的威胁不曾间断，层出不穷的新型病毒，对人类的生存与发展造成了莫大的挑战。此次新型冠状病毒疫情的发生，使得我们重新思考城市规划的责任与义务，我们应该如何使我们的城市更健康，如何使公共健康贯彻到城市的建设环节中，如何建设一个积极的城市防疫系统？

1　传染性疾病的特征

传染性疾病通常包含五个特征：①每一种传染病都有它特异的病原体；②传染病的病原体具有传染性；③大多数患者在痊愈后，会产生一定程度的免疫力；④通过控制传染源，切断传染途径，增强人的抵抗力等措施，可以有效地预防传染病的发生和流行；⑤传染病能在人群中流行，其流行过程受自然因素和社会因素的影响，并表现出多方面的流行特征。

此次的新型冠状病毒感染肺炎为病毒性感染，经研究病毒的传播方式大概有三种，一是近距离直接传播，空气中的飞沫可能就会有这个病毒的颗粒；二是间接传播，空气中含病毒的飞沫沉降以后，落到物体表面，人通过接触感染病毒；三是通过所谓的气溶胶形成小颗粒在空气当中传播。病毒在温度、湿度合适的环境能存活 1 天，最长可达到 5 天。病毒在外环境当中存活需要一定条件，没有一定载体，存活的可能性则会降低。

2　城市防疫建设的重要性

面对本次新型肺炎，作为城市规划者需要反思城市规划的本质，思考城市在传染病防治系统中的作用。

城市空间环境与公共健康的联系影响了田园城市理论的形成，成为现代城市规划诞生的重要基石。现代城市规划一直致力于提升城乡居民的健康水平。近几年，健康城市的相关研究得到了国内外学者的广泛关注，但研究集中在非传染性疾病与慢性病等基础病范围内，主要通过规划设计促进居民的体力活动和提升空间环境品质，以达到增加抵御基础病病变的能力。

经济全球化促进了物流、人流、信息流跨国跨地区的流动，在世界范围内，各国、各地区的经济与人口相互交织、相互影响、相互融合成统一整体。根据流行病学，传染性疾病在空间网络中伴随着人流流动，现代社会集聚的空间结构、发达的交通网络和薄弱的应急系统都促进了传染病的蔓延，使得城市公共安全保障与治理面临着巨大的挑战和考验。城市是物质、信息与人员高度集中的区域，所以公共安全的重点在于城市，安全又是现代化城市的第一要素。在当代社会，我们不能阻止城市的发展，就不能阻止人员的流动，也不能制止传染病的传播。当前的中国城市在应对传染病挑战时，显得十分被动，亟待提高城市的防御能力，从而将传染病风险降至最低，城市的防疫建设应该和城镇化同步进行，所以我们应该增强城市自身的传染病防御能力，建设一个对传染性疾病具有抵御能力的"防疫城市"。

3 城市防疫系统建设思考

城市防疫系统建设是使城市系统能够降低和抵御传染病的暴发危害，减缓传染性疾病对城市功能和人群健康的影响。也就是说，当传染病暴发时，城市能够承受冲击，快速响应并控制疫情的发展，保持城市功能正常运行，保护人民生命健康安全，并通过不断学习反馈，完善城市防疫系统，更好地应对未来的疫情危机。

"城市防疫"应分为非疫时和疫时两个阶段，在非疫时以预防和监测为主要手段，在疫时以响应和控制为主要手段。在非疫时城市规划首先应建立一套防疫的基础设施，划分城市的防疫分区，对防疫设施的选址和规模进行设计，划定防护安全距离，完善基层防疫设施系统建设。其次，基于大数据的空间监测数据，准确绘制人群的移动趋势，识别出城市空间中的传染病高危暴发区域，并追踪人群的主要移动轨迹，识别出潜在的传染通道及易感染区域；例如本次新型肺炎暴发点可能是位于武汉人口密集区、紧靠火车站的华南海鲜市场，病毒在此暴发以后随着人流遍布全市，再由春运人群散布到各地，如果可以做到提前防护，就可以在疫情暴发时将其控制在最初阶段，将损失降到最小化。最后，在识别出潜在的高危暴发区域后，可以对其进行微空间设计，根据传染病的传播特征，通过调整空间要素的布局改变空间微气候环境，降低致病物的暴露时长；例如控制日照时长，调节紫外线照射强度，增加通风设计，降低致病物浓度，调节温湿度环境等方式，营造不利于致病物生存的空间微环境，以减少空间的致病概率。非疫时的城市规划是为疫情暴发时的有效管控做准备。

当疫情暴发时，城市应建立起一套响应的政策体制，在传染病暴发初期，控制疾病暴发点的传播扩散；在传染病暴发中期，阻断识别出的高风险传播路径；在传染病暴发后期，对隔离风险区域进行集中治愈；在传染病结束后，对传染病进行研究分析和反馈学习，总结城市建设在防疫方面的问题。

除了上述的城市防疫建设外，城市规划应积极发挥空间要素对公共健康的积极效益。在指导城市的发展建设过程中，城市规划可以通过合理布局蓝绿空间，提升街道空间品质，增加慢行系统建设，促进人群的体力活动，以减少慢性非传染性疾病的发生，引导健康积极的生活方式，提高人群的体质健康，增强人群对疾病的抵御能力。

4 结语

健康是人的基本诉求。在不同层面的规划中，我们需要在编制规划时充分考虑其对于公共健康的保护效应。新型冠状病毒肺炎疫情使规划学者重新思考城市的本质功能，将城市规划回归到其发展的初衷，推动城市规划在公共健康中的作用，城市防疫建设更像是将"韧性城市"与"健康城市"建设结合起来，建设一个既具有韧性特征又注重健康特性的城市，把健康防护意识纳入城市规划的编制和实施中来，使城市规划作为一种公共政策，贯穿于城市的管理工作当中，辅助管理者管控城市的防疫工作。

石　羽　沈阳建筑大学建筑与艺术学院讲师
李振兴　沈阳建筑大学博士研究生
石铁矛　中国城市规划学会常务理事，沈阳建筑大学空间规划与设计研究院院长、博士生导师，中国科学院沈阳应用生态研究所联合博士生导师，辽宁省优秀专家，全国高等学校城乡规划专业教学指导分委员会指委副主任委员

迈向安全可防控的城市
—— 从居家隔离到活动分散

2020 年 2 月 15 日　　彭　科

新冠疫情形势严峻，波及范围广泛，无疑将对如何建设更加安全可防控的城市提出更严苛的要求。借鉴应对慢性病的空间策略，提出建设安全可防控社区需要关注的两大议题。议题的提出基于笔者在美国北卡罗来纳大学教堂山分校城乡规划与公共卫生跨学科博士论文——建成环境与慢性病风险暴露的工作。

1　风险暴露评估：更安全的居家（社区）隔离

国外研究表明，当人们离"风险设施"很近时，不仅承受罹患疾病的风险 A，而且承受与情绪干扰和抑郁相关的风险 B，而风险 B 的产生与风险 A 紧密相关——由于意识到自己离"风险设施"很近，产生恐惧、焦虑和抑郁等负面情绪（Yang and Matthews，2010）。慢性病暴露评估领域极为注重社区"风险设施"对人体健康产生的危害，即风险设施的"邻里效应"。在过去的二十年时间中，先发国家和地区涌现出大量风险暴露

文献：通过计算每个基层社区内甚至详细到每个居民个体周边一定范围内"风险设施"的数量或距离远近，了解不同类型社区和人群面临的风险。这些"风险设施"包括但不限于带来噪声的高架桥、带来过多高糖高盐摄入的快餐店、便利店以及烟草专卖店等。

慢性病风险暴露评估对城乡规划提供了两点启示。一、对于常住或流动人口密度大的项目规划审查，应增加基于急性传染病的风险暴露评

图 1
图片来源：home.test.soufun.com

估。这主要是因为从疾病初发到居家隔离，人们与"风险设施"有持续不断近距离接触的机会。评估的两个目标如下：①确保"风险设施"与居所的最小距离，降低风险 A；②利用街道、建筑和景观设计等手段，实施严格的感官管控（譬如视线），降低风险 B。对于高密度且开放的街区来说，由于"风险设施"在空间距离上更接近居所，这种评估尤为必要。有学者曾指出，就社区层面来说，集中加分散型比起于集中型的公共服务设施布局更方便步行出行使用这些设施（黄建中等，2016）。笔者认为，历经此疫后，集中加分散型的设施空间布局模式由于更为安全更应予以提倡。

二、建立"风险设施"清单。对急性传染病来说，设施清单不仅应包括像小区垃圾站等传统意义上的公害设施，还应当包括社区内容易导致人流密切接触的场所，譬如大中型超市、公交站、网吧等。风险设施清单不仅是开展风险暴露评估的技术基础，也对疫情时期的社区管理提供信息支援。

2 从居家隔离到活动分散

居家（社区）隔离只是安全可防控社区的最后一条防线。从中长期来说，比居家隔离更重要的是如何保证人与人之间的安全距离。也就是说，应倡导适度分散活动，降低疾病集中暴发的概率和危害性。疫情暴发对短时期控制局域人口的流动提出急迫要求，但更多的时候经济、社会生活还要如常开展，需要允许人流、物流的自由移动。如何在不违反土地集约发展的大前提下使得活动

相对分散？除了分区分散，即以片区为单位研究活动设施相对集中和分散的程度的思路外，笔者认为还需要出台分时段分散活动的策略。就具体在哪个时间段开展日常活动这个问题来说，个体之间的差异正在变得越来越明显。这种分散活动的趋势对防疫所要求的活动相对分散来说是有助益的。城乡规划应该通过改变基础设施供给方式（譬如，地铁运营时间调整、公交线路优化）引导人们在一天、一周甚至一年内更匀质地活动。笔者曾经做过一项研究（McDonald and Peng，2020），通过密切追踪 3944 名美国青年人从第一天凌晨 4 点到第二天凌晨 4 点的活动，发现仅有不到 40% 的人的工作时间在 8~5 点或 7~4 点（图 2）。这意味着超过一半的人具有分散的活动模式。分散活动的需求促使美国政府反思交通和基础设施配置上需要改进的地方，以适应和满足这种出行的需求。今天美国青年人呈现出的分散活动的特征也许将会成为明天国内发达地区青年人的活动模式。当下急需研究经费的投入和企业大数据的支持，以支撑个体活动需求特征变化的研究。这些投入必将有力地推动其他与分散活动相关的项目的实施绩效，譬如建设公园、绿道等。

习近平总书记指出："疫情防控不只是医药卫生问题，而是全方位的工作，各项工作都要为打赢疫情防控阻击战提供支持。"从防控慢性病到防控急性传染病、从居家隔离到活动分散，城乡规划面对不断变化、更加复杂而广阔的命题，任重道远。

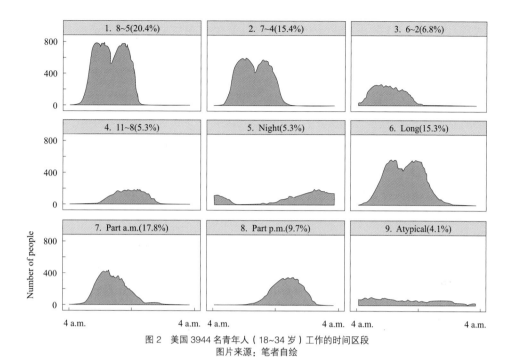

图 2 美国 3944 名青年人（18~34 岁）工作的时间区段
图片来源：笔者自绘

参考文献

[1] McDonald, N., & Peng, K.. The changing nature of work and time use: implications for travel demand, Chapter 1, Elsevier, Transportation, Land Use, and Envrionmental Planning, 2020.

[2] Yang, T. C., & Matthews, S. A. The role of social and built environments in predicting selfrated stress: a multilevel analysis in Philadelphia[J]. Health & Place, 2010, 16（5）, 803–810.

[3] 黄建中, 胡刚钰, 李敏. 老年视角下社区服务设施布局适宜性研究——基于步行指数的方法 [J]. 城市规划学刊, 2016, 232（6）: 45–54.

彭 科 湖南大学建筑学院城乡规划系助理教授

复杂适应系统视角下城市公共健康问题思考

2020 年 2 月 17 日　　胡　宏

随着现代城市基础设施网络、物联网络和互联网络日益复杂，城市的开放性与高效运作既给我们的城市生活带来质的飞跃，也在突发公共卫生事件时暴露了其脆弱性，正所谓盈亏同源，福祸相依。本文尝试基于复杂适应系统理论对城市公共健康问题进行一点思考。

1　用复杂适应系统特征理解城市公共健康机制

从 20 世纪 90 年代开始，复杂性思维与复杂理论开始被用以分析城市健康问题。复杂适应系统里最基本的概念是具有适应能力的、主动的个体。我们可以将人理解为城市复杂适应系统的一类主体，而人的健康则是人们作为主体适应自身条件与外界环境后的一种复杂的适应状态[1]。

复杂适应系统理论视角下城市公共健康处于动态变化中，包括四个通用特性（聚集、非线性、流和多样性）和三个机制（标识、内部模型和积木）[2]。聚集是相似的人群聚集成类，涌现出复杂

的大尺度行为。非线性指人群的健康状态影响机制并非遵从简单的线性关系。流的本质是人群间物质、能量和信息的交换。多样性是人不断适应

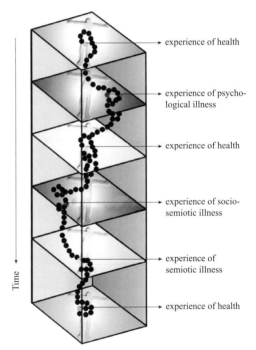

图 1　The dynamic changes of health and illness over time. The basin of attraction at the centre ensures that people over time maintain *a good health experience*
图片来源：参考文献 [1]

环境产生的健康状态。标识是人群特征，人群通过标识在城市系统中选择互动的对象，从而促进有选择的互动。内部模型是人群受到外界刺激时，所选择的相应模式去响应这些刺激。积木是城市巨系统中可拆封的子系统。

当突发公共卫生事件如大规模流行病暴发时，人群不仅处于复杂物质系统，也处于复杂的社会网络之中。复杂网络的小世界、无标度、高聚类和弱链接优势等特性促使流行病加速传播[3]。德国医学家鲁道夫·菲尔绍（Rudolf Virchow）提出"医学是社会科学"的理念。加拿大医学家威廉·奥斯勒（William Osler）也曾说"了解什么样的病人会得病比了解一个病人生了什么病更为重要"。

我们用复杂适应系统特征理解城市公共健康机制，就是强调理解公共健康问题要从理解人群与所处环境的相互适应机制着眼。

2 复杂性使得城市突发公共健康事件的发生不可预知且不独立

城市是一类日趋复杂的人造巨系统。复杂性意味着不确定性强，预测性弱。邓肯·瓦茨（Duncan Watts）在他的畅销书《反常识》（Everything Is Obvious：Once You Know the Answer）中指出：我们能预测的往往是有固定发展模式的事件[4]。对于城市突发公共安全事件，我们的常识性认知

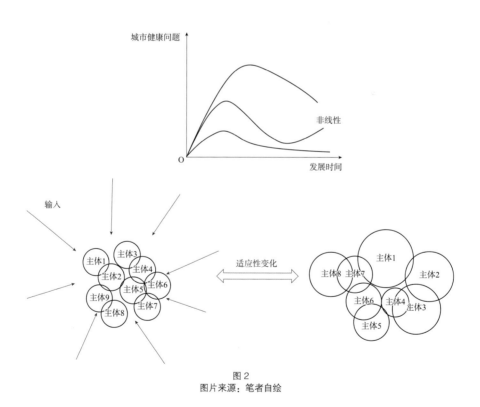

图 2
图片来源：笔者自绘

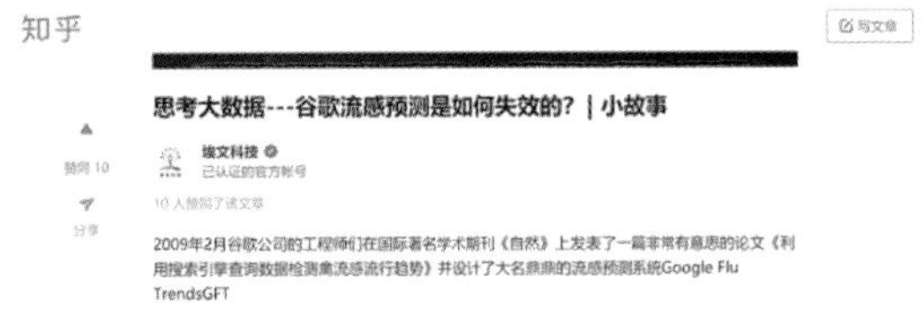

图 3
图片来源：https://zhuanlan.zhihu.com/
p/28110315?from=timeline

可能不适用。例如我们的常识认为城市越大，传染病暴发越强。然而 2018 年发表在《自然》上的一篇文章研究了美国 600 多个城市的流感疫情数据发现：城市人口规模越大，基础传播风险越大，但实际暴发的疫情强度却相对降低[5]。人们目前对城市复杂系统的复杂性成因还没有完全破解，或者说知之甚少，唯一达成共识的就是复杂性源于城市各组成部分以非线性的方式相互适应。在城市复杂系统中，一个小的变化（如传染病）会被放大，逐渐累积，形成不可预测的"蝴蝶效应"。因此，为城市复杂系统建立公共健康问题发生的预测模型，其预测的准确性比较有限。

城市突发公共健康事件的发生并不是一个独立事件，而是一堆事件链的集合。公共健康问题暴发可能引起社会、经济和生态的负面影响。随着发病和死亡人数的增加，这些事件链的后果也变得越来越严重。我们城市规划需要推演城市突发公共健康事件的社会经济生态过程以及可能带来的影响。

3 复杂适应系统特征视角下城市公共健康问题防控

城市公共健康问题不是城市中某个单一系统的问题，而是城市作为整体的复杂巨系统问题。针对复杂系统的流和积木特征，在大规模传染病暴发时可以考虑切断主要的连接路径，并进行模块化分隔运行。这也是当前疫情防控的主要思路。有远见地解决城市公共健康问题，需要以"城市系统"的复杂性为切入点开展健康促进研究，通过虚拟场景推演城市复杂适应系统的动态健康风险演化和防控。同时，解决城市复杂系统问题涉及多部门、多节点、多学科等，需要多方利益相关者的广泛参与，协同规划，实时响应。

参考文献

[1] Sturmberg, J. P.. (2013). Health – A Personal Complex–Adaptive State. Handbook of Systems and Complexity in Health.

[2] 刘春成. 城市隐秩序：复杂适应系统理论的城市应用 [M]. 北京：社会科学文献出版社，2017.

[3] 参考 http://m.sohu.com/a/371839867_260616

[4] 邓肯・J. 瓦茨. 反常识 [M]. 吕琳媛，徐舒琪，译. 成都：四川科学技术出版社，2019.

[5] Dalziel et al., Urbanization and humidity shape the intensity of influenza epidemics in U.S. cities. Science，362（6410）：75–79. DOI：10.1126/science.aat6030.
中文参考 https://mp.weixin.qq.com/s/Bcv9RikWAeIvS11bDMli4w.

胡　宏　南京大学建筑与城市规划学院副教授

面对瘟疫、气候变化与地震，这三个亚洲城市是如何应对的？

2020 年 2 月 19 日　　何凌昊

近一个月来，我们前所未有地关心着自己的城市。

疫情资讯的发布是否及时、人们的日常生活能否被有效保障、政策管理有否及时调整并有效响应？对大多数人来说，这可能是第一次站在与切身利益紧密相连的视角，去审视我们所生活或工作的城市——面对"黑天鹅"事件，你的城市，是否足够"韧性"和"健康"且令人"信赖"？

"韧性"与"健康"是可持续城市框架下的重要概念。

"韧性"指的是一个系统在不改变自身基本状况的前提下，对干扰、冲击或不确定性因素的抵抗、吸收、适应和恢复能力。一个具备"韧性"的城市在应对不确定因素和外界冲击时，可以表现出较强的抵抗力和适应力，且能够迅速地恢复和不断自我更新。提升城市的韧性，需要从系统化的角度看待整个城市：了解构成城市的各个子系统以及它们可能面临的相互依存关系和风险；通过加强城市的基础结构，同时更充分地了解城市可能面临的潜在冲击和压力，从而改善城市发展模式、提升居民的福祉。

"健康"城市的概念是由世界卫生组织在 20 世纪 80 年代正式提出的，并将建设健康城市作为全球性计划进行推广。根据其定义：健康城市应该是一个能不断发展、提升其物理与社会环境，并不断扩大社会资源，使人们在享受生命和充分发挥潜能方面能够互相支持的城市。一个健康的城市，需要为居民创造有利于健康的环境、更优质的生活质量，提供基本的卫生条件与保健服务。而在这个过程中，核心不取决于当前的卫生基础

工作人员在武汉市的一条街道上喷洒消毒剂
图片来源：WBNS-10TV Columbus, Ohio

设施，而是依赖于良好的城市管理、政府改善城市环境的承诺以及在政治、经济和社会领域建立必要联系的决心。它需要从政府层面动员全体市民和社会组织共同致力于从不同领域、不同层面协调构建一个适宜人们居住、创业的城市。

就在新型冠状病毒肺炎疫情到来前后，全球各地也遭遇着严峻的自然或人为灾害。从澳大利亚延续了半年之久的山火到美国的流感、加拿大的特大暴风雪，以及东非、巴基斯坦到印度正面临的蝗灾……这些无一不是对我们城市韧性和健康的一次考验。全球范围内，突发灾害对城市的威胁并不是个例，在100多个获得LEED城市认证的项目中，也有诸多可持续发展模式下积极防范、应对风险灾害的案例。他山之石，可以攻玉。今天，我们来看看它们是如何赢得人们的"信赖"。

1 印度苏拉特：在鼠疫席卷后"重生"的城市

20世纪90年代印度的一起全国性传染病疫情——苏拉特鼠疫。鼠疫又被称为"国际头号传染病"，在《中华人民共和国传染病防治法》中，鼠疫是甲类传染病，它的流行情况和危害程度远超我们更为熟知的SARS（乙类传染病）。感染鼠疫的人通常在1~7天潜伏期后出现症状，且它的致死率极高，患者若无法得到早期治疗，病死率甚至可达100%。由于鼠疫病毒可以通过空气中的飞沫在人际传播，所以鼠疫传染性极强，曾导致三次世界性大流行，造成数千万人死亡。

1994年9月18日，是印度象神节的最后一天，苏拉特街头热闹非凡，数以千计的人们在大街上载歌载舞，欢庆这个传统节日。然而一场灾难悄悄降临，节日后的第二天，苏拉特市的医院不断有人出现高烧不退、咳嗽、昏厥等症状，而且病情蔓延迅速，仅1~2天就从几人发展到上百人。9月20日，第一名患者在医院死亡，在不到48小时内，又有20多位病人死亡。

比疫情更加严重的是由此带来的恐慌。瘟疫的消息不胫而走，惊慌失措的苏拉特人开始大逃难，从9月22到25日约有30多万人逃离了苏拉特市，留在城里的市民也个个惶恐不安，原本热闹的大街小巷突然变得一片死寂，学校停课、工厂停工，商店、市场和影剧院等公共服务场所关门停业，部分地区甚至饮水和食物供应中断。各种抗菌药物、口罩被抢购一空，黑市商人更是趁机抬高药价。全市的医疗系统在面临突发灾难时，也没有足够的医疗物质和医务力量来应对疫情。一时间，整座城市陷入了混乱，逃出的市民更是将可怕的瘟疫扩散到了印度7个邦和首都新德里。最终苏拉特的实际死亡病例为56，印度向世界卫生组织报告了693例疑似鼠疫病例。

苏拉特市是印度的西部古吉拉特邦的港口城市，现拥有530多万人口、占地326km²，也是印度第八大城市。印度鼠疫暴发的消息很快便通过新闻媒体传播到全球，由此国际采取的各种严厉的鼠疫防范措施，使印度的经济遭到了严重冲击，尤其是交通运输业、旅游业和外贸。而疫情的中心，苏拉特市更是全面停工，各行各业蒙受了巨大的经济损失。

据分析，苏拉特鼠疫暴发并非偶然，当地生态系统的失衡导致老鼠数量增加、鼠疫暴发前的地震让更多携带病菌的野鼠迁移至村镇以及1994年全球气候异常——北半球长时间的高温和炎热天气是点燃这次瘟疫的导火索。而苏拉特市当时恶劣的城市卫生条件更是为鼠疫主要宿主之一的褐家鼠的繁殖提供了温床。

这场鼠疫为印度的城市公共卫生问题敲响了警钟。在此之后，印度中央政府采取了一系列措施为将来可能的突发疫情做足准备。首先，对医学院的课程进行了完善和更新，提升全国医疗系统人员在应对疫情方面的认知和能力。其次，国家传染病研究所下属的鼠疫研究所引进了大量先进的医疗设备和物资，使疫情诊断变得简单、高效。除了在全国范围内升级鼠疫控制单位外，中央政府还决定建立一套更为复杂的国家防疫和监

鼠疫第二次全球大流行发生在14世纪的欧洲，人们对鼠疫更为熟知的名字是"黑死病"。在这次鼠疫暴发中，全球大约7500万人死亡。
根据相关估计，瘟疫暴发期间的中世纪欧洲约有占人口总数30%~60%的人死于"黑死病"。
图片来源：网络

1994年9月25日，戴着面巾的苏拉特市民排队购买出城的火车票
迷茫和惶恐笼罩着这座城市，逃离是"本能"的选择
图片来源：网络

据统计，这场瘟疫之灾对印度造成的经济损失超过百亿美元，且用于治疗和预防鼠疫方面的费用也超过了百亿美元
图片来源：Flickr

控系统。2002 年，印度喜马偕尔邦（Himachal Pradesh）暴发的肺鼠疫疫情就得到了迅速有效的遏制，政府迅速采取了防御措施，并且信息公布更加顺畅，从而避免了不必要的恐慌。

从瘟疫中恢复过来的苏拉特市更是痛定思痛，对城市公共卫生状况进行了彻底的整治。例如之前城市废弃物和污水的处理能力只能满足实际需求的 50%，通过环境整治、基础设施的不断完善，苏拉特城市的清洁供水覆盖率达到 94%，废弃物与污水处理系统覆盖率也超过了 90%。如今的苏拉特已经成为印度第四清洁城市。

2018 年，苏拉特成为印度首个获得 LEED 城市铂金级认证的城市。认证的申报工作从 2016 年 GBCI India 发起的 LEED Performance Challenge 开始，苏拉特市政府在整合 LEED 城市所需要的数据资料上发挥了重要作用，它将各个部门凝聚在一起，充分学习 LEED 体系的核心内容并整理出相关城市数据以满足 Arc 平台评估城市绩效表现所需，最终获得了这项荣誉。

苏拉特在城市可持续发展方面的诸多领域的表现，都在印度全国范围内发挥着引领作用。

在能源方面，苏拉特的人均温室气体排放仅为 4.06t/ 年，远小于国外大部分城市的消耗水平。这归功于苏拉特采取的一系列措施，如采用 ESCO 模型、智慧电网、用电需求响应以及不断增加太阳能光伏、风力和生物质燃料发电等可再生能源的应用比例，减少了全市 10% 的能源消费总量。

在水资源利用方面，苏拉特为全市居民提供了优质的清洁供水，并通过水资源审计和漏水监测来有效管理用水，减少了 15% 的水资源损失。它还处理了数百万加仑的废水，以满足工业和园林绿化的用水需求。

在城市的固体废弃物管理方面，苏拉特积极地通过堆肥、生物甲烷化和利用废弃物转化为燃料等方式，实现从城市的垃圾填埋场转移 80% 的固体废弃物的目标，当前全市人均固体废弃物排放量为 0.33t/ 人 / 日。

在经济发展方面，苏拉特人均住房投入仅占收入的 16%，并且由于城市经济的复苏与互联网相关产业的蓬勃发展，苏拉特的城市失业率仅为 0.29%。经济的发展同时带动了城市的教育、医疗与治安水平的提升。

此外，苏拉特参与了印度"智慧城市使命（Smart City Mission）"项目，在参与的 100 个城市中排名第四；同时，苏拉特还采用了与 ACCRN、SMC 和 TARU 合作开发的韧性城市战略，通过这些举措，苏拉特积极探索韧性城市道路。

提及苏拉特鼠疫的成因，极端的高温天气这一因素尤为引人瞩目。关于气候变化与传染病之间的关联，相关研究表明环境因素可改变流行病的循环周期，甚至"只要将气温增加 1℃，就可能将大沙鼠（大草原上的首要鼠疫携带者）的免疫力提高 50%。"（出自《丝绸之路：一部全新的世界史》作者：彼得·弗兰科潘）。

另外，本次新型冠状病毒很可能来自野生动物。科学家们也在担忧，气候变化正在改变诸多野生动物的栖息地，增加野生动物与人的接触风险，让动物相关的病毒导致的疾病更加难以防范。在疫情之外，这也是一个值得思考的问题。

2 迪拜：气候适应型的韧性城市

2012 年，中东地区首次暴发的由 MERS 冠状病毒所引起的中东呼吸症候群疫情，经推测可能源自蝙蝠并由单峰骆驼进一步感染人类。截至 2020 年 1 月，全球有 2506 个确诊病人，862 人死亡，致死率高达 35%。波及 27 个国家，其中 12 个国家都位于中东地区。

阿拉伯联合酋长国极为重视 MERS 疫情的防范工作，并一直积极配合世界卫生组织展开风险评估、疾病应对等工作，在病例通报和信息披露方面的工作也做得十分到位。

除此之外，阿联酋还一直致力于提升国家综合实力，通过实行免费的教育制度和医疗制度，改善国民教育和健康水平。2017 年，阿联酋的人均生产总值高达 4 万美元，它的人均卫生支出为 1357 美元，中国不足其 1/3。

迪拜，作为阿联酋人口最多的城市，是中东地区的经济和金融中心，同时也是世界主要客运及货运的枢纽。由于地理位置条件所限，迪拜的气候环境较为恶劣，炎热少雨，常年气温高达 45℃ 以上，年平均降水量不到 100mm 且蒸发量大。这导致城市的可利用水资源极其匮乏，而自然灾害，如沙尘暴，更是频发。这些自然资源和气候条件已成为迪拜实现城市可持续发展的瓶颈。

为提升城市气候适应性与可持续发展的水平，迪拜在积极地探索城市资源消费与经济发展模式的转型，大力推动可再生能源的利用，并结合创新的科技提供能源解决方案。在迪拜的《碳减排战略（Carbon Abatement Strategy）》中，明确

了截至 2021 年相比于基准年将减少 16% 碳排放的目标，同时城市的能源需求侧管理策略中也制定了截至 2030 年减少 30% 能源与水资源消耗量的目标。2016 年，迪拜正式加入了 C40 城市项目，与全球 100 多个城市共同努力，制定并实施应对气候变化计划，从而实现将全球变暖控制在 1.5℃ 的目标。此外，值得一提的是，迪拜正

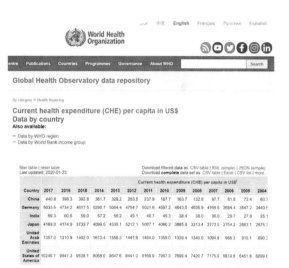

GDP 总量排名靠前的国家的人均卫生支出情况
图片来源：世界卫生组织

阿联酋最为著名的城市迪拜，也在探索可持续发展之路
图片来源：Thrillophilia

一个"中央绿色脊柱"沿着迪拜可持续发展城市中心延伸
图片来源：Newsatlas

在实验性地开发一个净零能耗的项目——"The Sustainable City"。

在水资源利用方面，迪拜通过科技实现海水淡化及废水循环处理作为居民生活用水和工业生产用水的主要来源，以逐渐恢复该地区地下含水层水质及蓄水容量。

2019 年 4 月，迪拜获得了 LEED 城市铂金级认证，成为阿拉伯地区以及中东和北非地区第一个获得此认证的城市。这项认证也肯定了迪拜政府的努力与凝聚力。迪拜正在按照清晰的愿景和目标去实现可持续发展：通过推行可再生能源和清洁能源试点项目以及创新的解决方案，改善城市能源、水资源消费以及空气质量的情况；同时，迪拜还致力于推动创新的技术和解决方案，加速智慧城市项目的落地，在医疗保健、政府管理、城市治安等诸多领域中运用最新的智能科技，从而打造一座迎向未来的气候适应型的智慧城市。

LEED 城市评价体系也同样关注城市在智慧化基础设施方面的建设情况，通过一系列定量与定性的指标评估城市在智慧能源、水务、交通运输、废弃物管理，以及环境监测与安防系统方面的构建与实施情况。

就在本次疫情期间，发生在四川的两次地震也让人们本就恐慌的心情更加紧张。2 月 3 日 0 时 5 分，四川省成都市青白江区发生了 5.1 级地震；2 月 16 日 4 时 28 分，四川自贡市荣县发生 4.4 级地震。

除了突如其来的瘟疫，地震也是考验城市韧性的一张沉甸甸的考卷。我们的邻国日本在无数次地震的惨痛经历中不断总结并成长，在城市应对和治理方面积累了丰富的经验。

3 日本札幌：地震中成长的宜居城市

札幌市是日本北海道的首府，是日本最北端岛屿的政治、经济和文化中心，也是以雪景著名的旅游城市。2018 年 9 月 6 日，北海道发生里氏

6.7 级强震，且余震不断，造成 41 人遇难，600 余人受伤，是北海道地区有史以来最强烈的地震。受强震和台风带来的多日强降雨双重影响，震中区域发生大规模滑坡和泥石流，导致大量民宅被山体掩埋，造成严重人员伤亡。地震发生之后，北海道地区至少 2508 栋建筑受损，其中札幌市 51 栋。地震造成了北海道境内大规模断电、停水、交通受损，也中断了人们的正常生活节奏，札幌市教育委员会当日宣布，全市的 9 所幼儿园、201 所小学、97 所中学、7 所高中、1 所中专学校和 5 所特殊学校停课。

然而，日本应对灾难的处理方式及灾后的城市恢复运转的效率令人惊叹。首先，从国家层面，

日本政府震后在总理大臣官邸危机管理中心设立了情报联络室，以收集有关此次地震的信息。在迅速掌握具体受灾情况的基础上，日本政府全力救助受灾民众，国土交通省紧急灾害对策派遣队派出 593 名队员，前往震区各自治体调查受灾情况，并投入巡逻船艇 7 艘 38 航次、飞机 5 架 17 架次协助救援工作。警察厅警备局震后成立了灾害对策本部，日本全国各警察灾害派遣队共投入 3580 名警力进入北海道灾区。震后第 2 天，日本各级政府已经在北海道地区开设了 447 处避难所，

日本北海道地震后造成的山体滑坡
图片来源：straitstimes

北海道札幌，一辆汽车被困在被地震破坏的道路上
图片来源：straitstimes

收容了 11900 名避难者。

在地震发生后几天内，札幌市长秋元克广（Katsuhiro Akimoto）向札幌市市民发送了寄语，除了表达了对于在地震中遇难的人们的悼念和对受灾地区的居民的诚挚慰问，他在寄语中公布了电力、供水的恢复状况，发布了地震期间生活支援指南以及札幌防灾手册（多国语言），为仍过着避难生活的市民提供综合性的支援信息。同时，他对札幌市的交通系统、医院、学校、呼叫中心等运行状况也做了详细说明，为市民提供第一时间的资讯。

9 月 12 日起市内所有学校恢复了上课，9 月 19 日全市的交通工具包括地铁、巴士、电车以及机场快速线都恢复了正常运行。主要的医疗机构也恢复了正常诊疗，商业、酒店等也都陆续恢复运行。

总而言之，地震灾害对札幌市的生产、生活影响时间较短，震后社会秩序井然；公众应对灾害行为成熟；政府组织应急救援规范，部门发布和媒体报道信息及时、专业、权威。这得益于日本对建筑物、构筑物和设施的高水准抗震设防、社会公众的防灾减灾教育与演练、灾后信息的及时专业权威发布和灾前、灾时、灾后依法有序规范的灾害风险管理机制等一系列的预防和应对措施。

通过这次地震的考验，札幌市无疑展现出了城市的良好"韧性"。

受地震影响，札幌市放弃了申办 2026 年冬季奥林匹克运动会，将目标改为了 2030 年冬季奥林匹克运动会。此外，地震前正在申报的 LEED 城市认证工作，也因此延后到 2019 年正式启动。

2020 年的 1 月 21 日，札幌以截至目前全球既有城市中的最高分 87 分，正式获得了 LEED 城市铂金级认证。在 1 月 24 日的 LEED 城市铂金级认证记者发布会上，札幌市市长秋元克广表示：

在札幌，整个政府正在共同努力实现可持续发展目标。LEED 认证是国际上最受认可的环境绩效评估系统。鉴于这些情况，我们于 2019 年 9 月提交了 LEED for Cities 认证申请，用全球标准对札幌市进行客观评估，札幌市是日本首个获得这一级别认证的城市。展望未来，LEED 认证将是札幌最好的"城市推广名片"，以宣传会展和旅游业以及未来的冬季奥运会。

在全面推进经济、环境与社会的均衡发展，实现联合国可持续发展目标方面，札幌的成就并非一日之功。

◎在能源方面，受福岛 1 号核电站泄漏事故影响，札幌市推行了"无核电"能源政策，这要求札幌构建一个以低碳与低影响开发为主导的城市发展模式。札幌计划在 2022 年实现相比于 2010 基准年降低 15% 的燃气用能与 10% 的电力用能，可再生能源的发电量将从 1.5 亿千瓦时增加至 6 亿千瓦时，分布式能源发电量从 1.7 亿千瓦时增加至 4 亿千瓦时，从而逐步替代核能发电量。2018 年，札幌市人均温室气体排放量为 5.83t/ 年。

◎在废弃物管理方面，札幌市于 2008 年推行了"集约型城市计划（Slim City Sapporo Plan）"，该计划要求全市执行严格的垃圾回收和分类标准，成功地帮助札幌市有效地降低了废弃物的排放量，2016 年全市废弃物排放总量为 591000 吨，相比于 2008 年降低了 80%，而人均废弃物排放量仅为 0.3t/ 人 / 日，垃圾回收率从 2008 年的 16% 提升至了 28%。

◎ 在经济与社会发展方面，根据札幌市政府 2019 年发布的城市发展数据报告显示，诸多 LEED 城市的评估指标都表现突出，包括：城市在公共健康与居民福祉的财政支出比例高达 38.8%；受到本科及以上的高等教育的人口比例为 46.7%；居民平均寿命男性为 81.14 岁，女性为 87.04 岁；失业率仅为 5.44%；犯罪率基本为零。

早在 2008 年，札幌市便下决心要建设成为 "Eco-Capital Sapporo"，通过促进建筑与工业节能、大力推广可再生能源、资源循环利用等措施减缓全球变暖，从而实现构建环境友好、生态城市的目标。2018 年 6 月，日本政府将札幌市选为 "SDGs Future City"，以鼓励和促进札幌市通过一系列的措施实现其 SDGs 可持续发展目标。值得注意的是，札幌市与美国波特兰市在 1959 年就已经结为姐妹城市。而波特兰在早前也已获得 LEED 城市认证。两个姐妹城市相继实现绿色转型，也充分体现了 SDG 17——促进目标实现的伙伴关系。

此外，为应对札幌市现今面临的主要经济与社会问题，例如持续下降的人口出生率和不断增加的老龄化人口、缓慢发展的经济状况，札幌市制定了新的城市发展战略计划，以更好地适应札幌市经济与社会结构的转变，提升居民生活品质与健康水平。

面对瘟疫、气候变化与地震，三座亚洲城市都在积极地寻找解决方案。在这个过程中，LEED 城市认证体系帮助城市更全面地评估其可持续发展的现状，也为构建一座健康、韧性、宜居的城市提供了路径。

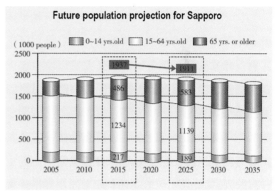

札幌市人口变化趋势，人口老龄化及人口总量减少是札幌面临的主要问题之一

图片来源：City of Sapporo, National Census by the Ministry of Internal Affairs and Communication

USGBC 一直在致力于通过其编制的标准体系和工具（如 LEED, SITES, PEER, LEED for Cities and Communities，RELi 等），从设计、施工到运营与管理，提升建筑、景观、能源系统、社区乃至城市的"韧性"。

（注：查阅上述体系可在 The Center for Resilience 网页查看 https://www.usgbc.org/about/programs/center-for-resilience）

其中，在 LEED 城市认证体系中，针对韧性城市提出了两项主要要求：

1）对城市的脆弱性与抵御能力进行评估：明确当地环境条件与潜在风险因素，开展针对城市应对气候变化风险、自然和人为灾害以及极端天气情况等外部风险因素的脆弱性与抵御能力评估。城市潜在外部风险因素包括：

2）为城市制定韧性规划，需包含如下内容：

◎制定气候适应性与减缓策略。

◎最基本的应急管理与准备工作：包括提供急救护理、应急物资、水、食物、临时避难所以及与外界沟通的渠道等。

◎预警系统：设置应对突发灾害的预警系统。

◎关键基础设施：确保关键的基础设施在极端事件发生期间或之后能迅速恢复正常运转。避免在特定高风险区域设置关键的基础设施。

◎政策干预：通过建筑法规要求建筑增加相应的韧性设计要求，提升其减灾抗震、防火等性能。

◎能力建设：开展培训，为不同利益相关者提供灾害管理的教育与培训计划。

写在最后的话

城市是各类要素高度聚集的空间，是一个复杂的系统，大型城市尤其如此。每个城市面临的挑战和发展处境也不尽相同。

对于用四十年走完了西方国家近百年才完成的城市化道路的中国而言，我们面临着更严峻的人口、资源与环境问题的挑战。在这次突发的疫情面前，每座城市抵抗风险的韧性、公共卫生与社区治理的能力都面对着重大压力，同时也展现出待提升的空间。

在上述三个亚洲城市案例中，我们看到了一些考核城市韧性和健康的定量指标，同时我们也需要重视城市与社区治理过程中有效措施与机制的建立，比如建立防灾物资储备措施、自上而下的疫情防控机制、公开透明的信息披露制度等。而城市治理权责的下放，以社区为网格的联防联控机制能更精细化地对疫情进行监控、预防，有效地保障社区居民的安全。

只有从城市整体系统的角度，建立完善的机制，我们的城市才能在拥有健康的"身体"之外，用城市以人为本的初心，创造可持续的未来。

参考文献

[1] https：//www.usgbc.org/leed/rating-systems/leed-for-cities.

[2] https：//www.usgbc.org/articles/new-measuring-resilience-guide-released-cities-and-communities.

苏拉特：

[3] https：//www.who.int/zh/news-room/fact-sheets/detail/plague.

[4] https：//gbci.org/surat-indias-first-leed-cities-certified-city.

[5] https：//en.wikipedia.org/wiki/1994_plague_in_India.

[6] https：//zh.wikipedia.org/wiki/%E9%BB%91%E6%AD%BB%E7%97%85.

[7] http：//www.montana.edu/historybug/yersiniaessays/godshen.html.

[8] 俞东征. 震惊世界的苏拉特鼠疫流行及其教训 [J]. 疾病监测，1995, 10（4）：104-106.

[9] 李道春. 印度突发鼠疫 —— 大自然的惩罚 [J]. 中学地理教学参考，1995（z1）：33.

[10] 石长华. 从印度鼠疫的危害性谈依法检疫 [J]. 中国检验检疫，2000（5）：29-30.

[11] World Health Organization, Bacterial, Viral Disease and immunology. Report of an Interregional Meeting on Prevention and Control of Plaque, New Delhi, India, 13-16 March 1995.

[12] https：//www.pri.org/stories/2020-02-14/climate-change-will-make-animal-borne-diseases-more-challenging-predict.

迪拜：

[13] https：//en.wikipedia.org/wiki/Dubai.

[14] https：//www.vision2021.ae/en/home.

[15] https：//www.emirates247.com/news/emirates/dubai-receives-platinum-rating-in-leed-for-cities-2019-04-18-1.682659.

[16] https：//www.who.int/emergencies/mers-cov/en/.

[17] https：//www.who.int/zh/news-room/fact-sheets/detail/middle-east-respiratory-syndrome-coronavirus-（mers-cov）.

[18] World Health Organization, Regional Office for the Eastern Mediterranean, Country Cooperation Strategy for WHO and the United Arab Emirates 2012-2017. https：//apps.who.int/iris/handle/10665/58864.

札幌：

[19] https：//en.wikipedia.org/wiki/2018_Hokkaido_Eastern_Iburi_earthquake.

City of Sapporo Government Website：

[20] http：//www.city.sapporo.jp/kikaku/leed/index.html.

[21] https：//www.city.sapporo.jp/city/chinese/news/news_20180906_earthquake_1c.html.

[22] http：//www.city.sapporo.jp/kikikanri/aramasi/documents/bousaihandbook_chinese.pdf.

[23] https：//www.city.sapporo.jp/kokusai/documents/sapporo2019factsfigure.pdf.

[24] Sapporo City Development Strategic Vision 2013-2022, https：//www.city.sapporo.jp/city/korean/documents/vision-gaiyo_all_en.pdf.

[25] 王兰民，车爱兰，王林. 日本北海道 6.7 级地震灾害特点与启示 [J]. 城市与减灾志. 2019（1）.

本文来源于微信公众号"LEED 能源与环境设计先锋"。

何凌昊　大中华地区 LEED 城市与社区项目主管，美国绿色建筑委员会成员，中国环境科学学会气候变化分会委员

应急防疫抗疫与规划漫谈

2020 年 2 月 25 日　　潘启胜

　　自新冠肺炎疫情发生以来，国内各界人士和海外华人都在密切关注疫情的变化，看得最多的是那张红彤彤的全国疫情实时动态图。图上北京是雄鸡的大脑，湖北武汉就是心脏。在中国，北京和上海这样的超一线城市比较独特，但是像武汉这样的新一线城市有很多，可以说武汉是更具代表性的典型中国城市。发生在武汉的疫情，实际上在其他城市都有可能发生，所以这次疫情给我们提供了审视城市应急防疫规划最真实的样本。

　　世界经济合作和发展组织（OECD）将研发（R&D）活动划分为三种类型：基础研究、应用研究和试验发展。对于基础研究之外的应用研究，中国科学研究院将其细分为两类，即应用基础研究和应用（技术）研究。而城乡规划作为交叉学科，是将基础研究、应用基础研究和应用（技术）研究联系到一起的一个广阔的学术与实践领域，城市健康规划是其中越来越受到国内外规划界重视的一个发展方向，这次的新冠肺炎将城市应急防疫规划推到了最为紧迫的建设方向上。

　　在中华人民共和国成立后，特别是改革开放以来，中国的城市基本上建立了一套比较完整的应急防疫体系，在 1988 年上海暴发甲肝病毒，2003 年广州暴发非典（SARS）病毒时都经受了考验。而在全球化日益发展，中国城市化不断深入，城市人口不断增加，国内外的联系日益紧密的现实条件下，2019 年底在武汉暴发的新冠肺炎疫情又给我们的城市应急防疫系统及规划提出了巨大的挑战，暴露出了现行系统的种种问题，急需改进。目前，无论是全国还是湖北，新冠肺炎的新增确诊病例都呈现下降趋势，紧张的疫情逐渐获得缓解，这也给了我们机会来审视前一阶段抗疫行动的成效，为后续工作提供指导。基于本人在过去 20 多天里紧张的抗疫行动中的一些体会和思考，对我国的城市应急防疫规划提出一些建议。

　　我本人长期从事城市与区域的交通研究和规划模型的开发与应用，在 20 年前建立了美国南加州洛杉矶地区的第一个货运规划模型，我们的研究团队还获得了美国自然科学基金数字政府项目、德州交通部、美国交通部、美国国土安全部等的资助。我们建立的城市及区域的货运模型和规划模型广泛应用于美国洛杉矶和休斯敦等多个大都市的规划实践项目中。在加入同济大学的研究团队后，我致力于研究和建立长三角的区域货运模型和规划模型，同时开展了武汉市远城区吸引力的规划研究。

自从 2019 年 12 月底武汉出现不明原因的肺炎后，我就一直在密切关注疫情的发展变化。2020 年 1 月 23 日武汉市突然宣布封城，同日武汉多家医院相继发出公告，向社会各界求助，征集医用口罩、护目镜、防护服等必要的医疗物资。在第一时间确认了武汉市各大医院的防护物资极其紧缺后，我作为发起人之一，号召我曾任会长的北京大学休斯敦校友会组织校友捐赠，开始了延续至今的援助武汉的行动。基于本人的专长和对武汉的了解，我主要负责国际国内的物流和对接武汉医院的需求，以实际行动投身于抗疫事业，获得了第一手的实践经验，从而对我们的城市应急防疫规划有了一些感性和理性的认识，弥补了理论与实践之间的一些差距。

首先最重要的体会是城市应急防疫和抗疫是一场不见硝烟的战斗，战场形势瞬息万变，一定要有预案，并且指挥官需要根据不断变化的战场形势，及时调整方案，做出准确的判断，来指导防疫和抗疫行动。病毒无孔不入，规划和管理中的薄弱环节，在病毒的不断攻击下，很容易暴露出问题。传统的研究方法和实践手段，在形势瞬息万变的战场上，缺乏灵活应对的能力。我刚开始着手运输捐赠物资时，曾站在研究者的角度来尝试打通国际国内的物流，像做文献综述一样了解前人的工作，然后希望收集现有数据来分析和

比较最为经济可行的线路。然而，我很快就打消了这种念头，因为文献（前人的道路）根本就没有，当然也就没有实时数据来进行分析，只能自己去开创新的线路，在行动中比较多种线路的优劣。将货物成功运送到指定的医院是我们最终的目标，这些路线需要很强的韧性和灵活性，指挥官需要提前预判战场形势的可能变化，及时做出调整，以确保货物运输线路的持续通畅。

其次的体会是城市应急防疫和抗疫是一项系统工程，建立平台非常重要。越简单有效，越容易被人理解和接受的平台，其作用就越大，生命力也越强。对于应急防疫和抗疫行动来讲，平台可以简单地分解为需求、供给、联系供给和需求的通道这三个部分。准确获得信息非常重要，了解需求是第一步，也是决胜的关键步骤之一。与交通研究中离散选择模型（Discrete Choice Model）的思路一样，要先对需求进行分类。在救援行动中，我们将一线呼吸和传染科室需要的口罩（如 FDA 批准的 N95 1860）、其他 N95 口罩（如防尘的 8210 等）、普通医务人员的一次性医用口罩进行区分，定向满足不同的需求，并根据需求的变化调整捐赠的种类。最后还要认真听取使用我们捐赠物资的医务人员的反馈，做到物尽其用，完成对所有捐赠人的承诺。

城市应急防疫和抗疫是一项信息工程，兵者诡道，知己知彼，百战不殆。在瞬息万变的战场上，无所不在的病毒躲在暗处，伺机发动攻击，而医院是病毒无可遁形的地方，熟悉和了解医院的情况对于城市应急防疫和抗疫至关重要。在对接医院需求的过程中，网络上充斥着大量不实的信息，

即使是熟悉的人转来的二手的信息，也需要时间去确认。有一个简单实用的方式：可以通过身边最熟悉、最值得信任的人获得第一手的信息，在相互印证后再采用。通过这种方式可以了解到不断变化的战场的实际情况。

城市应急防疫和抗疫需要随时做好准备，临时拼凑的队伍是不行的，通过系统平台对接上经过战场考验的各个关键组织，并且经常训练和演习。我们在休斯敦的北大校友会有着完整的组织架构，而我在武汉的高中也有一个经同学聚会而形成的现成的组委会，在这次援助行动中，还对接到一个有着完整的组织架构的武汉志愿者团队，从而将境外援助和武汉的需求顺利地联系起来，很快就一起投入到援助武汉的行动中。在短短的一周时间，北大休斯敦校友会就购置了第一批的捐赠物资，并成功地跨境运抵武汉的医院，到目前为止，在克服封城、断航等障碍后已将 4 个批次的捐赠物资从美国休斯敦运送到武汉各大医院，我们走在了海外各个组织机构的前面。

城市应急防疫和抗疫要有完整的组织架构和部门归属。美国在 9·11 恐怖袭击发生后，成立了国土安全部（Department of Homeland Security–DHS），组织和协调各方面的反恐力量。而 2005 年卡特琳娜飓风几乎摧毁了新奥尔良市，DHS 又将对自然灾害的应急管理和规划作为一个重要的工作方向。卡特琳娜飓风后，小布什总统于 2006 年 10 月签署紧急应变管理改革法，该法在国土安全部内建立新的领导职衔，赋予联邦紧急事务管理总署更多的机能。从反恐到应对全方位灾害威胁（All hazard threats），具备防范

（Prevent）、预作准备（Prepare for）、维护（Protect against）、应变（Respond to）及复原（Recover from）的能力，并成立由副部长领导的全国防护及计划司（National Protection and Programs Directorate，NPPD），其下设有医疗事务办公室（Office of Health Affairs，OHA），以做好大规模毁灭性武器和生物防卫（Biodefense），卫生战备（Medical Readiness）的准备。自 2003 年起，还根据需要相继成立了多个大学的研究中心，并不断调整中心的研究方向。虽然美国本土再没有遭到外来的大型恐怖袭击，但是在 2008 年的艾克（IKE）飓风和 2017 年的哈维（Harvey）飓风两次袭击休斯敦地区时，都没有造成城市的瘫痪，这与 DHS 的有效应对和城市组织弹性的强化都很有关系。而中国虽然有民政部下属的救灾救济司，但在这次疫情的应对上，没有专门的机构来联合组织各界的抗疫行动，中国的疾病预防控制中心（CDC）没有行政权力，而地方政府又没有防疫抗疫的专业知识，这在一定程度上延误了早期控制病毒广泛传播的时机。

城市应急防疫和抗疫需要建立广泛的统一战线，得道多助，失道寡助。在 1 月 24 日武汉多家医院纷纷发出正式的求救函以后，疫情的严重性逐渐被公众了解。在社会各界确认了医护人员严重缺乏防护的情况下，海内外的机构和个人纷纷开始捐赠行动，各大学的校友会在其中起到了巨大的引领作用。最早捐赠武汉医院的物资，包括"国际直接救济（Direct Relief）"救援组织的第一批救援物资 20 万副口罩通过联邦快递（Fedex）运抵中国广州，在华中科技大学和武汉大学校友

会的帮助下，对接捐赠医院。北大休斯敦校友会捐赠的第一批物资在 2 月 2 日被武汉金银潭医院接收，而我帮助联系的在日本的校友的个人捐赠早在 1 月 30 日即抵达武汉第一医院。由我经手帮助联系交通和对接医院的还包括国际救助儿童会（Save the Children）发自印尼的 3.6 万副 N95 口罩和德国同济大学校友会发自欧洲的 5 万副口罩等物资，目前正在协调国际救助儿童会捐赠湖北 19 家医院 50 万副医用口罩的行动。来自世界各地的捐赠源源不断地经过我们开通的交通线路运往武汉的各大医院。援助武汉的统一战线既包括国内政府强有力的组织，也有海外各种慈善机构与各界人士，其相互支持与配合尤为重要。

城市应急防疫和抗疫需要经验的及时总结和榜样的大力推广。今后的宣传和学习，可以参照当年赢得解放战争的经验：在战前训练和中间休整时，各个战区互相学习和推广经验，例如战场上挖壕沟的攻坚战、忆苦思甜的思想教育、榜样战士和集体的宣传等。武汉抗疫紧张的形势稍缓，从战场上下来的医生护士可以总结如何有效地救治病患，社区工作人员介绍如何做到高效组织小区防疫、病患痊愈后讲述病程变化和如何配合治疗等。这些经验的推广，一方面可以有效地降低其他医护人员、社区和个人遭到病毒感染的概率；另一方面，可以为今后未知的突发公共卫生事件做出及时有效的预备。

城市应急防疫和抗疫需要遵守规程和注重细节。病毒在武汉的快速扩散既有早期判断失误和行动迟缓的问题，也与没有遵守病毒防疫规程和医疗疏失等有关。而病毒在其他地区的传播很多也是没有遵守程序和不注重细节所造成。例如武汉、北京、山东等地的医院、社区和监狱感染，都与之有关。千里之堤，毁于蚁穴，程序上的疏失和细节的大意，都将造成严重的后果。

痛定思痛，痛才更有价值。从本次疫情中，及时总结经验与教训，避免悲剧的重演，才是最为重要的。城市应急防疫和抗疫规划，应当成为对这场疫情的反思中，需要补足的重要一环。

潘启胜　同济大学建筑与城市规划学院教授、博士生导师，城乡协调发展与乡村规划高峰团队国际 PI

从新冠肺炎事件反思规划理论体系变革

2020 年 2 月 26 日　　孙斌栋

今年的新冠肺炎事件带给我们各行业的教训是深刻的。尽管公共卫生和应急管理是主战场，但病毒的产生、传播和防疫都与空间密切相关，因而，合理的空间规划有助于为传染性疾病的预防和治理工作打下良好基础。相关规划工作者已经从方方面面提出了大量的真知灼见。这里仅从规划理论类型出发，反思未来规划体系的变革。规划理论可以按照两分法分为规划的理论和规划中的理论，并可以进一步细分为规范理论（Normative Theory）、程序理论（Procedural Theory）和功能理论（Function Theory）三种类型。

1 从规范理论角度来看，规划应该考虑全方位的价值取向

规范理论涉及规划价值取向，一般认为规划应实现经济、社会和环境效益综合最大化。但在实践中，往往很难统筹。20 世纪规划主要为经济发展服务多一些；近年来，对环境和生态效益关注在规划中得到了空前重视。相比较而言，社会效益落实较少。除了理论界呼吁较多的空间正义外，安全、健康、幸福这些广义的社会价值观被关注的程度远远不够。现代城市规划产生的思想启蒙之一就是英国的公共卫生运动，鼠疫和疾病蔓延推进了城市基础设施改善，也催生了花园城市和卫星城等一些规划思想的诞生，但这些教训被逐渐忘却了。规划要满足人的全面发展，其中，

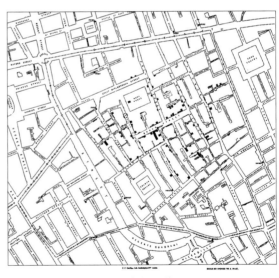

图 1　伦敦霍乱地图
图片来源：John Snow

安全、健康和幸福或者是基本前提或者是最终目标。因而，理性的规范理论体系应该对人类核心价值观有全面的考量，经济和生态之外的价值观容易被忽视，但规划却始终不应忘记，更不能厚此薄彼，专业人员应该始终坚持自身的道德操守，秉承冷静思考，而不应跟风，受外部形势影响。

2 从程序理论角度出发，规划编制应纳入更多的专题规划

程序理论关注规划编制的程序、方法和内容，在这方面规划工作者已经提出很多建设性意见，包括增加有关公共卫生和防疫安全方面的专项规划编制，规范健康安全方面的设计标准，增加项目健康安全影响评价，加强大数据等多元数据的综合运用等。这些建议对于当前正在构建的国土空间规划体系来说正当其时。本文不多赘述，这里只想强调规划影响评价的重要性。很多规划存在一个逻辑上的缺陷，就是前面规划目标和后面方案及举措缺乏因果逻辑关系，不能强有力地说服方案和措施能够实现目标，结果就是目标管目标，方案管方案，措施管措施。在这种情况下，做各种影响评价就是不可或缺的环节了，要评估规划对各种价值观目标的实现程度。

3 从功能理论视角分析，规划理论的科学性亟待提高

功能理论是关于空间优化的原理，是空间设计方案所要遵守的依据，也是规划科学性的主要体现。相比较而言，这方面规划理论还十分欠缺，科学性有很大提升空间，对规划科学性的质疑也主要是针对这一领域。

首先是城市规模、密度和基本空间结构问题，这是规划应该回答的首要问题。疫情再次引发了对城市发展方针的讨论。单从疫情防治需要出发，规模大和高密度的城市进行疫情防治的难度显然更大，因而有学者借此提出应该发展中小城市；也有学者从不同价值观权衡角度出发，认为大城市仍然是经济效率首选，疫情防治更应从公共卫生和应急管理角度出发。类似大小城市之争在规划界讨论很多年了。当年伦敦"大城市病"暴发后，历史上相继出现了花园城市、卫星城、新城、有机疏散等规划概念，但主要还是出自规划师的美好理想，其科学性论证始终没有得到解决，以至于到今天还没有统一思想。一个值得探索的方向是从空间结构的集聚与分散中寻找答案，例如兼顾大城市和小城市优点的多中心结构，类似于都市区概念，空间上有所分离，降低集聚不经济，同时又高度临近，可以实现集聚经济效应。但这方面科学论证还有很多工作要做。

其次是空间布局和设施配置问题，这是规划的基本任务。已有规划工作者提出很多好的建议，包括源头上控制具有活禽交易的市场分布，预留更多弹性空间包括绿地来满足非常时期所需，提倡街坊制以便于应急管理，在社区层面考虑健康生活圈打造等。这里只是想特别强调，城市中尤其是一线城市中，医疗卫生资源和运动休闲空间欠账太多。具体表现在，平时就医得不到床位的情况比比皆是，更不用说碰到防疫这种紧急时期

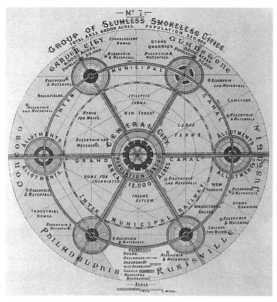

图2 田园城市理论
图片来源：维基百科

了；居住区附近运动空间奇缺，少年儿童放学后无处活动情况十分严峻，但却迟迟得不到解决，这跟健康中国战略、教育强国战略和人力资本是第一资本的战略要求背道而驰。希望通过这次事件后的总结能够彻底解决这些问题。

第三，也是最迫切的，要切实提高规划科学性。科学的目的是为了能给实践提供有用的知识，有用与否取决于是否符合客观规律，而科学规律的获取离不开规范的科学研究。在这方面，国内不少学科距离科学研究范式差得太远，不在少数的科研人员并不理解科学研究的本质是创造新知识，这其实是我国科技创新最大的阻力。从国内规划领域来看，有价值的功能理论发展不尽如人意，

健康城市、安全城市领域更是缺少成熟理论。主要原因在于科学研究态度和范式都还存在诸多不足。一是理想色彩浓，理念多，扎实的实证研究少；应该怎样做谈的多，为什么这么做涉及的少。规划不仅仅是理想，更是科学。"高大上"的道理人人都懂，不需要把过多的精力和注意力放在这上面，更关键的是提供科学依据。二是浅尝辄止多，深入的科学研究少。经常是一个命题提出后，大家蜂拥而上，赶热点，凑人气，后续就没有动静了。三是科学研究往往被认为是理念宣传，或者局限在简单现象描述和案例分析，不知道科学研究最核心的工作是探寻因果关系规律，实践的复杂性在很多时候远远超出了简单的直觉认知。

世界强国有一个共同特点，在一个健康的科学界里，学者应该根据社会经济发展需要、自己偏好和优势，长期跟踪研究某一个相对固定的方向，持之以恒，积累知识，成为这个方向真正的专家，国家和社会需要时可以随时出力。每个学科都有自己的价值，都会有机会为国家发展贡献自己的一份力量，但不会总是热点。学者要甘于坐冷板凳，积累真知灼见，不要被热点牵着鼻子走。政府和科学界都应该提倡这种风气，我们需要的不是无所不知的大家，而是具有深刻洞见的专家。否则，劣币驱逐良币，贻害无穷。

本文系国家社科基金重大项目"中国城市生产、生活、生态空间优化研究"的成果，项目编号：17ZDA068。

孙斌栋　华东师范大学中国行政区划研究中心主任、教授、博士生导师，中国城市科学研究会健康城市专业委员会委员

城市发展 3.0 对城市治理 1.0

2020 年 2 月 29 日   诸大建

（1）新肺疫情暴露了中国城市发展 3.0 与城市治理 1.0 的矛盾。城市发展从 1.0 到 2.0、3.0 分别是单个城市、有中心城区的都市圈、有中心城市的城市群；城市治理从 1.0、2.0 到 3.0 是科层制的城市统制、市场化的城市经营、扁平化多元主体参与的合作治理。矛盾是城市治理跟不上城市发展。

（2）流行看法把肺炎疫情发生归于城市规模而不是治理。说城市规模小病毒性传染病疫情发生可能性小，发生了也容易控制；城市规模大就容易发生，发生了就难以对付。这样解读不容易回答为什么纽约、伦敦、巴黎、东京等世界城市现在少有疫情，规模观点很容易得出结论要抵制超大城市在中国发展。

（3）我的治理观点是区分可能性和现实性。超大城市发生疫情可能性大，是因为人口密度大和流动性大。但是可能性非必然性，疫情是否发生以及是否成为灾难，取决于城市治理能力。大城市可以有大疫情，也可以有小疫情甚至没有疫情。中国城市化需要发展超大城市，但是要大幅

度提高治理能力。

（4）从治理角度看城市发展，对决策者有价值的是可持续发展导向的韧性城市观点。一方面，在当下风险社会，超大城市是多层次多中心的复杂系统，一些城市问题已经升级成为有大的负面影响的城市风险；另一方面，提高治理能力可使超大城市适应风险、减缓风险。这是我参加上海 2035 总体规划研究对韧性之城的理论解读。

（5）超大城市的风险，按可能性和影响大小有四类：可能性大影响小的"金丝鸟"类型，如交通事故；可能性小影响小的"小白兔"类型，如火灾；可能性小影响大的"黑天鹅"类型，如眼下新肺疫情；可能性大影响大的"灰犀牛"类型，如重大环境污染。治理能力升级是要应对大风险，特别要防范"黑天鹅"变成"灰犀牛"。

（6）城市化是城市发展与城市治理的统一，不仅意味着人更多、楼更高、GDP 更大，更意味着防范风险控制风险的治理能力变强。中国当下 1000 万以上超大城市位于世界前茅，但是应对"黑天鹅""灰犀牛"的风险管理能力不匹配。用低版

本的治理水平，管控高版本的城市能级，面临能力贫困的挑战。

（7）应对城市重大风险，事中的应急管理是重要的，事前的预防管理更重要。新肺疫情中 10 天建成隔离医院很重要，在超大城市预先建设小汤山型医院更重要。这是韧性城市强调风险管理包含但是高于应急管理的理由。风险管理的早准备、早应对原则，是处理新肺疫情等"黑天鹅"事件的铁律。

（8）应对新肺疫情和类似重大污染，治理之道是隔离传染源，切断传播途径。用此思路思考超大城市的空间规划和治理，就不会"摊大饼"，把单中心城市搞得太大，而是控制中心城市规模，发展多中心、有层次的都市圈。碰到新肺疫情，隔离几十万、几百万的空间，比封闭千万人口超大城市有效得多。

（9）中国城市发展进入超大城市、都市圈和城市群时代，治理版本同步升级。中国城市治理3.0是政府统筹、上下合作的模式。

（10）应对新肺疫情，中国模式再次显示了国家动员、全民参与的战斗力，这是任何一个市场化国家或者有限政府模式都做不到的。但是高层头脑清醒地说，新肺疫情对我们的治理体系是大考，揭露了我们治理能力的不足和短板。未来的问题是，国家主导、社会参与模式如何能够事先防范城市重大灾难发生。

本文来源于微信公众号"诸大建学术笔记"。

诸大建　同济大学经济与管理学院公共管理系教授、博士生导师

第三次公共卫生运动及其对规划的影响

2020 年 2 月 29 日　　冯建喜

2020 年春，新冠肺炎疫情给人们的生命、生活和生产带了极大挑战，也引发了人们对已有社会经济、治理制度和城市建设模式的反思。至少在中国，此次新冠肺炎事件已经引发了全社会对中国过去几十年在经济、社会、管理和城市建设等领域的成果和模式进行全面的反思和总结。

城市规划和居民健康息息相关。现代城市规划产生的思想启蒙之一就是英国的公共卫生运动。历史上，前两次公共卫生运动都对城市规划的理论和实践产生了深远的影响，在某种程度上，甚至可以说是规划"范式"的转移。当前新冠肺炎在世界其他国家逐渐开始蔓延，处于全球暴发的前夕。那么新冠肺炎的防治工作及后续影响有没有可能成为全球性的第三次公共卫生运动？以此为契机进行的规划理论和实践有没有可能形成新的"规划范式"，为已经平静多年的规划理论研究增添新的变数？特别在中国，适逢国土空间规划编制理念和方法调整之际，如何在规划编制的内容和程序上加入对突发公共安全事件和危机进行应对，都是值得深入思考的问题。

本文首先简短回顾和梳理前两次公共卫生运动及其对城市规划的影响，然后介绍了此次新冠肺炎之所以可能催生新的"规划范式"的原因，最后简单介绍了新冠肺炎可能在规划的哪些方面产生影响。本文只是些不成熟的思考，抛砖引玉，不正之处，请批评指正。

1　第一次公共卫生运动及城市规划应对

工业革命以来，工业化和城市化快速推进，人口大量涌入（首先是）英国城市及欧洲大陆的城市。当时的城市，生产生活混在一起，没有基本的市政基础设施，生产生活的污水及垃圾基本上处于乱排的状况。霍乱、黄热、伤寒等传染疾病席卷了当时大西洋两岸的新兴工业城市，引发了学者对城市空间组织和疾病关系的思考。大家所耳熟能详的很多建筑和规划领域的大家及其规划思想都诞生于这一时期，包括霍华德（Ebenezer Howard）、赖特（Frank Lloyd Wright）等。健康问题成为当时规划和设计城市的首要关切，当时

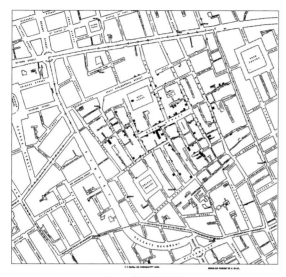

图 1　伦敦霍乱地图
图片来源：John Snow

的学者们认为构建新的城市空间模式是唯一的解决方案。新的城市应包括以下特点：低密度、明确的功能分区（特别是工业和居住）、完善的排水设施等。激进的解决是新建另外一种模式的城市，如霍华德的田园城市、赖特的广亩城市等；而缓和一点的措施是通过新城建设和郊区化来疏解人口，降低人口密度。

2　第二次公共卫生运动及城市规划应对

第二次公共卫生运动的缘起没有明显的导火索和时间节点，主要发生在美国。城市蔓延，过低的人口密度、过于明确的功能分区，单用途土地使用及对小汽车的过度依赖造成了"静坐社会"，缺乏体育锻炼成为很多慢性病（肥胖、Ⅱ型糖尿病、心脑血管疾病等）的直接诱因。规划学者主张提高城市密度，提升土地使用混合度，

创造更多的绿色和开敞空间以供休闲和体育锻炼之用，以提升居民的体力活动水平，减少慢性病发病率。新城市主义、精明增长、步行城市等规划理论与实践均是对这次公共卫生运动中城市规划的反响。

3　新冠肺炎催生新的"规划范式"的原因

此次新冠肺炎可能引发第三次公共卫生运动。不同于 2003 年的"非典"，此次公共卫生事件之所以可能引起"规划范式"的转变，在于以下几个原因。

3.1　信息化、网络化、智能化背景下的新冠肺炎应对

信息化、网络化、智能化让很多以前只是停留在想法阶段的设想成为可能。首先，网络购物、无人配送、虚拟现实等改变了人们的生活方式；各种线上平台和远程授课、远程办公改变了人们的工作方式。虽然这些技术和变化已存在多年，但是由于隔离而在全民层面的运用和推广还属首次，尽管很多人是被迫进行的。可以看到这些模式将会冲击已有经济理念（如聚集经济、空间临近性等）和价值体系，对城市规模、密度、空间结构、功能组织等城市的基础结构产生影响。其次，信息化和数据平台的使用也使动态、精准化服务提供与管理成为可能，改变城市公共服务供给和空间设施配置的模式。再次，信息化可提高城市的精细化管理水平，实现基于个体层面的实时、动态的监控与管理，提高城市资源利用效率，

在一定程度上改变了城市运行的模式。如大数据在疾病防控方面的突出表现，再比如封城、封路之下应急物资的智能调配与运输。这些技术和手段在新冠肺炎发生时深刻地影响和改变了人们的思维方式和行动逻辑，对城市运行和规划逻辑也产生了深远的影响。

3.2 "以人为本"规划理念的真正落实

"以人为本"的规划理念提出多年，但是在发展的前四十多年，"经济至上"在实际上一直是地方政府行动的主要逻辑。此次新冠肺炎疫情的发生暴露了光鲜的城市建设之后公共服务和设施配置的不足，特别是医疗卫生资源和运动休闲空间。此次事件给政府和民众一次直观、生动的演习，有可能成为"吹哨"事件，在后疫情时代，"以人为本"或许会深入每个人的心里，成为政府干预的基本原则。以人为本的理念体现在城市规划、建设、管理的方方面面，其影响也必将深刻。

3.3 "公平性"的理念成为主要关切

对弱势群体的关注是社会发展到高级阶段的必然关切。新时期，我国的主要矛盾已经转变为人民日益增长的美好生活需要和不平衡不充分的发展之间的矛盾。改革开放前几十年，在效率优先的发展逻辑之下，公平性问题较少受到政府的关注。此次新冠肺炎频繁曝出弱势群体受感染的事件为全面发展敲响了警钟：精神病院病人、养老机构的老人受感染；孤寡老人在新冠肺炎和信息化时代的弱势；不同知识水平的人群因为接受信息渠道的原因而造成的不平等；部分群体因职业原因（如医生、警察、快递人员等），病毒暴露风险很高而造成的不平等；城市和乡村，不发达地区与发达地区在经济收入、医疗资源、社会管理等方面的差距等。可以预见，在后疫情时代，公众对公平性问题的关注将在很大程度上改变现有城市规划和建设的逻辑，影响城市规划的研究和实践。

三次公共卫生运动及规划应对　　　　　　　　　　　　　　表1

	第一次公共卫生运动	第二次公共卫生运动	第三次公共卫生运动
发生时间	1850s~1940s	1940s~2020s	2020s 至今
地点	英国	美国	全球
应对疾病	霍乱、黄热病等烈性传染病	慢性病	新冠肺炎
时代背景	机械化	机动化	信息化
规划应对	完善城市基础设施（给水排水设施），低密度，明确的功能分区（特别是工业和居住），绿化隔离等	提高城市密度，提升土地使用混合度，更多的绿色和开敞空间以及步行设施等	信息化、网络化、智能化时代城市空间结构及功能组织，基于应对综合"疾病谱系"来配置健康服务及医疗资源，公共服务（设施）的动态性、复合性供给，强化城市公共安全能力及城市应急处置能力
规划理论	田园城市，广亩城市，新城理论，郊区化理论	新城市主义，精明增长，步行城市，健康城市	？

4 对规划理论和实践可能的影响

在城市规划领域，学者们从智慧城市、韧性城市、社区治理、健康城市等方面对已有规划理论和实践进行了深刻的反思。在后疫情时代，除了以上几个大的方面，城市规划或许在以下几个方面也会有新的争论和反思。

- 城市规模：超大城市、大城市还是中小城市。
- 空间结构：单中心还是多中心。
- 土地利用模式：密度之争，高密度？低密度？还是所谓"适度"密度？功能分区还是功能混合？离开了空间尺度谈密度和混合度都是徒劳。更准确的问题似乎应该是"什么样的功能在什么样的尺度上进行什么样的混合"。
- 公共服务/设施空间配置模式：首先是基于人类需求体系的公共服务/设施供给。以健康领域为例，应基于应对综合"疾病谱系"来配置健康服务及医疗资源。第一次公共卫生运动为应对传染病而强化了基础设施和医疗设施的供给；第二次公共卫生运动为应对慢性病而强调运动休闲设施及空间的供给；此次新冠肺炎的出现，凸显了对以上两类设施的共同需求（病患和隔离在家的普通民众）。其次，新的数据环境和信息化使动态、精准地提供公共服务成为可能。再次，在很多偏远地区，考虑到经济上的可行性，很多公共服务/设施可以以流动和复合功能的形式存在。比如流动的图书馆、卫生室等。

- 强化城市公共安全能力及城市应急处置能力：空间和设施的模块化设计和使用策略，以增强城市韧性等。
- ……

5 结语

健康是人类的基本需求，对健康问题的空间解决和关注是现代城市规划的"初心"和源起。历次公共卫生运动都对城市规划的理论和实践产生了深远的影响，造就了很多经典的规划理论。本次新冠肺炎可能成为全球性的公共卫生事件，必将对规划产生深刻的影响。在信息化、网络化、智能化的加持下，在以人为本和公平发展的理念下，这些影响或许会形成新的"规划范式"。目前，中国作为新冠肺炎的主要发生地，对疫情的应对、解决、反思而催生的规划理论和实践或许可以成为真正的规划领域的"中国理论"和"中国模式"。

冯建喜　南京大学建筑与城市规划学院副教授

时空行为方法助力公共卫生事件精细化管理

2020 年 3 月 1 日　　柴彦威

新型冠状病毒肺炎疫情发生以来，中央和地方政府部门公布了疫情相关的统计数据，部分地区应民众需求公布了确诊病例不同精度的时空活动轨迹数据。进入复工复产阶段，三大运营商通过提供个体近两周轨迹信息助力居民有序返程复工。除此之外，社会力量收集和分析政府公开数据，助力疫情防控，比如人民网联合百度推出"新冠肺炎确诊患者相同行程查询工具"，腾讯、高德地图等上线"新冠肺炎小区查询"功能等。

1 时空行为与疫情精准防控

时空行为数据因其能提供精确的个体信息而在疫情防控和应急管理中起到了重要作用。然而，其抗"疫"价值未被充分挖掘，原因可能有二。一是时空行为数据质量问题。数据收集和发布缺乏有效规范和标准，呈现破碎化形态，无法支持深入分析。二是缺乏有效的时空行为数据分析方法。时空行为数据的可视化、分析方法，以及其成果如何应用于应急管理，仍然处于探索阶段。

在流行病学和公共健康领域，患者时空行为数据已经得到有效应用，如分析病毒传播路径、传播速度，预测发展趋势等。但时空行为数据对于未感染居民中的应用还相对较少，而该类群体恰是传染病应急管理中的主要对象。

另外，受限于时空行为数据质量与分析方法，现有应急管理政策仍比较粗略，存在"一刀切"的问题，在部分地区与居民对于疫情状况的感知不相符。特别是在疫情防控与复工复产同步进行时期，如何平衡二者关系，真正实现分区差异化、精细化管理，尤其需要具有高时空精度的时空行为数据提供支撑。事实上，时空行为数据基于居民个体，具有高时空精度特点，已被用于社区生活圈规划等城市日常状态下的精细化管理中。因此，时空行为方法也可为公共卫生事件提供基于居民个体的精细化应急管理思路。

2 基于时空行为的个人风险自查

目前，已有风险自查方法通过居民自我比对公开发布数据、填写简易问卷或核查居住小区附近是否有确诊病例实现。然而，在个人移动性大幅提高的今天，仅仅通过上述方法无法遍及日常生活的各类情境，而且目前公开数据出于数据搜集质量和隐私考虑，普遍缺少高精度的时空信息。时空行为方法为个体精准的风险自查提供机会。通过比对确诊患者与非确诊居民时空行为轨迹，依据二者轨迹的时空临近性，可以计算非确诊居民传染病患病风险高低。

该方法的数据来源分为两类。第一，政府多部门联合运营商采集确诊患者的时空轨迹，包括实名制搭乘的公共交通、手机信令标识前往的区域等，同时，卫生疾控部门和医院应尽可能询问患者发病前前往过的公共场所与对应时间，与之前的数据结合构建确诊患者完整的时空行为轨迹。第二，非确诊居民通过填写问卷或手机 GPS 定位等方式，自愿主动上传行为轨迹至特定平台。平台通过已设定好的算法自动计算确诊患者与居民轨迹的时空临近程度，并根据上传数据实时更新，实现动态监测居民患病风险。

与目前方法相比，时空行为方法具有较高的时空精度，还可以捕捉时间累积效应。同时，通过授权的主动采集数据还能实现实时动态监测、超过风险阈限自动警报的功能。除此之外，确诊患者与非确诊居民的时空轨迹数据均在后台进行运算，免去直接公布高精度时空轨迹带来的隐私问题。

3 基于时空行为的应急期间日常活动安排引导

应急管理期间，如何妥善安排日常活动，以维持生活需求的同时避免接触传染源，是居民的另一大诉求，而目前相关应用案例在这方面关注较少。倘若春节休假期间还可以通过线上购物等方式尽量避免出门，在有序复工复产期间，如何实现出行的同时有效地规避风险区、减少聚集以减少交叉传染风险显得尤为重要。

时空行为方法为应急期间日常活动安排提供了重要的视角。一方面，通过对确诊患者时空轨迹进行空间分析，可视化标识出风险区域，居民在特定时间段内应谨慎前往高风险区域；另一方面，通过搜集并发布小区管控、商店调整营业时间、服务暂停、人员热力图等信息，为居民日常活动提供引导，减少人员聚集和不必要的出行。

从长远来看，应急管理应该实现精细化，应随着不同地区的疫情状况动态地调整政策响应，与疫情状况不匹配的过度限制可能会减少居民在应急期间的生活质量，严重者可能会产生心理问题，影响社会稳定。因此，通过事先采集居民在非应急期间的惯常活动，事先了解居民对日常活动的需求，进而结合时空行为规划方法，在避免前往高风险区域以及商店营业时间缩短、服务设施关闭等强制约的基础上，个性化、精细化地为居民提供日常活动方案，尽可能地实现居民的日常活动需求，在不扩散疫情的前提下尽量减少生活质量降低。

4 基于时空行为的传染病预测及空间差异化、精细化管理

在这次新冠肺炎的应急管理中，时空行为方法为政府进行传染病预测提供了重要手段。比如浙江省基于春运大数据估计湖北返程人流中可能的发病数量，及时启动了重大突发公共卫生事件一级响应。随着数据的时空精度提高，时空行为方法还能在传染病预测中发挥更大的价值，为政府决策提供参考。

第一，通过分析确诊患者时空行为轨迹特征，归纳出易感人群行为特征，在传染病防治中对此类行为做特殊强调与引导。

第二，通过上述确诊患者与非确诊居民时空轨迹收集平台与感染风险算法，有关部门可以实时更新辖区内的居民风险状况，并结合区域内的风险人群（老年人、小孩等），对辖区内未来若干天的患病人数进行估计，提前做出应对措施。

第三，时空行为基于个体，因此可以在任意时空尺度上进行汇总分析。因此，政府可以获取辖区内任意区域的风险状况，估算密切接触者数量与患病数量，在社区、街道、市区等若干层面实现分区差异化、精细化管理。

时空行为数据基于微观个体，具有高时空精度的特征，时空行为方法可为突发公共卫生事件应急管理的精细化提供帮助。受限于时空行为的数据采集与分析方法，目前相关应用时空颗粒较粗，尤其缺乏时间维度，空间上也局限于居住地，缺乏流动性视角。随着5G等新技术的应用，高精度的时空行为数据采集成本降低，时空行为方法在公共卫生事件精细化管理中的价值将得到进一步凸显。未来，政府应主导建立居民众包上传的时空行为轨迹和日常活动平台，通过搭载日益成熟的时空行为分析方法，一方面可以服务于日常情境下的城市精细化治理，另一方面在突发公共事件时也可以发挥时空行为在应急管理中的作用。

特别感谢"万众一心战胜疫情北大时空行为分析"团队的每一位成员，特别是张文佳与阴劼老师及李春江、许伟麟等同学。

柴彦威　北京大学城市与环境学院教授，智慧城市研究与规划中心主任

古代城市地理环境与瘟疫发生：

哪些经验值得借鉴？

2020 年 3 月 2 日　　唐才智　罗勇军

城市是具有相当面积、经济活动和住户集中的区域，城市卫生环境的好坏极大地影响了瘟疫的流行和传播。现如今，各个朝代、各种不同类型的古装剧充斥着我们的荧幕。不知道大家有没有发现一个特点，这些古装剧中的城市环境都是干干净净，那是否我国古代的城市卫生状况真如现代社会般舒适？它又为古代瘟疫的传播和流行提供了哪些条件？

1　古代街道环境与瘟疫传播

先不看古代，来看一下工业革命后高度发达的英国街道的情况（图 1）。

没错，鸦片战争都过去了半个世纪的英国街道依然到处是马粪。在清代的《筠廊偶笔》中，就有对于当时北京卫生环境的描述："遍京师皆官无我做处，遍京师皆货无我买处，遍京师皆粪无我便处。"1886 年 3 月德国访华代表恩诺斯进入北京，记载说北京的街道有"鼻子无法容忍的恶臭"和大街上"近英尺厚的黑色尘土和污垢"。从两人的叙述中我们可以看出当时的北京城似乎到处都是粪便。通过这次"新冠"疫情，很多人知道了"粪口途径"，从字面上看，它主要指传染病的病原体通过病人或病原携带者的粪便排出体外，直接或间接通过衣物、手、食具、物品、玩具等污染食物和水，如食用或饮用被病原体污染的食物或水就会被感染。试想古代的街道环境，是否为"粪口途径"的直接、间接接触提供了更为适应的环境？一些常见的经"粪口途径"的传

图 1　1893 年的英国街道

染病，如痢疾、伤寒、霍乱等，一旦发生，极易流行传播。避免"粪口途径"传播最有效的方法其实就是勤洗手，尤其是"饭前便后要洗手"，饭前洗手避免病原体经"口"进入，便后洗手是预防排泄物中携带的病原体经手传播。另外，满街的粪便又极易滋生蚊虫，一些由蚊虫为媒介的传染病，如疟疾等，在中国古代的南方城市也极易传播。

2 古代城市的给水排水系统与瘟疫传播

我国古代的给水排水系统大多有以下特点：

一是我国古代城市的给水排水系统均以明渠为主，也就是基本都是没盖子，露天的。明渠为蚊虫滋生提供了适宜的潮湿环境，同时，明渠也极易淤积，《清明上河图》中描绘的繁华的汴梁，就有"两岸居民，节次跨河造棚，污秽窒塞如沟渠"的记载，大量生活垃圾和污水的淤积易于病菌滋生，一旦有疫情发生，也成了病原体传播的"温床"。

二是我国古代城市的排水系统在河流和渠道下游及大型人工湖常混为一谈，如汉代长安城，生活污水常在河流和人工湖中与饮用水混合，增加了病原体从饮用水进入人体的机会。

三是排水设施大部分没有管道，仅在建筑物附近或之下埋有砖砌或陶制排水管道，防渗漏效果不好。生活垃圾、人畜粪便和污水易渗透到地下影响地下水水质，"壅底垫隘，秽恶聚而不泄，则水多咸苦"。这也是造成隋朝放弃汉长安城，在旧城东南重新兴建都城的主要原因。

3 古代城市的空气环境与瘟疫传播

宋朝时期，便已经有雾霾的记录："京师大风，黄尘蔽天"。古代城市没有重工业，雾霾大多是由于街道缺乏保养和建设，造成尘土飞扬。前面我们也讲到，古代街道的卫生环境堪忧，街道中的人畜粪便如不及时处理，干燥后也随风化为尘土，四处飞扬，加大了经粪便排出的病菌在空气中传播的概率。

明清时期的北京城，雾霾更加严重。《明宪宗实录》记载明成化四年"黄雾蔽日，昼夜不见星日"。万历十一年，大学士张四维等言："风霾陡作，黄沙蔽天。""五日不见西山之踪，有饥民入城而乞，寺院善者施之。"类似明代北京地区"霾灾"的记录多达数十次。清代每隔几年"霾灾"便会光临京城，多集中在冬季和春季。近年来的一些研究显示，持续的雾霾环境，尤其是空气中PM2.5颗粒物增加与法定传染病的发病具有相关性。

4 结语

城市是人类社会人口聚集和流动的主要区域，城市环境对于疫病的传播和流行影响极大，现代城市采用一些措施避免了古代城市建设中的一些弊病，给水和排水系统分离，有完备的公共垃圾和生活污水处理系统，垃圾分类处理也稳步推进，同时，减少污染物排放，"蓝天"天数增长明显，适时组织"消杀灭"工作和个人卫生防护知识宣传，相对于古代城市环境有了极大改善，但现代城市交通更为便利，人员车辆更加密集，又为现代城市环境优化提出了新的难题。

参考文献

[1] 龚胜生. 中国三千年疫灾史料汇编 [M]. 济南：齐鲁书社,
     2018.

[2] 潘明娟. 古罗马与汉长安城给排水系统比较研究 [J]. 中国历史
     地理论丛, 2017（4）：76-85.

[3] 杜鹏飞, 钱易. 中国古代的城市给水 [J]. 中国科技史料, 1998
     （1）：3-10.

[4] 余小满. 宋代城市的防疫制度 [J]. 甘肃社会科学, 2010（04）：
     216-220.

[5] 马可夫. 在历史过程中浅析中国古代城市与地域生态 [J]. 学理
     论, 2010（03）：74.

[6] 曹革成. 清末北京城内的街道与交通 [J]. 海内与海外, 2009
     （9）：71-72.

[7] 老北京的街头别有一番"滋味"在心头 [EB/OL]. http：//
     http：//bj.wenming.cn/wmwx/201908/t2019 0823_5231749.
     shtml. 2019 年 8 月

[8] 徐兰英, 段晶晶, 李肖红. 郑州市空气污染与法定传染病的相
     关性分析 [J]. 医学动物防制, 2018（8）：735-738.

唐才智　陆军军医大学，军事医学地理学教研室，助教
罗勇军　陆军军医大学军事医学地理学教研室教授、博士生导师，重庆地理学会常务理事，第三批重庆市学术技术带头人
　　　　后备人选，中国生理学会应用生理学专业委员会委员，主要从事医学与健康地理相关研究

应对突发公共卫生事件挑战的城市供排水设施规划建设思考

2020 年 3 月 2 日　　朱安邦　汤　钟

1 引言

世界正在迅速城市化，我们的生活水平、生活方式、社会行为和公共卫生都发生了重大变化。经过 70 年的发展，我国的城镇化率由 1949 年的 10.64% 提升到 2018 年末的 59.58%（截至 2018 年底）。总的来说，在快速城镇化的过程中，城市人口比农村人口富裕。他们更容易获得社会和卫生服务，预期寿命更长。但城市人口的聚集也可能集中出现卫生设施和垃圾收集处理能力不足、水和空气污染、道路交通事故、传染病暴发等问题。可能会对公共健康造成威胁。随着时间的推移、风险的积累，这些风险会变得更加紧迫。为了应对各类城市风险，我们构建了较为完善的城市基础设施，制定了相应的防灾减灾措施，比如应对城市火灾，我们规划了消防设施。但在应对突发公共卫生事件时，显然需要我们思考更多的内容。

全国正处于新冠肺炎疫情应急一级响应时期，我们正在经历一场严重的突发公共卫生事件。突发公共卫生事件，是指突然发生，造成或者可能造成社会公众健康严重损害的重大传染病疫情、群体性不明原因疾病、重大食物和职业中毒以及其他严重影响公众健康的事件。

突发性公共卫生事件的分类方法有多种，从发生原因上来分，通常可分为：生物病原体所致疾病、食物中毒事件、有毒有害因素污染造成的群体中毒、出现中毒死亡或危害、自然灾害等的突然袭击、意外事故引起的死亡、不明原因引起的群体发病或死亡。例如 2003 年的"非典型性肺炎"疫情、2008 年汶川大地震后水土污染引发的呼吸道疾病、2009 年的甲型 H1N1 流感传播、近期发生的新冠肺炎疫情等均属于影响较大的突发公共卫生事件。

在面对各类重大突发公共卫生事件时，良好的城镇基础设施，尤其是城市供排水基础设施的稳定可靠运行至关重要。如何更好地保障城镇供排水设施稳定可靠运行，需要我们从各个方面进行周全部署。其中，在城市供排水规划建设时，应该思考突发公共卫生事件带来的不利影响因素，并制定相应的措施，增强城市供排水系统的韧性。

2 突发公共卫生事件与城市供排水系统的关系

城市供排水基础设施包括水源、给水处理厂、水质净化厂及其管网设施等。城市的居民饮用水基本上全部来自市政供水系统。污水通过排水系统一般都收集进入水质净化厂，处理后再排入水体。而给水处理厂以及水质净化厂依靠技术操作员以及化学品、电力和相应的机械设备的投入开展工作。突发公共卫生事件具有突发性、隐蔽性及破坏性。在城市供排水设施运行过程中容易受到突发公共卫生事件的影响，可能受影响部分包括地表水水源、饮用水供应系统、给水处理厂、化粪池、污水管渠、水质净化厂、污泥处理等。

2.1 供水设施
2.1.1 饮用水水源

饮用水来源包括地表水（如河流、湖泊和水库）和地下水含水层。地下水和地表水不是孤立的系统，它们之间不断地相互补充，也不断地受到雨水和其他自然降水的补充。生活饮用水水源的污染主要是微生物（如大肠杆菌、鞭毛虫和诺如病毒）、工业化学污染、生活污水、垃圾及粪便等。地表水系统比地下水系统更容易受到天气和径流的影响，各种自然灾害如洪水、飓风、龙卷风、地震和海啸等，都有可能破坏和污染水源。并导致水源受到家畜粪便、生活污水、化学物质和其他杂质的污染。例如2005年11月13日发生的松花江水污染事件，事故产生的约100t苯、苯胺和硝基苯等有机污染物流入松花江。由于苯类污染物是对人体健康有危害的有机物，因而导致松花江发生重大水污染事件。对于微生物污染

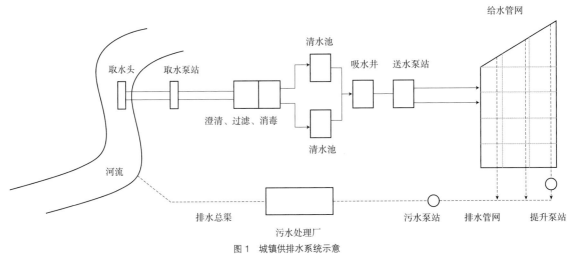

图 1 城镇供排水系统示意

物，如病毒和细菌，可能来自污水处理厂、化粪池、农业畜牧业和野生动物等。

地表水依据水域环境功能和保护目标，按功能高低依次划分为五类[1]。

集中式生活饮用水地表水源地水质超标项目经自来水厂净化处理后，必须达到《生活饮用水卫生标准》GB 5749—2006 要求。

2.1.2 饮用水供应系统

相比于饮用水水源点状分布，供水管网呈现出网状或支状分布，供水管网可能穿过垃圾或有毒有害污染区，或与污水管道、排水沟渠距离太近等。由于供水管网敷设在土层的特性，各种自然灾害比如地震、洪涝灾害、水土流失等可能会给供水管网带来广泛而巨大的破坏，小至供水管道破损，大至供水管网系统受损[2]。一方面，由于管道的破坏，管网残留水极易遭到污染，从而导致在灾害发生早期存在引起大规模肠道传染病暴发的风险。另一方面，土壤中的营养物质、杀虫剂、矿物质、碎屑和其他污染物质可以进入我们的地下水供应系统。供水单位应符合《生活饮用水卫生标准》GB 5749—2006 对供水水质和水质检验的规定。对管网水质实施监测，监测项

目和频率应符合国家现行《城市供水水质标准》CJ/T 206—2005、《二次供水工程技术规程》CJJ 140—2010 等的有关规定。

2.1.3 给水处理厂

2017 年，全国城市供水水厂个数 2880 个，综合生产能力 25051 万 m^3/d，全国城市的供水水厂平均生产能力约 9 万 m^3/d，平均每个水厂服务约 16 万人；全国县城供水水厂个数 2483 个，综合生产能力 5210 万 m^3/d，全国县城供水水厂平均生产能力约 2 万 t/d，平均每个水厂服务约 6 万

集中式生活饮用水地表水水源地特定项目
目标标准限值（部分指标）　　表2

项目	标准值	项目	标准值
三氯甲烷	0.06	二甲苯	0.5
四氯化碳	0.002	滴滴涕	0.001
二氯甲烷	0.02	敌敌畏	0.05
苯乙烯	0.02	美曲膦酯（敌百虫）	0.05
甲醛	0.9	内吸磷	0.03
乙醛	0.05	百菌清	0.01
苯	0.01	环氧七氯	0.0002
甲苯	0.7	甲基对硫磷	0.002
乙苯	0.3	乐果	0.08

地表水域分类情况一览表　　　　　　　　　　　　　　　　表1

类别	适用条件
I 类	主要适用于源头水、国家自然保护区
II 类	主要适用于集中式生活饮用水地表水源一级保护区、珍稀水生生物栖息地、鱼虾类产卵场、仔稚幼鱼的索饵场
III 类	主要适用于集中式生活饮用水地表水源二级保护区、鱼虾类越冬场、洄游通道、水产养殖区等渔业水域及游泳区
IV 类	主要适用于一般工业用水区及人体非直接接触的娱乐用水区
V 类	主要适用于农业用水区及一般景观要求水域

人[3]。给水处理厂和泵站系统需要电力来运作。这使得他们很容易受断电带来的影响。许多自然灾害造成大面积停电，可能会中断水处理和分配过程。即使是短暂的停电也会导致给水处理厂积水。相比较而言，当突发公共卫生事件发生时，大型的给水处理设施由于配套设施的完善程度更高，虽然受到的影响可能更大，但更容易恢复。小型给水处理设施，受到的保护及处理突发公共卫生事件的能力较小，因此在面对突发公共卫生事件时，往往小型的给水处理设施是薄弱环节。

2.2 排水设施

排水系统与城市公共卫生息息相关。一直以来，城市排水系统并未得到与城市供水系统相同的重视程度，而往往被忽视。但是众多的研究报告显示，下水道可能是重大公共卫生事件的主要传染源。据世界卫生组织报告，2003年在香港淘大花园暴发的严重急性呼吸系统综合症（SARS），很可能是由于缺乏维修而导致排水管出现故障，导致"U"形隔水阀干枯所致[4]。而为应对目前的新冠肺炎疫情，国务院生态环境部也下发了《关于做好新型冠状病毒感染的肺炎疫情医疗污水和城镇污水监管工作的通知》（环办水体函〔2020〕52号）。强调要加强对城镇污水设施、医疗污水处理设施、农村医疗污水设施等设施的消毒和碱度检查。应对突发公共卫生事件时，在排水系统的各个环节都可能存在公共卫生事件暴发的源头[5]。

2.2.1 化粪池

国内大多数城市仍使用化粪池系统，化粪池是城市排水系统中连接用户排水管的最始端。特别是在人口较少且排水管网系统不完善的城区，化粪池是处理废水的一种成本效益高的长期选择。从化粪池系统排放的主要污染物是致病细菌。这些细菌（细菌和病毒）能引起许多人类疾病。一方面，如果有毒化学物质被处置在化粪池系统中，它们可以通过排水场渗透到地下水中。另一方面，化粪池的污泥中存在大量的病原体（任何能导致疾病的东西）。大多数病原体不会在化粪池污泥中完全死亡，且由于病原体的不断流入，而人类排泄物中含有有害的病原体（这些病原体包括病毒和其他能导致疾病的物质），因此，需要更加注意化粪池产生的污泥的处理。

2.2.2 污水管渠

在人类排泄物中，有各种各样的疾病。生物病原体主要有病毒、细菌、原生动物和蠕虫。在传播途径上，从简单的粪口污染、水传播途径到复杂的寄生虫感染，存在不同类型的污染。如果未经处理，污水可能成为污染的危险来源，这些污染物可能渗入人类生态系统，对居民的健康、卫生和舒适造成影响。当城市发生超标暴雨或污水管道堵塞时[6]，城市污水管渠往往容易发生污水溢流污染，生活污水中含有致病的微生物，如果被人摄入，会引起疾病，可能会成为公共卫生事件的传染源。

2.2.3 水质净化厂

水质净化厂是城市污水系统的核心，当城市污水管网中的污水收集到水质净化厂后，在传统的污水处理系统如活性污泥法中，停留时间不足以杀死生物病原体，集中式污水处理系统也有被污染的风险。有时污水处理系统接收的流量超过了它们的容量，如大雨期间。过量的水流会导致污水系统溢出；这反过来又导致了污水污染。当生物处理结束后用化学消毒剂处理。因此，化学消毒成为消灭生物病原体的前提，如果消毒维护不够，可能会造成健康问题。

2.2.4 污泥处理

污水污泥，有时被称为"生物胶体"，是污水处理时产生的固体部分。污泥中往往潜藏着众多的风险。比如污泥可作为病原体的转移场所，可导致病原体通过生物气溶胶在污泥贮存或扩散场所的下风处传播，通过污染地下水、饮用水井、蓄水池和地表水，或通过食用生长在污泥扩散地的食物而造成食物污染传播。此外，污泥中含有

高浓度有害水平的有毒金属和环境持久性化学物质，如多氯联苯和二噁英等物质。污水污泥最终被填埋，但垃圾填埋场的渗漏可能会随着雨水径流渗入地下水或流入周边的水体，从而导致水体的污染[8]。

3 应对突发卫生事件的城市供排水设施规划建设策略

3.1 注重顶层规划设计，完善相关法律法规，提升相应规划标准

据笔者了解，我国针对突发公共卫生事件的法律法规还有待于进一步完善。目前国家层面有《突发公共卫生事件应急条例》，但该条例是针对

污水中潜在的病原体及其影响情况 [7]　　　　　　　　　表3

	病原体	疾病	影响
细菌	致病大肠杆菌	肠胃炎	呕吐，腹泻，易感人群死亡
	嗜肺军团菌	钩端螺旋体病	急性呼吸道疾病
	钩端螺旋体	钩端螺旋体病	黄疸，发烧（韦尔氏病）
	伤寒杆菌	伤寒症	高热，腹泻，小肠溃疡
	沙门菌	沙门氏菌病	腹泻，脱水
	霍乱弧菌	霍乱	杆菌痢疾
	小肠结肠炎耶尔森氏菌	耶氏菌症	严重腹泻，脱水
病毒	腺病毒（31 类型）	呼吸道疾病	—
	肠病毒（67 种类型，如脊髓灰质炎）	肠胃炎	心脏异常，脑膜炎
	甲肝病毒	传染性肝炎	黄疸，发烧
	呼吸道肠道病毒	SARS，肠胃炎	呕吐，腹泻
	轮状病毒	肠胃炎	呕吐，腹泻

已经发生的事件进行应急反应的法规。对于突发公共卫生事件，最主要还是以预防为主，应急为辅。据笔者了解，我国第一部针对城市综合防灾的规范到2019年才推出。在最新修订的城市给水排水规划相关规范中才增加了应对防灾减灾或公共卫生事件的条款。在应对突发公共卫生事件时，需要在城市发展之初就考虑相应事件带来的影响，并制定相应的法规，并提升相应规划标准。比如建议在城市防灾减灾规划中增加应对公共卫生事件的专项规划。

3.2 城市规划中应考虑规划建设备用水源

水源的位置和供水系统的设计是应急和备灾的关键。在选址、设计和应急规划时，必须考虑对集水区、水库、泵站和水厂以及对配电系统的危害以及灾害（如洪水、地震、爆炸、氯气泄漏等）可能对供水系统的各个阶段造成的危害。《城市给水工程规划规范》GB 50282—2016 中明确规定了需要应急供水规划。有多个水源可供利用的城市，应采用多水源给水系统。城市应根据可能出现的供水风险设置应急水源和备用水源，并按可能发生应急供水事件的影响范围、影响程度等因素进行综合分析，确定应急水源和备用水源规模。而应急水源地和备用水源地宜纳入城市总体规划范围，并设置相应措施保证供水水质安全。

在确定应急供水水源时，需要考虑应急状态下人均用水量、应急供水持续时间、影响人口数量以及用水质量目标四个关键性指标。在应急状态下，应急供水时的生活用水量，应根据城市应急供水居民人数、基本生活用水标准和应急供应

天数合理确定。目前我国还没有相应的法规对应急供水持续时间做出明确规定，参照世界卫生组织相关文件推荐应急供水时间应考虑3~21天的持续时间[9]。而影响人口的数量不仅包括居住人口，还包括工人和游客的日间人口。在规划过程中，应考虑关键客户（即医院、可能的避难所地点）的影响和需求[10]。

3.3 给水厂及供水管网互联互通

为保障供水安全性，配水管网应布置成环状。为了配合城市和道路的逐步发展，管网工程可以分期实施，近期可先建成枝状，城市边远区或新开发区的配水管近期也可为枝状，但远期均应连接成环状。相比较而言，在同一个配水系统下，环状配水管网比支状配水管网的供水保障能力更好。同样，为更好地保障不同区域供水安全，在有条件的情况下，给水厂的互联互通也有助于供水安全。当然，在互联互通的同时，要注意采取措施防止供水系统回流污染[11]。

3.4 规划供排水设施用地及管网应有弹性系数

为应对突发事件的不确定性，供排水设施及其管网在规划阶段可采用适当的弹性系数来确定其规模。一般在给水工程规划中，采用《城市给水工程规划规范》GB 50282—2016 中推荐的城市用水量计算方法得到的城市用水量为最高日用水量。供水厂的设计规模一般根据设计年限内最高日用水量加自用水量确定。而城市污水量可根据城市用水量和城市污水排放系数确定，城市污

水处理厂的规模应按规划远期污水量和需接纳的初期雨水量确定。为保证供排水设施的用地规模，可以在计算供排水设施设计水量时适当乘以相应的设计系数。比如《深圳市城市规划标准与准则》（2018版）中，给水排水设施水量计算时，计算的量是平均日用水量，需要乘以1.1~1.3的弹性系数得到最高日用水量，并以此计算水量来确定给水厂用地规模。而污水厂设计规模则是可以直接由平均日用水量得到平均日污水量来确定。一方面，设施用地适当设置冗余量，可以应对规划无法预见的规模增量。另一方面，在应对突发事件时，可以有相对富余的设施用地来保障应急设施的规划建设。与供排水设施设置冗余系数类似，配水管网及排水管网也应该在规划时设置弹性系数来确定管网的规格。

3.5 供排水系统的关键设施应考虑防灾减灾措施

比如供排水设施中的配电系统、消毒系统等。一般在规划设计阶段需要考虑提供备用发电机，以及备用泵和管道，用于紧急维修。在规划阶段考虑一些常见的灾害发生时的应急措施，有助于应付长期的水源高浊度、电力故障和化学品短缺的情况。应急供应包括额外储存化学品、备用发电机和应急预过滤储存和沉淀能力等。

4 结语

正在发生的疫情会慢慢消去，但突发的公共卫生事件一定还会再来。在我们的城市供排水设施规划过程中，对于应对突发公共卫生事件，需要我们完善以下三个方面的内容。

（1）顶层设计的完善，包括防灾减灾法规、城市供排水规划法规的完善。在顶层设计中，将突发公共卫生事件列入城市规划布局考虑因素，并在供排水规划中完善相应规划设计。目前我国总体在防灾减灾规划方面还有很长的路要走。

（2）供排水设施及管网的弹性规划，是应对未知事件及城市未知发展趋势的应对策略。不过目前国内的实践经验较少，需要我们不断地总结和探索。

（3）供排水关键设施的稳定运行是应对突发事件的重要保障。因此，在经济条件允许的情况下，建议对关键设施进行备份规划，比如备用水源、备用电源等。但是国内相关方面的研究及法规较为缺少，也需要我们进一步研究。

参考文献

[1] 国家环境保护总局，国家质量监督检验检疫总局. 地表水环境质量标准 GB 3838—2002[S]. 北京：中国环境科学出版社，2006.

[2] Wang, Qiang. Investigation of Drinking Water Contamination Incidents in China during 1996-2006[J]. Journal of environmental health, 2010, 27：328-331.

[3] 住房和城乡建设部. 2017 年城乡建设统计年鉴 [EB/OL]. http：//www.mohurd.gov.cn.

[4] World Health Organization. Department of communicable disease surveillance and response：Consensus Document on the Epidemiology of Severe Acute Respiratory Syndrome (SARS)[C]. In Geneva：WHO/CDS/CSR/GAR/，2003：1-44.

[5] Korzeniewska E，Harnisz M. Culture-dependent and culture-independent methods in evaluation of emission of enterobacteriaceae from sewage to the Air and surface water[J]. Water Air & Soil Pollution, 2012，223：4039-4046. doi：10.1007/s11270-012-1171-z.

[6] 刘燕，尹澄清，车伍，等. 合流制溢流污水污染控制技术研究进展 [J]. 给水排水, 2009, 35 (S1)：282-287.

[7] Review of Potential Modeling Tools and Approaches to Support the BEACH Program, USEPA 823-R-99-02, 1999.

[8] Reilly M.The case against land application of sewage sludge pathogens[J]. Can J Infect Dis. 2001，12 (4)：205-207.

[9] WHO. Environmental health in emergencies and disasters：a practical guide. 2002：95.

[10] EPA. Planning for an Emergency Drinking Water Supply. EPA 600/R-11/054，June 2011.

[11] EPA. Potential Contamination Due to Cross-Connections and Backflow and the Associated Health Risks. Office of Ground Water and Drinking Water Distribution System Issue Paper.

朱安邦　深圳市城市规划设计研究院
汤　钟　深圳市城市规划设计研究院

规划看不见的城市力量

2020 年 3 月 4 日　　王世福

作为 21 世纪 20 年代的历史性开局，人类迎来了注定刻骨铭心的新敌人——新型冠状病毒（novel coronavirus），以中国版图的中心区位为空间源点，以大年二十九的"封城"为时间起点，以除夕夜白衣勇士的逆行开启了生肖首鼠的整个春节。口罩成为最金贵的年货，伴随着信息时代自媒体的"鸡汤"和谣言，熙熙攘攘的中国传统春节在小年夜被长满花冠的 RNA 病毒紧急叫停。这个 2 月份有 29 天，恐惧和焦虑的种子毫不留情地迅速顺着全球化的轨迹播向了将近 50 个国家，死亡近 3000 例。WHO 数据显示，从 2 月 25 日起，中国境外报告新增病例数开始持续超过中国境内。其中，意大利、伊朗、韩国、日本等国日益严重。根据国家发展改革委信息，2 月 29 日，包括普通口罩、医用口罩、医用 N95 口罩在内，全国口罩日产能达到 1.1 亿只，日产量达到 1.16 亿只，分别是 2 月 1 日的 5.2 倍、12 倍。世界工厂的中国以与病毒抢生死的时速生产亿级规模的口罩，口罩刻画了突发公共卫生危机的全球化图景，也更加深刻地揭示了全球化和地方性的一致性与冲突性。

1 病毒全球化拷问城市地方性

仅仅 10 年前的 2010 年，全球因中国的城市化而全面进入城市时代，一半以上的人口在城市中生活，日益给予人们一种"城市性"的教化。全球城市社会的来临，意味着人类走出"乡村社会"的简单组织模式，迈入复杂化、高技化、专业化的分工合作共享模式，并在信息技术的变革推动下日益呈现去时空的匿名化和即兴式特征。我们一直以"拥抱不确定性"来激发和挑战自我，社会也成了不确定刺激的叠加，并且与城市社会的基本特征——高密度、大规模、异质化再叠加，呈现出集体冒险的乐趣与自信，演绎出无穷大的不确定性集合。

病毒全球化相比各种先进思潮时尚的全球化速度更快，至 3 月 3 日已感染 70 多个国家。其恶果也比经济全球化带来的千城一面更加沉痛！城市作为地缘关系共同体的治理单元，各自面对着的最大不确定性是安全感的危机，乐趣与自信被新冠病毒修改为恐惧与焦虑。病毒全球化超越了经济、社会、环境以及制度、人文因素，击穿个人心理、家庭心理以及社会伦理的底线，直接拷问城市地方性的内核，即安全性和健康性。

2 城市韧性之不可承受之重

城市韧性是指城市能够凭自身力量在抵御灾害时，快速调配资源、保持运转并恢复正常，并通过应灾学习而创新变革，实现更高质量灾后发展的综合能力。突发新冠肺炎疫情使城市由日常状态全面地进入非正常应急状态，城市韧性的各种短板显著地暴露出来。

首先，医疗体系结构脆弱。国家调动全国医疗资源驰援武汉及湖北，起到强大的外力支援保障作用，也说明了地方医疗资源的不足。医疗体系的结构脆弱还体现在疾控部门的预警力不足、早期医院交叉感染过于严重以及长期以来存在的基层卫生资源匮乏等问题。

其次，应急职能未显强效。2018 年机构改革成立建制的应急管理部门主要指向安全生产类、自然灾害类的应急救援，此次突发公共卫生疫灾的应急责任主要通过卫健系统响应和承担，应急职能的力量未能起到强大的作用。

再者，社区治理不堪重压。危机中社区生活圈就是防灾防疫圈，面对超乎常规的重大责任，社区全力以赴的精神可嘉，但也暴露出人力、物资、治理能力、防疫技能等方面的短板，必须予以足够的评估并及时强化。

3 城市规划应对：培育隐藏的空间力量

城市规划，作为应对公共卫生危机而生的一门学科和一项公共职能，以保障城市公共服务能力和经济社会发展的空间支撑为核心，统筹各类空间资源的规划建设和治理。这次重大疫情的冲击要求城市规划提升应对未来不确定性的能力，重视城市韧性所能提供的城市空间潜力。

城市韧性来自于制度安排与治理能力。

制度安排方面，政府依法启动应急响应预案时，城市规划应能够保障提供各种可能的应急空间资源。首先，要把健康影响评估作为规划建设治理全过程的程序要求，要把综合防灾规划从专项规划置顶到应急状态的空间规划。其次，要通过法律、规范制定公共设施的通用性要求，保障可变性空间容载，构成冗余弹性，并确保其外部支持和内部运行的稳健性，成为城市应急资源的一部分。最后，要确保应急能力与应急责任的匹配，切实保障医疗等应急资源下沉到社区，建立真正的垂直疾控与面域社区联动应急的能力。

治理能力方面，城市和社区能够充分挖掘存量公共空间的潜在服务效能，支撑相对低耗安全的应急状态，减少灾损并储备恢复的力量。空间治理能力的韧性可以通过社区节点建立、日常资源扩充、流动资源支持等多方式协同获得。社区节点依托社区出入口、菜场超市等公共空间建立，并进一步以街道为枢纽统筹社区互相备份，配备相应资源并实现与城市高效协同。日常资源扩充是指社区卫生中心的疾控和分诊能力建设，应急状态时可以迅速参与危机应对，在社区日常工作中增加卫生疾控专业培训，储备应急队伍。流动资源支持是指应急流通能力强的机构以及专业性社会组织等力量，依托求助或智慧识别系统，及时向防疫脆弱社区提供流动支援。

应对突发事件，通过制度安排和治理能力释放的城市韧性是城市的免疫力所在，城市规划应积极吸取疫情教训，在规划看不见的城市力量方面有所创新。

王世福　华南理工大学建筑学院副院长、教授、博士生导师，中国城市科学研究会健康城市专业委员会委员

"软实力"与"硬环境"、"个体"与"群体"的未来

2020 年 3 月 8 日　梁思思

　　新冠疫情发生至今已一个半月有余，回顾五十天来的"魔幻现实"，会发现所有的痛都始于最初"一溃千里"的超荷载。如果时间可以倒流，相信"防患于未然"在城市治理中的优先级会大大提升，而这也正和"规划"一词的含义不谋而合——百年前城市规划之所以萌芽，正是应"无规划导致公共卫生及健康危机"而生。百余年后的当下，公共卫生和健康话题再次成为城市发展和社区治理的最前沿，相信会在疫情过去之后，仍然深刻地影响未来我们大到面对城市发展，小到个人生活的方方面面。在此，本篇短文姑且用描述的方式，浅谈若干城市规划和治理在未来可能的转变，供各位探讨。

1　人文关怀的软实力治理能力

　　疫情发生之初，全国各地还刚刚开始进行对疫情的防控和筛查的时候，笔者朋友一家从疫情高发区自驾回到杭州住所，社区物业和居委会随即进行了登记，贴封门条隔离，并安装监控摄像头，承诺 14 天拆除；所有快递和买菜统一送上门；隔天帮忙扔一次家庭生活垃圾。这仅是一个最普通不过的小区，所有工作由业主自发报名的志愿者完成，而朋友在隔离解除之后，也自发加入了志愿者的队伍，给新返杭需要隔离的家庭送快递和倒垃圾。

　　这样的组织并非出于社区自上而下的要求，也非依托于个人道德素养的高尚，而是在信息透明公开、规则清晰明确、体系运转有效的前提下，所形成的互助和互惠的个体选择行为。

　　与此形成鲜明对比的是，北方某社区在 2 月 20 日发出通知，要求各小区人员车辆凭借身份证统一办理临时出入证，引发小区业主一片喧哗和反抗。一是通知依循的政策是早在 1 月底就下发的防控通告，在半个多月期间，有物业的小区已经采用门口发放和收回不记名式出入证的方式进行人员管控，没有门禁和物业的老旧小区却囿于人力所限难以严格管理；二是政策"一刀切"，对已经实施临时管控措施运作良好的小区也要求收回原有方式，统一制作临时出入证；三是办理现

场造成人群集聚现象，存在潜在风险。

可以看出，各个城市社区治理的软实力在这一场没有硝烟的战争中一览无余。事实上，良好的社区治理并非简单的一句口号、一声命令、一个动作，它需要对每类社区空间具体情况的精准识别，对多方参与者和利益相关方的精心组织，以及对实施步骤和行动的精细化安排。这体现了软实力的治理背后，是对每一位使用者的充满了人文关怀的考虑。

2 面向健康和韧性的硬环境优化探索

与讨论得热火朝天的治理体系不同，建成环境及公共空间的规划设计优化在"如何化解这场灾难"这一话题面前一度是失语的。但是，事实证明，武汉的数十座"方舱医院"改建和"两神山"医院的建设，大大缓解了新冠疫情下医院收治病患的压力；香港淘大花园的案例，拉响了居住建筑卫生基础设施标准的警钟；专家学者通过气流模拟公共空间人群密集状态下的气溶胶传播模式进行宣传教育；等。未来，从"疫前防控"和"疫后修复"的角度来看，建成环境及公共空间大有可为之处。

在建筑层面，探索应对公共卫生应急响应的建筑改造的技术标准及相关要求。特别是大型公共建筑，在特殊情况下的改建、加建和扩建与特殊需求技术标准之间的适配度，以及实际使用中存在的问题，均有待评估和反馈改进。在场地层面，有待展开对组群布局的性能模拟优化的分析和快速评估体系研究，并在可持续场地规划设计方法

技术方面有更统筹的考量。在片区层面，通过公共空间布局和空间组织，提升城市的物理健康性能和社区人群心理健康能力，同时也通过硬环境组织鼓励步行、健身锻炼、人们更健康的生活方式。在城市层面，考量都市圈、城市规模、绿地体系、生态容量、健康物质环境在群体公共卫生事件中的角色与作用，都会成为未来需要研究的方向。

诚然，应急情况不会是生活的常态，但如何减缓并适应极端特殊情况，是衡量城市鲁棒性和恢复力的重要标尺。未来的公共空间规划设计将会在其中发挥重要的作用。

3 从个体选择到群体共治共享

健康城市的细胞维度是健康的个体。在新冠疫情之下，几乎所有人的生活方式都被动或主动地发生了巨大的转变。云端办公成为常态，考验的不仅是远程协作的办公组织安排，也是个人时间管理和协调的能力；线上购物成为主流，旷日持久所形成的习惯将会继续带入"疫情后时代"，并继续催发新一轮的经济；人们对个体健康的需求和重视也将在疫情结束之后带来对户外体育健康休闲的新一轮热潮。

除此之外，还有一类以业主为基础所形成的各类共治共享的群体。美国森林服务组织显示，与纽约市的500多个社区花园并存的，是2800个公民管理组织，这些组织依托于62个社区，来源于社区，但管理和共治的范围又不局限于社区的辖区范围，已经成为绿色基础设施和公共空间体系治理中的重要主力。

而在疫情的当下，依托新媒体交往技术，我国各个城市的小区都萌生除了不同于单一业主群的群体组织，有的是居家团购群，有的是志愿者管理群，有的是楼门栋群，有的是小区绿化群……既有和居家生活相关的，也有和社区治理相关的，这类群体催生于个体线上购物的需求和社区治理之下，在购物方式上区别于大平台电商购物，具有因社区地缘而形成的信任度；在事务协商上区别于传统小区的业委会，依托新媒体具有沟通的灵活优势。在未来也有可能成为新的群体共治共享的主力团队。诚然，在疫情之下，城市、社区和个体均采用了"非常时期"的操作方式，但相信仍然会对将来的城市和社区生活带来长远的影响。

疫情逐渐减缓，但仍在继续，生活也没有停止向前的脚步。但当疫情过去，一切会恢复正常，又会和从前有所不同——未来城市的吸引力和宜居度的评价和选择，将会因"健康"的判断，而有新的标准；而我们的规划和治理，也将会有新的持之以恒的方向。

梁思思　清华大学建筑学院副教授，中国建筑学会建筑策划与后评估分委会副秘书长、理事

疫情之下全球公共卫生安全治理的思考

2020 年 3 月 15 日　　李凌月

1　COVID-19 全球大流行拉响公共卫生安全治理警报

2020 年 3 月 11 日，世界卫生组织（WHO）宣布 COVID-19 疫情已具有"全球大流行（pandemic）"特征 [1]。全球大流行是世卫组织传染病应急机制中的最高等级，旨在请求所有国家启动并升级应急机制，向公众宣传病毒的风险，以及如何保护自己。此次 COVID-19 是继 2009 年甲型 H1N1 流感后世界卫生组织又一次"官宣"最高等级的疫情传播，拉响了全球公共卫生安全治理警报。全球化时代，一个国家的公共卫生突发事件距离影响其他国家仅几小时之遥，有可能造成广泛的死亡和经济损失。这使得全球卫生治理成为迫切的安全问题。

自 14 世纪以来，全球公共卫生安全治理经历了单方检疫规定（1377~1851 年）、卫生会议（1851~1892 年）、国际卫生公约和国际卫生组织（1892~1946 年）到具有国际领导地位的世界卫生组织（1946 年至今）四个阶段的发展，正受到全球化（例如新《国际卫生条例》的限制），

外交（例如全球卫生安全组织的扩散），政策工具（例如全球卫生法，人权和卫生外交）以及因疏漏暴发疫情的挑战（例如生物恐怖主义和禽流感／猪流感）[2]。事实上，疫情发生对全球公共卫生安全治理造成的挑战因其紧迫性、时效性和广泛性长期以来一直是各国公共卫生研究人员关注的焦点，如何在 COVID-19 流行之际提供更有效的卫生安全治理措施是目前各国政府、世卫组织以及研发机构和药企等面临的现实问题。

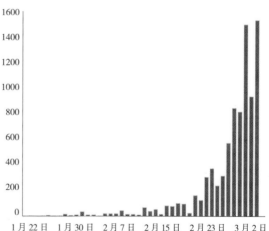

图 1　中国以外地区新型冠状病毒每日确诊数
图片来源：世界卫生组织

2 疫情暴发与全球公共卫生安全治理挑战

从此次 COVID-19 以及之前的 H1N1、埃博拉疫情暴发期间来看，全球公共卫生安全治理主要存在多主体利益协调、公共卫生投入滞后和政策制定的复杂性等多方面的挑战。

2.1 多主体利益协调

全球公共卫生安全治理涉及多国政府、世卫组织、多边组织、人道主义组织、慈善机构基金会、学术机构、制药和诊断公司、民间团体和个人专家等多主体行为者的利益。这些利益相关者具有自己的既得利益、意识形态、能力、任务和权限。在 2014~2015 年西非埃博拉疫情暴发期间，这些利益相关者没有得到很好的协调（如相关领域研究者有时会争强好胜，争夺知名度），致使根据《国际卫生条例》建立的全球体系以及与流行病相关的研究管理未能按需发挥作用，酿成悲剧 [3]。此外，虽然过去的疫情已经有开展政府与企业或民间社会的公私合作，以补充官方对策，但在这方面的努力通常是临时性的，仅限于传统合作伙伴，并且很大程度上是在疫情实质性发展之后才开始，合作也受到与沟通和协调有关的不确定性的挑战，降低了公私合作在疫情中的效能 [4]。

2.2 公共卫生投入滞后

尽管越来越多的证据表明公共卫生具有经济和社会效益，但世界各国政府在公共卫生方面的投资却大大不足。用于公共卫生的资金往往是应急性的，这使得政府在面临突发公共卫生事件时，

Program	Funding source(s)	Year(s)	Funding level	Prevent	Detect	Respond	Recover	Details
CEPI	Wellcome Trust, Gates Foundation, Japan, Germany, and Norway	2017–2022	$560 million (as of 2017)			✋		Vaccine development; $1 billion target for first 5 years
Contingency Fund for Emergencies	WHO member contributions (17 countries have contributed to date)	2015–	$69 million received (as of June 2018); $100 million target for 2018-19			✋		Separately funded component of the WHO Health Emergencies Program; rapid response to health emergencies: up to $500,000 mobilized within 24 hours; $21 million utilized in 2017 in 23 countries
Gavi	Governments, Gates Foundation, private sector	2016–2020	$9.2 billion in donor contributions and pledges	☣*		✋	📷	Immunization delivery (includes health system strengthening aspects)
GHSA	G7 nations	2014–2022	>$1.44 billion	☣	🧪	✋		GHSA itself does not allocate/ appropriate funds; support is allocated by countries under the principles of GHSA to advance prevent, detect, and respond capacities
Pandemic Emergency Financing Facility (PEF)	World Bank	2017–2022	$320 million (Class A pathogens: $225 million, Class B: $95 million); separate cash window			✋	📷	Surge financing (insurance window + cash window) in response to activation criteria (outbreak size, spread, and growth); premiums and bonds financed by donor governments
Pandemic Preparedness Plans	World Bank IDA18 Replenishment	2017–2020	Dependent on client country requests			✋	📷	Support to 25 IDA countries to develop frameworks for governance and institutional arrangements for multi-sectoral health emergency preparedness, response, and recovery
WHO Health Emergencies Program	WHO member states	2016–	$485 million requested for 2016-17 (73% funded)		🧪	✋		Core budget for essential functions, plus an appeals budget that covers additional work in response to acute and protracted health emergencies

图 2 为全球卫生安全而动员的全球主要资金来源（已收到或需要的资金）（2015– ）
图片来源：EcoAlliance

难以在疫情暴发前或暴发初期获得充足的公共卫生资金或对资金进行有效调配，以遏制疫情。以世界卫生组织的疾病暴发应对预算为例。在 2003 年 SARS 暴发，2006-2007 年 H5N1 病例高峰，2009 年甲型 H1N1 大流行和 2014 年埃博拉疫情暴发之后，应急资金大幅度增加。但是，SARS 发生仅两年后，应急预算降低了 5％；甲型 H1N1 感染 3 年后减少了 25％（参考文献 [5]；世界卫生组织 2013 年预算报告）。

2.3 政策制定的复杂性

公共政策专家的知识构成具有不确定性和局限性 [6, 7]，因而面对公共卫生问题时，往往难以在第一时间以知识和专长作出促进健康的政策决定。因此，制定公共政策既不是线性过程，也不是唯一合理的过程。以公共卫生问题为中心的实证研究表明，仅凭科学证据不足以说服决策者 [8]，因为在决定政策时，虽然公共卫生假设健康因素是（或应该是）公共政策决策的主要决定因素，然而在决策时，各国政府必须平衡和协调多个总体目标，除了健康问题外，决策者还必须权衡经济和环境挑战。

3 疫情应对与全球公共卫生安全治理建议

3.1 更具包容性的协调框架

在疫情期间，需要更具包容性的安排，使涉及范围更广的行为者的利益跨越或忽略国家边界，以便可以通过商定的规则和制度采取集体行动。美国国家科学院、工程和医学研究院关于埃博拉流行病临床研究的报告建议创建"国际应对框架"，为重大流行病建立可行的治理和实施安排，特别是针对流行病之间的协作计划、协调机制以及在暴发期间的快速反应做出安排 [3]。此外，世卫和有关组织亦建议将研究更好地纳入流行病防范，成立磋商筹资准备国际工作组，建立预防和应对流行病的全球研究与开发协调机制。

3.2 公共卫生策略的政治适应

公共卫生投入的缺乏很大程度上源于其举措和效果是长期而隐性的（通常涉及疾病预防，健康统计和作用机制），但政府或领导必须在选举周期或任期内展现政策的显性影响。在这一点上，不同政体面临相似的困境。公共卫生需要重新思考其策略并通过建立投资公共卫生的政治理由来争取政策倾斜。其中较为重要的一点在于使公共卫生问题和利益显性化，将健康及其相关的经济和社会论据以适应政策话语、便于理解和可感的方式呈现，以应对决策网络的复杂性。

3.3 提高疫情期间信息透明度

疫情期间提供免费、未经审查的零次信息，尤其是有关疾病的预防、控制和治疗的信息对疫情控制必不可少。这包括表达投诉、质疑政府做法和政策以及阐明问题的自由和权利。一方面，疫情信息透明有助于公共问责和对政策的纠偏；另一方面，更好的协调和透明的流程，能够使更多的利益相关者参与进来，就工作目标和工作原则达成共识。这对于在全球范围内建立合作机制以确保公众健康具有重要的国际意义。

3.4 公私合作成为可选途径

私人领域常因其牟利特征而被公共卫生治理边缘化。本文认为，应帮助私人部门正确理解公共卫生风险，督促其减少暴露、提高抵御力的同时，为公私合作提供机会，以加强全球卫生安全。传染病暴发也许不可避免，但它们造成的经济损失却并非不可避免。私人部门可出于商业利益提前部署防控方案，帮助减轻传染病对人类健康和经济方面的潜在破坏性影响。

4　结语

在 1918 年流感大流行 102 周年之际，人们很容易相信世界已经见证了最严重的流行病。然而，随着人口密度增加，贸易、旅行的频繁，森林砍伐以及气候变化等环境问题频现，流行病风险的新时代已经开始。在过去的 30 年中，流行病的数量和多样性一直在增加，如何做好全球公共卫生安全治理应对已成为新时代人类无法回避的问题。

参考文献

[1] BBC. 肺炎疫情：世卫组织为新冠定性—全球大流行. 2020, BBC.

[2] HOFFMAN S J. The evolution, etiology and eventualities of the global health security regime[J]. Health Policy and Planning, 2010, 25 (6): 510–522.

[3] PETERS D H, G T KEUSCH, J COOPER, S DAVIS, J LUNDGREN, M M MELLO, O OMATADE, F WABWIRE-MANGEN, K P MCADAM. In search of global governance for research in epidemics[J]. The Lancet, 2017, 390 (10103): 1632–1633.

[4] FORUM W E, Global Health Security: Epidemics Readiness Accelerator. 2020, World Economic Forum.

[5] HOFFMAN S J, J-A RøTTINGEN. Split WHO in two: strengthening political decision-making and securing independent scientific advice[J]. Public health, 2014, 128 (2): 188–194.

[6] SABATIER P. Theories of the policy process[M]. Routledge, 2019.

[7] HOWLETT M, A MCCONNELL, A PERL. Weaving the fabric of public policies: comparing and integrating contemporary frameworks for the study of policy processes[J]. Journal of Comparative Policy Analysis: Research and Practice, 2016, 18 (3): 273–289.

[8] FAFARD P. Public health understandings of policy and power: lessons from INSITE[J]. Journal of Urban Health, 2012, 89 (6): 905–914.

李凌月　同济大学建筑与城市规划学院城市规划系助理教授，中国城市科学研究会健康城市专业委员会副秘书长

大疫之后的健康服务体系建设

—— 再谈区域卫生发展规划

2020 年 3 月 15 日　　杨洪伟

随着我们越来越接近"抗疫"战斗全面胜利，人们除了反思我们治理体系和治理能力方面的短板，也开始思考如何加强公共卫生突发事件应急体系建设和医疗卫生体系建设。这篇短文就是为了加强和改善医疗卫生体系，更好地实现为人民健康服务的目标而提出：我们需要认认真真地落实区域卫生规划（Regional Health Planning, RHP）。下面就这一政策主张提出几点看法。

1　为什么要重提实施区域卫生规划

我们今天重提实施区域卫生规划的政策建议，主要是基于以下几点考虑。

1.1　医疗卫生体系的问题始终没有解决

"目前我们的基本诊疗模式仍然是以到医院看病为主，是一个效率低下的落后模式。但是，这个模式在医改之后仍然在不断地加强。原来提到的以社区为主的分级诊疗模式没有实现。这背后的原因要深入地反思和考虑。这次武汉之所以引起大规模的交叉感染，与此有很大关系，值得下一步探讨。"[1] 直白地说，就是我们医疗卫生服务体系存在的问题始终没有得到根本的解决，这些问题仍然是：资源配置不合理，体系的整体效率和绩效水平不高。

1.2　发展阶段要求我们必须转变发展模式

2019 年，我国的 GDP 总量接近 100 万亿人民币，人均 GDP 达到 10000 美元，尽管我们仍然是一个发展中大国，但就收入水平而言，我们已经进入了中高收入国家的行列。处于这样的发展阶段，我们的物质资本的积累水平早已超过了靠简单的增加投入、提高供方能力就可以推动发展的阶段。如果我们仍以提高供方能力的思路、以解决资源短缺问题的方式、依循简单的增加供方投入的路径来对待今天的问题，结果只能是事倍功半。回顾这几十年的发展历程，特别是 2009 年的医改启动后的历程，我们可以看到，卫生总费用逐年提高，政府卫生投入力度持续加大，但卫生问题没有解决。这就是以上论断的最好证明。

为了解决中国的问题，世行、世界卫生组织的建议是：实施"以人为本的、整合的服务模式（People Certred and Integrated Care，PCIC）"。这是一种围绕居民及其家庭的健康需要组织服务的提供模式，这一模式有效运行的基础是强有力的基层卫生服务体系。这里，"整合"就是一个非常重要的环节，也是卫生改革的核心任务。正确理解并合理实施区域卫生规划，就可以很好地解决整合的问题。

1.3 区域卫生规划仍是一个可期待的政策选项

区域卫生规划是在一定的区域内，根据自然生态环境、社会经济发展、人群疾病负担、主要卫生问题和卫生服务需求等因素，确定卫生人力资源、物质资源的优化配置。他通过改善和提高区域内卫生服务质量和效率，向全体居民提供公平、有效的卫生服务。他的目的是从区域的实际出发，优化配置、有效利用资源，改善和提高医疗预防保健综合服务能力，逐步满足人民群众日益增长的健康需求。它是区域经济与社会发展规划的组成部分，是各级政府对卫生发展实施宏观调控的重要手段，是卫生资源合理配置的依据。他也是区域内医疗体系和机构建设的指导性、基础性的设计依据。从区域卫生规划的这种属性上看，只要我们坚持从人民群众的健康需求出发、坚持以需求确定产出和投入、强调系统的功能整合和整体效率、优化配置卫生资源，以"以人为本的、整合的服务模式"为特征的优质高效的医疗卫生服务体系是可以实现的。

2 怎样理解区域卫生发展规划

1985 年，我国政府与世界银行合作，实施了第三个世界银行贷款的卫生发展项目。项目旨在利用贷款在江西的九江、浙江的金华和陕西的宝鸡实施综合性区域卫生发展项目。自此，区域卫生规划的理念、理论和方法随着项目的实施而引入我国。几十年来，我们始终把区域卫生规划作为政府对卫生发展实施宏观调控的重要手段和卫生资源合理配置的重要依据来开展研究，探索实践，可以说取得了丰富的成果。但是，我们却很难说他对卫生事业的科学发展发挥了多少作用。这主要是由于我们没有充分认识和全面发挥区域卫生规划的功能。今天，当我们重提这一政策主张的时候，我们应该怎样认识他呢？主要有以下两点。

2.1 他可以促使我们形成以需求决定供给和供给模式的思维方式

我们在经历了长时期的计划经济体制和较长时间的以增加供方投入驱动发展的阶段，形成了一定的思维惯性。我们在今天重提区域卫生规划，就是强调：区域卫生规划不仅是具有原则性的宏观指导的文件，更是具有体系构建和机构建设的指导性、基础性的设计依据。这要求我们摒弃供方投入的思维，形成从需方入手寻求区域卫生服务体系设计、资源配置和机构建设方案的思路。

2.2 他可以促使我们形成以体制机制创新推动发展的发展模式

这话听起来很大，但在我们所讨论的问题上，就是用好区域卫生规划，努力实现好体系内各类机构的合理设置和功能"整合"，改进服务模式，提高体系的整体效率；就是以体制机制创新推动整合、改进模式、提高效率，实现卫生事业的良性发展。

形成上述思维方式和发展模式，要求我们进行一些根本性的、也是艰难的改变，因为他真的跟我们熟悉的思维方式和行为方式不一样。

3 怎样在新时期实施好区域卫生发展规划

用好区域卫生规划，就要使这个规划能够提供以下几个主要方面的信息，发挥"宏观指导"和"设计依据"的功能。

（1）需求分析：区域内居民健康总需求，并将这种需求转化为各种医疗卫生服务，形成需求类别（包括应急响应）和数量。

（2）体系构成：区域内的服务体系由几类机构构成，机构类别与需求类别相对应，确定各类机构的功能。

（3）机构分布：根据区域内条件、人群分布以及服务需求数量，提出不同类别的机构的数量

及地理分布位置。

（4）配置标准：各类机构的人力资源和装备的配置标准。

（5）功能整合：各类机构间的功能衔接和服务整合路径。

在当前的形势下，实施好区域卫生规划还应注意以下几个问题：

（1）在规划时，要充分利用现代科学技术和理论，如地理信息系统（服务区域划分）、人群移动模式研究及可视技术等。

（2）在规划时，要特别注意机构功能的衔接和服务的整合，这是新时期区域卫生规划的显著特征。

（3）在规划时，要淡化医疗机构的等级，重视医疗机构承担的功能和提供的服务。

（4）区域卫生规划应该与医院的设计规范和建设标准很好地衔接，充分体现"设计依据"的功能。

注释

[1] 薛澜．加快公共卫生应急管理体系变革在"以人民健康为中心的公共卫生体系治理变革"专家网络座谈会上的发言．

杨洪伟　国家卫生健康委卫生发展研究中心原副主任，中国城市科学研究会健康城市专业委员会委员

健康
城市

规划与治理

导读

当前新型冠状病毒感染的肺炎疫情严峻，我们需要共度时艰，一起努力控制疫情；也需要科学理性思考本次疫情的多个方面，反思和展望。中国城市科学研究会健康城市专业委员会和健康城市实验室启动系列推送，促进跨学科合作交流，推动多个学科共同探讨，从健康行为到健康环境，规划建设健康城市。

加强健康社区建设，应对新冠肺炎流行

2020 年 1 月 31 日　　袁　媛

在 2019 年中国城市规划年会上，笔者组织了一场学术对话"健康社区：设计与治理孰轻重？"，呼吁规划学科和从业者关注健康社区规划设计与治理，没想到挑战来得如此之快……

新型冠状病毒肺炎疫情的发生，改变了中国人千百年的春节传统。热热闹闹的走亲访友、拜年聚餐被宅在家里、足不出户所替代；公交不敢坐、大商（卖）场不能逛，只能偶尔去步行范围内的超市、菜场补个货，到附近小花园放个风；大家齐心协力地在社群里监督、核查外来车辆和人流的进出情况。

一场传染病流行，让社区又一次在生活中如此举足轻重……

早在 2016 年卫健委大会上，国家提出，"要把人民健康放在优先发展的战略地位"，对"健康中国"战略作出全面部署，健康社区建设又是"健康中国"战略落实的有效抓手。

在应对传染病暴发时，社区可以在防控疫情、及时分诊、监督核查方面发挥积极作用，是维护社会稳定、发挥居民参与的核心单元。在常规时

期，对于提升环境卫生状况、改善居民活动水平、增强居民体质方面，社区又可以发挥宣传、监督、协同的作用。

因此，我们呼吁在社区治理、社区医疗和社区活动空间三方面加强健康社区建设。

1　提升社区治理水平

对于传染病的防控，治理水平比治疗水平更加重要。

马尔堡病毒（与埃博拉病毒同属丝状病毒科）具有高度传染力，在非洲刚果民主共和国、安哥拉导致数百人感染、致死率较高，而在德国却只有十位数发病、个位数死亡。诚然，治愈的效果与医疗水平相关，而强大的治理水平则是防控传染病暴发、维护社会稳定的关键。

提升社区治理水平包括：以社区为基本单元，将病情监控、防控措施的宣传落实到户、到人；群策群力实现对外来人员、车辆进出的报备排查和跟踪管理；居民实时参与监督对来自疫区人员

或疑似病人的居家隔离；真正面临封城时，社区居民之间（尤其对弱势群体）在出行、购物等方面的相互支持。高效而富有人情的社区治理是阻击疫情的第一道网。

疫情时期的社区治理，需要居民的有效参与和支持，而这一切的前提是居民对社区真正有归属感、认同感和责任心。城乡研究、社区规划领域都可以就改善社区认同和归属感、提升社区治理水平做出相应的贡献。

2 加强社区医疗设施配置

本次疫情突出的问题之一是医疗资源紧张，在呼吸道传染病大规模暴发时，按照常规情况下服务人口配置的市级医院、专科医院床位明显不够，接诊和就诊不足带来的恐慌甚至大于疾病传播本身。社区医疗设施规模、物资配置、人员配备水平有限，不可能成为治愈疾病的场所，但是可以为减少社会恐慌发挥作用。

加强社区基层医疗设施配置包括：完善防护设备和物资储备，提高医疗信息（与专科医院、疾控中心）的联通能力，为城乡社区医疗中心规划设计紧急时期可以有效分区、隔离的空间。这样在传染病暴发初期，社区基层医疗中心可以迅速调动起来，提供疾病初步检测和筛查，并通过信息联通及时反馈检测结果、提出分诊和就医

建议，成为应对大量求诊或疑似病人的第一道堤坝。

3 完善社区体育活动空间和活动路径

传染病暴发时，个体是否感染与其身体素质强弱密切相关；在没有特效药治疗的情况下，病毒感染型疾病的全治愈只能靠自身免疫力提高。本次新冠肺炎易感人群多为中老年人，危重人群多有基础病，更是证明了"加强体育锻炼、提升身体素质"是公共健康领域永恒的话题。

对于绝大多数城乡居民，尤其是老年群体，社区及其周边的活动空间和康体设施是可达性和使用率最高的地方。如何在社区规划层面，为居民提供增强体质的活动空间和活动路径，是规划师必须充分考虑的。倡导土地集约利用，居住建筑长高的同时，更要留出充足的绿地空间、滨水空间，成为居民日常的锻炼场所、疫期缓解压力的后花园，在更危难时刻可以成为就近隔离和防护的临时空间。在老旧社区更新中，更不能忽视公共健康的空间需求及其带来的社会效益。

危难时刻

向奋战在一线、抗击疫情的医护人员致敬

功在平时

各行各业都应有思考和改善的空间

袁　媛　中国城市规划学会青年工作委员会副主任委员，中山大学地理科学与规划学院 教授、博士生导师，教育部高等学校建筑类专业教学指导委员会城乡规划专业教学指导分委员会委员

规划健康

—— 疫情之下对城市空间的重新审视

2020 年 2 月 2 日   王 兰

新型冠状病毒感染的肺炎疫情严重，心情沉重。规划界对于健康城市的研究在陆续开展，但更多集中在慢性非传染性疾病（糖尿病、心血管疾病、抑郁症等）。规划师可以做的是设计能够促进体力活动和社会交往的高品质空间，进而减少人们的基础病，增强体质，提高免疫力。而这次传染病疫情，值得我们重新审视城市空间，我们如何更好规划健康城市？

1 规划在传染性疾病预防方面的努力

城市规划其实起源于人类对健康诉求的回应。传染性疾病曾经是现代城市规划关注的焦点问题。流行病学的创始人 John Snow 早在 1854 年追踪伦敦霍乱暴发的原因时，发现被污染的水井是源头，说明城市公共设施与疾病的蔓延密切相关。美国早期工业城市的城市人口快速扩展、居住拥挤和卫生条件恶劣，也带来霍乱、黄热病等传染性疾病的反复出现。1916 年的《区划法》对于日照通风的规定、功能分区将具有污染性的工业用地与居住用地

进行隔离、给水排水等基础设施建设均是确保公共卫生条件的举措。城市规划正是作为地方政府确保城市公共健康、减少传染性疾病的重要方式而出现。

随着基本卫生保障的逐步到位，传染病大规模传播事件的大幅减少，传统传染病（例如天花、霍乱、黄热病等）的基本消失，当前城市规划时并没有充分考虑到新型传染病（例如 SARS 和登革热等）的影响。我们需要更多应对传染性疾病的空间研究和设计应对。

2 传染性疾病的传播

根据流行病学，传染性疾病的传播包括生态学过程（Ecologic Process）和社会过程（Social Process）。在城市区域的交通体系还未发展起来时，疾病主要通过空间的邻近效应而传播；当前传染性疾病是在更为发达和综合的城市网络连接中流动，城市区域结构的变化影响着社会过程为主体的传播方式。新型冠状病毒感染肺炎的传播方式正是主要依赖社会过程，因此我们的城市网

络关系、交通方式和应急系统影响着疾病的蔓延。

同时，影响传染病传播的环境分为远端环境（Distal Environment）和近端环境（Proximal Environment），其特征和变化影响着疾病的传播方式。城镇化、沙漠化和大型项目建设等属于远端环境，而风速、密度和接触等为近端环境。城市规划在近远端均存在一定干预的可能：远端考虑城镇化和大型交通枢纽设施选址带来的系统性影响，近端可能通过优化微观空间设计，降低污染暴露。面对本次新型肺炎，我们需要重新审视空间的"健康性"，思考城市空间系统对于健康结果的潜在作用。

3 规划师可以做什么

健康是人的基本诉求。在不同层面规划、不同类型项目中，人的需求会因经济条件和社会文明水平的发展而不断提高。我们需要在空间规划充分考虑方案对公共健康的正负面健康效应。

"健康风险叠加分析"明确空间要素对公共健康的负面效应。可将公共健康的多种负面影响因素进行系统叠加，例如污染源、热岛、潜在病原体等，综合分析评估规划区域内的健康风险点，开展防护、预防和应急规划。

武汉人口密集区、紧靠火车站的华南海鲜市场，不仅在于其内部出售大量野生动物，导致病毒具有了跨界传播的可能，其本身设施位置也使病毒的传播范围和概率增大。尼帕病毒则推测是

人类在蝙蝠栖息地附近建设养猪场，导致猪吃了蝙蝠啃咬过的水果，造成猪的感染，进而传播给人类。部分传染病中病毒的宿主是家禽，例如禽流感（H7N9）等，则涉及社区菜市场等设施。因此空间规划中需要充分考虑不同功能设施的潜在健康风险，与公共卫生部门一起明确特定设施的去留、布局和应急措施。

"健康要素品质分析"明确空间要素对公共健康的正面效应。致力于减少慢性非传染性疾病，提高生命机能和免疫力，引导健康积极的生活方式。可分析绿地和开放空间、街道空间品质、慢行系统等对体力活动和社会交往的促进作用，让人们可以在城市中更便捷舒适地步行、骑行、跑步锻炼，强身健体。同时涉及林地、水域等自然要素在市域整体空间布局中对健康的积极促进作用。

4 结语

当前疫情应该让我们规划师再次重视空间的"健康性"，积极参与到更多推进公共健康的工作中。例如正在开展的新型冠状病毒感染肺炎专用医院、各级发热初诊和检查点的选址，需要规划的支撑，在城市发展的整体层面上考虑，降低其本身的健康风险。更重要的是，把"健康意识"纳入日常规划编制和实施。健康城市不仅是市政设施、不仅是医疗机构，更是一套能提供宏观和长远公共健康保障的城市系统。

王　兰　同济大学建筑与城市规划学院教授、博士生导师，中国城市科学研究会健康城市专业委员会副主任兼委员，健康城市实验室主任

建设安全的日常生活空间

2020 年 2 月 4 日　　李　郇

新型冠状病毒来势汹汹，打乱了所有人的日常生活。这一次的疫情，似乎比 2003 年的非典来得更加严峻。在春节这个走亲访友的日子里，人人在家自我隔离，城市道路空旷如野，高铁褪去了昔日拥挤的返乡人流，偌大的广场只停留两三只晒太阳的小鸟……那些宏大的城市建成环境，因为这场疫病都与我们隔离了。

在新型冠状病毒和当年的非典事件中，有一个共同的关键词：菜场或农贸市场。疫情出现时，菜场（华南海鲜市场）及其贩卖的野味被认定为"罪魁祸首"，病从口入引发了人们的反思；在家自我隔离时，正常营业的菜市场，又成为人们维持日常生活的关键；封城封路时，人们对短缺的恐慌，引发了菜场的物资哄抢……无论何时，我们日常的衣食住行都与菜场息息相关。

如何建设安全的城市？

如何赋予城市抵御灾害的力量？

这一切都可以从最为日常的生活空间

菜场说起

菜场是中国传统的日常生活空间。从传统的赶集，到现代的市场，菜场既是市民日常生活中的最早、最集中的公共空间，也是城市繁华图景的重要象征。著名的"清明上河图"，描绘的就是当年汴梁赶集的场景，人山人海，热闹非凡。

菜场是社区中各种人接触最多的地方。对我来说，每天早上上班路上和卖肠粉的"say hello"，和卖豆腐的说"早晨好"，下班后和卖菜的湖南大姐讨价还价（她儿子后来上了广东工学院计算机系），买小笼包的安徽人回家盖了一栋大房子，疫情出现前几天在中山大学北门口遇见原来小区照相馆的老板娘，这些细节都已经融入了个人的日常生活。

菜场是一种气味、色彩和材料的拼贴。对菜式和口味的想象，需要最大限度地调动人的各种感官。在菜市场买菜的人们，无论来自什么行业，都脱离了社会赋予的身份，变成了需要吃饭、喝水的普通人。一袋米、一棵青菜、一条鱼，便是日常的生活。

我们曾经做过一个社会调查，老百姓们普遍

认为，传统的菜场比大超市更加具有人情味。但传统菜场在日常生活空间里面确实太过平凡，平凡到无所谓了。我们习惯了菜场的嘈杂、吆喝、人挤人的热闹、不干净的地面、不完善的排水设施和卫生管理，以及弥漫在空气中各式各样的味道。在这个人员密切交流的空间里面，人们享受着如传统农村一般具有"烟火味"的生活方式。但事实上，高密度的档口、各类混杂的动植物、高流动的人群和高浓度的各种气味，都成为菜场不可忽视的居民生活健康安全的隐患。

SARS 和禽流感事件之后，传统菜场不再允许贩卖野生动物和活禽。但这次的新型冠状病毒，再次把传统菜场推到了风口浪尖上，菜场的改造也将提上议程。是一拆了之？还是进入同样拥挤不通风而且标准化的超市？什么样的改造才是好的改造？

美国西雅图的 Pubilc Mark 海鲜市场还保留着从传统农贸市场沿袭而来的传统，卖鱼的吆喝和抛鱼的表演成为现代都市独特的景观。三文鱼、阿拉斯加皇帝蟹等海鲜，不仅是当地人饭桌上的美食，也是各地游客舌尖上难忘的记忆。除此之外，纽约的切尔西市场、台湾的士东市场、广州的竹丝岗市场，现在都成了时髦的"网红打卡点"。原来，菜场不止"脏乱差"，也能变得"高大上"。

实际上，菜场的"烟火味"已经开始感染都市的年轻人，形成"治愈"的空间。五颜六色的蔬菜和各式鱼虾肉给予个人感官上的愉悦，其实是人与自然在城市中的互动。在与买菜的阿姨讨价还价的过程中，人的善意自然而然地发生了。送一把葱，要一把蒜，这种与陌生人的亲密联结，总是让人倍感温暖。菜场并非良药，但同样有"治愈"的功效。它帮助人们重建混乱生活中的秩序感，远离种种理性与抽象，忘记快节奏而忙碌的工作，回归到具体而琐碎的日常生活。在获取、处理和烹调食物的简单劳动中，人们得以对抗混乱的工作时间，重新获得对日常生活的掌控力，懂得生活不过是简单的一饭一蔬。

菜场的改造，既要保障日常生活的安全，也要保留迷人的"烟火味"。改造菜场，让它变成人们日常生活中安全的城市空间，让它焕发出千年的魅力！

首先，安全永远是第一位的。让我们的日常空间安全起来，从严禁卖野生动物开始。菜场应该遵守国家关于家禽买卖的一切规定，人和自然的共生可以从菜场做起，让菜场成为市民安全生活的保障，而不是疾病传播的起点。

菜场不能再是高密度和"脏乱差"的公共场所。干净整洁的环境是改造的基本要求：改善摊位的卫生条件，重新组织排水设施，保持菜场地面的干燥，实施严格的卫生管理条例，建立垃圾清运服务系统，建立顺畅的通风系统，保持场内清爽无异味，同时可以用艺术设计激活每一档摊位，让每一根青菜和每一条鱼鲜活起来，让每一个档口都为自然界代言。

但这些还远远不够。安全生活方式与每个人相关，更重要的是买菜的、卖菜的人自觉改变自己在菜场空间的行为。卖菜的人每档都要做到"门前三包"，买菜的人都自觉抵制、检举不法交易，正如"没有买卖就没有杀戮"的口号。在菜场里，充分体现人与自然的和谐关系，把社会治理落实到日常生活空间。

最后，把菜场营造成有魅力的场所。在钢筋水泥的城市中，唤醒人们内心对于市井的想象；在日常买菜与吃饭的过程中，体会更安全、更环保、更天然的劳动过程。通过挖掘和保护地方文化，摒弃全球化裹挟而来的大规模、一次性消费，构建最具本地特色的消费空间，防止菜场被同化为超市中千篇一律的货架。让菜场犹如城市的心脏，永远保持生命的鲜活。

经历突发的公共危机事件之后，我们总要对居住的城市改造一番。SARS 事件后，各大城市建立了专门的发热门诊，北京建成了小汤山医院，香港对城市小气候作了研究；汶川大地震后，城市有了紧急避难场所；雨季"看海"模式开启后，城市水浸黑点的治理也逐步推进。但不知道为什么，城市安全的规划建设仍然是大多数人的盲点，大部分日常生活空间的安全还是被我们忽略了。

过马路仍然是提心吊胆的事情，公交车候车亭不能够遮风避雨，凌乱的城乡结合部和背街小巷常常事故频发或杂乱无章，农村的老人无法就近看病，农村独栋小楼的卫生间无处安放……习惯了大规模的城市建设，我们应该回头看看：这些我们赖以生存的日常生活空间，是不是足够安全了呢？从人们生活的小事做起，从人们身边的事情做起，是建立安全城市的起点。

比尔·盖茨在 TED 演讲中说道，面对大规模病毒的暴发，"全世界都没准备好"。建设安全、健康的城市，不是被动地应对已有的危机，而是要先行一步，为未来的危机提供预案，为未来而规划。未来的日常生活空间，不再是微不足道的，必将整合在城市安全响应系统之下，成为人与自然和谐共存的载体，这也许是城乡规划建设"供给侧改革"的题中应有之义吧。

李　郇　中山大学中国区域协调发展与乡村建设研究院教授

新冠疫情下对可持续健康居住区形态的思考

2020 年 2 月 7 日　　黄鼎曦　刘斌全

1　看"疫况"分布图有感

随着新型冠状病毒疫情防控措施的不断深入推进，近日，广东的深圳、广州等城市都做到了对确诊病例居住社区或酒店进行每日更新报告。

图 1　疫情地图
资料来源：微信小程序——"疫况"截图

在浏览这些场所列表的时候，笔者发现一个值得注意的现象，报告中的居住社区以近 10 来年开发的商品住宅区居多，老旧小区、城中村社区反而少见。同时，笔者工作的广州市中，三个位于城市核心地段率先全面城中村改造建成的高密度社区（楼高 40 层以上）也名列其中。诚然，由于广东省病例绝大多数都是输入型病例，确诊病例所在社区的住户构成、疫情管控排查力度等因素对病例空间分布的影响可能远大于居住区形态，但出于规划工作者的职业敏感，这一现象还是触发了笔者在疫情防控战役胜利之后，通过更详实数据去发现内在规律的愿望。而在当下所能开展的，则是梳理出一些工作感悟。

2　高层住宅的健康可持续提升任重道远

在近期的网络讨论中，大家不免会将此次疫情与 2003 年的 SARS 疫情联系起来。专业自媒体也转载了十多年前香港同行事后对改善城市通风所进行的有益探索实践。

近期发现生活污水携带新型冠状病毒后，当年香港淘大花园社区疫情暴发的案例引发了热议。看到网络转发的这样一张感染示意图之后，笔者首先回想到的是10多年前SARS疫情后在香港的大学、商场等地体验到的物业管理部门的细致防疫，如电梯按键覆膜，定时消毒更换，酒精搓手液在公共场所多点充足供应等。

对这些精细物业管理措施的印象促使笔者近日很努力地去查找新加坡、我国香港这两个高密度高层住宅"领头羊"在住宅健康可持续设计上有什么具体举措。很遗憾，从政府公开文件和学术文献中可以发现，探讨的多是能源利用效率提升和促进居民形成体育运动习惯的设计策略，鲜见对紧急公共卫生事件的防控着墨。直接防控类似淘大花园等传染病社区疫病传播的举措只有寥寥几点：一是要求建筑设计中竖管天井或凹位要优化通风设计，避免病毒细菌累积；二是更换更高气密性设计的地漏；三是要求物业公司加强对破损管道的维护。

一座多层住宅，是一个涉及成千上万的构件和设备，拥有几百户居民的复杂系统，小到地漏

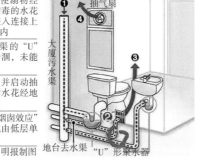

①带SARS病毒的便溺物经污水渠排出，带病毒的水花及昆虫经污水渠进入连接上下层单位的污水渠内
②厕所地台去水渠的"U"形聚水器因长期干涸，未能发挥隔气作用
③当浴室门关闭，并启动抽气扇后，带病毒的水花经地台去水渠抽进浴室
④在大厦天井的"烟囱效应"下，带病毒的水花由低层单位带上顶层单位

图2　2003年SARS从排水渠进入淘大花园单位示意
资料来源：香港《明报》网站

尚且会带来巨大的公共卫生风险，这足以警示我们要高度重视这个庞然大物整体生命周期中的各个细节，让整个系统都往更健康、更可持续的方向迈进。

继续谈我国香港特区的案例，近些年陆续又发生了公共房屋供水系统部件污染饮用水、老旧电梯伤人等公共安全事件，都需要特区政府紧急应对。近年来，遍及我国一到四线城市的各种"快周转"乃至土法上马的高层住宅比比皆是，对此更应未雨绸缪，为这些高层住宅真正脱胎换骨，成为真正健康可持续的安全居所作出谋划，付诸行动。

3　探寻可持续健康居住区形态的几个问题

3.1　更准确把握探寻居民健康和居住形态的关系

这方面的研究已经起步，但受制于跨部门的数据鸿沟，目前多做到的是单病种、特定人群的规律探寻（图3是笔者正在开展的某市儿童哮喘与居住区特征关系研究），获取覆盖更多病种的居民健康数据和更高粒度的居住形态数据（如居住大楼、单元形态）之间的规律挖掘仍有很多可以深入探究的空间。通过这次疫情的触动，希望能采取更积极而稳妥的机制，为把握这一领域的城市建设运行规律提供可能。

3.2　将健康视角和维度纳入新规划居住区形态决策要素

高层高密度居住区能解决土地资源紧张、能源消耗、交通、居住面积和土地增值反馈等众多

问题，也是目前大中城市开展旧村旧城更新的主导选项。但正如前文所述，在紧急公共卫生事件到来时，由于建筑本身系统的高度复杂性，可能会带来不可预见的风险；在高层居住建筑生命周期的中后期，维护成本风险、压力也很大。再考虑到目前正在出现的规划商业办公用途需求疲软，实际上以居住功能为主的普遍现象。因此，很有必要在当前的规划编制和住房供应机制改革中，

充分考虑健康、经济、可持续等要素，重新确立居住区形态的导向和居住用地供应、开发强度的基本原则。

3.3 运用数字孪生城市技术进行健康居住模式推演预警和智慧健康居住区建设

目前正在推进的从 BIM 到 CIM 的数字孪生系统构建，将能提供一个高粒度、立体化的数据支

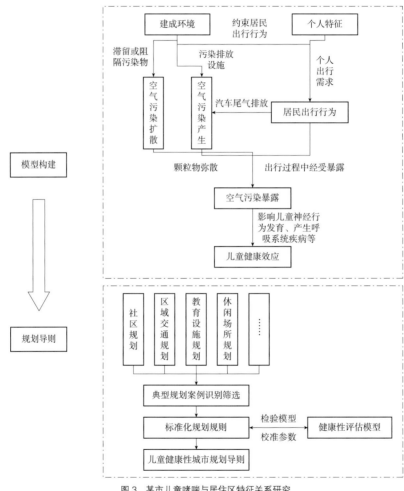

图3 某市儿童哮喘与居住区特征关系研究
资料来源：作者自绘

撑底板，通过将流行病调查、疾病分布等信息铆接于这个底板上，就可以实现健康信息、行为信息与实际居住单元三维形态的准确标定，为进行各种模式推荐、比选和健康事件预警提供基础。

同时，目前的 BIM 应用，多仅限于解决设计、施工阶段的关键难点问题，应用到全生命周期建筑管理的非常少。智慧家居的解决方案也仅仅处于家庭设备操控的初步阶段。在 5G 和物联网技术亟需更多应用场景的背景下，拓展 BIM 的建筑全生命周期应用，将居住区、住宅楼和居住单元内部的健康安全环境感知、支持设备维护和疫情监测预警等进行智慧系统集成，也势在必行。

黄鼎曦　广州市城市规划协会副会长兼秘书长、教授级高工，中国城市科学研究会健康城市专业委员会委员
刘斌全　广东省城乡规划设计研究院政策研究中心规划师

城市空间健康服务功能的构想

2020 年 2 月 8 日　　余　洋

一个看不见的病毒，让千万人口的城市变成寂静之城，让熙熙攘攘的街道寂静无声。看似超级复杂的城市好像停电的机器，有其形，无其质，而拔出电源的是一双无形的手。

新冠疫情像一场世界大考，看到了人间百态，查出了隐患万千。最需要被拷问的似乎是保障公共健康的基础设施到底在哪里？

如果用"公共健康基础设施"描述我们所需，核心内涵主要围绕医疗服务体系、健康政策、健康理念和健康生活。如果将城市空间视为承载对象，讨论其是否具有"健康服务功能"，发挥"公共健康基础设施"的作用，似乎是一个熟悉而又陌生的话题。

1　城市空间健康服务功能内涵

国内外已有大量的研究证实了城市空间能有效促进公众健康，提升大众公共健康水平，表明了城市空间具有一定的健康服务功能。但是，城市空间的健康服务功能并没有清晰具体的概念和内涵。

2003 年，世界卫生组织从个体健康与整体人居环境系统的关系角度，提出了影响健康幸福人居环境的"圈层"要素，正式将城市物质空间确定为影响市民健康的主要因子之一。根据世界卫生组织的健康概念（身体、精神、社会和道德层面的良好状态），城市空间的健康服务功能应涵盖生理健康服务、心理健康服务和社会健康服务。城市空间的健康服务功能不仅能够促进个体生理层面的健康行为，还包括改善情绪、促进心理愉悦、增进社会情感联系等。

1.1　健康行为

健康行为主要指体力活动，是任何由骨骼肌运动导致的能量消耗活动，对于维持健康具有重要意义。从行为目的角度分类，体力活动可表现为康体锻炼、休闲娱乐、静态休憩等。城市空间是这些活动的发生场所，可以为主动式健康行为提供场地，提高个体身体素质，降低部分慢性疾病的风险。

1.2　情绪恢复

精神压力、注意力疲劳、焦虑情绪、抑郁情绪是影响人们身心健康的重要因素，在促进精神疾病恢复层面，城市的绿色开放空间能够有效缓解精神压力、消除疲劳感，有利于缓解焦虑情绪和抑郁情绪恢复。经常暴露在绿色空间之中，可以使人们感到更加高兴、幸福、满意和宁静，降低诸如愤怒、恐惧、失控等负面心情。安静的自然环境对个体的情感反应、压力放松都能产生积极的促进作用。

1.3　社会健康

社会健康是指个体与他人和外界的社会关系的健康状态。它反映了个人适应外界的能力。个体的总体健康水平与其是否有良好的社会关系，以及社会适应能力密切相关。城市空间可以通过提升个体与社会的关系网络，提高居民的社会健康水平。环境良好的公园及绿地等开放空间，有利于增加社会联系及社会接触，帮助人们更加容易地从社会关系中得到信任与支持，具有更强的社会凝聚力。

2　城市空间的健康服务途径

城市空间是一个广义的总称，涵盖了多种空间类型，其健康服务途径和方式存在差异性。具有较强健康服务功能的空间类型有城市街道、公园绿地、自然空间、社区体育设施、大学校园五类空间。

2.1　城市街道的健康服务功能

城市街道不仅是单纯的交通基础设施，也是城市公共生活和居民感知城市的基本单元，其健康服务功能主要体现在街道空间设计层面。精细化的街道设计能有效促进人们进行更多的体力活动，除了步行运动，自行车运动逐渐兴起。同时，街道空间设计对人身安全有重要的影响，街道安全感是重要的街道设计指标，过街安全、街道夜跑等需要对街道设施进行专项设计。作为社会交往的载体，完整的街道应是日常生活的场所，充满亲切而细致的街道生活，有效地增强个体之间的社会情感联系。

2.2　公园绿地的健康服务功能

公园绿地作为城市的第二自然空间，除了具有生态、美化、防灾、游憩等功能，与公共健康也有直接关联。公园绿地的健康服务功能分为直接作用和间接作用。一方面，它通过自然环境的绿视率、微气候、植物挥发物和负离子等直接促进人群健康；另一方面，它通过引导人们亲近自然环境，缓

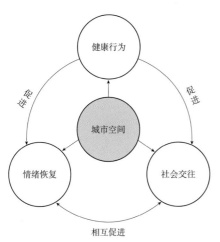

图 1　城市空间健康服务功能模型

解精神压力、消除疲劳。同时，公园环境能积极引导体力活动呈现规律性地发生，以体力活动为媒介，间接促进人体生理健康。城市公园绿地还为社会交往活动提供适宜的场所，中心空地、大面积草坪等空间适宜开展群体交往活动；节点场地、林荫空间等小型公共空间适宜开展小群体、更亲密的交往活动，促进个体的社会情感联系。

2.3 自然空间的健康服务功能

城市中的自然空间指城市及其边缘的河道、浅山等自然环境，多以植被、水体和山体为主，少有人工干预。自然空间中的植物、水体能够有效地缓解疲劳，降低精神压力。经常接触自然环境，还能增强幸福感，减少激动焦虑情绪。绿道是典型的借助自然空间为人们提供健康行为的空间场所，它不仅支持个人的健康行为，也通过如森林、草坪等自然空间，开展群体性的交往活动，增强人际情感联系。

2.4 社区体育设施的健康服务功能

社区体育设施指以开展社区体育活动为契机，形成的配套建筑、场馆和户外运动空间，是社区居民开展体育活动的物质载体，满足社区体育健身和休闲娱乐等健康活动需求。除了为社区居民提供专门的体育运动场地，社区内的绿道、步行道、林荫大道等空间也可以满足人们慢跑、散步、骑自行车的需求。同时社区体育设施也能够承载社会组织的团体活动，有效提高社区健康服务水平，使居民具有社区归属感，增加社区间的邻里交往。

2.5 大学校园的健康服务功能

大学校园是特殊的城市空间，往往被忽视其所承载的其他城市功能。作为城市绿地系统的重要补充，大学校园承载了大量的城市健身活动，如校园道路、运动体育设施和校园景观空间，均有效促进了如跑步、健走等线性体育活动的开展。与公园、街道相比，夜晚时段的校园环境更加安全，吸引了更多的运动者选择校园作为健身运动的场所。

3 小结

本研究仅能初步架构出城市空间健康服务功能的内涵应包括促进健康行为、情绪恢复以及社会交往，其作用途径是通过城市中的街道、公园绿地、自然空间、社区体育设施以及大学校园五类空间发挥作用。

在疫情期间，居家隔离者透过窗外的绿色，疗愈焦虑不安的情绪；能够出门的人，戴上口罩，做好防护，到绿色空间中，强身健体，舒缓压力。疫情终将过去，人们也终将重新回归日常的生活。城市的街道、绿地等公共空间依然会充满着热闹的人群。希望关于城市空间健康服务功能的讨论和思考，能深入到城市建设的方方面面，促进城市健康基础设施的快速发展，保障人们的健康生活。

余　洋　哈尔滨工业大学建筑学院景观系副教授，中国城市科学研究会健康城市学术委员会委员，环境与健康研究中心主任

疫情背景下城市治理模式转型思考：

智慧规划与智慧城市"双智协同"建设逻辑、理念与路径探索

2020 年 2 月 9 日　　张鸿辉　洪　良　唐思琪

1　引言

2020 年庚子鼠年新春之际，新型冠状病毒肺炎借春运之势以湖北武汉为中心迅速蔓延至全国各地。突发的公共卫生事件袭来，从武汉封城到湖北封省，从交通无序到医疗物质短缺，疫情对传统城市治理模式和已有智慧城市建设提出了新的挑战。面对突发重大公共卫生事件和日益突出的城市治理压力，学者们对城市空间环境品质[1]、城市通风环境[2]、健康社区[3]、城市医疗规划[4]、规划思路反思[5]等规划编制方面，春运疫情扩散路线分析[6]、不同城市风险程度评估[7]、基于模型的疫情发展预测[8]等城市大数据应用方面以及面向疫情的智慧城市建设方面[9-13]进行了积极探讨。

党的十九大四中全会指出全面深化改革总目标是完善和发展中国特色社会主义制度、推进国家治理体系和治理能力现代化。空间治理和社会治理作为国家治理体系的两项重要内容，是加快生态文明体制改革的重要手段。当前，国内大多数城市空间治理和社会治理分而治之，两者处于割裂状态，这种割裂导致出现城市应急事件时，不仅不能及时应急响应，更难以实现城市管理者所期望的动态监测和及时预警，因此目前相对静态、各自为政、信息孤岛、单一目标的城市治理模式无法适应和满足城市治理现代化要求，需积极探索"实时动态、智能融合、信息互联"的智慧规划和智慧城市协同共治的新模式。以智慧规划提升空间治理能力，以智慧城市促进社会治理水平，智慧规划和智慧城市两者高效协同成为目前应对治理问题、提升整体治理能力的重要方向和趋势，从而实现城市治理从碎片化治理到系统性治理，从分散治理到协同治理，从经验治理到精准治理的治理模式重构。

2　"双智协同"建设逻辑

2.1　理论框架

以实现治理体系和治理能力现代化为总目标，面向空间共同体和社会共同体的 2 个治理主体，

通过智能化系统平台统筹融合智慧规划与智慧城市2套治理工具,构建"双智协同"的"1+2+2+2"理论框架。

2.2 建设逻辑

以规划引领、空间优化、多维联动、信息共享、治理协同为"双智协同"的五大准则,依托人工智能、大数据、城市信息模型(AI、Big Data、City Information Model,简称"ABC")、遥感、全球定位系统、地理信息系统(RS、GPS、GIS,简称"3S")技术,构建从智慧规划到智慧城市,从分而治之到"双智协同"的城市治理模式。

2.2.1 智慧规划引领智慧城市建设

智慧城市作为促进城市治理智能化的重要抓手,助力于城市现代化治理体系的构建,可提升城市治理的智能化水平。从新型智慧城市建设的本质要求来看,城市智慧化建设目标的实现必须依赖完善的城市功能体系并落实到具体的城市空间,单纯的信息技术导向已不能满足新型智慧城市建设的新要求。以智慧规划引领智慧城市建设,可以促进信息化建设与城市空间发展之间的深度融合,系统性谋划信息网络基础设施与城市生产性和社会性基础设施的整合建设,统筹强化智慧交通、智慧医疗、智慧环保等智慧应用系统的协同建设,明确不同系统功能的建设重点和路径,协调规划内容与项目建设布局,从而引导智慧城市在"规划—建设—管理—运维"全生命周期模式、流程与体制机制的优化。因而,以智慧规划引领智慧城市建设的新模式,已然成为智慧城市建设的发展趋势和必然选择。

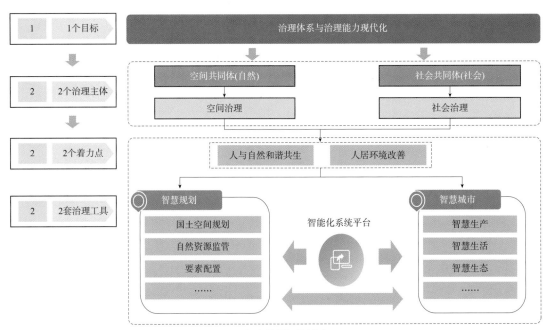

图1 "双智协同"理论框架

2.2.2 智慧城市支撑智慧规划决策

智慧城市通过空中、地面、地下、河道等各层面的传感器布设,摸清城市自然资源和基础建设家底。通过三维可视化技术、城市信息模型(CIM)搭建智慧城市时空基础设施,实现对城市全方位、全要素的数字化建模,为智慧规划提供了资源高效集成化、业务流程规范化、工作管理科学化的支持。同时,智慧城市对城市运行状态的充分感知、动态监测、模拟仿真、深度学习等功能,将城市可能产生的应急突发事件、矛盾冲突、潜在危险进行智能预警,并提供合理可行的对策建议,以未来视角智能干预城市原有发展轨迹和运行,为城市规划者和决策者提供了快速直观了解规划对城市建设、城市环境、城市运行等状态的带动效果,推动规划有的放矢和提前布局,进而支撑智慧规划实现"可感知、能学习、善治理、自适应"效能并能及时、持续优化升级。

3 "双智协同"建设理念

以"可感知"为基础,建设统一的智能感知体系,以期"人地互动可感知";以"能学习"为方法,形成国土空间和城市体征的综合监测指标体系,以期"精细模拟能学习";以"善治理"为目标,联通融合智慧规划的编制、审批、实施、监测、评估、预警全业务系统和智慧城市的生产、生活、生态系统,以期"人机互动善治理";以"自适应"为手段,实现自然资源治理与城市规划、建设、管理的业务协同和时空联动,以期"时空演化自适应"。

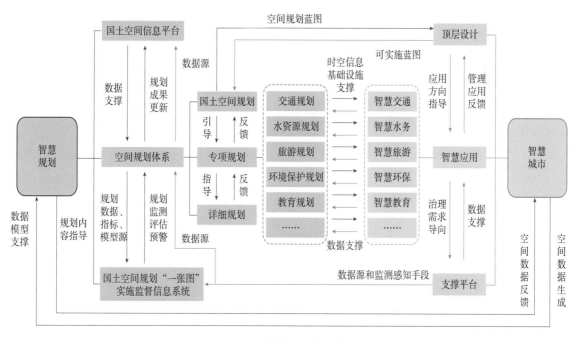

图2 "双智协同"建设逻辑

3.1 人地互动可感知

以"可感知"为基础，建设统一的智能感知体系，搭建多源时空数据库和形成时空大数据整合标准化技术，挖掘、融合不同业务、数据的关联知识，提供多类型、及时、准确、全面的人地互动整合感知信息，为智慧规划及智慧城市的应用和联通提供信息支撑，形成涵盖空间治理要素和社会治理要素的数据湖，对包括山水林田湖草等自然要素与人口流、信息流、货物流等城市要素进行全息感知。

3.2 精细模拟能学习

以"能学习"为方法，基于多时空尺度和"创新、协调、绿色、开放、共享、安全"多维度理念，形成国土空间和城市体征的综合监测指标体系，构建一套全维度覆盖智慧规划和智慧城市的多场景应用模型，实现从国土空间到城市运行的层级管控与精准实施。

3.3 人机互动善治理

以"善治理"为目标，对智慧规划和智慧城市的国土空间基础信息平台、时空大数据云平台等相关平台进行统筹谋划、优势融合、合力共用，联通融合智慧规划的编制、审批、实施、监测、评估、预警全业务系统和智慧城市的生产、生活、生态系统，实现人机高效互动。

3.4 时空演化自适应

以"自适应"为手段，以系统平台为载体，面向城市治理能力现代化要求，利用智慧规划手

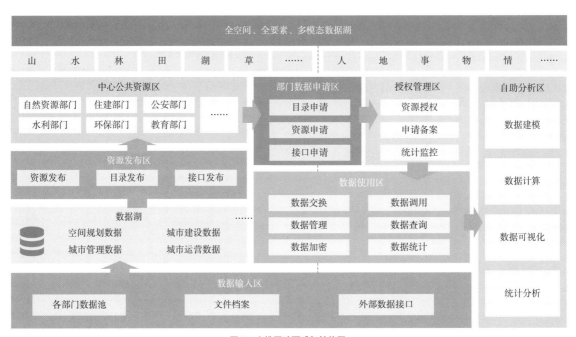

图3　人地互动可感知结构图

图4　精细模拟能学习结构图

图5　人机互动善治理结构图

疫情背景下城市治理模式转型思考：智慧规划与智慧城市"双智协同"建设逻辑、理念与路径探索　267

段，打通数据渠道、联通业务关系、互通功能应用，有效联动智慧规划和智慧城市，实现自然资源治理、规划建设智能决策与智慧城市的业务协同和时空联动。

4 "双智协同"建设路径

本文基于在广东省廉江市开展的智慧规划与智慧城市协同建设经验，结合在空间规划、建设、管理、运营等领域的长期信息化服务实践，总结提炼出"双智协同"具体建设路径为：基于规划引领，统筹规划、建设、公共服务、城市治理等相关部门的信息化建设需求，系统化解决条块分割的信息化建设中存在的"信息孤岛林立、业务缺乏协同、设施重复建设、重建设轻管理"等问题。统筹构建泛在感知监测网络、平台支撑体系和多智能应用，实现空间治理和社会治理的协同服务，系统提升城市治理的现代化水平。

4.1 泛在感知：建立一体化泛在感知监测网络

构建空天地一体化的遥感卫星、无人机、探测仪器与传感器、互联网等监测终端体系，全时、全域、全要素地立体获取基础地理信息、对地观测、城市运行体征、社会经济等国土空间及城市运营的相关数据。同时在信息基础网络方面，在现有的三网融合的基础上加入物联网、无线宽带网，统一规划和建设部署卫星网和5G网络、物联网、互联网，实现全空间立体化的通信能力，为空天地一体化大数据平台的数据采集和分析提供网络基础。通过建立全面覆盖、集约共享、及时智能的一体化泛在感知监测网络，为各类智能应用系统提供视频、数据、位置、环境等多类型、及时、准确、全面的整合感知信息，并为城市政府决策提供信息支撑。

4.2 平台支撑：建立支撑智慧规划和智慧城市的平台体系

整合智慧规划和智慧城市各个应用领域的建设需求，形成统采统存的公共数据库，建设涵盖数据、技术、设施、应用融合的互联互通平台支撑体系，推动传感设备、通信设施、软硬件设备等基础设施的共建共享，促进信息资源的有序汇聚、深度共享与高效利用，为各类智能应用系统提供一体化服务与协同管理，有效避免多头投资，重复建设。

平台支撑体系主要由国土空间基础信息平台、基础支撑平台和CIM平台构成。其中国土空间基础信息平台作为数据支撑平台，用于提供数据调用、大数据计算、地理功能服务等，形成支撑空间治理和城市治理的底图底板；基础支撑平台作为二维应用支撑平台，提供资源调配、数据共享、运维管理等服务，形成各类医疗、交通、政务、教育等二维智慧应用的中枢。在平台架构上，基础支撑平台由一个基础资源中心、一个数据共享平台和一个高效的运营管理中心构成。CIM平台则为智慧规划和智慧城市运营管理三维应用提供支撑，用于三维展示、三维运算、三维模拟等服务。

4.3 智能应用：建立多应用系统

面向空间共同体和社会共同体，构建空间治理的智慧交通、智慧城管、智慧水务、智慧环保

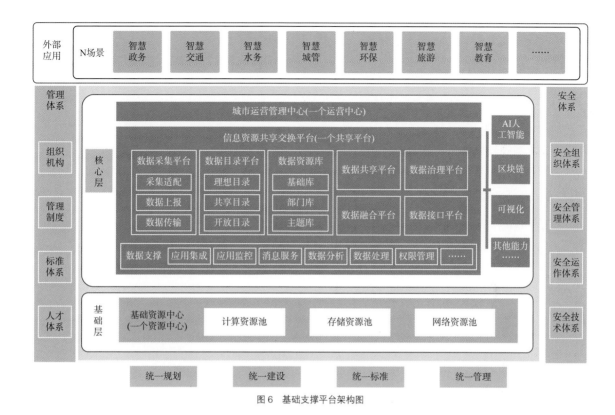

图6　基础支撑平台架构图

等智慧多应用系统和社会治理的智慧医疗、智慧教育、智慧政务、智慧公安等智慧多应用系统，基于互联互通的数据湖和平台支撑体系，通过数据实时动态相互传输，实现空间治理类和社会治理类的各项智慧应用的前后联通、指标共享、前后协同，打破空间治理和社会治理的割裂状态，提升城市治理能力。当出现公共应急事件，各项智慧应用系统间实时监测数据相互传输，智慧医疗系统根据智能算法立即启动预警系统，实现应急路线模拟、医务人员和医疗物质调配、疫情实时监测、在线问诊等；智慧政务系统将自动对接捐赠者物资需求并全程透明化监管；智慧交通应用将实现智能化调动交通服务，实现医疗、生活

应急物资的快速送达；智慧社区应用将基于智慧社区系统，实时掌握小区疫情情况，通过智慧门禁等系统对人员及车辆进行监控预警。

5　思考与展望

每一场重大突发事件都将推动城市治理新的变革。"双智协同"城市治理新模式试图打通从智慧规划到智慧城市的关键节点，推动智慧规划与智慧城市的融合建设，逐步提升城市科学治理水平。此外，结合本次疫情事件背景，建议在新一轮的国土空间规划编制中增加公共卫生应急的相关专项规划内容，在智慧城市建设中进一步强化公共应急指挥系统的前瞻性与落地性工作的具体实施。

冬天终将过去，春天已经到来，随着区块链、云计算、大数据、人工智能等智能内核技术的进一步发展，将来的"智慧规划"与"智慧城市"建设将大大增强数据挖掘应用能力和二三维联动技术，不断优化自然语言处理、模式识别、深度学习、分布式计算等方面能力，使得社会治理和空间治理架构和过程更加扁平化、协同化、社会化，必将为整个城市治理提供更智能、更精准和更人本的决策。

参考文献

[1] 田莉.新冠肺炎凸显城市空间治理能力短板 [EB/OL]. [2020-01-31].

[2] 章思予，厉梦颖，华沅，等.香港反思 SARS：高密度城市如何提升通风环境 [EB/OL]. [2020-01-30].

[3] 袁媛.加强健康社区建设，应对新冠肺炎流行 [EB/OL]. [2020-02-01].

[4] 邱爽."大健康"科技新趋势下的城市医疗规划展望 [EB/OL]. [2020-02-01].

[5] 刘奇志.规划应注意并强化对负面问题的思考 [EB/OL]. [2020-01-31].

[6] 魏冶.基于多智能体网络与春运人口流动大数据的新冠肺炎省际传播模拟 [EB/OL]. [2020-02-02].

[7] 朱江.封城前新型肺炎可能迁移到哪了？迁徙 + 航空 + 铁路数据预测 [EB/OL]. [2020-01-23].

[8] 北北.新型冠状病毒的疫情评估与预测报告 [EB/OL]. [2020-02-01].

[9] 肖鹏.从新冠疫情看智慧城市建设的重要性 [EB/OL]. [2020-02-01].

[10] 张鸿辉.国土空间规划"一张图"实施监督系统建设难点、痛点和应对 [EB/OL]. [2020-12-17].

[11] 王伟.疫"镜"相鉴，国土空间规划治理如何作为？[EB/OL]. [2020-02-04].

[12] 张鸿辉.从智慧规划到智慧城市，从空间治理到城市治理 [EB/OL]. [2020-12-03].

[13] 龙瀛.经历 SARS 和新型冠状病毒两次公共卫生事件引起的十点思考——来自城市大数据、规划新技术、新城市科学和未来城市的视角 [EB/OL]. [2020-01-27].

张鸿辉　广东国地规划科技股份有限公司副总裁，广东省智慧空间规划工程技术研究中心主任、教授级高级工程师
洪　良　广东国地规划科技股份有限公司大数据中心总监、高级规划师
唐思琪　广东国地规划科技股份有限公司大数据中心大数据工程师

健康融入 15 分钟社区生活圈

2020 年 2 月 10 日　　王　兰

根据《上海市 15 分钟社区生活圈规划导则》，目前上海 15 分钟社区生活圈对于健康有所考虑，体现在"5.3 覆盖不同人群需求的社区服务内容"中的下面三条。①全面关怀的健康服务。具体设施为医疗基础保障类：社区卫生服务中心、服务卫生点。②老有所养的乐龄生活。具体设施为养老基础保障类：社区养老院、日间照料中心、老年活动室。③无处不在的健身空间。具体设施为体育基础保障类：综合健身馆、游泳池 / 馆、球场。体育品质提升类：室内外健身点。可见对于医疗保健、体育锻炼等已经有所考虑，针对突发公共卫生事件需要增加相应的设施和服务。

在健康进一步融入社区生活圈的规划布局中，应对两大类的健康设施和服务有所考虑：一是针对日常健康，防治慢性非传染性疾病，以促进体力活动和社会交往为主要目的，优化居民生活方式；二是针对疫情应急，在传染病暴发等突发公共卫生事件中能够及时和有序应对，以提供疫情期间的预防、隔离、治疗和援助为主要目的。从两大类疾病出发，开展空间相关的健康促进和

应急。

传染性疾病的防控主要是三大举措：隔离传染源、切断传播途径、保护易感人群。其中，传染源是携带病原体的病人或动物，隔离传染源就是要找出这些病原体携带者，防止他们接触其他健康人。不同传染病传播途径不同，例如，新冠、流感、SARS 等病毒是通过空气和飞沫传播。易感人群是免疫力低的人群，比如老人、儿童、体质差或有慢性病的人。针对这三个重要举措，可以在设施和治理上有所回应。

（1）隔离污染源：在城市层面应设立小汤山模式的集中传染病医院，建议考虑发展建设周边成为传染病防治综合医学城，提供更加完备的隔离和综合性治疗。在社区层面可基于 15 分钟社区生活圈划定"公共健康单元（Public Health Unit）"。设置临时性小规模的轻症隔离区，设立"紧急医疗服务中心（Emergency Medical Service Center）"。按照欧美系统，社区应为总体病患的 30% 提供相应的快速病患检测服务和基本诊疗。

同时，社区生活圈应为居家隔离提供支撑，

例如这次疫情中封锁道路、公共交通停运，因此需要在步行范围内设置、并在疫情期间开放那些能就近购买基本食品的小超市、购买基本药品的社区药店；并按照人口规模规划设置地区综合支援中心以及冷冻库等物资储备仓库。

（2）切断传播途径：针对空气和飞沫传染疾病，考虑地区的风向变化特点，通风非常重要。在社区生活圈布局方面需要充分考虑污染源与风场的关系。例如社区中，菜市场（特别是有活禽交易的菜市场）、花鸟市场、垃圾站就不能在住宅区的上风口。确保社区公共建筑体的室内通风，在上海特别要解决冬季取暖问题，减少空气不流通造成病原体在建筑物内部传播感染。按照生活圈进行交通管治，避免交叉感染。

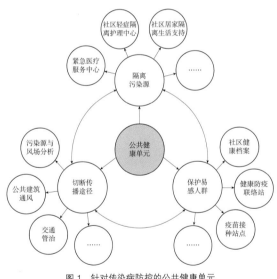

图1 针对传染病防控的公共健康单元

（3）保护易感人群：建立社区健康档案，对易感人群的状况进行跟踪，为易感人群的疾病预防提供充分的信息。在生活圈内设立"健康防疫联络站"，在平时开展疫情应急的教育和演习，推进健康积极生活方式的培训和信息提供，提供家庭保健和长期护理；在疫情暴发时能够及时启动响应、报送和封闭等。另外，根据世界卫生组织和联合国儿童基金会的倡议，设置疫苗接种站点为社区居民，特别是易感人群进行集体接种，可以形成"群体免疫（Herd Immunity）"，能够对易感人群形成有效的"保护层（Layer of Protection）"。

将健康融入15分钟生活圈的重点是，以社区为平台，针对传染病暴发和慢性病增长，整合各类健康促进的设施、资源和工作，形成高品质和高效率的健康治理模式。基于大数据、信息技术和机制设置，部门和机构之间需要无缝对接，统一编制疫情应急规划和行动方案，形成多场景预案，提供相应的物资、人力资源和经费，并定期开展演习。

我们需要把"健康意识"纳入规划编制和实施、项目发展决策和日常社区治理过程中。将健康融入社区生活圈是健康治理的重要组成部分。健康社区不仅是健身设施、医疗保健，更是一套能提供宏观和长远公共健康保障的社区系统。

感谢研究生李潇天、韩煜璇、蔡洁的协助。

王　兰　同济大学建筑与城市规划学院教授、博士生导师，中国城市科学研究会健康城市专业委员会副主任兼秘书长，健康城市实验室主任

权利视角下的街道设计

2020 年 2 月 11 日　　葛　岩

本文内容改写自《街道设计中的权利思考及实践探索（Reflections and Practical Explorations of Rights in Street Design）》（《城市规划》（英文版）2019 年第 3 期）。感谢王兰教授的约稿，希望通过街道设计赋权的"小视角"论述，激发广义健康城市中市民权利的"大视角"探讨。借健康城市实验室平台，祝全国所有新冠感染患者早日康复，愿奋战在一线的所有医护人员、坚守在各自岗位上的工作者平安健康！

本文探讨的是广义"健康"城市，是关于街道设计中的"权利"话题。街道是城市的公共资源，是城市最基本的公共产品，街道设计表面上是一种针对物质空间的技术手段，本质上是城市空间权利的再分配。街道设计应关注"街道权利"。我国当前街道面临诸多问题，如公产私产缺乏整体统筹，空间分配不公，慢行者使用权被忽视，市民过程权利缺失等方面。在未来的街道设计中，应在产权与空间边界的协调融合、街道使用权的公平分配、街道设计中的公众赋权等方面进行积极探索，进而提升街道人性化空间品质，促进建立步行骑行友好城市，减少机动车使用，促进市民体力活动，减少慢性非传染性疾病的增长。

1　权利与街道权利

权利是指法律赋予人实现其利益的一种力量，与义务相对应，法学的基本范畴之一，通常包含权能（权力）和利益的两个方面。列斐伏尔提出了"城市权利"的概念并对其进行了定义：城市权利像是一种哭诉和一种要求，前者是对被剥夺的权利的哭诉，后者是对未来城市空间发展的一种要求 [1]。他认为通过对城市权利的争取来取得城市正义，这种正义的目标包括了群众和城市居住者对城市空间的建设、中心的使用等一系列城市空间的知情权、享用权、参与权。

街道是一种城市公共资源，是城市最基本的公共产品；公共资源在时间、空间上的有限性决定了这种使用权利的有限性，因此产生了"街道权利"的有限性特征。当前，"街道权利"还具有公共福利的特征，即政府使用税收建设的道路或者提供的公共交通服务，面向全社会所有的人开放，无论是本地居民，或者是外地游客，都享有使用街道的权力。关于"街道权利"，可以有多种分类方法。例如从使用状态分类，"街道权利"可以分为街道中通行的权利与停留的权利；从权利的时间维度分类，"街道权利"可以分为永久权利和过程权利。永久权利主要包括产权和使用权，过程权利包括知情权、参与权、决策权与监督权。考虑到第二种分类与街道设计工作有更好的结合度，故从永久权利与过程权利视角进行分析。

2 我国当前街道空间中的权利问题

2.1 产权分割：公产私产缺乏统筹

街道空间管控中有"三线"，即红线、绿线及建筑退线。从空间的权属来看，街道空间红线、绿线内为公共属性，产权属于政府，红线、绿线外为地块所有者产权。因此，公私部分的衔接一直以来是街道人行空间中较大的问题，空间设计缺乏统筹、铺装差异、标高问题等在大量街道中普遍存在；可能造成促进体力活动的步行道或突发事件的应急通道不连续、不便捷和不舒适。街道空间资源分配涉及多个部门的统筹协调，然而由于相关管理部门的纵向管理体制，在同级部门协商过程中，常常产生不同系统间灰色地带的权责不明。

2.2 权利缺失：市民过程权利不足

市民过程权利的缺失是当前城市街道改造中普遍存在的不公平现象，而过程权利的缺失导致了市民利益的受损，产生利益分配的不公平。居民对于美好生活、美好街道的向往，由于缺乏表达诉求的途径而无法在实施落地项目中得以体现。近年来，随着对于市民权利的日益重视，规划设计开始了越来越多过程中的公众参与，如上海的城市"微更新"，市民在公共空间设计改造过程中，开始拥有了部分的参与权、决策权与监督权。给市民赋权，是未来规划设计转型的一大方向。

2.3 分配不公：慢行使用权被忽视

随着机动车保有量和使用强度的持续增加，行人和非机动车等慢行交通出行受到挑战，其在城市交通系统中受到的关注程度日益下降，导致出行环境日益恶化，出现了很多类似人行道宽度不足、缺失、过街设施不足，非机动车道被非法占用、禁止非机动车通行等问题，严重影响了城市居民日常出行的便捷性和舒适性，步行和非机动车交通路权逐渐丧失。上述问题产生的原因主要是"效率优先"理念之下"以车为本"的街道空间设计。

3 街道设计的公平与赋权

3.1 空间融合：协调产权与空间边界

红线是街道空间的权利边界线，红线界定了产权。从规划层面来看，"密路网、小街区"实际上是一种"权利地图"的重新划分，街区尺度、红线宽度及退界距离的缩小，重新界定了在城市中不同权利主体之间的利益版图以及人使用空间的方式。从街道的空间设计与使用角度来看，产权边界不应该成为空间使用边界。根据杨·盖尔的研究，20~25m 是适宜的街道宽度[2]，行人可以看清对面店面细节和行人表情，也相对容易穿越。因此，打造人性化的街道，一方面需要压缩红线宽度，另一方面还要避免过大的退界，同时应该与红线内空间统筹利用。

针对城市中大量的"私人拥有的公共空间"（privately owned public spaces，简称 POPS）[3]，特别是沿街的公共空间，政府应该制定相应政策，奖励、鼓励相应空间的产生，如上海的城市更新细则中，对更新过程中提供对外开放的公共空间给予容积率上的相应奖励，当然政策中详细规定了提供公共空间的尺度、位置等要求，保障所提供的确实是市民所需。奖励政策的运用必须适度，避免沦为谋取"私人利益最大化、公共利益最小化"的工具。

3.2 公平分配：街道使用权重新分配

对于街道空间使用权的分配有两个设计思路，第一个思路是顺应现在的空间使用需求，即基于当前条件下机动车出行量、慢行交通出行量合理地分配断面空间；第二个思路是引导未来的需求转变，即通过断面的设计，促进和引导未来交通出行方式的转变，例如一条机动车通行的道路，改成步行街。

街道的人性化设计及空间使用权分配，应从以机动车为中心，转变为综合考虑行人、自行车、公共交通、机动车等多种交通方式，应根据道路类型、等级及服务对象优先权的不同，合理分配各种空间资源，体现路权分配的公平、公正。共享单车行业的迅猛发展使得非机动车迅速回归城

市交通日常，全国掀起了非机动车出行热潮，其出行比重得到较大提升，街道设计必须顺应这种发展趋势。

基于使用街道的不同人群，街道产生了一定的社会属性，如老龄化地区的街道、年轻人的街道、儿童的街道，因此需要营造与使用者身份特征、行为需求相适应的街道物质环境。如老年人往往运动速度慢，而且经常需要坐下来休息，街边就需要相应地设置休憩的座椅；而儿童最喜欢的是自由自在地奔跑，因此学校周边的人行区域需要

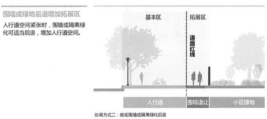

协调方式一：开放建筑退界

协调方式二：临街围墙或隔离绿化后退

协调方式三：在沿街地块内放置人行道设施
图 1　街道与地块退界空间协调设计策略
资料来源：上海市人行道设计手册

充足的通行空间。从人群的空间维度看，一条街道可能服务于周边居民或就业者，也会服务不住在周边的本地市民以及外地游客。因此，对于街道的设计需要合理的定位，同一条街道上不可能完全满足所有人的各类需求，经常面临取舍。

3.3　权利回归：街道设计的公众赋权

当前，街道设计方案大多由设计师主导，领导及专家决策。城市设计师、景观设计师由于缺乏道路交通技术的专业技能，在空间设计时往往对于红线内交通组织、系统性交通问题解决缺乏有效手段。交通工程师受制于长期研究以机动车交通特性为重点的传统思维，往往把精力用于关注设施的规模增长、交通拥堵改善等方面，对于道路空间和两侧建筑界面往往忽视。因此，多专业的合作势在必行。在街道设计中，市民的设计过程及决策参与对于提升街道设计的公平性、合理性至关重要，基于需求的设计才是好方案的根本。

在开展公众参与的过程中，应结合传统技术

民族路

改造前　　　　　　　　　　　　　　　改造后

图2　厦门民族路改造设计示意
资料来源：厦门市街道设计导则

图3　多专业参与的街道设计沙龙
资料来源：上海市街道设计导则

与新兴网络调查技术。目前被广泛使用的微信网络问卷往往会将大多数老人和儿童排除在外，而设置红包的问卷经常会吸引寻利的刷票者而带来虚假信息，调查结果混杂了大量泥沙，需要后期清理。社区级的街道改造，沿线居民的意见或需要应当被当作最重要的考量。

4　思考与展望

城市街道，是城市最重要的公共场所，承载了城市的经济社会活动，折射出了所在城市特有的人文精神。城市街道，也是日常生活中最具有现实意义的自由空间[4]。当前中国的大部分街道设计及改造，是通过公共财政的投入，提升街道的物质空间品质，进而改善城市面貌，提升城市居民生活质量。而街道的品质与城市公共健康密切相关，已有研究表明，步行友好的城市建成环境有利于促进市民的体力活动，进而减少慢性非传染性疾病的发病率，促进公共健康水平提升[5]。

街道设计，表面是一种针对物质空间的技术手段，但本质是分配城市权利的技术工具。街道设计的任务转型，是兼顾交通、通行等必要性活动，及观赏、休憩、交往等自发性活动；街道设计的技术转型，是建筑内、外空间的模糊融合，及城市开放空间的精确供给；街道设计的机制转型，是多专业之间的跨界协同，及多部门之间的利益博弈；街道设计的评价转型，是经济、社会、文化、环境、治理等多维度的综合权衡，及唯精英主义视角的自我批判；街道设计中的权利转变，是永久权利的公平分配，及过程权利的多方兼顾，是对弱势群体的包容与尊重，及对所有使用者的公平审视。

全球在推行"街道瘦身"[6]，压缩街道空间尺寸和其中的车行空间，使其更人性化。中国的街道转型，仍长路漫漫，我们从业者需要不忘初心，砥砺前行。

参考文献

[1]　亨利·列斐伏尔（Henri Lefebvre）. 空间与政治 [M]. 李春，译. 上海：上海人民出版社，2015.

[2]　杨·盖尔. 人性化的城市 [M]. 欧阳文，徐哲文，译. 北京：中国建筑工业出版社，2010.

[3]　Carmona, M., Magalhaes, C. D. & Hammond, L. Public space：the management dimension [M]. London：Routledge, 2008.

[4]　张宇星. 街道：重塑自由空间的可能性. 时代建筑 [J], 2017（6）：12-17.

[5]　顾浩，周楷宸，王兰. 基于健康视角的步行指数评价优化研究：以上海市静安区为例 [J]. 国际城市规划，2019, 34（05）：43-49.

[6]　珍妮特·桑迪可汗，赛斯·所罗门诺. 抢街：大城市的重生之路 [M]. 宋平，徐可，译. 北京：电子工业出版社，2018.（Janette Sadik-Khan, Seth Solomonow, Streetfight：Handbook for an Urban Revolution, Electronic Industry Press, 2018）

葛　岩　同济大学建筑与城市规划学院博士研究生，上海市城市规划设计研究院总师办副主任

发挥城市绿地效应，促进公共健康

2020 年 2 月 11 日　　王 兰　干 靓　杨伟光

当前各方合力控制新型冠状病毒感染的肺炎疫情蔓延，各个学科和行业在思考能够做点什么缓解疫情，也在反思和展望今后需要如何调整和优化，避免在类似突发公共卫生事件中的应对无序。在类似武汉这样的高密度特大城市中，绿地健康效应需要更加充分的考虑，综合设计，促进公共健康。

1　城市绿地的健康效应

城市绿地作为城市自然生态系统的重要组成部分，具有净化环境、调节小气候、涵养水源、活化土壤、维持生物多样性、提供景观与休憩场所等生态系统服务功能。大量已有研究证明，人们与绿地的接触，可以减少心血管、呼吸道等疾病的发病率和死亡率，降低肥胖风险，提升心理健康和认知能力。

那么绿地如何实现这些健康效应呢？我们认为影响路径主要包括三个方面：减少健康风险暴露（减少空气污染、降温减噪等）、促进健康行为活动（体力活动、自然体验活动、社交活动等）

和提供心理恢复能力。不同层面的绿地空间特征在一种或多种影响路径下发挥绿地的健康效益。比如，宏观层面的绿地分布格局多与物质空间环境过程相关，主要通过减少健康风险暴露来发挥绿地的健康效益；中观层面的绿地可达性、可获得性更多地与居民的行为活动参与性相关；而微观层面的绿地的面积、形状、设施、植被、生物多样性等内部环境特征则与居民行为活动的体验性相关，良好的活动体验将促进活动的进一步参与。此外，绿地的内部环境特征还与居民的心理恢复效果有关，尤其是植被和生物多样性特征能有效地为居民提供心理恢复能力。

2　城市绿地与传染病

当前城市绿地与公共健康的研究主要集中于慢性非传染性疾病领域，但是在历史上城市公园绿地的出现却是因为城市中传染病的肆虐。18 世纪的英国在工业革命和城市化发展下产生了严重的"城市病"，当时的城市拥挤不堪、污染严重，瘟疫在其中横行且传播极快。英国一场霍乱就肆虐了上百个城镇，数万人丧生。意识到拥挤的居住环境会导致卫生问题后，英国决定兴建公园绿地以改善城市环境，并规定未来的圈地中必须留足开敞空间。随后，英国的造园运动也影响了整个欧洲和北美城市。美国纽约中央公园设计考虑了其疾病预防的功能，在密集的高楼丛林中刻意保留了中央空旷的空间，促使空气流通以缓解严峻的城市环境压力。

图 1 《爱宠大机密》电影截图 1

但也有研究指出，在城市绿地内，公众可能会感染人畜共通的传染病。显然在城市绿地中存在各种各样的生物，包括鼠、蚊、蝇、蟑螂等病媒生物，而公众在城市绿地中与各种生物的互动性更强，一旦这些生物携带有细菌或病毒，那么公众接触寄生虫和病原体等的风险将会增加。因

图 2 《爱宠大机密》电影截图 2

此，绿地规划设计与维护管理需要深入了解病原体风险的空间因素影响机制，避免鼠、蚊、蝇、蟑螂等病媒生物的滋生。例如绿地中水景处一定需要保持流动的水循环，否则容易滋生蚊虫，传播乙脑、登革热等疾病。

3 城市绿地的应急作用

除了在公共健康效应方面的作用，城市绿地在突发公共卫生事件中，可以发挥应急疏散的功能。城市绿地的应急作用最早可追溯至文艺复兴时期，19 世纪美国芝加哥与波士顿在大火灾后重建规划中开始建设城市公园绿地，希望用绿色开敞空间分隔连绵成片的住区，以提高城市的防灾能力。

城市绿地本身具有特殊的防灾减灾功能，且具有数量大、种类多、分布均匀、改造方便等特点，已成为多个国家和地区建设城市应急避难场所的重要载体。特别是城市公园绿地，具有较大规模和完善的配套设施，能有效发挥应急避难所的功能，是应急避难和人员疏散的场所，可防止灾害的进一步恶化。但并不能简单地将城市绿地和应急避难场所两种功能叠加，需要在规划设计中充分把握两者特点，多层次全方面有机结合，才能有效发挥城市绿地与应急避难场所的双重功能效益。在本次疫情处理中，城市绿地暂未体现出应有的应急功能，有待在后续工作中纳入城市应急规划，增加相应设施，强化其应急作用。

疫情当前，我们心情沉重。新冠肺炎发生发展于城市，野味交易市场可能造成了传染源的出

图3　杨浦滨江公共空间
资料来源：© 大观景观设计　摄影 © 金笑辉

现，高流通的交易和交通行为造成了疾病的传播蔓延，高密度造成了大量易感人群聚集高。城市绿地应不仅是调节气候的重要空间要素，更应该是居民强身健体的重要场所，也应成为突发公共卫生事件的应对支撑空间之一。在未来城市绿地设计中，我们需要将"健康意识"融入，包含突发公共卫生事件应急和日常健康促进的作用；推进更多研究和实践，更加细化明确城市绿地设计特征对于健康的效应。

王　兰　同济大学建筑与城市规划学院教授、博士生导师，中国城市科学研究会健康城市专业委员会副主任兼秘书长，健康城市实验室主任

于　靓　同济大学建筑与城市规划学院副教授，中国城市科学研究会生态城市专业委员会委员、绿色建筑与节能专业委员会委员

杨伟光　同济大学建筑与城市规划学院硕士研究生

新冠肺炎疫情下落实空间规划治理共识若干思考

2020 年 2 月 12 日　邓伟骥

新型冠状病毒肺炎疫情的发展牵动着每一个人，所引发的一系列问题正拷问着每一个人的心。史无前例的城市化进程，取得举世瞩目成就高速发展的中国，却再一次陷入由公共卫生安全引发的危机之中。前一次是 2003 年的非典型性肺炎疫情，17 年来我国的城市化水平从当时的 40.5% 快速提升到今天的 60%，人口更加向大城市集中。截至 2019 年，我国常住人口超千万的城市已有 16 座，中国已经进入城市型社会。从非典暴发到平息，让我们对传染病所引发的城市公共卫生风险有了一次深刻的认识，更引起了政府、社会的广泛重视，并推进了一系列涉及公共卫生事业的机构机制建设，如国家颁发相关传染病防控法规、地方成立疾控中心专门机构、大学开设公共卫生专业学院等。然而这次疫情从出现到暴发过程中，暴露出诸多问题，直至采用"封城"的措施，几近动用全部社会资源，以此来阻控病毒传播和平抑疫情。遗憾的是，在抗击非典后总结的教训却再次上演，城市在应对可能的重大疫情防控治理上，我们没有真正做好准备，城市地方政府、企事业单位、社会民众在对公共卫生风险的认识上依然很有限。就城市规划和空间治理维度应对防控突发重大疫情而言，我们今天所见的靓丽都市，显然与城市高质量发展、健康城市的目标还是有相当的差距。

1　传染病伴随人类共生共存和城市化关系共识

2011 年《柳叶刀》传染病专刊"全球化背景下城市化和传染病"综述城市化与传染病的关系，指出传染病与城市化速度、动态机制和环境密切相关，城市化可能促进或阻止传染病的传播。健康必须纳入城市规划之中，使未来的城市化能够降低流行病传播的风险。发达国家经验表明，城市化在促进整体健康水平提高的同时，已使疾病模式向慢性病转移。在多数发达国家的城市，良好的居住条件、环境卫生的改善与目标明确的公共卫生干预措施，使传染病已日益减少。而在发展中国家，多数国家和城市政府都没有足够资源来应对城市人口爆炸式增长，尚未完成发达国家健康城市转型，在慢性病增长的同时，传染病依然是发展中国家"死亡率""发病率"的首要原因。爆炸式城市增长对全球的健康产生深远的影响，全球化、跨境旅行使城市成为流行病传播的中心。一个城市的疾病防控治理关系到国家乃至全球的利益，应强化公共卫生在地方政府中施政的地位，好的城市化政策可以在经济上和健康上产生巨大的回报。中国高速城市化、高老龄化人口比例、巨量的高密度集聚、城市与地区之间便捷高频度流动性，是发达国家所未曾经历的社会状态，我们不仅要高度重视传染病与城市化之间的关系，在汲取发达国家先进经验的同时更需要探索适合我国国情特点的解决方案。

人类的文明史，就是一部人类与传染病作斗争的历史。人类在文明发展进程中，不间断地遭受到传染病的困扰。此次新型冠状病毒初步研究与SARS冠状病毒同"族"。研究成果揭示，人类对病毒特点有较深入的了解，困难的是要知道不同病毒的传播方式,只有清楚不同类型的病毒传播途径，才能有效防控疫情发生。例如，植物病毒通过以植物汁液为生的昆虫在植物间进行传播；而动物病毒可以通过蚊虫叮咬而得以传播；流感病毒经由咳嗽和打喷嚏来传播；诺罗病毒通过手足口接触途径来传播；艾滋病毒通过体液、性接触来传播等。由于病毒个体小、基因少、变化快，传播速度快，病毒引发的传染病防控最为艰巨。历史记载表明，任何一次传染病的大流行，都是伴随人类文明进程而发生；抗击每一次大规模传染病的经验，又促成人类文明进程的跨越。人与自然是共同体，生物体之间的更替演化造就了今天的地球村。不管是惨绝人寰的过去，还是今天正在发生的疫情，都将造成不可估量的损失，未来我们依然会遇到、要去面对预想不到的流行性疾病的困扰。

2 完善公共卫生体制机制建设重要性的共识

公共卫生关系到国家乃至全球健康的公共事业。公共卫生是指对重大疾病尤其是传染病的预防、监控和治疗，对食品、药品、环境卫生的监督管制，以及相关的卫生宣传、健康教育、免疫接种等（百度词条）。美国对公共卫生定义，是通过评价、政策发展和保障措施来预防疾病、延长人寿命和促进人的身心健康的一门科学和艺术。其工作范围包括环境卫生、控制传染病、进行个体健康教育、组织医护人员对疾病进行早期诊断和治疗，发展社会体制，保障人人享有足以维持健康的生活水平和实现其健康地出生和长寿。显然，公共卫生与通常认识上的医疗系统是有一定区别的。为了能够公平、高效、合理地配置公共卫生资源，必须明确什么是公共卫生。遗憾的是，我国目前对"公共卫生"还没有统一认识和明确定义。尽管在《中华人民共和国传染病防治法》第一条就有"公共卫生"提法；《国家突发公共卫生事件应急预案》有"公共卫生事件"提法；中央文件中多次出现"公共卫生"的字眼，但是对其内涵的界定或法律上的释义没有明确。因此，又如何能依法推进公共卫生安全责任落实呢？

城市在变得越来越大、越来越密集、靓丽多彩，为了发展，更多城市资源优先向有实际产出的领域倾斜，城市公共卫生风险的意识和共识却没有建立起来，城市公共卫生领域软硬件建设存在不足、历史欠账没有得到有效改善，一旦突发重大公共卫生事件，城市公共卫生安全应急响应机制、反应能力不足便暴露无遗。

3 空间规划变革促进城市健康目标治理的共识

城市规划中关于公共卫生和医疗设施保障等涉及各类规划，如城市规模、用地布局、绿地系统、城市防灾减灾、医疗卫生、基础设施等专项规划布局。非典之后，有关专家提出"健康城市"规划建设的倡议（王兰等）；把传染病等诱发新型灾害作为公共政策纳入城市防灾减灾规划（秦波，焦永利）。这些思考和建议反映了规划界应对突发公共卫生事件的积极态度和专业水准，城市规划师透过公共政策的视角，把公共卫生结合公共危机管理作了有益探索，具有很强的现实意义。但是目前研究或规划多集中在传统的物质空间领域，而对于城市空间治理落实的成效并不理想。由此也可以看出，一方面固化的传统城市规划的观念和范畴已不适应现实的要求；另一方面确保公共卫生安全公共政策落实，缺乏法律法规、政府机构、社会民众参与的治理共识，城市规划落不了地，作用自然很有限。

关于疫情防控，2020 年 2 月 3 日的中共中央政治局常务委员会会议明确指出：这次疫情是对我国治理体系和能力的一次大考，我们一定要总结经验、吸取教训。要针对这次疫情应对中暴露出来的短板和不足，健全国家应急管理体系，提高处理急难险重任务能力。要对公共卫生环境进行彻底排查整治，补齐公共卫生短板。要从源头上控制重大公共卫生风险。要加强法治建设，强化公共卫生法治保障。

当前我国正处于规划体制机制变革期，又一次给规划界带来全面反思的良机。原城市规划体系向国土空间规划体系转型，根据《中共中央 国务院关于建立国土空间规划体系并监督实施的若干意见》，要顺应新的历史方位下新时代发展的要求，进行重构性改革，国土空间规划体系构建核心诉求是谋划统筹全域国土空间全要素，强调空间高质量发展与空间分事权治理协同，促进治理体系完善和实现治理能力提升。国土空间规划体系中，不仅要把公共卫生风险纳入防灾减灾系统专项，而且还要着重界定公共卫生系统与医疗系统专项异同，以利空间资源要素保障与分事权落实管控和联动机制的落实，并纳入强制性管控范畴。

下面尝试从完善法治、管理体制、空间资源要素保障三个维度思考，引导形成常态化关注公共卫生风险的重要性的共识，进而实现重大突发公共卫生事件的有效防控。

3.1 法治保障

首要是定义公共卫生概念，研究界定内涵，明确法律上的释义，统一社会认知；其次制定"公共卫生法"，修订完善已有包括《中华人民共和国传染病防治法》《国家突发公共卫生事件应急预案》等法规。英国在 1848 年颁发第一部公共卫生法（Public Health Act）。目前我国没有专门的卫生法，只有以公共卫生与医政管理为主，系列单项法律法规构成的一个相对完整的卫生法体系。这些法规涉及很多的概念没有明确法律释义，没有统一概念表述直接影响各责任部门在执行各单项法规的协同，导致依法治理大打折扣，甚至事发时理解偏差、责任不清出现推诿，以致贻误时机。

3.2 管理体制保障

在职能目标管理上厘清公共卫生与医政体系的差异关系基础上，依法加强公共卫生管理体系建设。明晰部门职能，制定公共卫生行政管理目标并加以落实，如环境卫生、传染病防控、进行个体健康教育等是该部门主体职能。明晰从中央到地方各级政府公共卫生部门的职能关系，分级管理。如中央政府主要承担制定公共卫生任务目标的职责；地方城市政府负责具体实施，完成公共卫生职能任务，如负责和监督应急设施空间建设、日常维护和管理。依法建立公共卫生资金筹措机制，年度财政公共卫生预算务必确保持续的投入，坚持未雨绸缪。

3.3 空间资源要素保障

防灾减灾系统专项规划，就是为响应具有突发性、偶然性及不可预测性的危及城市安全重大事件，构建完善的城市危机管理体系而提出的系统安排。涵括除传统因人工干预诱发的自然灾害外，还应着重研究公共卫生安全等新类型风险，以及与抵御灾害相关部门资源的联动协同配套机制，确保当事件发生时可提供一定的空间设施资源。在空间规划的专项规划体系中增加公共卫生专项规划，或编制公共卫生与医疗系统专项规划，凸显公共卫生、医疗机构在承担职能定位上的不同，强化保障两个不同类别设施所需要的空间资源。譬如，城市防灾空间用地的规模、布局选址、基础设施配套必须符合应急避灾要求进行建设；平时综合利用可以是城市的聚会广场、公园绿地、体育公园，展览馆、体育中心应结合避灾进行建设（临时庇护所，方舱医院）；就突发公共卫生事件来说，防灾空间选址可考虑紧邻大型医院选址，平时作为公园广场或体育公园，包括隐蔽工程按"战"时进行配套，既解决平时的社区配套和规避医院邻避影响，又可作为"战"时迅速安置避灾防疫隔离场所，就近发挥医院支撑作用；这些场所设施日常维护管理主体可以是担负公共卫生职能部门、疾控中心，也可以与平时使用功能的主管部门协同管理。探索多功能防灾应急空间，其目的是明晰管治责任主体，同时确保防灾空间的有效落实，得到高效利用。

城市规划其实起源于人类对健康诉求的回应（王兰）。高质量发展城市、宜居宜业的城市、安全健康的城市，需要规划人的智慧构建完善的空间规划体系支撑；需要政府、企事业单位、公民的全面参与，达成从源头上加强对公共卫生风险的防控共识；就目前人类的认知而言，已知道每一次疫情出现到暴发都有特定成因环境条件，但即使是科学昌明的明天，人类也很难做到完完全全地防患于未然。发达国家防控经验表明，科学的治理可以尽量缩小疫情对人民生命和财产造成的损失，把突发性风险的破坏性、灾难性管控在一定范围。

（2020 年 2 月 9 日）

邓伟骥　厦门市城市规划设计研究院院长，教授级高级规划师，注册规划师，一级注册建筑师

资源环境研究视角下的城市健康社区设计与营造浅探

2020 年 2 月 13 日　　昏　涛　张国钦　龚　奕

1　城市健康社区研究的传承和需求

　　城市是人类文明产生的标志，也是文明发展和传承的主要载体。21 世纪伊始，已有超过半数的地球人口居住在城市，这个比例在未来仍将快速增长。从历史来看，城市的发展基本经历了一个人口从分散到聚集再到高度聚集的过程：前一个过程发生在工业革命时期，大量体力劳动者从农村迁入城市从事聚集性的工业生产活动；后一个过程大约发生在第二次世界大战后，服务业的高度发展吸引更多的智力劳动者在城市高度聚集。这两次城镇化在人口聚集上具有显著的差异，后者在人口密度上远高于前者，这种高度聚集的城镇化现象本质上并不仅是由工业和建筑能力提高造成的（因为第二次世界大战之前，高层建筑技术和能力就已经存在了），促使城市能够承载更多人口的更是因为城市卫生和公共服务能力的提高，尤其是前者。

　　因此有学者 [1]（Steward Pickett）将城镇化的一个重要门槛称为卫生城市建设；城市卫生系统的建立使得城市具备承载更高密度人口的基本条件。当代城市生态学也认为可持续城镇化必须满足三个基本条件：安全、健康和公平 [2]。根据马斯洛的需求层次理论，除了公平之外，安全和健康需求也是人类最基本的需求。这三个要求也是城市在发展过程（伴随人口和社会经济活动增加）中必须不断提高和完善的基本要素，也可以称为支撑城市存在和发展的基准点（Benchmark）。

　　当代城市发展突出表现在人口的高度聚居以及人类社会经济活动的密集频繁，而且这种密集可能伴随信息技术的进步而呈现更快的发展；另外，伴随城市快速发展和生活水平不断提高，居民对于健康的需求也提出更高的要求和标准。在这种前所未有的城镇化背景下，如何维持或者更好地保障城市居民的健康状态和健康需求必然成为一个需要持续关注并完善的既传统又前沿的研究领域。

2　城市健康社区的需求主体与客体

　　当我们考虑设计、改造或营造一个城市健康社区时，首先应该明确社区的需求本体以及可以满足其需求的客体（或者说供给）。健康社区的服务目标和对象是居住在社区里的人，也就是需求本体。我们需要了解社区的人群构成及这些人群的健康需求，而社区内一切可以满足居民健康需求的物质性或服务性供给的就是客体。这里的客体不仅仅包括人工的医疗服务设施及其服务，还包括可能对人群产生健康效应的环境质量，以及带给人类各项福利及健康好处的自然生态系统，例如降温等气候调节服务，降噪和除尘、净化环境质量服务等，也有学者称之为生态基础设施[3]。而城市健康社区的构建需要主客体之间相互作用、相互耦合并形成良好互动，健康社区的主体能否充分获取和利用客体提供的服务，是健康社区构建需要考虑的重要因素，其中包括主客体耦合的方式、模式、途径、过程和机制，也包括主体获取客体服务的物理可达性、感知可达性以及主体享用客体服务的使用效率等。

很多时候设计师在做社区设计和建设的时候，社区服务的主体都是假想的，设计师通常是凭借自己的先验认识来判断社区服务的对象是哪些，他们具有怎样的特征。然而现实中的社区发展往往会超出设计师的想象，里面的居民以及居民的行为会随着社会、经济和生态环境的变化而变化，他们的社交联系和健康需求（包括心理健康）同样会变化，伴随而来的还有社区内居民的健康暴露的敏感性和脆弱性变化。因此，一方面，我们需要像观测生态系统中关键物种那样，对社区居民的数量、组群、构成、分布、心理及行为进行科学的观测、分析，并归纳特征与规律。另一方面，设计师在对健康社区供给客体的理解和认知方面，可能更多的是对人工设施的了解，例如医疗服务设施、社区健身设施；但对自然生态和环境要素的作用还在起步阶段。

当然目前生态环境相关学科对于城市内生态系统服务和环境健康暴露的研究仍处在起步阶段，尚缺乏充分的定量化应用实践的科学依据来指导城市设计。但前沿和未来的发展方向肯定是将人工与自然要素相结合，形成复合系统式的综合健康福利服务。例如现在国际流行的生态系统服务[4]以及最近欧盟和北美等发达国家开始兴起的基于自然途径的解决方案（NBSs）[5]。在健康社区的设计和营运过程中科学地考虑生态环境的影响，并充分利用自然要素的作用来辅助社区基础设施，如此城市设计与生态学以及环境学进行合作就非常必要了，可能会达到环境更好、居民更健康的效果，例如绿地空间的可达性，以及环境物联网在监控模拟小区微气候以及污染风险暴露方面的作用，甚至可以从景感学[6]的角度来融合人群对景观的感知进而进行行为和心理的规范和引导。

3 城市健康社区研究的资源环境视角

资源环境研究通常注重时、空、量、序四种视角。其中"时"是时间变化或者研究对象伴随时间的变化特征；同理，"空"是空间变化特征，"量"是数量变化特征，"序"是顺序和结构变化特征。以上"时—空—量—序"构成了资源环境包括生态系统研究的基本视角，四者经常是交叉耦合在一起分析研究的。

这种资源环境科学的研究视角同样对于城市健康社区设计与建设具有很好的指导意义，在研究主体（人群）与客体（人工或自然基础设施）相互作用时，首先我们可以分析并模拟居住人群在未来的数量、人群结构（年龄、性别、受教育程度、职业和收入状况等）变化，以及居住和活动空间变化。然后研究客体供给服务主体的互动机制，按照时空耦合的最优化求解模型来模拟健康公共资源配置数量、空间布局（地点）和先后顺序；同时必须考虑到更大空间尺度环境变化带来的影响，例如周边污染源分布、传输途径（风、水、人为运输）与健康暴露（空气接触、水体接触、物品与人接触、人与人接触等），这部分研究未来需要结合环境物联网、生态环境高分遥感和网络

大数据来进行，例如将模拟和预测人群在社区活动的时空分布模式结合大气污染浓度的实时监测模拟（通过遥感数据与物联网监测数据的结合）可以有效地判断出实际暴露大气污染的人群分布以及风险区域，进而对社区人群进行预警和调控。

当然这种方法也可以用于传染病的分析[7]，只不过把风险源从面状分布的环境介质转变为点源的人群扩散，此时交通人流的模拟和监控就尤为重要。

总之，生态环境科学发展到现在，虽然在原理和机制层面的定量化科学指导数据还不够充足，但在时空分析模拟以及区域风险评估管理等方面已经具有很好的基础，与城市设计相结合后在健康社区的设计和运营上可以更进一步起到很好的

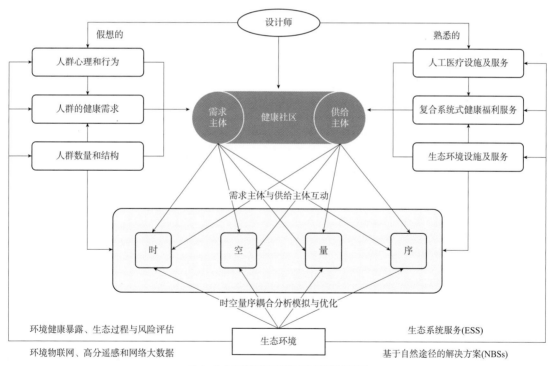

图 1　生态环境视角下的健康社区营造框架图

辅助和指导作用。未来的可持续城区和社区一定是以人为本的社会、经济、自然和谐发展的城市基本单元，而健康则是这个单元保持生存和发展的基本需求，城市规划学者和生态环境学者的合作未来一定大有所为。

感谢袁媛女士的文字修订和表述润色！

注释

[1] 引自 Steward Pickett 2011 年在亚利桑那州立大学的报告。

[2] Xiang, W., R.M.B. Stuber, et al. Meng. Meeting critical challenges and striving for urban sustainability in China[J]. Landscape and Urban Planning, 2011. 100（4）: 418–420. 本文作者对安全和健康作为城市发展的基准点是认可的，但是对公平存有不同理解，因为当前城市的不公平现象是普遍存在

的，而效率可能比公平更具有城市发展的普遍性特征。

[3] 李锋，王如松，赵丹. 基于生态系统服务的城市生态基础设施现状、问题与展望 [J]. 生态学报，2014, 34（1）: 190–200. 41.

[4] Ouyang, Zhiyun, Zheng, Hua, Xiao, Yi, et al. Improvements in ecosystem services from investments in natural capital[J]. SCIENCE, 2016, 352（6292）: 1455–1459.

[5] 刘佳坤，吝涛，赵宇等. 面向城市可持续发展的自然解决途径（NBSs）研究进展 [J]. 生态学报，2019, 39（16）: 6040–6050.

[6] J. Zhao, Y. Yan, HB. Deng, et al. Remarks about landsenses ecology and ecosystem services, International Journal of Sustainable Development & World Ecology[EB/OL].2020. DOI: 10.1080/13504509.2020.1718795.

[7] 最近新冠肺炎（NCP）疫情传出有气溶胶传播的可能途径，但这种情况主要是发生在密闭空间内，假设传染病源可以混合在环境大气气溶胶内进行传播，疫情的风险模拟就可以完全参照现有的大气雾霾（颗粒物＋气溶胶）的健康风险暴露模型进行模拟和评估，但这种情况是非常罕见和危险的。

吝　涛　中国科学院城市环境研究所城市生态环境规划与管理研究中心研究员
张国钦　中国科学院城市环境研究所城市生态环境规划与管理研究中心副研究员
龚　奕　卡迪夫大学可持续发展研究中心研究员

疫情防控视角下城市居住社会组织及安全防护体系的若干思考

2020 年 2 月 13 日　　任云英

2020 年春节注定是一个很不平凡的春节，大年三十的前一天（1 月 23 日）武汉宣布封城，大年初一（1 月 25 日）15 时，全国 24 个省、市、自治区启动重大突发公共卫生事件一级响应，涵盖总人口超过 12 亿，而随着新型冠状病毒肺炎疫情的发展，截至 2020 年 1 月 29 日，全国共 31 个省、市、自治区启动重大突发公共卫生事件一级响应 [1]。世界卫生组织（WHO）紧急委员会于北京时间 31 日凌晨发布声明，宣布中国新型冠状病毒疫情构成国际关注的突发公共卫生事件（Public Health Emergency of International Concern，即 PHEIC）。[2, 3]

与此同时，随着疫情的发展，引起了规划领域的反思与讨论，"人居三"提出了新时期的人居发展目标"包容性、安全性、弹性和可持续性"，而当前的疫情进展，无疑又为应对城市安全的韧性规划敲响了警钟。不可否认，在新型冠状病毒性肺炎的疫情防控过程中规划"先谋"的缺位现象是存在的，尤其是我国曾经历过 SARS 病毒的侵袭，依然未形成基于突发性公共卫生事件 [4] 的

规划响应，现有的综合防灾规划，主要是自然、地质灾害和常见人为灾害，如防震、防洪、防滑坡和防火等，从规划的全局观反思，规划不仅应当应对各种突发性事件，预留出应对突发事件的城市安全预留用地，更为重要的是应当基于城市社会属性特征，建构以人为本、与城市社会组织结构匹配的安全防护体系，尤其以当前正在面对的疫情防控方面。当然，这个应当建立在全民医疗和健康体系的框架之下并充分考虑城市居住社区基层防护的社会价值和潜在的可能性。因此，基于疫情防控的发展，以下尝试从城市社会属性、社区安全系统和疫情防控规划体系几个方面进行初步的思考。

1　城市社会的基本属性

自武汉封城至今，"同舟共济"是抗击疫情的主题词，反映了我国乃至国际社会在应对突发性公共卫生事件时的社会价值取向。如果说以医学救治为城市点状防控的第一前线，那么在举国

响应的疫情防控过程中，在"居家"隔离或防护的行为模式下，居住社区成为面状防控的第二前线，而这一战场是抗击疫情的重要本底，如同载舟之水，如果引导得当，会激发居民守望相助、共抗疫情的社会正义感和凝聚力，如果忽视了社区作为抗击疫情的决定性力量和所起到的社会的稳定作用，则会引发负面情绪，带来不可估量的损失。

而这正是城市固有的社会属性特征，也是规划在抗击突发性公共卫生事件中如何响应并应当关注的核心问题，即如何基于城市社区的组织结构、行为方式及其空间属性及社会价值，建构以居住社区为单位的疫情防控体系，即：

（1）如何提供居家隔离的医学专业指导和必备防控物资的配给制度和供应系统；

（2）如何引导抗疫期间市民的社区生活行为以避免社区内的交叉感染；

（3）如何提供生活必需品以保证正常生活的基本需求；

（4）如何建构特殊时期的安全物流供应系统；

（5）如何疏导居家隔离带来的心理影响、何时介入以及介入的周期；

（6）如何进行特殊时期的社区信息沟通和人际交往，以激发社区居民防疫的自觉性和守望相助的邻里精神等。

鉴于当前疫情防控的进展，从规划的角度看，需要聚焦在规划领域的核心，即基于疫情防控目标及社区行为和空间特征，建构适应社区防控的规划应对。

2 基于疫情防控的社区安全系统

当前，"建设包容、安全、有抵御灾害能力和可持续的城市和人类住区"[5]是全球社会的共识，而在社会经济生活结构中，不同的人群组织成环环相接的链条形成了"社会生态链"[6]，构成了人们的交往关系和行为特征，基于城市行为特征以及疫情的传播方式，建构以社区组织结构为基本依据、以疫情防控为行动纲领的疫情防控的社区安全体系，是提升城市韧性的不可或缺的环节。

2.1 基于病毒传播途径的社区防控预案

根据流行病学，此次疫情主要是水平传播，指病原体在外环境中借助于传播因素而实现人与人之间的相互传播。经空气传播、经食物传播、经水传播、经接触传播、经节肢动物传播、经土壤传播和医源性传播均属于此类[7]，需要建构基于防止疫情传播的全程防控预案。

对确诊、疑似和健康人员进行科学分离，并基于各类人群的可能发生交汇空间进行重点防控：一方面切断水平传播途径，重点防控日常采买、电梯、室外空间等；另一方面，防止二次感染，如生活污水处理的防控，尤其是对中水利用或排入河道可能引起的再次污染采取相应的阻绝措施。

2.2 基于人群特征的安全空间需求

空间是城市社会生活的重要载体，特定的社会行为的确需要相应的空间。针对疫情防护，社区首先应具有甄别患者、疑似患者的职能空间，即社区医院或诊疗室；其次，应当具有与疫情指挥和救治部门的信息平台和输送通道，包括紧急救助物资和患者收治的运送通道，即生命线工程；第三，基于社区组织结构，社区中心应当具有执行防控预案的专用空间，应有满足与指挥部门、医院、派出所等职能部门以及住户的可视化多功能信息平台；第四，紧急状态下的生活供应空间系统，包括必要疫情防护用品和日常生活用品等的定点供应和获取方式等。这些功能性空间应当适应网络时代的疫情防控需求和相应空间行为特征，保持信息通道的通畅和社会心理的引导，同时由于我国养老需求的内化而导致居家养老占据一定的比例，因此还需要充分考虑老年人和未成年人的相应需求。

2.3 基于社区防护的空间结构体系

社区防护不仅应当考虑紧急状况，还应以常态化的社区居住生活需求为主，因此，结合现有的防灾规划体系和社区的空间结构，建构包涵应对疫情防控的综合防灾规划体系已经刻不容缓。而疫情防控的安全空间体系正是基于已有的空间体系，即在应对疫情防控中具有动态适应性：形成适应疫情防控的人流、物流分离的交通网络系统；适应在执行重大疫情防控预案的各项功能需求，形成以社区为中心、以社区甄别为出发点、以社区居民的共同防护为目标的多元化、复合型及其多功能适应性社区空间。

当然，除了物质空间的安全应对外，居民的精神生活也应当得到关注，心理学认为，当个体面临外界压力时，人对紧张状态的忍受是有一定的限度的，一但超过某一限度，发展到人所不能忍受的时候，就会产生生理上和心理上的损害。因此，还应当配合适当的心理疏导，配置必要的具有复愈功能的公共绿色开敞空间系统。

2.4 邻里：基层安全防控单元

邻里是城市社区的基本单位，是相同社会特征的人群的汇集，个人交往的大部分内容都在邻里内进行，这种交往只需步行即可完成，其形式以面对面接触为主。邻里之间的交往频率较高，往往具有"出入相友，守望相助，疾病相扶持"[8]的社会帮扶功能。

目前重大疫情防控管理，主要任务压在医疗救助，这只是防控的点状部分，而社区防控才是面，也是根本，因此应当首先结合以小区为单元的防控应急预案，倒逼基层安全防护的合理规模，而现行居住环境建设标准，除了考虑必要的采光通风，应适当考虑基于疫情防护需求的人口密度和建设强度，包括绿色开敞空间体系的建构。

基于"邻里—家庭"为核心的健康社区的主体特征看，老人、儿童为弱势群体，其日常出行范围即活动半径约5分钟步行。因此，从疫情防控的角度，其救助物资及生活物资供应的范围应满足五分钟生活圈居住规模，并作为基层安全防控的最小单元，以此为细胞建构符合居住社区组织结构层级的安全防控体系。

3 社区疫情防控规划体系

从此次疫情防控的流程、管控内容以及趋势看，应将疫情防控纳入城市各个层面的空间规划当中，尤其是城市综合防灾规划更是如此。那么，针对社区疫情防控的目标和行为特征，应结合社区的规划建设建构社区疫情防控规划体系。

3.1 社区防控体系构成

从目前的防控基本行为和空间特征看，首先应当建立社区疫情防控预案，在此基础上应具备以下空间功能，首先，是防疫组织管控体系，包括其指挥系统、生命线工程以及防控方案；其次，是以满足特殊需求交通系统和主要的防护空间构成的防疫空间网络结构；第三，是对接和匹配的医疗救助防控体系，能够满足防疫物资供应，以及满足紧急疏散和应急分流防控的交通运输体系；第四，是满足生活物流及供应，同时满足信息通畅、宣传引导和心理引导及时的居家生活空间防控体系；第五，是应对那些家人住院隔离，而居家的老人、儿童的生活救助的社会紧急救助预案。

3.2 依据防控等级落实相应指标

全民健康医疗服务体系，既要有基于城市用地集约利用的自上而下的刚性指标，也应当有应对疫情的弹性响应指标体系。同时，在居住区规划设计当中，应将疫情防控作为重要的考虑因素，

与规划体系中已有的综合防灾规划结合起来通盘考量，居住区规范中应当落实具体的指标。

3.3 社区防控预案行动计划

除了防控体系的整体部署和空间规划之外，还应当结合具体的情况，建构一套应对疫情的行动预案，包括预警、信息通报、责任人及其工作职责以及疫情当中居民生活和医疗保障及其绿色通道系统，以及社区关怀系统，对那些不具备自理能力的老人或未成年人提供必要的社区服务。在面对疫情时则可以快速启动防控预案，把疫情有效控制在最小的风险范围内。

4 结论

20世纪以来的重大公共卫生事件层出，疫情的防控已经远远超越了地域、国界而成为全球的人类安全问题，同时却与每个人的生活乃至生命安全息息相关，建构疫情防控安全体系是规划领域面临的紧迫课题。而恰恰由于是与每个人相关，疫情防控安全规划应从防控的特点和需求出发，建构基于居住生活基层单元，即邻里为单位的疫情防控安全体系，纳入到规划体系当中，充分考虑居住社区的组织结构及其社会行为特征，充分提升城市的社会价值，建构以人为本的人类卫生安全共同体，从而保障生命安全、提升人类生活的质量。

注释

[1] "Ⅰ级响应是发生特别重大突发公共卫生事件，省指挥部根据国务院的决策部署和统一指挥，组织协调本行政区域内应急处置工作" http://news.sina.com.cn/c/2020-01-25/doc-iihnzahk6284090.shtml.

[2] https://www.huxiu.com/article/337513.html.

[3] Statement on the second meeting of the International Health Regulations (2005) Emergency Committee regarding the outbreak of novel coronavirus (2019-nCoV).

[4] 中华人民共和国国务院令第588号：《突发公共卫生事件应急条例》2011年1月8日：突发公共卫生事件，是指突然发生，造成或者可能造成社会公众健康严重损害的重大传染病疫情、群体性不明原因疾病、重大食物和职业中毒以及其他严重影响公众健康的事件。

[5] 第九届世界城市论坛："城市2030，人人共享的城市：实施《新城市议程》"，2018年2月7日-13日。

[6] 杨贵庆. 城市社会心理学 [M]. 上海：同济大学出版社，2000.

[7] 李立明. 流行病学 [M]. 北京：人民卫生出版社，2008：243-245.

[8] 出自《孟子·滕文公上》。

任云英　西安建筑科技大学城乡规划系主任、教授、博士生导师，中国城市规划学会城市规划历史与理论学术委员会委员

"同一健康"理念下的价值重塑与规划应对

2020 年 2 月 13 日　　黄　瓴　夏皖桐

2020 这个春节注定是个不寻常的中国年。从新型冠状病毒（COVID-19）肺炎疫情的发生，到世界卫生组织（WHO）将其定义为国际关注的突发公共卫生事件（PHEIC），犹如一颗惊雷，始料未及却又发人深省，社会的脆弱性暴露无遗。人类在日新月异的技术进步、高歌猛进征服自然的发展进程里，过于恣意妄为了，似乎忘记了人与自然、作为特殊高级动物的人与其他动物的共生关系。纵观过去三十年里相继出现的三十多种新型人类传染病，其中大部分源自动物界且多数与野生动物有关，诸如 2003 年严重急性呼吸系统综合征（SARS，又称传染性非典型肺炎）、2012 年中东呼吸系统综合征（MERS）、2013 年新型 A 型禽流感（H7N9）等。在这个人—动物—环境日益相互关联的世界里，如何建构一个安全健康的、可持续发展的全球环境，成为人类必须冷静反思且付诸行动的重要议题，也为城乡规划学科如何应对现实问题提出新的挑战。

1 "同一健康"（One Health）理念

19 世纪德国病理学家鲁道夫·魏尔啸（Rudolf Virchow）博士创造了"人畜共患病"（Zoonosis）这个术语来表示一种在人和动物之间传播的传染病。2004 年 9 月在纽约举行了一个主题为"在全球化的世界中建立健康的跨学科桥梁"的研讨会，确定了 12 个优先事项，以应对人类和动物健康的威胁，这些优先事项被称为"曼哈顿外部原则"（Manhattan Principles External），要求采用国际、跨领域的方法来预防疾病，并形成了"同一个健康，同一个世界"（One Health, One World）概念的基础，随后逐渐发扬开来。2010 年，为了有效防止动物疾病威胁人类健康并给社会带来巨大的经济损失，联合国粮食与农业组织（FAO）携手世界动物卫生组织（OIE）和世界卫生组织（WHO），共同制定了"同一健康"（One Health）战略，旨在大力促进全球应对疾病发生的能力。同一健康，又名唯一健康、一体化健康，

图 1 "同一健康"（One Health）概念图示
图片来源：根据 https://en.wikipedia.org/wiki/One_Health_Model 图示改绘

是涉及人类、动物、环境卫生保健各个方面的一种跨学科、跨部门、跨地区协作和交流的新策略，其使命在于：认识到人类健康（包括通过人与动物的结合现象产生的心理健康）、动物健康与生态系统健康密不可分，因此，One Health 通过加强合作来促进、改善和捍卫所有物种的健康与福祉。通过医师、兽医、其他科学健康和环境专业人员之间的合作，以及通过增强领导和管理实力来实现这些目标。这是目前国际上最新的公共卫生理念，已经在世界范围内建立多个分支机构并开展行动，所涉及的学科领域包括医学、公共卫生、流行病学、人口学、经济学以及其他领域如社会学、人类学、发展科学、文化科学和法学等。从 2016 年开始，每年 11 月 3 日被定为"同一健康日"（One Health Day）。

2 价值重构

在我国快速城镇化发展进程中，在付出了高昂的环境代价的基础上，正经历着从"重物轻人"到"从物到人"的价值转型，逐渐认识到"人"的重要性，同时也逐渐认识到"人与自然和谐共生"的重要性。颇为遗憾的是，在我们的价值体系里，常常将动物看成是依附于人的存在，而环境是为"我"所用的，从未将动物的健康与人和环境的健康同等考量。价值观念的缺失加之国民基本知识的匮乏，使得诸多行为失控并为此付出惨痛而巨大的代价。只有尊重动物的健康、环境的健康，人类才能真正拥有健康和健康的环境，这次新冠病毒疫情暴发即是深刻的教训。在很多情况下，灾难的根源在于社会结构和社会过程以及背后所隐藏的文化观念所导致的结构性社会问题。文化要素决定着社会的风险选择与风险干预，风险的文化选择过程与客观风险测量无关，而与道德、政治、经济、权力状况等的文化建构有关，风险问题不再是一个技术问题，而是社会问题。从社会脆弱性到社会生态韧性，我们应该从价值源头深刻反思，更加敬畏整个地球环境、包容不同生命物种、自律人类个体行为以及协同多元文化方式。

3 规划应对

在走向"同一健康"目标的征途中，规划师不应缺席。事实上，规划在引导人们形塑健康的生活理念与行为方式、预防和抵抗突发灾害等方面具有重要责任。从这次抗击新冠病毒疫情的全国行动中，大家逐渐认识到日常生活空间——社区的重要价值。社区是城市亚文化建构的重要场所，更是提高社会韧性的重要基础。在今后的城市更新与社区规划中应重新审视人、动物与社区的依存关系，进而拓展规划与设计、空间与政策、治理与教育的内容与疆界。

• 构建可持续健康环境的城市与社区更新/规划目标，将人—动物—环境纳入核心主体要素框架，因地制宜地分析和评估三者依存关系与约束条件。

• 充分尊重城市与社区的人群特征与动物的生活习性，因地制宜地规划与设计动物集中活动与嬉戏空间与可达路径，并结合安全需求，通过社区居民组织协商制定适宜的场地时空间管理政策。

• 针对社区在地性特征制定社区灾害威胁规划并纳入社区更新/规划内容，并与地方相关部门和机构建立伙伴关系，加强预防、诊断、抵御未来可能的疾病等灾害以及灾后恢复的能力。

• 将灾害教育纳入社区治理和社区营造内容，同时规划教育应进一步拓展对环境科学、动物学、健康医学等跨学科知识内容的常识性了解。

每一次灾难都是人类认识自身和世界的契机。今天讨论的话题已不仅是一个规划的问题。这次疫情的发生表明，我国与人居环境有关的学术界应更加重视 One Health 理念所包含的国际性的危机警示，认真审视在城市生活供应链上存在的问题，同时也进一步表明规划学科体系亟需补充和更新的必要性和迫切性。作为其中一员，责无旁贷，任重道远。

参考文献

[1] One Health. https：//www.who.int/features/qa/one-health/en/.

[2] One Health. https：//www.cdc.gov/onehealth/basics/history/index.html.

[3] Kathleen J. Tierney. From the Margins to the Mainstream? Disaster Research at the Crossroads[J]. Annual Review of Sociology. 2007.

[4] 陶鹏，童星.灾害社会脆弱性的文化维度探析[J].学术论坛，2012，35（12）：56-61.

[5] 孙中伟，徐彬.美国灾难社会学发展及其对中国的启示[J].社会学研究，2014（02）：218-246.

黄 瓴 中国城市规划学会城市更新学术委员会委员，重庆大学建筑城规学院 教授，博士生导师
夏皖桐 美国乔治华盛顿大学哥伦比亚学院社会学系本科生

基于城市通风廊道与城市大数据的健康城市研究

2020 年 2 月 17 日　詹庆明　巫溢涵　范域立

本次疫情引发出规划从业人员与学者对于健康城市研究的关注，我们所在的研究团队从 2012 年起先后在武汉、福州、漳州、襄阳、广州等城市开展城市通风廊道研究，同时以武汉为基地进行了多年的武汉市大数据空间格局研究。因此，我们想立足于我们在风道规划、城市大数据研究中的相关经验，对如何防微杜渐、积极应对灾害提出一些自己的思考。

1　风道对城市的积极作用

近年来，国内城市，如北京、广州、深圳、武汉、杭州、成都，都开展了城市通风廊道规划相关研究。应当讲，风道建设对于城市的积极影响是多尺度、多层次的。首先，风道对城市热岛效应的遏制作用已得到论证。刘红年等使用区域边界层化学模式（RBLM-Chem）模拟得出通风廊道内城市下垫面夏季降温幅度平均可达 2.7℃ [1]。因此，我们研究团队在湖北襄阳市的风道规划实践中，利用机器学习方法对热岛扩张趋势进行研判，在此基础上提出在城市北部清河编组站实行规划管控措施，留出通风廊道，防止东西热岛连片 [2]。

其次，城市通风也有利于疏散街道峡谷与密集区域的污染物，防止污染的积聚。但是郊区与主城区的冷热空气交换是否减少了二次污染物的形成，在静稳天气背景下风道在多大程度上可以削减雾霾浓度，这些问题目前还没有太多明确答案，也值得更多探索。

另外，作为城市重要的"上呼吸道"，我们认识到也有必要对风道口的建设强度、土地利用类型提出严格要求 [3]。同样是在襄阳市的风道研究中，我们对位于风道口的垃圾发电厂建设计划提出了迁址建议，也对位于风道口的余家湖工业园区的企业门类进行了梳理并提出环保整改建议 [2]。在福州的风道研究中，我们提出保护闽江口这一海陆风导风入口，建议风道口范围内采取放射状建筑布局、指状交错（发散状）的建筑建设形态，且建筑之间至少保持 30~50m 的建筑间距 [3]。

结合本次疫情，城市通风如何在公共卫生事

各类企业的污染防治措施及生产工艺优化建议[2]　　　　　　　　　　　　　　　　表1

企业类型	防治措施及方案	大气污染防治方案
化工类企业	重点开展高新区工业园、襄城区余家湖工业园集中排查执法行动，检查企业环保手续是否齐全、大气污染治理设施是否建成和是否正常运行，是否存在大气污染物违法超标排放情况。强制重点行业清洁原料替代，园区VOCs集中整治，建成园区统一的泄漏检测与修复（LDAR）管理系统。组织水泥（含粉磨站）、铸造、商品混凝土、制砖、化工等行业以及危废焚烧企业按要求落实错峰生产	一、调整产业结构 ①严格控制新增大气污染源；②推行重点行业清洁生产技术改造；③推进重点行业清洁生产审核；④开展"散乱污"企业专项整治 二、优化能源结构 ①控制煤炭消费总量；②积极发展清洁能源；③加强商品煤质量管理
制药类企业	实行药品绿色生产有利于实现成本、能耗、"三废"排放大幅度降低，符合环保需求，从而提高药企的社会价值	三、防治工业污染 ①持续强化大气主要污染物减排；②实施工业挥发性有机物污染防治；③强化工业堆场粉尘防治；④严厉打击工业企业涉气环境违法行为
发电类企业	推进安能热电厂、东风公司热电厂关停燃煤机组。使燃烧处于良好状态，控制烟气污染物的产生；在锅炉烟道中装设脱硝设施，将烟气中的氮化物分离出来，以减少烟气中氮化物的污染	
机械制造类企业	开展清洁生产提升计划，全面提升全市工业企业清洁生产水平，推进工业领域大气污染防治工作。实施综合治理，深挖重点行业减排潜力；汽车制造企业的绿色制造运行模式；使用天然气、切割工艺全密封、及时清理、使用喷淋系统	四、防治面源污染 ①严控施工工地扬尘污染；②强化拆除工程扬尘污染控制；③强化道路扬尘污染防治

件中更好地抑制病毒的传播也引起了公众的注意。2003年香港淘大花园小区SARS病例的集中暴发，与建筑下水系统的设计、小区的高密度围合式布局都有明确的联系。因此，我认为城市风道的重要性是不言而喻的，但仍有很多问题亟待解决，我们既需要利用大尺度物理模型对风道的热岛抑制、雾霾疏散作用进行论证，也需要在微观尺度上提出更多有效措施来促进自然通风，减少有害气溶胶的积聚。

2　宏观尺度：城市风道的空间落位

风道规划首先需要在区域尺度上对廊道进行空间落位。通风廊道的划定主要建立在城市形态要素和风速的耦合性基础之上[3]。这些城市形态要素可以概括为建筑和街道两个部分。在风道的划分上，建筑形态的通风评价主要采取迎风面积密度、粗糙度、建筑密度等指标，将城市建筑环境转化为具有数值属性的栅格，以此表征城市各建成区的通风潜力，但是该方法忽略了城市重要的通风路径——城市街道。我们研究团队以街道朝向为主要评价对象，挖掘线状要素城市道路的通风廊道，作为建筑形态通风廊道划分方法的补充。根据通风潜力随夹角的变化规律，利用地理信息系统（GIS）的空间分析技术进行街道的通风潜力评价，再结合迎风面积密度数据，对城市一、二级通风廊道在空间上进行落位。

3 微观尺度：住区形态的多目标优化研究

与宏观措施相互补的，是在微观层面上促进街区通风。基于此原因，我们研究团队提出包含参数化设计模型、性能表现模型、数值模拟替代模型、众目标优化模型和逆向求解模型的众目标数字化设计方法。以顾及各项风环境指标的居住小区规划为例，我们首先利用自组织规则生成400种方案，再使用CFD模拟测算城市各项子系统绩效，并在样本数据库基础上，使用GBRT替代模型对数值模拟结果进行建模回归，最后采用众目标优化工具对满足不同性能方案的街区形态进行逆向推演，从而在实践中帮助设计师确定满足风速、风速离散度、项目利润、静风区面积、建筑表面风压差各项评价指标的住区设计最优方案。

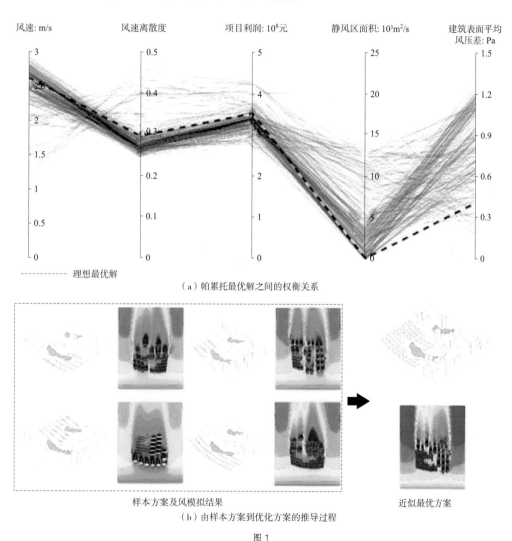

（a）帕累托最优解之间的权衡关系

样本方案及风模拟结果　　　　近似最优方案

（b）由样本方案到优化方案的推导过程

图 1

4 大数据支持下的健康城市建设

近年来，我们研究团队一直致力于基于大数据对武汉市空间格局进行动态监测[5, 6]，发现城乡空间结构发生了显著的变化，这主要体现在三个方面：一是区域交通设施建设发达、人员机动性和流动性显著提高；二是城乡实体空间和管理人口规模扩大、构成复杂性提高；三是城市内部各类活动的强度和复杂性提高，相互关联更加紧密。

在这一背景下，健康城市建设面临更加严峻的挑战。第一，高机动性和强流动性下传染病疫情发展更快，同时更容易造成大范围的区域性影响；第二，庞大的城市空间规模和复杂的内部构成提高了空间管制和资源调度等方面的信息获取、决策和部署困难；第三，密切关联的各类活动使治理决策容易造成更多的连带影响。多源大数据对城乡建成环境和自然环境及发生在城乡空间中的各类社会经济活动具有实时、综合的反映能力，能够有力地支持新治理条件下的健康城市发展[6]。例如，通过多传感器和ICT数据与基础地理数据结合，可以对与城市健康应急状态有关的社会和环境要素进行密切的监测，并进行综合分析、预

先判断存在潜在治理风险的空间位置，进而支持制定和评估各类应对决策和规划部署措施等。

5 多源大数据与健康城市规划和管理

城市社区的健康和医疗保障与其和各类医疗服务设施的可达性以及其年龄构成、收入构成等属性密切相关；对于不同的人群，可能需要持续的慢性病药物供应、便利的胸痛门诊或中风急救、特定的专科医疗服务等。城市自然资源管理部门和地理信息服务提供商一般掌握城市现存医院、诊所、药房等医疗服务资源的位置和属性信息。通过从ICT数据中获取各个社区的人群画像信息，可以评估不同社区的医疗资源供需平衡情况，从而在规划建设中予以相应的回应。

另外，多源大数据还可以辅助发现潜在的医疗健康风险。例如，针对养殖场、野味市场、销售野生动物的餐馆等可能带来潜在健康风险的场所，可以通过电子地图、网上订购平台等提供的店铺名称和商品名录确定其位置和提供的商品和服务类型，进而根据其周边的建成环境状况评估其带来的风险情况；还可以通过企业投资、物流

现代治理条件下健康城市面临的挑战及基于大数据的应对路径					表2
健康城市面临的新形势		给健康城市带来的挑战	对治理能力的要求	对应的大数据技术和手段	支撑目标
空间要素/行为	特点				
区域联系	高流动性、高机动性	疫情发展快、范围大	实时、前瞻	预警和趋势预测	事先部署和规划
居民点构成	规模大、结构复杂	信息获取和决策部署困难	智能	决策支持和评估	
居民点活动	强度高、联系密切	更多的连带影响			

等方面的大数据寻找危险货物的运输路径及其潜在的影响范围。

6 多源大数据与健康城市应急响应

在疫情防控情境下，发现疫情时可能已经有处于潜伏期的病人通过区域交通网络流出至其他城市。此时尚不能明确流出疫情发生地的病人的具体分布和流向，但可以通过该时间段内从疫情发生地流出人口的潜在目的地和前往该目的地的潜在交通路径推断病人所可能前往和经过的地区，从而提醒高风险地区采取预防措施，并提前调度相应的物资、人员等。

在城市尺度上，城市交通数据和网络舆情数

据等数据能够为热点问题发现和资源调度带来便利。通过对微博等网络舆情平台的持续监控，可以及时抓取和解析潜在的医疗急救请求、医疗物资供应、捐助信息等供需信息及其地理位置，从而为统一的资源调度和分配提供基础。

7 结语

正如"罗马并非一夕建成"，城市应急体系和城市韧性的建设也有赖于研究和实践的长效投入。生态城市、健康城市如何与大数据、人工智能、云计算和规划理论紧密结合，实现城市的长治久安，还有许多问题需要深究，许多课题需要展开。故写下此篇，与诸君共勉。

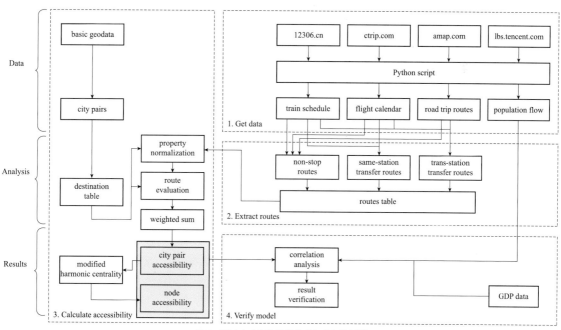

图 2　通过班次和路径推荐进行路径推断[8]

参考文献

[1] 刘红年，贺晓冬，苗世光，等.基于高分辨率数值模拟的杭州市通风廊道气象效应研究 [J]. 气候与环境研究，2019，24（1）：22-36.

[2] 武汉大学，襄阳市城乡规划编制研究中心.襄阳市城市通风廊道研究.2019.

[3] 詹庆明，欧阳婉璐，金志诚，等.基于 RS 和 GIS 的城市通风潜力研究与规划指引 [J]. 规划师，2015，11：95-99.

[4] 尹杰，詹庆明.基于 GIS 和 CFD 的城市街道通风廊道研究——以武汉为例 [J]. 中国园林，2019，35（6）：84.

[5] 詹庆明，岳亚飞，肖映辉.武汉市建成区扩展演变与规划实施验证 [J]. 城市规划，2018（3）：63-71.

[6] 詹庆明，范域立，罗名海，等.基于多源大数据的武汉市区域空间格局研究 [J]. 上海城市规划，2019（3）：7.

[7] 武汉大学，武汉市测绘研究院.武汉市大数据区域空间格局研究报告 [R]. 2019.

[8] FAN Y, ZHAN Q, ZHANG H, et al. A comprehensive regional accessibility model based on actual routesof-travel: a proposal with multiple online data[M]// GEERTMAN S, ZHAN Q, ALLAN A, et al. Computational urban planning and management for smart cities. Switzerland, Cham：Springer, 2019：463-482.

詹庆明　武汉大学城市设计学院二级教授、博士生导师
巫溢涵　武汉大学城市设计学院博士生
范域立　武汉大学城市设计学院博士生

将健康融入所有政策

—— 空间规划与城乡治理应对突发公共卫生事件的思考

2020 年 2 月 17 日　　于一凡

2020 年伊始，新冠肺炎疫情使 14 亿中国人如临大敌，交通阻断、人员隔离、企业推迟复工、学校延迟开学，社会生活受到的影响之深、范围之广前所未有。疫情带来的严峻挑战不仅促使全社会深刻认识到公共健康的重要性，也引发了全社会对城市功能和建成环境的空前关注。其中备受诟病的问题包括：重点疫区的医疗服务应急能力不足，缺乏在非常状态下维持城市正常秩序、协调跨部门反应能力的成熟预案；非重点疫区的交通受阻、社区封闭，城市生产生活功能受到全面影响；区域层面控制疫情蔓延的措施一度表现得被动、滞后，对春运期间大量人流、物流缺乏有效疏导。痛定思痛，城市管理者和规划工作者需要及时反思并迅速采取行动，认识到将健康融入空间规划和城乡治理公共政策的重要性和紧迫性。

1 "将健康融入所有政策"（HiAP）

"将健康融入所有政策"（Health in All Policies，简称 HiAP）是 2013 年世界卫生组织（WHO）在第八届国际健康促进大会上提出的发展理念。其核心是基于人群健康和健康公平的原则，呼吁各国关注公共政策制定过程中的健康影响，倡导通过跨部门合作减少健康隐患。2018 年 8 月，全国卫生与健康大会指出：

"将健康融入所有政策"是我国卫生与健康工作方针的重要内容，是推进"健康中国"建设、实现全民健康的重要手段。

空间规划和城乡治理作为公共政策，不仅需要全面理解"将健康融入所有政策"的发展方针，更需要将其作为重要的原则融入城乡发展、建设和治理的实践之中。本文参考 2014 年 WHO 颁布的《实施"将健康融入所有政策"的国家行动框架》，结合我国不同层次和不同类别的规划实践，归纳总结了以下六个方面的内容，供城市管理者和规划工作者参考。

2 将健康融入规划的行动框架

2.1 明确 HiAP 的价值，确定优先事项

首先，国土空间规划应在制度和政策层面明

确涉及公共健康的战略性议题，如城市防灾减灾和卫生防疫规划布局、面对大型突发公共卫生事件或生化危机的应急安全预案等。其次，立足于公共卫生体系的专业视角，评估空间规划和城乡治理公共政策的健康影响，梳理影响（促进或制约）公共卫生安全的主要城乡要素和治理基础。再次，编制专项规划明确部署与公共卫生、全民健康相关的资源配置和空间安排，构建含区域—城市—社区的空间防疫网络体系。

2.2 构建行动计划

根据各地区地理气候特点、社会经济发展水平等基底条件，在规划管理和实施层面落实HiAP。其中，提高城市应对突发公共卫生事件的行动包括（但不限于）：部署紧急状态下医疗扩容的空间资源和重要物资运输通道，结合疫情危害程度和发展阶段实施梯度隔离的空间策略，提升基础设施体系的防疫屏障和应急能力，提供紧急状态下区域层面人流、物流的情景化疏导预案等。与此同时，地方政府应统筹协调并落实执行HiAP所需的人力、物力、资金来源和责任人。

2.3 构建保障体系

结合实施性规划落实公共卫生重大战略部署和各级国土空间规划的应急预案。结合详细规划和专项规划落实部门间的协作机制，重点协调部门间的关键权责和资源配置。建立自上而下、自下而上或横向组织机构来支持HiAP的实施。建立问责机制。规划管理和实施领域不仅要广泛宣传HiAP理念，也应从法律层面予以实施保障，并通过政府津贴等辅助手段加以鼓励。

2.4 构建研究能力

在挑战、教训中不断学习和进步。本次疫情过后，城市在恢复生产生活秩序的过程中应广泛听取不同部门、行业的建议，反思自身存在的漏洞。重点疫区应全面收集各界人士和群众的观点与建议，在夯实自身防疫应急能力的同时，系统总结经验和教训。鼓励公共卫生、公共安全、环境、规划等相关领域开展跨学科研究，不断促进和完善HiAP的实践。

2.5 监测、评估和报告

将健康融入空间规划和城乡治理公共政策的理念涉及规划编制、实施的各个环节，宜尽早构建适用于不同层次和类别规划的监测和评估体系，并确保将监测和评估贯穿于规划编制和实施的整个过程。动态识别健康风险主要存在的区域和脆弱人群，做出妥善安排。监测和评估过程中应保证信息发布的及时和透明，充分利用智慧城市技术平台构建数据共享、反应迅速的城乡治理能力。

2.6 构建基层的行动能力

向城市和社区管理者、规划设计工作者提供防灾防疫和公共健康知识培训，帮助他们了解并在实际工作中践行HiAP原则。通过对城镇、社区等基层管理人员和规划设计人员开展相关知识考核，促使他们掌握必要的知识和技能，构建基层的行动能力。

3 跨部门合作的重要性

HiAP 的行动框架依赖于国家、地方的社会经济发展水平和跨部门协同的治理能力。根据 WHO 提出的 HiAP 行动框架，国家和地方应在公共卫生部门的基础上建设负责推进和实施 HiAP 的协调机构，并落实执行这一工作所需要的人力、财力和技术支持。本次新冠肺炎疫情发生以后，重点疫区的部分城市出现了反应迟缓、权责不清、各部门补位联动迟滞等现象，加重了疫病造成的后果。面对惨痛的教训，我们应该领悟到：健康绝不仅仅是个人层面的问题，甚至不仅仅是一个社区、一座城市的问题，只有当整个社会以及各部门建立起统一的健康价值观，用政策手段形成合力，个人和群体的健康才能得到最大程度的保障。面对突发卫生公共事件，规划部门应与相关部门通力合作，从空间规划和城乡治理的角度提出可行的防控举措，为生命安全和公众健康提供环境福祉。

参考文献

[1] World Health Organization. The Helsinki Statement on Health in All Policies[R]. Helsinki, Finland：World Health Organization. 2013.

[2] Rudolph L, Caplan J, Ben-Moshe K, et al. Health in all policies：a guide for state and local governments [M]. Washington（DC）：American Public Health Association, 2013.

[3] Ollila E. Health in all policies：from rhetoric to action [J]. Scandinavian journal of public health, 2011, 39（6_suppl）：11-18.

于一凡　同济大学建筑与城市规划学院教授、博士生导师

智慧社区抗疫应用研发设想

2020 年 2 月 17 日　　张　娜

2 月 10 日，国务院联防联控机制新闻发布会上，民政部基层政权建设和社区治理司司长陈越良建议："能不能开发一个服务社区抗疫的软件，这比捐十个亿还管用"。

治理，古称治里。里，闾里、里坊，中国古老而基本的社区单元。如果说家国天下是中国人最深厚的情感信仰，那么邻里街坊便是家与国之间最根本的信仰纽带。疫情之中，社会生活去掉一切可以去掉的环节，回归最基本的安全需求。每一个社区，在疫情面前，都折射着人与人、家与国的关联，都是一个小小的人类命运共同体。

1　当我们说社区治理的时候，我们在说什么？

两周以前，当日常"佛系丧气"的年轻人满网络求助如何让父母戴上口罩的时候，这一届以养生著称的中老年人却从不肯承认疫情就在身边。而短短几天，在数字持续上涨的过程中，让老年人心服口服戴上口罩抢购大白菜的，并不是铺天盖地的自媒体文字，也不是 24 小时滚动播出的新闻报道，而是居委会开始挨家挨户敲门，小区出入口封闭全面测量体温。老话讲远水解不了近渴，同理，身边的危机更能深入人心。

都说社区是城市治理的单元细胞，而社区作为基层事务的集成平台，过去一向都是责任大于权力，忙着应对各部门的吹哨报到和老百姓的家长里短。如今社区治理体系的构建，是国家治理体系将各项事权向社区的下沉。事权下沉，不只是工作下沉，也应该是治理工具的下沉。几年以来，不论是规划部门还是民政部门发起的社区规划师，究其本质，并非是规划师拓展业务，或者规划管了其他委办局的事情，而是在规建和民政管理事权下放、把接力棒递给社区的过程中，规划师起到了助跑陪跑的作用。笔者认为，社区规划师并非是社会发展的必然需要，而是转型换挡历史阶段中的过渡性角色。在这个过程中，以空间为载体，规划师凝聚不同部门分工权责，引好千条线，穿好一根针，把城市运行管理的逻辑，真正地分解融会到社区单元之中。同理，在国家抗疫重心下沉社区的过程中，同样需要接力的载体、陪跑的角色。

2 防疫重心的下沉与社会活动的上移

在"人传人"实证不断增加、二三代病例不断涌现的过程中，国家防疫防治工作面临着每一个个体的不确定变化。"治"的一线在医院，"防"的一线就落在了社区。面源的预防从来都比点源的攻克需要更多的系统构建和人力组织。在全国人力、物力、财力流向定点医院的同时，红区以外，在最大程度避免人口流动、全民居家留守的要求下，原本处于保障端的社区，成了真正的抗疫一线。在面源防治的过程中，街道社区有限的人员编制和相对单薄的技术支持，让基层防疫产生了不逊于定点医院的工作强度。

与此同时，近年来互联网经济的兴起，伴随物流配送体系的完善布局，居民个体实际上成了社会经济活动的基本单元，不论是B2C还是C2C，都直接绕过了任何15分钟、10分钟、5分钟生活圈，摆脱了空间层级划分，让个体需求获得原地满足。而如今抗疫一线的社区中，原本下沉到极限的物流供给体系，却由于封闭小区限制流动的要求，收紧上移。这自下而上的千条线应该引到哪根针？上移的接盘力量如何媲美庞大高效的物流体系？

各大药店门口恐慌性购买口罩、小区门口聚集性收取快递的现象，凸显出现代防疫工作和物资采购以家庭甚至个体为单位的零散和盲目，为城市防疫物资的科学调配和生活物资的安全配送

提出了新的拷问。在各地街镇社区"硬核""土味"的严防死守中，在突击战变成持久战的不便中，全民留守新需求的逐渐凸显，使社区防疫日常呈现出新的矛盾。如何让已经捉襟见肘的社区防疫力量，应对日渐扛不住的物资流动需求？自下而上递来的接力棒同样值得有序疏导，为社区这一"两头儿接盘"的中间层次减负分担。

3 缺乏"人工"，呼唤"智能"

近日，有学者发文"智慧城市失灵了吗"来思索各大城市花费巨资兴建的智慧城市系统在疫情防控中的作为。笔者认为，智慧城市的核心，是现实城市问题与解决方案的数字化映射。每一个应用研发，都产生于现实的城市场景；每一个程序代码，都产生于现实的解决思路。当下，不论是国家相关部委做出的统筹部署，还是每一个基层社区发明的硬核操作，都是智慧城市公共卫生未来场景应用中的业务来源。疫情中的各种危机是需求输入，那么各地八仙过海般的"硬核"方案就是业务研发的原始代码。

突如其来的疫情，既是对城市危机治理水平的考验，也是对基层社区综合管理精力的拷问。在目前的抗疫工作中，社区防疫工作形成了"区—街道—居委—物业小区—网格员"五个层次的执行体系。在疫情日益严峻，防控力量亟待加强的过程中，各地街道进一步整合共建单位党组织、在职党员、党员群众志愿者等多元力量参与疫情防控，构建联防联控、群防群治的社区疫情防控工作格局。而在广泛而庞杂的防疫现实中，基层

社区面临问题仍然包括：每日进出小区和逐户摸排工作量大，重复性解释工作多，行政任务复杂，信息填报缺乏信息化手段的支持；生活保障类工作日益繁重，重点人群的监测跟踪和物资保障已经让有限的人力不堪重负，普通居民每日大量的快递、采购、外卖活动的疏解与组织，成为人力损耗和矛盾增加的重要原因。大量社区基层防疫人员在守卫小区出入口的同时，兼顾人工手写方式采集信息，以微信群方式解答层出不穷的居民疑问。即便有共建单位和志愿者的协助，仍难以应对全天候、地毯式、多维度的防疫工作。

4 14个场景：可装配、可迭代的社区抗疫模块

相对于17年前的非典，城市大数据和信息技术为城市防疫工作组织和资源调配提供了有力支撑，互联网和移动终端的普及为确诊病例的行动轨迹和接触追查提供了更多可能。随着疫情进展、数据披露、信息发布的陆续公开，疫情地图、同行查询等数据融合应用持续发布，全行业的应用创新正在为疫情防控发挥着巨大作用。在此过程中，承上启下的社区层面，更应以信息化手段，全面应对"两个接盘"的业务要求，开展密集应用创新。

根据各地当前社区抗疫工作中的真实操作，笔者尝试梳理社区防疫期间的相关场景应用并作出若干设想，期待与一线社区工作者和相关应用开发团队共同探讨，形成以场景应用为基础的智慧社区防疫应用模块。结合疫情发展变化，形成轻量型、装配式、可增减、可迭代的智慧社区应用平台，为社区一线抗疫战士种植粮草，以尽绵力。

4.1 社区防疫类场景

建设社区防疫应用工具箱，防止基层防疫人员空手肉搏。用权责下放带动数据下放，构建城市智慧平台"重数据、重硬件、重决策"，社区智慧平台"重应用、重软件、重收集"的分工方向，以防疫工作为场景，结合基层社区在防疫任务执行过程，推进社区相关信息汇集，同步建立相关行政管理系统的数据归集渠道，推动相关部门权责下放，促进条块数据融合，支撑街道居委会赋能减负。

4.1.1 防疫信息采集管理

完善城市防疫的"最后一千米"，建立防疫摸排系统，结合日常体温填报、高危人群追踪，促进居民在线申报健康信息和出行信息，汇集社区疫情基本数据，形成社区防疫作战地图，支撑居委会、街道全面掌握实时信息，为局部网格细化和空间管理提供数据化底图。

对接相关部门及大数据资源，建立数字化网格、小区、社区、街道、区级防疫工作指挥部的综合疫情监管平台，整合信息技术，建立疫情信息发布、人员数据采集、确诊人群追踪、隔离人群监控、特殊群体帮扶等模块，有效支撑相关部门的疫情预警与措施决策。补充公安大数据信息，规范细化采集确诊人员轨迹，形成流行病学研究过程中病例基础信息的精细收集，建立及时有效的时空数据支撑，缩短研究时间，缩小疫区范围，加速防控方案。

4.1.2　小区出入管理

结合社区防疫管理体系的空间构建，确定最高效、最科学的社区人车出入流线，关闭次要出入口。结合移动终端建立社区电子出入证，按照线上注册办理、线下无接触扫描的方式，筛查人员通行权限和频次，实时记录通行时间，自动汇总小区人员流动记录，对于社区封闭措施和宣传力度予以效果评估和调整反馈。结合社区软硬件安装或现有安防系统的升级，形成"电子门禁、人脸识别、无接触体温测量、刷卡乘坐电梯"等全程无接触的社区出入管理工具，降低感染风险。

4.1.3　重点人员监控

根据社区安防数据，协助相关部门对于确诊、疑似人员社区内出行轨迹及接触人群进行智能分析，便于社区内三代、四代传播的有效遏制。推动远程办公软件视频、打卡等应用于社区防疫，促进对居家隔离人员的体温数据、活动信息进行日常监管、预警劝阻，并将违规行为及时上报相关部门。对于居家隔离人员出现的发热或其他症状，第一时间推动到街道居委会、卫生防疫部门，便于及时核实并快速锁定密切接触人员。

4.1.4　重点地点监控

结合居民日常基本出行需求，结合超市、菜市场、药店、小区出入口、快递收取点等人流密集场所的安防硬件和后台算法，实时识别人群聚集风险点，开展实时监测预警，便于及时组织防控疏散，形成流动人员来源与去处联防联控的互动。结合相关部门安防系统开放或社区安防系统完善，对于居民不戴口罩、过度集聚的情况进行实时监督劝阻，纠正危险行为。

4.1.5　分级分层诊疗

在若干重疫区城市，充分发挥社区医院的分散优势，发挥初级筛查职能，提供轻症患者远程登记、预约住院、协助检验、转院转诊等职能，最大程度减少医院聚集造成的传染风险。应结合城市医疗卫生设施的防疫力量和数据化防疫工具的下沉补充，增加基层卫生服务中心防疫职能，结合街道辖区内非定点医院的就近征用，分担城市医疗资源压力。必要时期，结合社区医院与街道内宾馆、学校、体育馆等定点集中隔离场所的就近设置、就地隔离，实现收治过程人力、物资的衔接共享，使社区医疗卫生中心成为重疫区定点医院的收治蓄水池。

4.1.6　防疫信息宣传

应对新媒体时代难以甄别的信息传播内容，结合官方信息发布和街道防控举措宣传，建立具有公信力的传播平台。对于地区最新疫情资讯、防疫要求、社区防疫动态、网络辟谣、生活物资供给等情况进行实时推送，掌握舆情引导话语权，减少居民恐慌，降低社区工作难度。结合海报、横幅、喇叭等传统方式，创新公众号、业主论坛、微信群等多媒体方式，引入远程工作、学习软件进行功能完善和补充，确保居家居民信息接收的及时有效。

4.1.7　自发申报举报

建立居民疫情自发申报、非法行为举报系统，协助社区发挥监管职能，促进社区防疫从"最后一千米"继续下沉到"最后一米"，形成全民防疫、自身做起、互相监督的防控局面。适度开放政府管理数据平台，形成民政、公安、工商、医疗卫生对街道赋能的工具，辅助街道、居委会、网格员有效筛查信息，及时协调核实居民疫情申报、非法行为举报等信息。初步构建社区智慧政务体系，通过应用模块的有序构建，形成便于与数字政务系统对接的应用接口和基层数据采集终端。

4.2 生活保障类场景

4.2.1 物资保障需求

针对城市公共交通管制、小区出入管制、部分生活性设施关闭等问题，借鉴各地社区菜店微信群订购自提、封闭小区物业团购配送到户等模式，通过线上供需订单有序疏导、线下交易渠道汇集配送和无接触模式的建立，建立服务供需信息的社区资讯交流和疏导平台。

对独居老人、高龄老人、残疾人群等特殊群体通过注册摸底，提供在线代购代办服务，做好特殊时期特殊群体的生活保障；针对居家隔离人群，协助相关部门远程协调物资保障；为普通居民提供买菜、买药、就医、出行、老人儿童帮扶、宠物照料等供需发布平台，吸纳市场力量增援，缓解社区服务压力。形成"重点和特殊人群社区兜底、一般人群有序疏导"的物资支撑结构，减少疫情对居民造成的生活影响。

整合快递物流、蔬菜日杂、医疗药品等企业和零售网点现有人员的服务配送能力，创新无接触配送方式。酌情考虑物业团购配送、配送员驻社区等方式，重新划定接力界限，形成从"人进小区"到"货进小区"、从"企业配送员"到"社区配送员"的流动模式转换，充实社区物资保障力量，降低社区管理难度。应对部分城市无人车、无人机配送尝试，可结合小区消防通道梳理，设计小区内无人物流配送路线，鼓励物流企业进行无人配送设施投入，最大程度减少接触。

4.2.2 公共服务需求

结合居民日常医疗、文化、金融等需求，促进相关公共服务职能结合互联网技术实现服务下沉，解决小区封闭过程中居民的生活困难。

应对疫情期间出行不便、多处定点医院取消日常诊疗的问题，充分发挥社区卫生服务中心职能，辅助发热追踪、疑似病例上报，开通门诊预约、儿童疫苗接种、孕妇产检建册、慢性病人处方药供应等医疗服务职能。以社区为需求预约接口，促进综合性医院开通远程诊疗平台，最大程度减少一般患者向高等级医院集中的传播风险；针对老龄人口、残疾人口的出行困难，借助社区智慧医疗器械的使用，提高防治诊疗效率。

促进社区文化活动中心联合老年大学、社会团体，借鉴中小学在线课堂模式，实行远程咨询、在线课堂、线上广场舞、网络棋牌室等方式，缓解老龄人口居家封闭造成的文娱需求和抑郁情绪。

整合各大金融机构手机业务平台，形成普适性、简明版的金融业务办理链接，形成老年友好的在线金融服务界面，推动电子银行、理财增值、消费信贷、在线缴费等功能的一站式办理。

4.2.3 防疫物资配给需求

特殊防控期间，针对战略性防疫物资被居民恐慌性购买的现象，结合政府部门物资配给要求，适度构建防疫物资管控机制。以社区为调配平台，结合疫情信息筛查、居民出入管理，增强口罩等物资采购发放的科学有序，减少囤积浪费带来的紧缺风险，优先确保面源防疫的底线性需求。

4.2.4 民间求助需求

针对武汉等重疫区城市医疗资源饱和、疑似病例多、就医困难、物资匮乏、出行困难的社区，对接官方求助平台地域点位的精准划分，兼顾社区防疫求助信息，汇集多方数据，形成能够落实到空间的救助圈层，推动社会志愿团体的高效救助和捐助物资的精准对接。在政府和社会救助力量饱和之后，依然可以形成社区互助圈，组建临时志愿者团队、临时网格员等角色，最大程度发挥互联网时代众包、分包优势，实现分级、分类、分层防疫系统的进一步精准细分。

4.3 互助引导类场景

患难与共，从来都是建立或修复社会关系的最好机会。短短两周的小区封闭期之后，伴随确诊病例小区分布查询功能的上线，现代社会的居民前所未有地意识到一个单元、一栋楼甚至一个小区所代表的"社区命运共同体"的真正含义。在关注身边疫情的同时，各地居民自发支援居委会和物业的防疫安排，协助邻居完成修理水电、照抚宠物等工作。在共同抗疫、共渡难关的过程中，破解现代社区"最熟悉的陌生人"困局，建立社区集体利益观，重建互惠互助、责任共担的地缘性社会关系，重建共同价值，形成主体意识，是这场疫情为社区共同缔造奠定的有力基础。

4.3.1 社区志愿者申报

建立社区志愿信息系统，形成心理咨询、医疗防疫、生活辅助等专业志愿者在线服务平台。医疗志愿者负责对居民进行医疗防疫科普并在线答疑，排除谣言，引导科学防疫；心理咨询志愿者负责对居民提供心理咨询和疏导，稳定情绪，缓解焦虑，避免恐慌；生活辅助志愿者负责协助居委会和物业对重点人群、特殊人群进行生活物资保障，尤其注重对居家隔离人员、独居老人、困难群体的生活物资保障，协助防疫部门对集中隔离人员、一线抗疫人员所在家庭的留守老人和子女提供照料帮助。

4.3.2 生活物资信息发布

结合医疗卫生部门和工商部门监管，建立社区周边供应点的口罩、酒精、消毒水等医疗防疫用品信息发布和订购平台，结合防疫知识的科普宣传，避免居民恐慌性消费；推动区域社区物资信息的沟通对接，形成灵活高效的跨社区防疫物资调配机制；结合周边供应点蔬菜、水果等生活性物资的信息发布，鼓励商家采用线上订购、统一配送的方式，减少人员流动，提高物资供应效率。

4.3.3 互助互惠信息发布

结合社区内中小企业、商业摊点等疫情期间的困难，适度建立经营扶助机制，鼓励社区内餐饮、培训、零售等服务机构，借助社区平台提供线上服务，去化材料库存，借调人力资源，解决居民需求，减少经营损失。从基层社区做起，发挥居民与商户日常建立的信任关系，探索互助互惠模式，最大程度减少疫情对社会经济的冲击。

针对疫情期间封闭小区带来的维修、照料、就医、采购等生活需求难以及时满足的现状，鼓励业主在线发布有效求助、互助信息，形成社区内生活需求的"知乎"和"58同城"，建立邻里资源交易和信息分享的规范平台。

5 可迭代的智慧模块，可生长的韧性社区

建设韧性的城市，需要韧性的社区，也要匹配韧性的智慧社区。城市危机事件的有效响应，依靠的是城市日常治理系统的多场景谋划和弹性化预留。同样，非常时期智慧社区疫情防控模块的软硬件建设，也应当为未来社区智慧平台的日常功能留足扩展接口。疫情过后，犹如城市奥运场馆的赛后运营，结合基层社区日常管理服务需求，对于防疫应用模块进行适度改造，形成常态化的智慧社区治理平台，让一次投入发挥更长远的效能。

5.1 从【社区防疫类】到【社区管理类】

形成社区物业管理平台：结合智能门禁、停车管理、电梯通行、物业费收取、信息发布等方式形成线上线下联动的社区日常管理服务。推动社区智慧化进程，降低人力损耗，提升社区应急响应能力。

形成社区生活圈服务平台：结合15分钟社区生活圈全覆盖，建立社区公共服务管理服务平台，对接相关委办局的职能下沉，"最多跑一次"精准满足企业居民的日常事务需求；以社区生活圈信息发布平台为支撑，扩展社区活动受众，发布组织社区营造，凝聚居民归属感，形成生活共同体。

形成特殊居民信息平台：结合社区高龄人群、困难人群、残疾人群的信息管理，对接民政救助接口，关注特殊居民需求；对接企业捐助和社会团体志愿活动，发挥社会力量帮扶效能。

形成社区安全监控管理平台：结合社区治安

巡逻重点地区、消防重点地区、案件多发地带、消防通道等地区的特殊防控需求，对公共空间、商业店面、登记车辆进行一体化的信息管理和适度监控，对接公安、消防、交警、应急指挥、灾难预警、安全生产监控等监管接口，补充城市安全防控精度。

5.2 从【生活保障类】到【生活服务类】

建立社区生活类信息发布和采集平台：结合社区业主论坛实名准入注册和相关资源信息发布，建立社区生活信息发布、意见收集、需求采集平台，为政府服务提供分析反馈，促进市场化服务精准对接，最大程度满足居民多元需求。

5.3 从【互助引导类】到【共同缔造类】

建立社区志愿者服务平台：结合志愿者信息库的数据采集和工作组织，实现对社区党团积极分子、社会团体、热心居民的志愿活动进行有序组织和科学分工；契合社区更新共同缔造方向，增设社区活动营造、公众参与等功能，凝聚邻里归属，促进常态化社区共同体的价值形成。

6 后记

2020年是5G基础设施全面构建、应用全面爆发的第一年。借助大带宽、低时延的5G特性，全面加速应用端的研发创新，切实解决城市问题，是2020年开年之际，悲壮的现实为我们提出的新要求。

社区作为城市治理的基层单元，是城市行政

管理条块衔接的基本环节。依托 5G 技术，我们有机会由过去"智慧大脑（智慧城市）"构建，"智慧器官（智慧新区）"和"智慧系统（智慧政务）"构建，逐渐转向更基层的"智慧细胞（智慧社区）"构建。发挥社区智慧平台信息的联动统筹作用，打通部门行业的数据壁垒，贴合城市生活的基本日常，细化数据采集汇聚和场景应用的颗粒度，让各部门、各行业的垂直式管理在最基层单元内实现整合，促进城市治理问题在最小尺度内得到最高效率的解决。

以社区为未来智慧城市应用研发的基本单元，构建与实体社区相互映射的孪生社区，建立数据安全框架，孵化应用类创新，助力实体社区业务跨职能、跨角色统筹联动，让智慧应用成为社会治理体系下沉的工具箱，切实为基层社区赋能减负。

争分夺秒，群策群力，以疫情防控需求为工期，以现有应用模块为基础，连夜送出场景方案图纸，组建装配式应用模块，快速建成智慧社区抗疫工具舱，做出社区一线的"火神山"，是身处"十八线"抗疫阵营的技术人员此时此刻的应尽本分。

在这场艰苦卓绝的战役中，不论是远方的白衣天使，还是身边的硬核社区，守卫一方平安的逆行者，从不应该赤手肉搏。

张　娜　天津市城市规划设计研究院愿景公司 / 城市更新与社区研究中心

城市"冗余空间"的规划与管理：

基于"新冠肺炎"疫情的思考

2020 年 2 月 17 日　　周建军　桑　劲

暴发于 2020 年春节前后的"新型冠状病毒肺炎"（后文简称 NCP）疫情对我国社会经济的运行产生了沉重的打击，武汉市的人民生命安全受到严重威胁，社会经济运行几乎停滞，损失极为惨重。NCP 肆虐于武汉反映出地方政府在应对重大公共安全事件的时候存在防控意识、设施预留、物资储备、信息管理、社区治理等诸多短板，说明我国治理能力现代化建设依然任重道远。

对本次 NCP 疫情的反思已经逐步开始，见之于诸多媒体。NCP 可以认为是一次城市重大公共安全事件，其应对是一个极为综合的系统。本文从一个相对具体的角度，通过对本次疫情发展的过程以及地方政府的应对举措进行分析，试图找出国土空间应对重大公共安全事件的关键举措。本文认为，在灾情演变的"可控期"进行有效的行动，是避免灾情暴发式增长与灾害影响复杂化、立体化的关键，而在这个过程中，城市"冗余空间"将发挥重要作用。国土空间规划中，应本着以人民为中心的思想，以保护人民生命财产安全为最高目标，提高国土空间的"冗余"意识，建立国土空间的"冗余空间"（Redundancy Space）体系，并予以有效的管理。

1　预防决断：重大公共安全事件演变的时间序列

从本次 NCP 疫情的发展时间序列来看，可以大致描述出"初发期——可控期——暴发期"的时间线。在事件的初发期，事件信息不完整，公共事件发展演变方向尚不明确，在这个阶段，决策部门的积极作为既有"未雨绸缪、防患于未然"的可能，也存在"小题大做"之虞。客观来讲，这一阶段期望政府每次都能有效预测事态发展并做出完全正确的判断并不现实。如在这一阶段政府没有进行有效控制，事件则逐步发展到可控期，可控期的特点是事态虽然逐步恶化，但仍处于单系统线性发展的过程中，事态发展尚处于可控的规模，也还未引起城市中其他系统的全面响应。在这一阶段，随着信息量的增加，决策者应该基本能对事件的发展态势做出正确判断，必须立即采取行动，将事件的发展予以有效控制，这是对重大公共事件的后果进行有效控制的关键时期，可控期内政府是否有效作为，是衡量政府是否失职的重要标准。丧失了这一时机，事态往往呈立体式、指数型的暴发，单系统的事件演变为城市各个系统的相互牵制与普遍告急（卫生系统的内部问题演变为城市交通、供应、治安等多系统问题），次生灾害此起彼伏，此时事态的发展呈现难以控制的状态，常规性的措施已经无法奏效，非常规措施的采用以及借助外力成为必然，人民的生命和财产安全也将受到重大损失。

这一规律在本次 NCP 疫情的发展过程中尤为明显。2019 年 12 月可以认为是疫情的初发期，2020 年 1 月 15 日之前，是疫情的可控期。之后，则进入疫情全面发展的暴发期。尽管疫情尚未结束，当前公认此次灾情肆虐的重要原因在于地方政府在应对灾情时错失了控制疫情进一步发展的关键时期，造成疫情呈暴发式增长，城市物资供应、卫生防护系统短期压力过大，并导致疫情全面扩散到湖北省内其他地区以及其他省份。该规律不仅仅适用于传染病疫情，对于自然灾害也同样适用。以美国卡特丽娜飓风灾害为例，美国较早地预测了飓风的等级和可能危害，并作出了受灾地区全面疏散的指令（初发期的判断准确），在灾前疏散过程中（可控期），也做了卓有成效的应对，但依然存在运输系统超载、各个系统协同不力、物资供应不足等问题，遗留的问题则诱发了没有及时疏散的人群的严重损失，救灾行动迟缓，食品、药物供应严重不足，大量受灾人群死亡，并诱发了多起抢劫、强奸等导致社会混乱的犯罪事

件，进一步扩大了灾害损失[1]。所以，在重大公共安全事件的危机管理中，在初发期"防患于未然"是最为理想的结果，但可控期的应对，则是地方政府必须做好的答卷。

2 控隔断护：对"流"的有效管理是"可控期"的行动关键

可控期管理的关键是对"流"的有效管理。城市的运行，可以看作一系列的"流"的运行过程，包括人流、物流、信息流的运行与交互过程，城市与乡村地区的差异本质，即为"流"的动能与密度差异。在城市常规运行状态，"流"都呈现出一定的规律，比如日常人们上下班的通勤交通基本稳定，城市车流密度在工作日和休息日，上下班高峰期都呈现一定的规律。城市的生活物资供应与消耗呈现稳定的量与空间关系。但重大公共安全事件一旦发生，必然会打乱城市中规律运行的"流"。社会冲突事件会造成人流在某个地方的高度集聚，自然灾害会导致人流的大规模移动。同样，重大公共安全事件中物流与信息流也会发生急剧变化，规律的"稳流"成为不可预知的"乱流"。"流"的变化程度，与事件发生的时间阶段也密切相关，越是到后期，"流"的紊乱程度越高，越偏离日常运行轨迹，越不可控。所以，力图在初发期和可控期内，对人流、物流、信息流进行有效管理，是防止重大公共安全事件进入不可控的暴发期的关键。

对"流"的管理，可以分为疏导、阻断、稳静三种方式。疏导即引导人们有序撤离灾区，引

导救援物资有效进入灾区。阻断则正好相反，本次 NCP 疫情中，"封城""隔离"都是对人流实施的强力阻断手段。稳静，则是对局部的敏感人流实施收治，集中解决困难，消化冲突矛盾，避免局部失控造成整体的全面失控。

3 有备无患：运用城市"冗余空间"对可控期"流"进行有效管理

本文认为，NCP 疫情在武汉的暴发，体现了当前城市管理者缺乏"冗余"思维，城市运行中的资源（以资本和空间为核心）投入，呈现单一目标导向的（GDP）的满格资源投入状态，缺乏风险意识，也没有为风险留下"冗余"。在大型城市公共安全事件发生以后，城市"流"运行方式发生重大改变的情况下，没有"冗余"空间来梳理和调整这些不可控的"流"，相互助长紊乱程度，最终只能依赖全国范围调集大量资源予以救助。笔者猜想，如果地方政府在可控期内，能够及时将重症患者收治在备用的传染病医院，并有足够空间收治和集中隔离轻症患者，在有相应的医疗物资储备的情况下，本次 NCP 疫情可能能够控制在相对小的范围。

所以，在当前大型公共安全事件的发生频度越来越高的背景下，由于其不可预测性，一旦发生，没有做好准备的城市将遭受沉重打击，可能数年之内难以恢复元气。"冗余空间"应当形成城市发展中思想共识、措施系统、管理完善的体系化的建设内容。

3.1 救命工程——什么是"冗余空间"（Redundancy Space）

所谓"冗余空间"，字面上的意思是"多余的空间"，本文是指城市在紧急状态下，短期内可以迅速启用，用于人员疏散、避难、隔离、物资储备以及政府指挥等作用的空间。从原理上，"冗余空间"是为了在重大公共安全事件的初发期和可控期内，给出的城市运行的空间余量，运用这个余量，可以对城市中发生剧烈变化的"流"进行有序的管理，以最大程度地减缓事态进一步向暴发期演变。在日常情况下，"冗余空间"可能处于一定程度的闲置状态，但就像常备于武器库中的武器，即便一直闲置到报废不使用的那一天，也不能因为其闲置，而否定了其对于保障国民安全的重要作用。

3.2 公共空间——城市"冗余空间"的有效配置

基于对"流"的控制和管理，"冗余空间"应该在城市中呈网络型设置，网络中包括若干个不同等级的"冗余节点"和保障各个"冗余节点"相互连通的"冗余通道"。"冗余节点"的核心作用是物资储备和人流的避难与管制。"冗余节点"的设置必须满足以下几个要求。一是安全，根据各地面对的主要灾害类型，从防范洪水、地震、台风等防灾要求出发，使冗余节点处于最为安全的空间，如从防范洪水的角度，"冗余节点"应该位于高程较高的地区。二是保障短时期内的物资供应。"冗余节点"内必须储存一定量的短期的生活物资，而且其位置应该处于外界比较容易补给的地区，便于在受困的情况下保障物资供应。三是能够有效地与周边环境隔离，便于管理。从本次 NCP 疫情来看，大型传染病防治的集中隔离区，应当是各地必备的"冗余节点"，所以"冗余节点"还必须避免对外界产生严重的不良影响，从选址来看，必须与密集人口地区保持一定距离，并避免污水和废弃物对周边环境的污染。四是能够实现快速的疏散。在公共事件事态发生剧烈变化的时候，"冗余节点"内的受灾人群，能够有效地进行转移。五是"冗余节点"必须具有很强的信息管理功能，其通信、电子、网络等设施配备应该齐全，在灾难发生时，能够作为紧急的指挥中枢使用。在卡特丽娜飓风期间，政府启用了能容纳两万多人的"苍穹"体育馆，作为受灾人员的临时避难场所，并实施集中救援，事实证明，在体育馆中避难的人群，比在家避难者的死亡率低得多。

基于上述分析，城市中的大型体育设施、会展空间等设施，是作为"冗余节点"的较好选择，因为这些设施在建设过程中，本来就有较高的安全性与快速疏散的考虑，今后上述设施的规划建设，应该把他们在防灾救灾的过程中所能发挥的作用作为一个重要的评判事项。从本次 NCP 疫情来看，大城市必须预留大型的传染病医院场所，预留不意味着马上开展建设，但对相应的空间场所予以充分的考虑和预留是极为必要的。另一个应该受到重视的空间类型是城市的大型物资仓库，将物资仓库作"冗余节点"建设能够发挥其物资储备与避难的双重作用，每个城市应该具有一定

的物资储备能力，饮用水、食品等最为重要的民生物资不能完全依赖外运，必须保障一定时期内自给自足的能力，应该高度重视城市物资仓库的建设，保障其安全性，并预留一部分空间，作为公共事件发生时的人员避难与隔离场所使用。此外，城市中的大型绿地、广场等公共空间，必然是城市中极为重要的"冗余空间"，对避灾避难，发挥着重要的作用。

保障"冗余节点"相互连通以及与外界连通的"冗余通道"也极为重要。"冗余通道"首先是受灾害影响可能性小的通道，如城市高架道路不宜作为"冗余通道"。其次，城市内部"冗余通道"应该呈网络状，使"冗余节点"之间能够相互支援。与外界联系的"冗余通道"不能是单通道和单方式，否则一旦通道被毁，受灾地区则成为难以施救的"孤岛"。

"冗余空间"并非需要达到容纳城市中所有居民的规模。本文认为，"冗余空间"的容量关键是要能够应对公共事件的可控期的"流"的管理，其中以物流、人流为主。当然，在这一阶段需要对多大容量的"流"进行有效管理，基于不同类型的事件，以及事件本身的量级区别，很难一概而论。按照既有已经发生的重大事件经验推断，我国目前比较频发的灾害为台风、洪水和地震，每个城市可以根据历年受灾人口、转移人口等数据，对"冗余空间"的量进行推断与布置。从本次 NCP 疫情来看，"冗余空间"至少需要承载城市人口 1% 的规模，才能有效地防止事态的进一步扩散。

3.3 平战结合——"冗余空间"的日常管理与利用

既然是"冗余"空间，意味着这些空间日常是不发挥作用的。一方面，政府要具有"冗余意识"，"冗余空间"就像给城市为人民的生命安全购买的保险，大概率是不发挥作用的，但绝不可以荒废，"冗余空间"首先需要有预先的空间设想与空间保障，不能因为经济发展的需要，对空间进行侵占，造成灾害发生之时，"一地难求"。城市需要有日常良好维护的"冗余空间"，其维护经费应当纳入政府财政中，保证其在公共事件中能发挥作用。另一方面，可以寻求多种形式对"冗余"空间进行利用与管理，尽量保障"冗余"空间的"平战结合"，将"冗余"空间进行利用，但这种利用，其原则是可以在极短的时间内快速恢复为救灾状态，否则，即是对"冗余"空间的一种变相侵占。

因此，在各类各层次城市规划中须增加城市重大公共安全"冗余空间"专项编制内容，加快研制城市"冗余空间"配置标准和政策，同时建立完善的城市"冗余空间"规划建设和管理科学体系，纳入城市常态运管，远近结合，立体化平战结合，这是预防城市重大公共安全事件发生时有备无患空间应对基础和前提。

参考文献

[1] 王晓东，等．卡特丽娜飓风的影响及启示 [J]. 水利发展研究，2005（12）．

周建军　博士，教授级高工，舟山群岛新区管委会总规划师
桑　劲　博士，广州市城市规划勘测设计研究院上海分院常务副院长

预防、协作与提高

—— 治理突发公共卫生事件的空间规划思考

2020 年 2 月 18 日　　丁国胜

当前，我们正处于全民抗击新冠肺炎疫情的关键时刻。如何更好地治理这一突发公共卫生事件并从中汲取教训是我们每个人正在思索的问题，规划师也不例外。事实上，现代城市规划师这一职业的诞生在某种程度上就是公共卫生事件治理分工所带来的结果。为了响应一个世纪之前流行性传染病大面积蔓延，现代空间规划积极推动公共卫生和城镇规划立法，创新规划设计工具，改变城市空间结构，修建道路与市政设施，将清新的空气、洁净的水源、充足的阳光以及现代卫生设施等送到每家每户，在隔离、遏制和消除流行性传染病过程中发挥了重要作用。那么，在新时代，空间规划在治理类似新冠肺炎、SARS 和埃博拉病毒等公共卫生事件中能否发挥作用呢？这种作用可能有哪些？它们的界限在哪里？规划师们应该如何更好地进行职业准备？以下按照"事前预防—事中协作—事后提高"的逻辑框架对空间规划如何参与治理突发公共卫生事件进行探讨，并试图回答以上问题。

所谓"事前预防"，是指空间规划在治理突发公共卫生事件中能够发挥一定程度的预防作用，其关键在于空间规划如何提高城乡与居民的免疫力。宽泛来讲，空间规划创造美好人居环境，将城乡可持续发展作为重要目标，促进城乡经济、社会和环境协调全面科学发展，就是在不断提高城乡发展的生命力与免疫力。针对突发公共卫生事件，这里主要提及四点：

其一，空间规划不应该忘记这一学科诞生之初的使命，不应忘记当初应对流行性传染病所积累的智慧。适当的空间隔离，提供清新的空气、洁净的水源、充足的阳光以及现代卫生设施等仍然是当今应对流行性传染病的关键手段之一。规划师们不应该在资本逐利和权力渗透中违背这些原理和常识。

其二，空间规划应充分展现其前瞻性和预测性，为突发公共卫生事件处理，特别是病人的隔离和收治提供预留空间。比如，"小汤山医院"和"方舱医院"等设施应在不同的规划层次中给予适当考虑。

其三，空间规划应充分考虑突发公共卫生事

件时采取隔离或者"封城"措施下城市基础设施运转与居民基本生活满足的能力。比如，在十五分钟、十分钟和五分钟生活圈建设中，如何考虑社区居民在战"疫"过程中的日常生活物质保障？

其四，空间规划应考虑跟卫生健康部门合作，利用信息技术，充分发挥城市体检制度，构建居民健康与国土空间监测系统，不断修补城市能力，提高其整体免疫力。

除了城市免疫力外，提升居民自身免疫力在应对流行性传染病中也是非常重要的。实际上，在这次新冠肺炎疫情报道中，也提到一些重症或者死亡病例往往具有慢性疾病的基础。因此，提升居民免疫力、促进居民健康以及遏制非传染性慢性疾病对于居民应对突发公共卫生事件是具有长远价值的。这方面是空间规划可以积极发挥作用的地方。越来越多证据表明，空间规划通过塑造物质环境和社会环境能够直接或间接地影响到居民健康及其决定因素[1~3]。正因为如此，20世纪80年代以来，世界卫生组织陆续发起健康城市运动项目，积极推动健康城市规划的发展。无论是国内还是国外，健康城市规划与设计都是当前探索的前沿之一。结合规划操作实际，这里主要提及三点：

其一，应在健康城市理念下，鼓励在区域、城市、社区等层次上发展适合我国的健康空间规划与设计策略，并将这些健康策略融入国土空间总体规划、详细规划与相关专项规划当中。

其二，应发展适合规划师日常工作的健康融入工具，使健康促进目标成为规划师们的工作自觉。在这里，特别推荐发展国土空间规划健康影响评估（Health Impact Assessment）[4]。作为重要的健康促进工具，健康影响评估在帮助规划师将健康融入日程工作方面是极具潜力的。

其三，可以考虑在国土空间总体规划中增加公共健康的内容，设立公共健康空间规划章节或者专题，保障空间规划给予这一问题以足够重视。

所谓"事中协作"，是指空间规划在公共卫生事件突发和治理时能够发挥有限的协作作用。尽管当前全民正在抗击新冠肺炎疫情，但战斗在一线、发挥关键作用的还是我们的白衣天使。这既是专业分工使然，也是其他行业（包括空间规划）参与治理突发公共卫生事件的界限。空间规划不是万能的，因此应了解自身专业的特点，进而在抗"疫"中展开积极的协作，这里主要提及两个方面：

其一，我们应充分利用新技术和大数据等，发展居民健康与国土空间综合监测平台，对确诊病例进行追踪，为疑似病例隔离和密切接触者医学观察提供空间辅助信息，协助实现精准隔离、观察和治疗，提升抗"疫"精准打击能力。针对这次新冠疫情，一些城市利用大数据和相关信息技术，对确诊病例的空间分布进行定位，对人口流动进行模拟与预测，都是积极的尝试。当然，这种探索未来应该更加精准化，甚至在法律许可范围内实现对相关病例空间行为轨迹的精准追踪和监测。

其二，规划师与建筑师等可以在疫情发生和治理时为建设类似"小汤山医院"等医疗设施提供专业辅助。这次武汉火神山医院和雷神山医院的快速建设，离不开规划师和建筑师的身影。

所谓"事后提高"，是指在突发公共卫生事件治理成功之后空间规划自身的反思与提高。事实上，尽管当前抗击新冠肺炎疫情还在进行当中，一些学者和专业人士已经开始从各种角度积极思考疫情下空间规划的响应问题。等到这次疫情治理成功之后，系统性反思和提高将无比重要，这里主要提及四点：

其一，应加强从公共健康的视角，特别是突发公共卫生事件防控的角度，对当前空间规划成果和相关标准等进行评估，适时考虑将健康融入其中，并及时更新。比如，当前正在编制的国土空间总体规划中是否预留了应对流行性传染病隔离、治疗和康复的用地，是否考虑了战"疫"时期类似"方舱医院"设施布局的问题？新版《城市居住区规划设计标准》GB 50180—2018是否考虑了战"疫"时期居民隔离和基本生活的需要，是否能够在生活圈规划中纳入公共健康问题？类似的问题都需要我们重新审视，以真正提高规划对突发公共卫生事件的预防能力。

其二，构建国土空间与卫生健康的协同机制，使得健康理念能够在政府部门、编制单位和普通市民中生根发芽。在这里，再次强调可以考虑发展国土空间规划健康影响评估，它不仅能为规划师提供日常工具，更重要的是可以为空间规划与卫生健康部门搭建共同工作和沟通的平台，创造一种广泛参与的机制[4]，而它们是通向健康空间规划的关键。

其三，应支持跨学科研究，鼓励更多学者揭示国土空间规划影响居民健康的复杂机制和证据，为未来精准干预公共卫生事件提供证据和信息。

其四，建议要加强教育，培育空间规划与公共卫生跨学科人才，推动人力资源的建设。

空间规划尽管在治理突发公共卫生事件的整个过程中能够发挥潜在的作用，但主要还是在事前的预防。规划师们应将提升城市和居民的生命力、免疫力作为重要目标，不忘这一职业诞生的初衷，牢记使命，并赋予其新时代的内涵。期望疫情早日过去，一切回归正常和美好！

参考文献

[1] Stevenson M, Thompson J, de Sá T H, et al. Land use, transport, and population health：estimating the health benefits of compact cities[J]. Lancet, 2016, 388（10062）：2925-2935.

[2] 宫鹏,杨军,徐冰,等. 发展中国的健康城市建设理论与实践 [J]. 科学通报, 2018, 63（11）：979-980.

[3] Prüss-Üstün A, Corvalán C. R Bos, et al.. Preventing disease through healthy environments：a global assessment from environment risks [M]. Geneva：World Health Organization, 2016.

[4] 丁国胜,魏春雨,焦胜. 为公共健康而规划——城市规划健康影响评估研究 [J]. 城市规划, 2017, 41（07）：16-25.

丁国胜　博士，湖南大学建筑学院副教授、博士生导师、健康城市研究室负责人

健康空间规划与设计编制的三种可能路径

2020 年 2 月 19 日　　丁国胜

在当前疫情防控的关键时刻，如何治理突发公共卫生事件，进而实现健康促进的目标，是我们每个人都正在积极思考的问题。有着优良传统，并诞生于流行性传染病治理过程中的现代城市规划师，更是有着思考这一问题的职业要求，可以说是责无旁贷。参与编制空间规划与设计是规划师这一职业的主要任务之一。那么，在当前公共健康挑战下，规划师们有哪些途径编制健康空间规划与设计呢？以下结合实际，探讨三种可能的路径，以期引发讨论。

第一种路径就是发展空间规划与设计健康影响评估。 根据世界卫生组织界定，健康影响评估是"评判一项政策、计划或者项目对特定人群健康的潜在影响及其在该人群中分布的一系列相互结合的程序、方法和工具"。很显然，通过评估项目、政策及规划对特定人群健康的潜在影响，并提出相应管控措施，健康影响评估是将健康融入所有政策和实现健康促进目标的关键途径。空间规划与设计不仅影响城市健康资源的配置、风险的布局，也影响到人们日常生活的品质，因此也是健康影响评估的重要领域与对象。通过国土空间规划与设计健康影响评估，我们可以评价与预测这些决策潜在的健康影响，检查其相应规划措施是否满足公共健康的需要。比如，当前正在编制的国土空间总体规划是否预留了流行性传染病隔离、治疗和康复的用地，是否考虑战"疫"时期类似"小汤山医院"和"方舱医院"等设施布局的问题？新版《城市居住区规划设计规范》是否考虑了战"疫"时期居民隔离和基本生活的需要？通过健康影响评估，我们能够对一些违背公共健康目标的规划策略与措施进行规避，并加以修补、优化和提升。更多关于空间规划与设计健康影响评估可以参考"城市规划"公众号：https：//mp.weixin.qq.com/s/gW2rad_FY7PXliE9n–wKZA。

第二种路径是结合国土空间总体规划制定，编制公共健康空间规划专章或者专题。 为了积极响应公共健康挑战，特别是突发公共卫生事件，可以考虑在当前编制的国土空间总体规划中增加专门内容，比如编制公共健康空间规划专章或者专题。公共健康空间规划专章或者专题的编制应与卫生健康部门等展开充分合作，围绕健康城市建设目标，设立突发公共卫生事件底线，对居民健康与国土空间发展现状进行调查，从公共健康视角提炼城市发展面临的突出问题，全面分析城市健康资源和风险，提出健康导向的规划与设计策略，并制定积极有效的行动计划、考核机制和规划政策。比如，在公共健康空间规划专章或者专题中，可以通过调查和分析，识别和绘制健康积极或消极影响城市空间区域，并针对性地提出提升和优化措施；可以针对类似新冠肺炎战"疫"时期确诊病例治疗、疑似病例隔离、密切接触者医学观察提出相应的空间方案和设施布局，模拟和预测"封城"和社区严格管制情况下城市基础设施运作和居民生活的情景，并提出一套应急解决方案等。

第三种路径是发展健康空间规划与设计导则，引导规划师将健康融入日常规划编制工作当中。由于当前规划师中真正受过公共卫生教育或者有类似背景的较少，因此在日常工作中难以真正将健康空间规划与设计策略运用到具体规划编制实践当中。在这种情况下，国土空间规划部门应与卫生健康部门合作，充分利用高校、研究机构和公益性组织，研发健康空间规划与设计导则，使其成为帮助规划师将健康融入规划编制的重要手段。事实上，国际上许多城市或机构都正在发展各种类型的健康空间规划与设计导则，比如纽约市的《公共健康空间设计导则》和洛杉矶市的《设计一个健康的洛杉矶》等。可以考虑按照分级分类的思想（比如按照规划层次进行分级；按照传染病和非传染慢性疾病，或者按照城市空间要素进行分类等），构建健康空间规划与设计导则谱系，为健康城市建设提供全面的技术支撑。通过健康空间规划与设计导则的编制、宣传和实施，规划师和普通市民将有机会了解一系列有利于公共健康的原理、常识和策略，并将它们自觉渗透到自己的工作和生活中，而这本身就是健康空间规划与设计实现的过程及目标。

以上三种健康空间规划与设计编制路径，每一种都值得深入研究，并付诸实践。当然，健康空间规划与设计编制路径不局限于这三种，相信在未来探索中将会出现更加便捷和有效的路径和工具，共同助力健康城市建设，提升城市和居民的生命力与免疫力。

丁国胜　博士，湖南大学建筑学院副教授、博导、健康城市研究室负责人

从医院规划设计的角度看突发传染病疫情的应急

2020 年 2 月 19 日　　邓琳爽

据 WHO1999 年的统计，全球每小时有 1500 人死于传染病[1]。埃博拉、SRAS、2019–nCoV 的流行一次次地告诫我们，面对传染病的威胁，没有哪个国家可以幸免，也没有哪个国家可以高枕无忧。新型冠状病毒肺炎疫情的发生，从多方面暴露了城市对突发传染病疫情的预防和准备的不足。疫情暴发初期，发热门诊和传染病床位不足，许多患者无法住院，导致了治疗拖延和疫情进一步扩散。早期患者在医院内未进行良好的分流和隔离，造成普通患者和医护人员的感染。这都提醒我们必须从医疗设施的规划和设计角度来关注突发传染病疫情的应急。

建立相对健全的应急组织体系是世界各国处理危机的基本经验[2]。应对 SARS 和新型冠状病毒这些突发、未知且具有强烈不确定性的传染病，需要我们建立全面且系统化的应急预案。落实到医疗设施的规划设计上，需要我们完善突发公共卫生事件应急基础设施体系的规划：包括疾控中心、公共卫生实验室、紧急救援中心及各医院急诊、传染病医院及各医院发热门诊、化学中毒与核辐射救治基地和临时公共卫生应急设施和场地等[3]。其中，发热门诊和传染病医院是应对突发传染病疫情的一线医疗执行单位，也是基层应对危机的直接参与管理组织[4]，其规划和设计对疫情的控制有关键作用。

首先，需合理布局发热门诊和传染病医院，保证发热门诊的可及性和公平性，保证传染病病床总量并减小地区间传染病床位数的差异，预留充足的应急设施和场地。根据发改委 2003 年发布的《突发公共卫生事件医疗救治体系建设规划》，我国计划的传染病人均床位数为 1~1.5 床 / 万人。至 2019 年末，武汉的人均传染病床位数正好是 1 床 / 万人。疫情初期是集中收治、切断传染源最关键的时刻，目前的床位指标很难满足早期隔离、控制的基本需求，导致无法收治的病人成为移动传染源。更值得警醒的是，许多一线城市的传染病床位配置，还不如武汉（图 1）。此外，仅依靠传染病医院无法满足突发传染病的应急需求，需要各综合医院感染科和应急设施及场地的补充。

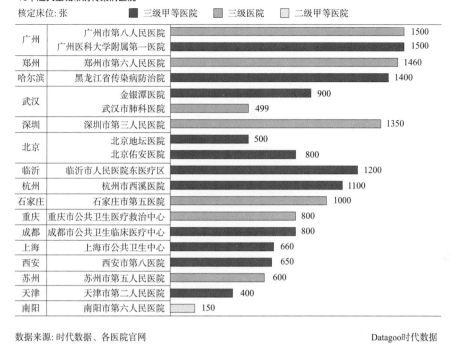

16个超大型城市的传染病医院

核定床位: 张　　■ 三级甲等医院　　■ 三级医院　　□ 二级甲等医院

广州	广州市第八人民医院	1500
广州	广州医科大学附属第一医院	1500
郑州	郑州市第六人民医院	1460
哈尔滨	黑龙江省传染病防治院	1400
武汉	金银潭医院	900
武汉	武汉市肺科医院	499
深圳	深圳市第三人民医院	1350
北京	北京地坛医院	500
北京	北京佑安医院	800
临沂	临沂市人民医院东医疗区	1200
杭州	杭州市西溪医院	1100
石家庄	石家庄市第五医院	1000
重庆	重庆市公共卫生医疗救治中心	800
成都	成都市公共卫生临床医疗中心	800
上海	上海市公共卫生中心	660
西安	西安市第八医院	650
苏州	苏州市第五人民医院	600
天津	天津市第二人民医院	400
南阳	南阳市第六人民医院	150

数据来源:时代数据、各医院官网　　　　　　　　　　　　Datagoo时代数据

图1　16个超大型城市的传染病医院床位数统计
图片来源:时代数据[5]

各城市应结合自身条件,规划预留突发公共卫生事件应急场地和设施。预留的公共卫生应急场地宜位于医疗设施(如传染病医院)附近,方便利用其医疗和基础设施;与住宅区等人员密集场所保持一定安全距离,并设置不小于 20m 的隔离绿化带;位于城市下风向,远离饮用水源地;可以是医院发展预留用地,也可以是城市绿化广场。可将体育馆、会展中心、学校等公共设施规划为公共卫生应急设施[6],并借鉴人防工程做法,在设计时预先考虑平战转换的需求,预留设备接口和负荷容量。公共卫生应急场地和设施的规划应注重与现有医疗资源的结合,并考虑其布点对城市内各区域的覆盖。本次疫情中,武汉计划将预制医疗单元与公共设施结合快速建设 13 家方舱医院,将为收治隔离轻症病人、控制疫情扩散做出重要贡献。

其次,需注重发热门诊和传染病医院的院感控制和流程设计,并充分考虑平战结合。既避免过度建设,又保证疫情暴发时充分的应急能力。在对应急场地和设施进行临时修建和改造时,也要注意医疗流程的梳理,并充分利用移动预制式医疗单元的机动能力。

发热门诊宜与医院主体建筑分开设置,且位

于下风向。应在医院主入口设置醒目的发热门诊标识，并将其与急诊临近布置，方便通过标识和急诊预检及时将疑似病人引导至发热门诊，避免与普通病人的交叉。发热门诊的出入口、空调系统应与感染科其他门诊分开，内设清洁区、半污染区和污染区，医患分流、洁污分流。患者候诊座椅间保持一定安全距离，在患者入口、卫生间等区域设感应门，避免接触性传染。需配备检验、X光室、CT室、隔离室等，迅速诊断、及时隔离、转诊（至传染病医院）。

传染病医院建筑的主要设计原则是控制传染源、切断传染链、隔离易感人群。第一，需要保证医患分流、洁污分流。医患出入口分开，明确区分清洁区（医生办公休息）、半污染区（医生工作通道）和污染区（病人区），三区三走廊设置，并建议用不同色彩区分[8]。尤其需要注重各区之间的缓冲空间，需设置洗手消毒，并保证两侧门不可同时开启。患者餐食药物通过双门密闭窗传递，污染餐具由污物通道回收[9, 10]。第二，需注重空调、通风系统对气流的组织。三个区域的空调和通风系统应独立设置，并通过压力差形成清洁区——半污染区——污染区的送风流程，各区域排风量均大于送风量，保证相对负压环境[11]，并保障换气次数12~15次／小时[12]。建议在出入口和缓冲区采用空气幕隔离系统。第三，由于传染病医院是以隔离为主的治疗，需要充分考虑患者的心理疏解，建议配备视频探视、远程医疗和影音娱乐设施。

非典疫情过后，许多传染病医院和发热门诊由于接诊量过少，被取消或改作他用，为再次应对突发传染病埋下了隐患[13]。因此，传染病医院及发热门诊的规划应注重平战结合，在保证基本空间的前提下，灵活利用，预留应急空间。第一，发热门诊和传染病医院应预留室外应急场地，在疫情暴发时可作为临时医院的建设场地，方便共享医疗基础设施和医护资源；第二，可将感染科的肝炎、肠道等门诊单元作为应急准备单元，疫情暴发时可扩展为发热门诊或疑似病人隔离区[12]。第三，护理单元在设计之初应预留普通病房改造成三通道负压病房的可能性。笔者在邓州市人民医院护理单元的设计中，对这一可能性进行了考虑：①普通护理单元采用三区双通道布置，预留未来区分清洁区和半污染区的可能性；②医生更衣间放在医生区和病区走廊之间，预留未来改造为通过式更衣的可能性；③医护梯、客梯、洁梯、污梯分不同电梯厅布置，预留未来区分医患垂直交通的可能性；④病房在靠窗侧预留联通口，可改造为病人走廊；⑤结合卫生间布置，在病房入口预留改造为缓冲间的空间[14]，并在缓冲间内预留洗手盆点位；⑥避难间可作为污染区和半污染区空调机房的预留空间（图2）。

在设计其他类型医院时，也要考虑院感控制与应急改造的可能性。如笔者在淄博市妇幼保健院的设计中，通过模块化分诊单元的方式将产科、体检与其他科室独立开来，分流健康人群和疾病人群。每个分诊单元都有独立的出入口和垂直交通，有利于在突发传染病疫情期间设置临时隔离诊区（图3）。

战争时期，美军建成的充气结构战地医院，开启了移动预制组装式医院的道路，也叫"方舱

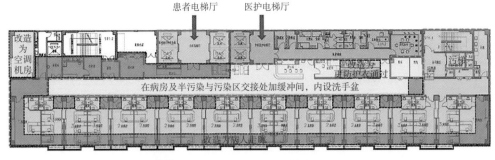

患者电梯厅　医护电梯厅

在病房及半污染与污染区交接处加缓冲间,内设洗手盆

改造为病人走廊

■ 清洁区　□ 半污染区　▨ 污染区

图 2　将普通病区改造为负压病房的示意(邓州市人民医院标准护理单元)
图片来源:笔者自绘

图 3　模块化分诊单元式医院的设计(淄博市妇幼保健院)
图片来源:淄博市妇幼保健院官方公众号

医院"[15]。方舱医院包括医疗功能单元、病房单元和技术保障单元,可进行影像诊断、手术、临床检验等多种医疗工作,并配备空调、污水排放、垃圾焚烧等保障设施[16](图 4)。将方舱医院与应急设施和场地结合起来,短时间内将应急设施和场地改造为临时医院,可高效应对突发公共卫生事件(图 5)。

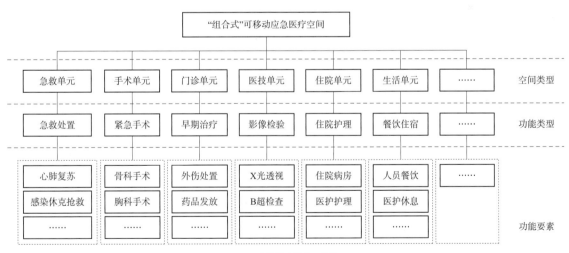

图 4　方舱医院的单元分类
图片来源:观察者网[17]

图 5　会展中心改造后方舱医院的基本分区图
图片来源：《方舱式集中收治临时医院技术导则（试行）》浙江省住房和城乡建设厅[18]

在非疫情时期，传染病医院和发热门诊常面临就诊量不足的困扰，生存和发展的压力很大；而一旦传染病疫情暴发，又立刻面临符合隔离条件的医疗空间严重不足的问题。医疗空间的灵活使用以及平战转换的方式，在目前还只是医疗建筑设计师在实践的需求中摸索出来的一些经验，需要进一步的系统化研究。包括：①结合传染病动力学和传染病模型，研究发热门诊布点原则、传染病床位数的合理配置标准（早期控制）以及在传染病暴发不同阶段应急设施的床位需求[19, 20]；②研究医疗设施和公共应急设施平战转换的设计标准，在功能、空间、设备的预留和转换上，如何同时满足平战医疗流程的要求；③结合微生物学和流行病学研究医院环境设计对院内感染的影响，为更有利于院感控制的医疗流程设计提供科学依据[21]。

参考文献

[1] 吕盈盈, 谷俊朝. 感染性疾病临床教学现状分析与展望 [J]. 教育界, 2011, 000 (021): 71-72.

[2] 段立. 用科学的机制管理危机 [N]. 21 世纪经济报道, 2003-4-30.

[3] 胡国清, 饶克勤, 孙振球. 突发公共卫生事件应急预案编制初探 [J]. 中华医学杂志, 2005, 85 (31): 2173-2175.

[4] 曹东平, 韦加美, 崔永强, 等. 从发热门诊建立看应对突发公共卫生事件的危机管理 [J]. 疾病控制杂志, 2006, 10 (2): 206-208.

[5] 时代数据 Datagoo. 每个千万级的城市, 都需要一座"小汤山" [EB/OL]. (2020-01-31) [2020-02-18]. https://weibo.com/ttarticle/p/show?id=2309404 466917803950088.

[6] Koh H K, Elqura L J, Judge C M, et al. Regionalization of local public health systems in the era of preparedness[J]. Annu. Rev. Public Health, 2008, 29: 205-218.

[7] 李莉, 丁越强, 等. 武汉开建 13 家"方舱医院", 都在这些地方 [EB/OL]. (2020-02-05) [2020-02-18]. http://www.cjrbapp.cjn.cn/p/157507.html.

[8] 姚蓁, 李俊. 浅议传染病专科医院设计的总体构想 [J]. 中国医院建筑与装备, 2003 (04): 4-5.

[9] 黄锡璆. 传染病医院及应急医疗设施设计 [J]. 建筑学报, 2003 (07): 14-17.

[10] 黄锡璆. 突发公共卫生事件和传染病医院及应急医疗设施设计 [J]. 新建筑, 2004 (04): 5-8.

[11] Jacob J T, Kasali A, Steinberg J P, et al. The role of the hospital environment in preventing healthcare-associated infections caused by pathogens transmitted through the air[J]. HERD: Health Environments Research & Design Journal, 2013, 7 (1_suppl): 74-98.

[12] 刘宇宏, 王辰, 刘坤. 发热门诊设置的探讨 [J]. 中华医院感染学杂志, 2004 (06): 70-71.

[13] 谭希莹, 王道斌, 等. "发热门诊" 该去该留? [EB/OL] (2013-03-01) [2020-02-18]. http://epaper.oeeee.com/epaper/G/html/2013-03/01/content_ 2105033.htm?div=-1.

[14] 党纤纤. 传染病医院病房楼应变设计研究 [J]. 华中建筑, 2009, 27 (12): 33-36.

[15] 刁天喜, 王松俊. 世界军事医学 1991-2010[M]. 军事医学科学出版社, 2014: 127-128.

[16] 侯世科, 王心, 樊毫军. 卫勤应急保障概论 [M]. 天津科技翻译出版公司, 2013: 12.

[17] 小灵. 武汉要建的 11 个 "方舱医院" 有多牛? [EB/OL] (2020-02-05) [2020-02-18]. https://baijiahao.baidu.com/s?id=1657655224284316241&wfr=spider&for=pc

[18] 浙江省住房与城乡建设厅. 方舱式集中收治临时医院技术导则 (试行) [EB/OL] (2020-02-14) [2020-02-18]. http://jst.zj.gov.cn/art/2020/2/14/art_1569971_41917977.html

[19] Zhou Y, Ma Z, Brauer F. A discrete epidemic model for SARS transmission and control in China[J]. Mathematical and Computer Modelling, 2004, 40 (13): 1491-1506.

[20] Bai Y, Nie X, Wen C. Epidemic Prediction of 2019-nCoV in Hubei Province and Comparison with SARS in Guangdong Province[J]. Available at SSRN 3531427, 2020.

[21] Dettenkofer M, Seegers S, Antes G, et al. Does the architecture of hospital facilities influence nosocomial infection rates? A systematic review[J]. Infection Control & Hospital Epidemiology, 2004, 25 (1): 21-25.

编辑: 健康城市实验室公众号执行负责 蔡洁

邓琳爽 同济大学城乡规划流动站博士后, 戴文工程设计 (上海) 有限公司合伙人兼医疗设计事业部总监

突发公共卫生事件时期的城市社区治理应对

2020 年 2 月 21 日　　吴　莹

20 世纪 90 年代初，随着经济体制改革和城市行政管理体制的变化，"社区服务"和"社区建设"等理念被逐渐引入城市基层管理，各地针对各自的治理问题、历史背景等逐渐形成了不同社区治理模式，"上海模式""沈阳模式""江汉模式"等都是其中有代表性的典型。经过二十余年的发展，目前城市基层社区的日常治理主要是以社区党组织、社区居委会和社区服务中心组成的"三驾马车"为主导，组织社区居民的"自我管理、自我教育、自我服务、自我监督"。并且，随着物业公司、业委会、专业社会工作者、社会组织、社区自组织等各种市场和社会的力量被逐渐引入社区，以社区为平台、以社会组织为载体、以社会工作者为支撑的"三社联动"基层社区治理模式逐步形成。

然而，在突发公共卫生事件下，基层治理的内容和模式均发生了显著变化。突发公共卫生事件具有突然性、复杂性、破坏性和不可预测性的特点，及时甄别、有效管控、科学处理就显得十分重要。针对此种非常状态，基层社区治理也面临新的挑战。

1　突发公共卫生事件中的治理挑战

我国上一次大规模的突发公共卫生事件是 2003 年的"非典"，由此促成了同年《突发公共卫生事件应急条例》的出台，以及 2007 年《中华人民共和国突发事件应对法》的颁布实施，从而形成了我国"一案三制"的应急管理体系。在"国家—省—市—县"四级应急管理组织体制下，我国的应急工作主要还是以国家层面为主导核心，地方政府的自主管理权较小。2009 年国务院印发了《关于加强基层应急队伍建设的意见》，开始重视基层机构在突发事件应急处置中的重要作用。但是这个基层主要是指县级的公安消防队伍及其他优势专业应急救援队伍，关于街道、乡镇等基层的作用主要还是原则性的指导意见，具体到社区，就更是缺乏细致的应急预案。

在日常以"维稳"工作为中心的治理格局下，地方政府对于公共卫生事件风险的判断和宣传都会持比较甚至"过于"审慎的态度，只有在疫情充分显示出严重性和破坏性的情况下，相关治理措施才会层层升级。因此，对于基层社区来说，在制度层面缺乏可依循的具体办法，在现实层面缺乏上级政府的明确指示，如何应对突发公共卫生事件中的特殊治理需求，的确是巨大挑战。

以此次新冠肺炎为例，2019年12月武汉出现病例以后，卫生机构方面的相关工作一直在层层推进：12月31日，国家卫健委第一批专家组抵达武汉；2020年1月1日，国家卫健委成立了疫情应对处置领导小组；1月3日，向世界卫生组织（WHO）通报了疫情信息；1月6日，中国疾控中心对武汉疫情内部启动突发公共卫生事件二级响应；1月15日，中国疾控中心内部启动突发公共卫生事件应急一级响应，意味着事情"特别重大"。但反观地方政府方面，直到1月20日钟南山院士证实新冠病毒的"人传人"特性且有医护感染之后，武汉市的防控力度才开始明显升级。因此直到1月18日，江岸区18万居民的百步亭社区还在举办第二十届万家宴。虽然此举在之后饱受诟病，但实际上事前三天曾有社区工作者提出停办异议，只是未获采纳。

当面对高度复杂和不可预测的突发公共卫生事件时，基层社区治理不仅面临巨大压力，而且毫无先例可循，显然不是日常的"自我管理、自我服务"模式所能够解决的。因此我们也可以从各种报道中看到，在最初的一段时间内，武汉许多基层社区的治理处于比较混乱的状态，一些居民发文章抨击社区"什么都不管"。而实际上，社区工作人员从接到政府部门的防疫工作通知之后，立刻采取了政策宣传、摸查排找等日常治理措施，但确实不知道应该如何应对安排用车、联系就诊、排队住院等疫情时期的非常需求，只能不停向上级请示，工作量激增却效果有限。

2　非常时期的社区治理应对

从全国各地抗击新冠肺炎的工作来看，基层社区（包括村庄）的确扮演了重要角色。武汉市的数千个社区，更是被视为此次应对新冠肺炎疫情的第一道防线，在遭遇了初期的资源不足和人手紧缺之后，其工作已逐渐步入正轨。目前广大基层社区对于抗击新冠肺炎已经逐渐形成一套运行较为顺畅的工作流程，其基层社区治理工作主要有以下几个方面：

第一，政策宣传和消息采集。新冠肺炎疫情发生后，各个社区的工作人员都积极宣传防治政策和措施，在提高居民的风险意识、调动防疫自觉性和相互监督方面发挥了积极作用。日常治理模式下各社区中普遍实行的"网格治理"也在此时发挥了重要作用，每个小区都是通过"网格员"联络各个网格内的家庭，进行情况摸排、信息的收集和上报。

第二，社区封闭和消杀防疫。当前很多社区都设有门禁和门卫，虽然平时出入管理较松，但非常时期可以立刻升级。随着全国确诊和疑似病例的不断增加，各地都相继宣布了社区和村庄实行封闭式管理，在出入口设置检查点、严格人员和车辆的进出、监督口罩佩戴等工作，主要都是由基层社区和村庄落实完成。日前河南省"硬核"

防疫的各种举措在网络上引起热议，其主要抓手就是依靠广大村庄和社区的严格执行。此外，日常社区治理中的重要内容之一——公共卫生管理，也在非常时期升级为以专业药品和程序对社区进行彻底的消毒杀菌。

第三，资源保障和社区照顾。对于封闭管理的社区，尤其是处于疫情中心的武汉市各社区，政府拨付和各地援助的各种防疫和生活物资都是通过社区来进行分配和派送，在物资不足时，一些社区还会尽量寻求渠道采购部分所需物资，然后根据居民的需求进行分发。对于行动不便者、孤寡高龄老人和残疾人等特殊群体，还要给予特别照顾。例如根据2月18日国家卫健委的通报，全国目前已有323名严重精神障碍患者被确诊为新冠肺炎。在新冠肺炎疫情期间，这些患者的定期访视、送药上门、紧急处置等，都需要社区进行照护。

第四，患者排查和就医安排。这一职能主要是武汉市社区面临的新挑战。自1月24日起，武汉市就提出要对新冠肺炎相关患者施行"分级分类就医制度"，由各社区负责，全面排查所在辖区发热病人，并送至社区医疗卫生服务中心对病情进行筛选、分类，避免患者无序流动，减少医院内交叉感染。这就使得社区成为居民获取医疗救助的第一环节，各社区要对辖区内的发热病人进行全覆盖排查登记，确定隔离点，将疑似病人、密切接触者等分类隔离，联系核酸检测，联系医疗机构，安排专门车辆运送确诊病人等，并全程追踪。

第五，情绪安慰和心理辅导。长时间的居家

图 1

图片来源：http://www.gov.cn/xinwen/2020-01-31/
content_5473445.htm#1

隔离、各种生活不便、关于疫情的消极信息，容易让人们出现愤怒、恐慌、抑郁、焦虑等各种情绪问题。而对于身处疫情中心的武汉市民来说，发热病人因无法获得医疗救助的绝望、逝者家属因失去亲人的哀伤等情况更为严重，于是直面居民的社区工作人员往往还需要承担起帮助居民疏解压力和安抚情绪的重任。在诸多对疫情期间的基层采访中，社区工作人员普遍提到他们每天都会接到很多电话，诉说恐慌的、发泄情绪的、寻求安慰的等，很多都属于心理援助的范畴。

3 一点反思

从世界各国的经验来看，应急管理的理论探索和管理制度都是随着实践的深入而不断完善的。此次全国抗击新冠肺炎的战斗虽然仍在继续，但基层社区治理中遇到的问题和积累的经验对于我国完善应对突发公共卫生事件的制度也起到了积极作用。

对于基层社区而言，应当细化具有可操作性的应急预案。在事前的日常工作中，培训和指导社区工作人员、开展公众教育、招募志愿者为抵御风险提供准备。当存在公共卫生事件风险时，有效收集基层相关的关键信息报告有关部门，向居民发出适当的预警信号。当事件发生时，采取适当措施和流程来获取和分配资源、提供社区服务、降低事故损害。当事件结束后，继续做好社区卫生的监控、评估，以及协助对社区居民的心理辅导等工作。

吴　莹　中国社会科学院社会发展战略研究院副研究员

城市、社区、空间：

防疫期间的规划思考

2020 年 2 月 21 日　　李志刚

多年以后，回首往事，2020 年的新年一定非常特别。2019 年岁末，新冠病毒突然而至，刚刚经历军运会喜庆的武汉猝不及防，武汉成为此次疫情的中心地带。很多家庭失去了亲人，很多人失去了同事、邻居、同学、朋友，每个人的生活节奏完全被打断。如钟南山院士所言：武汉是一座英雄的城市，武汉一定能过关。随着党中央、国务院的强力介入，全国乃至全球各地的大力支援，近期疫情控制逐步到位，形势正在好转，大家对于防疫成功愈加有了信心，封城和医疗资源"挤兑"下的恐慌情绪全面消除，形势全面向好。盼着疫情早日结束，也盼望通过此次疫情，我们能够"转危为机"，从中收集经验、吸取教训，为走好前路打下坚实基础。从本专业角度而言，疫情及其防控是一种典型的空间现象，华南海鲜市场、武汉封城、医院布点、医疗设施配置、方舱医院、小区封闭，无不发生在空间之中，涉及规划、地理和城市空间信息，值得城市建设、管理和研究者进行深入思考。近期以来，中国城市规划学会、中国地理学会等学术团体发表了大量专家学者的建言、思考和评论，为疫情防控提供了诸多有效建议和决策支持。作为成员之一，从个人角度出发，在最近学习的基础上，提出以下不成熟的观点与意见。

1　城市"风月同天"，你我"同气连枝"

这次疫情再次说明，进入城市时代，城市问题的区域性和全球性已经完全到了"你中有我，我中有你"的地步。疫情的迅速传播，体现的是人的流动的普遍化。与 2003 年"非典"时期相比，当今中国人口流动的强度更高：2003 年春运全国客运量 18 亿，2019 年则是近 30 亿。新冠病毒传播速度快，与武汉作为全国最大交通枢纽的特殊地位密切相关。全球化、高流动性带来科技进步，带来更多先进医疗技术，但也造成愈加复杂的疾病传播局面，提出更高的防控要求。事实上，传染病（pandemics）的暴发与人口流动频率及强度密切关联，疫情多发、易发于社会、经济、环境变化所致的剧烈人口流动背景之下。就城市而言,正常时期的流通能力,在疫情时期就成为极大弊端和难题,优点和缺点的转化只在一夜之间。这说明,所谓武汉人、湖北人的评判意义不大,我们所有人已经是密切联系的整体,不可分割。流通性带来的便利由所有人共享,而对疫情则必须共同面对,也只能共同面对。"命运共同体"的意识和行动非常重要。正因如此,近期部分地区所出现的对外来人口特别是湖北籍人员的"污名化"乃至敌视,其实大可不必。事实上,疾病和群体污名化问题历来有之,疾病不仅是生物性事件、病理现象,也是社会文化建构现象,往往饱含偏见与误解。只有正确面对它,解构其中蕴含的错误观念,才能真正有效应对。疫情面前,现代和古代在隔离手段上并没有本质区别,仍然只能通过隔离、封闭、阻断,才能最大力度实现封杀病毒之目的。但是,防疫期间的属地管理、社区封闭乃至"各扫门前雪",只能是一时之选,疫情之后的恢复和发展更需要加快恢复协同、合作、融入。疫情面前,你好我好大家好,才是真的好,才是天下大同。小康之后,目标是大同。

2 反思增长主义,转变发展理念

一直以来,我们比较多地沉浸在经济数字增长所带来的满足,忽略了发展上的"泰坦尼克效应":以为灾难不可能发生往往会导致不可想象的灾难。我们将过多的注意力集中在经济增长、生产规模和消费,忽略了健康生活习惯的养成和公共卫生服务水平的提升。相比增长,发展的理念更需要系统观、全局观,既防"黑天鹅",也防"灰犀牛"。例如,城市的扩张、工业化的发展带来更长的工作时间,持续的心理压力,社会网络的缺失,社区生活的匮乏。例如,伴随消费社会、消费文化的兴起,不健康的生活方式、炫耀性消费,包括食用各种稀有野生动物,成为部分人的消费状态。对大自然缺乏敬畏之心,加上盲目的消费观,以及对于医学常识的缺乏,为病毒传播和疫情暴发埋下了伏笔。例如,老龄化社会的巨大挑战。这次疫情打击最大的是武汉的离退休老人们。重症、危症的发生与具有慢性病、基础性疾病的人群密切相关,老人往往有这些基础性疾病。我们

图 1
图片来源:https://www.thepaper.cn/newsDetail_forward_5785011

图 2
图片来源:http://news.ifeng.com/c/7tsLwoXQclp

还没有为即将到来或已经到来的老龄化社会做好准备。让老人们拥有更健康的身体、更高的生活质量，为老年人配置最好的生活设施、医疗设施、医护条件，理应成为社会的共识。成为老年人将是我们每一个人的归宿，老年人的今天就是每一位盛年者的明天。

3 落实中部崛起，提升治理水平

传染病的防控不仅是一个医疗问题，更是涉及特定地区政治、经济、文化和生态环境总体状况的问题。这次疫情在武汉和湖北的暴发、前期防疫过程中部分地方政府人员所出现的诸多问题，如果探究治理上的原因，不平衡、不充分的发展，应是根本原因。长期以来，"中部塌陷"、中部发展乏力是隐形的、不明显的，但就各项发展指标而言，中部地区及其城乡在全国层面并不出彩、缺乏大的亮点，也是事实。从全国区域发展结构而言，中部地区既不是核心，也不是边缘，身处两者之间，处于一种比较尴尬的地位。一定

图3
图片来源：http：//www.gouzhide.com/hubei/8390.html

程度上，中部地区在发展和治理上既缺乏外来动力，也缺乏特殊政策，人才大量流失，劳动力和资本外流，发展往往必须倚靠自己。作为结果，湖北和武汉的发展具有这样的特征：一方面有所发展，城市和社会正在加速拥有复杂性；另一方面，这种发展往往缺乏高质量，缺乏很好的治理能力，因而处于一种高危状态：有复杂性质、无治理能力，两者的叠加是危险的，这在此次疫情暴发进程中应该说是表露无遗。这种治理局面，对于正常状态只能说是维持，一旦出现比较大的危机，其中弊端就暴露无遗。湖北和武汉在这次应对疫情中所出现的各种负面新闻，可见一斑。因此未来需要提升中部对于人才和高质量劳动力的吸引力，使得中部能够真正走出目前所面临的治理窘境。

4 协调城乡发展，推动本地城市化

与上一点相关，未来需要更加协调的城乡发展。传染病的危害性和个体面对疫情时的脆弱性（volunerability），主要与个体社会经济地位相关联。对于地方而言，同样如此。本次疫情的最高病死率一度发生在湖北天门。天门的经济发展在湖北处于末尾，却是典型的农业大市、人口大市和人口外流大市，大量的回乡人口伴随着有规模的染病群体，与当地人才、医疗水平和防疫能力的矛盾突出，造成很高的病死率。武汉近年实施所谓"1+8"都市圈战略，但不同于长三角、珠三角等发达地区的一体化进程，武汉周边实际长期处于人口、资金向武汉流失的"灯下黑"局面，

区域空间极化的趋向是明显的。因此，如何让大都市的功能更多、更好地溢出，实现城乡协调发展，提升相对落后地区的发展质量和设施水平，无疑将是疫后需要重点考虑的问题。其中，本地城市化是可以考虑的重要战略。根据我们的调查，汉川、仙桃、天门等地近年已经开始零星地承接从武汉汉正街等地溢出的服装产业，有了农民工和投资者回流的迹象。在目前乡镇地区"自下而上"自发努力的基础上，湖北省政府如能因势利导地予以顶层设计，统筹推进，实现大规模的本地城市化并非不可能。本地城市化的优点包括：一方面可以大幅提升农民工的生活质量、健康水平，另一方面可以有效推动落后地区的地方发展，实现乡村转型。本地城市化也有利于减少不必要的大规模人口流动，降低流动性带来的社会治理和疫病传播风险。

5 提升城市"韧性"，打造"韧性社区"

韧性的概念源于心理学和生态学，指的是系统在消化干预、适应和复苏方面的能力，多用于指代个体或组织在危机后的恢复力、应对压力和灾害的能力。从个体到城市，其韧性特征包括：应对干扰的能力，自组织能力，以及学习和适应能力。有韧性者，不畏变化，不惧将来。为此，应通过规划为城市塑造"韧性"，提升城市应对疫情、在危机中恢复乃至提升的能力。研究表明，韧性与"社会资本"有关，与社会联系、信任和支持状况相联系。武汉防疫表明，地方防疫能力不仅取决于政府的要素投入，也取决于社区的组织能力和治理水平，防疫的决胜尺度在社区。发挥我国在城乡社区建设和组织上的优势，对于防疫具有重要意义。同时，要充分发挥基层组织和民间力量的作用，让民间组织更好地发挥自主性和积极性，民间组织的特点在于灵活性和弹性，对具体问题更善于具体处理，可以很好地发挥补充作用。在硬件上，应在规划中更多考虑空间的多样化角色与可能性，提升城市空间的弹性化利用水平，让空间在危机中发挥重要效用。以本次防疫的方舱医院为例，就是很好地利用了空间功能的弹性。在规划上，一方面要建好风险防范机制，完善布局基础设施和信息网络系统，做好防灾减灾规划设计；另一方面要强调功夫在平时，大力开展"社区规划"，齐抓共管，让各方利益相关者的决策参与、信息分享和责任共担成为常态，提高居民主人翁意识，打造"韧性社区"。此外，对于空间和规划工作本身的理解也应进一步提升：空间所涉及的不仅是自然资源、经济发展，更是千家万户的日常生活；空间规划应是面向人民美好生活的规划，首先是面向健康的规划。

李志刚　武汉大学城市设计学院院长、教授、博士生导师

健康城市景观的理论框架及重要研究方向与问题

2020 年 2 月 23 日　　姜　斌

1　健康的定义

　　人们常将健康狭义地理解为身体器质性的健康，而忽视心理健康和社会关系的健康。世界卫生组织对健康做出了全面的定义："健康不仅是消除疾病或羸弱，也是体格、精神与社会的完全健康。"广义的健康还可以用福祉这一概念来表达。根据千年生态系统评估的定义，福祉除了包括身心健康以外，还包括满足基本物质需求、安全、良好的社会关系，以及个人选择和行动的自由。因此，健康应该不仅包含身心健康的平衡，也包含个人及社会的平等与和谐。

2　健康城市与景观在中国

　　城市化在中国已成燎原之势，据中国国家统计局数据，中国城镇人口占总人口比率从 1982 年的 21% 剧增至 2018 年的 60%。无论是在西方还是中国，城市发展在创造巨大价值的同时，也产生了诸多的负面效应。人与有限绿色环境的疏离

隔阂、都市生活带来的压力与焦虑、市民居住工作环境的嘈杂逼仄、层出不穷的环境污染和传染性疾病已经对公众健康产生了显著的威胁。

3　理论框架及研究方向

　　笔者试图用一个简明的理论模型来概括城市绿色景观对公众健康的影响机制（图 1）。

　　同时，笔者在此尝试提出可以在中国展开深入研究和实践的七个较重要且新颖的方向，并特别建议广大博士生和硕士生针对这些问题进行研究、写作和实践。

　　（1）身心健康：关注城市绿色景观对个体的心理及器质性健康的影响：

　　1）景观的设计如何改善人们的心理健康，如提升心理安全感、抑制侵略性或暴力行为冲动和提升身体锻炼的意愿？

　　2）景观的剂量与其对健康的影响：绿色景观的密度、人与绿色景观接触的时间、频次或强度与身心健康之间有何关系？

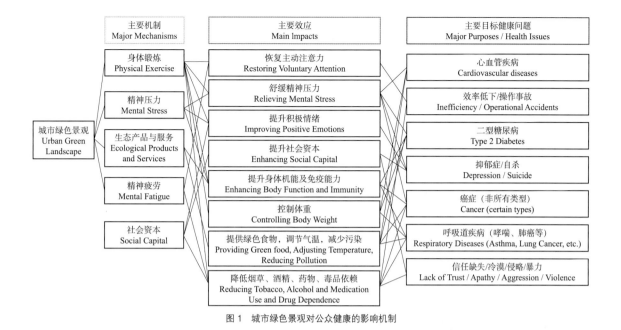

图 1 城市绿色景观对公众健康的影响机制

3）景观环境如何在灾难或瘟疫期起到缓解焦虑、孤独、压抑等负面情绪的作用？

4）如何量化和比较不同景观环境对人体免疫力的不同影响？

5）景观对预防和治疗重要疾病能做出何种程度的贡献？这些疾病包括病毒及细菌类传染性疾病、心血管疾病、糖尿病、肥胖症、肺癌、哮喘等。

6）景观的文化与精神意蕴与提升身心健康有何关系？绿色景观所激发的归属感、崇高感、神圣感是否存在某种程度的对健康的影响？

7）景观的物种、色彩、气味、材质、形态、空间构成、密度等特征与人的环境感知或行为方式有何关系？

8）就景观对人的影响：如何建立心理行为等表层特征与人体脑部机能、心肺功能、免疫系统功能等深层特征的科学联系并指导规划设计？

（2）生活方式与行为习惯：关注改变人们的生活理念与生活习惯。我们需要理解下列问题在何种程度可以通过城市绿色景观设计得到改善：

1）鼓励人们参与户外健身活动。

2）帮助人们摆脱对私家车的依赖，鼓励他们选择步行、自行车或公共交通。

3）使市民有机会使用健康的、当地的食物。

4）提升市民的环境保护意识和为其创造参与环境保护的机会。

（3）社会群体健康：关注对社群关系、社会融合度、社会资本的影响。

1）景观对积极通行方式（步行、自行车等）的友好程度如何影响社会资本的发展？

2）景观的数量、品质、空间结构与社会资本的发展有何关系？

3）集体性的景观体验与社群健康有何关系？

4）景观与城市设计如何对预防和解决社会问题做出贡献？这些社会问题包括社会信任感缺失、社群疏离与冲突、吸毒、自杀及暴力犯罪等。

（4）关注特殊或易感人群：关注社会弱势群体或身心较为脆弱敏感的人群的健康。

1）在城市绿色景观与公众健康的关系中，性别、年龄、职业、城乡差异、收入、教育程度、婚姻状况、成长经历等因素扮演何种角色？

2）景观与青少年儿童身心的健康发展有何关系？与青少年肥胖问题有何关系？

3）景观设计如何关照特殊或弱势人群（如自闭症患者、抑郁症患者、灾难幸存者、绝症患者、残疾人士、老年人、失业人士等）的身心健康？

4）针对居住于城市的外来流动人口，文化差异、城乡差异如何影响到景观与健康的关系？

5）景观设计如何为医护人员、城市白领、流水线工人、危险工种从业者普遍存在的过度疲劳问题、精神压力问题、抑郁问题和免疫能力低下等问题作出贡献？

（5）景观、污染治理与健康：关注绿色景观对污染问题的贡献继而产生的健康效应。

1）景观设计如何为解决工业污染、农业污染、电子垃圾污染、生活垃圾污染做出贡献？

2）污染源周边的景观设计如何对处理水污染、空气污染、噪声、土壤污染，减少健康危害做出贡献？

3）景观的物种、结构、面积与其处理各种类型污染的能力有何关系？

（6）重要规划与设计专题：关注重要或迫切需要研究的课题。

1）中国政府如何在制定城市绿地设计规范时将绿色景观的健康效应纳入考量？

2）不同内容、形式和面积的城市绿色景观对改善城市热岛效应有何种程度的影响？

3）如何建立完善的测量指标系统来衡量城市绿色景观对大众健康的影响？

（7）跨学科合作：关注如何实现重要跨学科评价体系和概念的联系。

1）景观的生态健康与该环境对大众健康的影响有何关系？

2）景观的生态结构与城市居民的身心健康有何关系？

3）景观审美评价与景观的健康效应评价有何关系？

4 行动创造健康城市与健康景观

综合以上一系列的研究发现，针对创造健康城市这一重要目标，我们可以提出以下关于城市景观环境营造的关键行动。

（1）重视城市绿色景观的疗愈性

首先，应该肯定城市绿色景观对于人体身心健康有着显著益处。每一个工作场所都应该让就业者有机会接触到绿色和绿色景观。其次，应该去衡量现有的景观配置是否有利于恢复疲惫身心，舒缓因工作压力而产生的负面情绪，乃至起到疗愈各类身心疾病的作用；同时，应该重视剂量—曲线研究，确定绿色景观对某类疾病能产生显著疗效所需的最小和最优剂量。再则，重视绿色景观的注意力恢复效应在教育性场所的应用。发掘绿色景观对于学习、科研、创作等需高度主动性注意力的活动的促进作用。

（2）城市儿童在绿色景观里玩耍和成长

所有儿童都应当去充分接触绿色，在绿色景观中玩耍和成长。如今城市中遍布的、千篇一律的塑胶场地和游乐设施对儿童的身心发展有着极大的约束甚至伤害。景观设计师和投资者应尽快摒弃这种"懒人"式的设计，为儿童提供更为健康、自由和拥抱绿色的玩乐环境。

（3）城市绿色景观的公众参与性

公众参与在营造绿色健康城市过程中的重要性也应当得到重视，这应当是一项全民动员的绿色健康运动。

（4）城市绿色景观的创造性

我们应当学会拥抱新的事物，善于去发现那些看似不可思议、但实则潜力巨大的机会去创造更多更好的绿色景观。例如纽约进行的车顶花园实验，设计师试验成功一个面积很小的公共巴士车顶花园。虽然这是一个看似渺小的改变，但可能会因巴士数量巨大而集腋成裘，在城市尺度产生显著的健康和生态效应。

（5）城市绿色景观的可持续性

最后，应当看到城市化仍然在中国如火如荼地推进，我们应当及时汲取历史的教训，以谨慎的态度和巧妙的方式对环境进行优化。在这一过程中，设计师应避免简单否定现有环境的思路来建设所谓的"理想景观"，应避免未经仔细调查研究而将现状场地推平重来的粗暴方式，应充分了解和利用场地已有的优良绿色和生态条件。

5　总结

可以看到目前大家都空前重视健康城市与健康景观的概念，社会各界都在讨论如何通过塑造良好的城市环境以提升人民的健康与福祉，这是非常好的事情，代表了一种进步的方向。但我们需要警惕的是，如果我们只有在面临"新冠"这样的重大公共卫生危机时才会想起营造健康城市环境的重要性，才会急急忙忙找药方，而且希望服药后迅速、全面地解决问题，这一定是非常不切实际、急功近利的做法。而更让人忧心的是，在此次危机过去后，我们又很快把我们应该做的、计划做的这件事情忘记，投身到新的热点和浪潮中去了。建设健康城市和健康景观是长期、艰巨且细致的任务，我们应该以此次危机为契机，去思考规划和建设的新政策和新举措，通过长期的努力改善人居环境，才能使我们的社会与个人在未来对灾害和疾病有足够的免疫力和抵抗力。

参考文献

[1] Jiang, B*., Wang, et al.（2019）. Quality of sweatshop factory outdoor environments matters for workers' stress and anxiety：A participatory smartphone-photography survey. Journal of Environmental Psychology, 101336. doi：https：//doi.org/10.1016/j.jenvp.2019.101336.

[2] Zhang, X. L. & Jiang, B*.（2019）. Cultivation of Grit：A Type of Nature Education for Urban Preschool Children. Landscape Architecture. 26（10）：40-47. doi：10.14085/j.fjyl.2019.10.0040.08.

[3] Jiang, B*.（2019）. Nine Questions toward Influences of Emerging Science and Technology on Urban Environment Planning and Design. Landscape Architecture Frontiers, 7（2），66-75. https：//doi.org/10.15302/J-LAF-20190206.

[4] Jiang, B*., Mak, C. N. S., et al.（2018）. From Broken Windows to Perceived Routine Activities：Examining Impacts of Environmental Interventions on Perceived Safety of Urban Alleys. vFrontiers in Psychology, 9（2450）. doi：10.3389/fpsyg.2018. 02450.

[5] Jiang, B*., Schmillen, et al.（2018）. How to waste a break：using portable electronic devices substantially counteracts attention enhancement effects of green spaces. Environment and Behavior. doi：10.1177/0013916518788603.

[6] Jiang, B*., Chen, et al.（2018）. Cardiovascular diseases due to stress arisen from social risk factors：A synopsis and prospectiveness. Nano LIFE. doi：10.1142/S1793984418400032.

[7] Suppakittpaisarn, P*., Jiang, et al.（2018）. Does density of green infrastructure predict preference? Urban Forestry & Urban Greening. doi：https：//doi.org/10.1016/j.ufug.2018.02.007.

[8] Jiang, B*.（2018）. The road to a healthy city：The benefits of Urban Nature for Mental Health[J]. Urban and Rural Planning, 2018（3）：13-20.

[9] Jiang, B*., Mak, et al.（2017）. Minimizing the gender difference in perceived safety：Comparing the effects of urban back alley interventions. Journal of Environmental Psychology, 51, 117-131. doi：http：//dx.doi.org/10.1016/j.jenvp.2017.03.012.

[10] Jiang, B*., Deal, et al.（2017）. Remotely-sensed imagery vs. eye-level photography：Evaluating associations among measurements of tree cover density. Landscape and Urban Planning, 157, 270-281. doi：http：//dx.doi.org/10.1016/j.landurplan.2016.07.010.

[11] Jiang, B*.（2017）. Measuring Impacts Of Ordinary Green Landscapes On Human Health And Transforming Research Findings Into Design Solutions：Four Important Issues, Time + Architecture, 157, p. 34-37.

[12] Jiang, B*., Li, et al.（2017）. Exploring Relationship between Urban Spatial Elements and Public Health：Using 'the Image of City' Theory as a Research Framework. Shanghai Urban Planning Review, 134, 63-68.

[13] Jiang, B*., Li, et al.（2016）. A Dose-Response Curve Describing the Relationship Between Urban Tree Cover Density and Self-Reported Stress Recovery. Environment and Behavior, 48（4），607-629. doi：10.1177/0013916514552321.

[14] Jiang, B*., Larsen, et al.（2015）. A dose-response curve describing the relationship between tree cover density and landscape preference. Landscape and Urban Planning, 139（0），16-25. doi：http：//dx.doi.org/10.1016/j.landurbplan.2015.02.018.

[15] Jiang, B*., Zhang, et al.（2015）. Healthy Cities：Mechanisms and Research Questions Regarding the Impacts of Urban Green Landscapes on Public Health and Well-being. Landscape Architecture Frontiers, 3（1），24-35.

[16] Jiang, B*.（2015）. Examining the Urban Environment through the Eyes of a Pediatrician：an Interview with Richard J. Jackson. Landscape Architecture Frontiers, 3（1），62-69.

[17] Jiang, B., Chang, et al（2014）. A dose of nature：Tree cover, stress reduction, and gender differences. Landscape and Urban Planning, 132, 26-36.

原文下载和其他参考文献请查阅：https：//www.researchgate.net/profile/Bin_Jiang21

姜　斌　香港大学建筑学院建筑系园境建筑学部，城市环境与健康 VR 实验室，主任、助理教授、博士生导师，美国伊利诺伊大学香槟分校博士

面对传染病危机，应急管理视角下的规划应对

2020 年 2 月 25 日　　秦　波　焦永利

十年前，笔者试图将公共管理学科的危机管理理论与城乡规划学科的实践知识相结合，撰文在《规划师》期刊上发表《公共政策视角下的城市防灾减灾规划探讨：以传染病为例》。不曾想十年后，一场浩大、凶悍而又狡猾的新冠病毒袭击武汉、重创湖北，继而蔓延全国。再读当年文章，感叹受制于学科知识的局限、实证调研的缺失以及一手数据的不足，想法多做法少。此次在前文的基础上进行尽可能的填补，是为续篇。

1　城市的胜利 vs 脆弱的城市

城市的首要特征是集聚，集聚带来巨大收益，同时也蕴含风险。格莱泽以雄辩的笔法在其畅销书《城市的胜利》中高歌"城市是人类文明最伟大的发明"。其实，胜利或是脆弱是"城市"硬币的两面。但就客观趋势看，灾难并没有阻止全球各国的城市化过程。灾难甚至也不能击败单个城市。MIT 两位教授 Lawrence J. Vale 和 Thomas J. Campanella 在《城市复原：现代城市如何从灾害中恢复》（2005）中研究了历史上众多案例得出结论：城市很坚强，她们一定会恢复过来，这也是"韧性城市"理念的发轫之处。

面对新冠病毒的肆虐，一些观点认为"瘟疫是城市化的后果""高密度城市发展有害"等。这是笔者所不赞同的，我们不能因噎废食，而是需要努力构建现代化的城市治理体系，提升治理能力，响应诸如新冠病毒等突发灾害带来的挑战。

2　公共危机管理与应急预案

危机管理一直是公共管理学科的重点研究领域。传统上对危机管理的关注重点放在危机后的响应与救济；"二战"之后，危机管理的重点放在应对危机的准备。而从 20 世纪 80 年代以来，应急管理学者认识到，危机的发生和发展有其生命周期，危机管理也是一个循环过程，进而提出应对灾难的 PPRR 模型，即：灾难前的预防（Prevention）、灾难前的准备（Preparation）、灾难暴发期的应对（Response）、灾难结束期的恢

复（Recovery）。在 PPRR 模型中，预防重于治疗，2P（预防与准备）比 2R（反应与恢复）更重要。

党的十九大报告明确提出"总体国家安全观"，重构我国灾难应急管理体系，正式成立应急管理部主管自然灾害和事故灾难，并由卫健委主管公共卫生事件、公安部主管社会安全事件。在这样的应急管理体制中，空间规划部门应积极加入灾害应急管理系统的组织架构，比如加入应急预案编制专家委员会等。如此，规划师才能更好地运用专业知识应对传染病暴发的潜在威胁。

3 PPRR 视角下的规划应对

3.1 聚焦于预防阶段（Prevention），规划师要全面评估城市环境，审视城市抵抗传染病暴发和保持基本运行的能力。

评估传染病暴发的威胁时可分为如下几类：

（1）**自然界的传染病威胁**，这种传染病主要通过人、动物及自然生态环境之间的相互作用而产生和传播。对应到规划领域，如何处理深受城市居民喜爱的菜市场（Wet Market）将是一个挑战。

（2）**脆弱的食品供应体系**如果被污染也会带来灾难性的后果。

（3）**生物恐怖袭击**，以及**武器化微生物**有意（战争）或者无意（实验室失误）的外泄将造成难以想象的灾难性后果。

（4）**外区域输入病毒**。城市，尤其是特大城市，是一个区域甚至国家的经济中心和交通枢纽，其很可能成为传染性疾病暴发地。

建立真实快速的预警系统是预防阶段工作的重中之重。值得注意的是，预警系统的建设不仅仅是硬件与软件的购置，更重要的是人才与文化的建设，应给予"吹哨人"更多的制度保障。

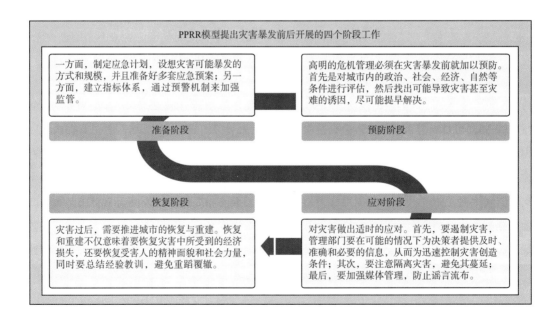

3.2 **聚焦于准备阶段（Preparation）**，规划师应致力于构建应急状态下的城市运行体系，包括基本生存资源的生产和流通体系，强有力的医疗卫生体系，以及值得信赖的通信和交通体系。

以下几点是值得重点考虑的领域：

（1）**构建基本生存资源的生产、储备和流通体系**。城市是否储备充足的药物、器械，以及食品、饮用水等基本保障品事关重大。此次疫情暴露出我国重点卫生防疫物资（口罩、防护服等）储备严重不足。为此，习近平总书记专门指出要"系统梳理国家储备体系短板，科学调整储备的品类、规模、结构，提升储备效能。要优化关键物资生产能力布局，在关键物资保障方面要注重优化产能的区域布局，做到关键时刻拿得出、调得快、用得上"。

（2）**构建结构合理、强大的医疗卫生体系**。为避免患者拥塞在少数医疗机构，进行空间均衡、布局合理的规划就必不可少。此次新冠肺炎疫情暴发初期，出现了患者在少数定点医疗机构的拥塞，客观上造成了交叉感染的巨大风险，直到社区层面开始发挥预诊、分流作用，这样的情况才得以缓解。

临时性医疗机构的提前谋划非常重要。在此次疫情中，仿效北京小汤山非典医院而建设的火神山和雷神山医院起到重要作用。同时，改造体育馆、展览馆等大空间作为"方舱医院"，在扭转疫情过程中起到了至关重要的作用，这些经验都十分值得总结。

（3）**构建值得信赖的通信和交通体系**。信息方面，应鼓励理性客观的高质量媒体产品。交通物流体系同样重要，能否将重要的医护资源及保障基本生活的物资快捷地输送到最需要的地方，

能否快速将需要隔离的患者送至医疗机构都是关键问题。特别要注意物流末端环节，此次疫情期间出现了社区"一关了之"的情况，造成居民购物活动在超市、菜市场等"末端集聚"现象，值得认真反思，设计好特殊时期的配送规则。

3.3 **聚焦于应对（Response）阶段**，规划师应凭借所拥有的相关信息、专业知识和实践影响，和公共卫生工作者合作，在危机中为公众提供及时、准确的信息，同时帮助决策者，辅助其做出科学细致的决策。

（1）**尽早介入，参与初期决策**。在最初应对灾难的阶段，决策者通常面对多个互相矛盾的目标，这些任务通常由不同部门负责，极容易造成冲突和失败。规划师是最了解城市的专业人士，理应及早介入，参与初期的决策过程。

（2）**精准预判传染病传播的时空趋势**。传染病一旦暴发，准确统计并预测其传播速度和方向是决策的关键。

（3）**做好其他各类辅助决策工作，尤其是沟通工作**。在传染病暴发期间，规划师可积极收集基础数据，生成有效信息，提出决策建议。此次新冠肺炎疫情期间，以手机信令、移动终端数据等为代表的 LBS 数据，为疫情监测预判、人员识别与分类管理、信息发布、决策可视化等提供了大数据支撑。未来应当总结这些做法，推出更高效的智慧化工具。

3.4 **聚焦于恢复（Recovery）阶段**，规划师应配合其他部门，或做好准备应对经济活动的复苏，或提出建议刺激城市经济增长，同时一定

要重新审视之前的灾难应急管理体系，修补漏洞。

（1）**辅助制订分区复工与经济促增长方案。** 规划师应依据传染病发病分布、交通物流联系状况，以及生产单位具体情况和市场需求，辅助制订精细的复工方案。危机过后，规划师则需配合其他部门共同策划一些活动以重振城市经济。

（2）**重新审视之前的应急管理体系，修补漏洞。** 应急管理体系应当包含宽领域、多种多样的措施，并包含所有必要的利益相关者。重修应急管理体系为规划师提供了机会，不仅可以修补漏洞，而且可以深入思考传染病暴发的威胁，从而将城市和区域的规划专业知识整合到从预防到恢复的各个步骤之中。

4 结语

梁鹤年先生在 2000 年发表的《规划工作者与城市的未来》一文中提出：规划应永远含有"学习过程"（Learning Process）的精神，不断为下一步工作去学习。

当前疫情决战时刻，也是技术经验总结需要启动的时刻，建议组织国家级规划专家到离战场更近的地方观察实践案例，整理经验与教训，力争早日形成可供借鉴的"传染病类型防灾减灾规划编制指南和技术标准"。同时，规划师应主动加强与公共卫生部门和应急管理部门的合作交流，共同编写制订"传染病类型公共危机应急预案"，为下一次与病毒的战斗提供经验和底气。

参考文献

[1] Birch E, Wachter, S. Rebuilding Urban Places after Disaster：Lessens from Katrina[M]. University of Pennsylvania Press, 2006.

[2] Vale L, Campanella T. The Resilient City：How Modern Cities Recover from Disaster[M]. Oxford University Press, 2005.

[3] Crosby A. American's Forgotten Pandemic：the Influenza of 1918[M]. Cambridge University Press, 1990.

[4] Shah G. Public Health and Urban Development：The Plague in Surat [M]. London：Sage Press, 1997.

[5] Newcomb J. Biology and Borders：SARS and the New Economics of Bio-security[M]. Bio Economic Research Associates, 2003.

[6] Ali H, Keil R. Global Cities and the Spread of Infectious Disease：The Case of Severe Acute Respira-tory Syndrome (SARS) in Toronto, Canada[J]. Urban Studies, 2006, (3)

[7] 梁鹤年. 规划工作者与城市的未来 [J]. 城市规划 .2000, (7)：40-43.

[8] 罗伯特·希斯. 危机管理 [M]. 王成, 等译 . 北京：中信出版社, 2004.

[9] Matthew R A, McDonald B. Cities under Siege：Urban Planning and the Threat of Infectious Disease[J]. Journal of the American Plan-ning Association, 2006, (1)：109-117.

[10] 吴庆洲. 21 世纪中国城市灾害及城市安全战略 [J]. 规划师, 2002, (1)：12-13, 16.

[11] 张敏. 国外城市防灾减灾及我们的思考 [J]. 规划师,2000,(2)：101-103.

秦　波　中国人民大学公共管理学院城市规划与管理系教授、博士生导师，中国城市科学研究会健康城市专业委员会委员

焦永利　中国浦东干部学院教研部副教授，中国城市科学研究会城市治理专业委员会委员

疫情下狭义健康生活圈与广义美丽生活圈的探讨

2020 年 2 月 25 日　　董翊明

疫情之下的"卧室深度游""线上抢带货""厨艺大比拼""教师变主播""全民渔夫装""绿码通九州"，已成为"围城"中居民的"阵痛"，其背后的城市公共健康危机也像面镜子，折射出规划底层算法与操作系统之间的漏洞，正如道德经那句"天之道，损有馀而补不足；人之道，损不足以奉有馀"，似乎已道尽千年后人与自然、社会之间的囚徒困境——应对危机需要怎样的空间载体？究竟是城市及制度为人的需求改变而升级，还是人应随着城市迭代而改变需求？怎样迈向"可开可闭、德才兼备"的新空间系统？

1　浙江早已开展以各类抽象"生活圈"为载体的危机应对

在防疫突围战中，浙江凭借生产要素市场调节（劳动、土地、资本、组织、技术、信息等）与社会成本行政协调（领导力、执行力等）的联姻，再度成为全国学习的"优等生"，但其本质经验还深埋在近三十年"经世致用""草根创新"的土壤

中，即用实践的试错来推动研究的革新，并针对特定的经济与社会"危机"，提供特定的空间与制度"供给"。从 20 世纪 80 年代计划供给危机下的农村家庭作坊、中心镇"一镇一品"，到 2000 年后县域经济契机下的县市大型工业区，再到服务业、信息产业契机下孕育的特色小镇、未来社区，以及生态危机下的美丽乡村建设、"三改一拆""五水共治"、小城镇环境综合整治等，无不是对潜在"危与机"提出涵盖经济—空间—环境—制度等生产生活生态要素的安排，即可理解为破解特定问题的抽象"狭义生活圈"，如县域经济圈、新经济圈等。

2019 年，浙江省委、省政府更是部署实施"百镇样板、千镇美丽"的美丽城镇建设工程，将生活圈拓展到小城镇乃至乡村层面，明确了"两道、两网、两场所、四体系"的"十个一"标志性基本要求（一条对外交通通道、一条绿道、一条雨污分流收集处理网、一张垃圾分类收集处置网、一个商贸场所、一个文体场所、一个学前教育和义务教育体系、一个基本医疗卫生和养老服务体

系、一个基层社会治理体系、一个镇村生活圈体系），其中一个高品质的镇村生活圈体系即满足人各类需求的5—15—30分钟生活圈，5分钟社区生活圈即从家步行5分钟（约300m）可享受服务、商业、老人康复、幼儿教育、运动场所、文化场所等小型便民服务，形成社区生活中心；15分钟建成区生活圈即步行15分钟（约1km）可享受居家养老服务中心、乡镇卫生院、义务教育标准化学校、文化体育场馆、城镇公园广场、便民超市等普惠型日常生活服务，形成邻里中心；30分钟辖区生活圈即从某一类设施出发车行30分钟（约20~30km）可享受高质量医疗服务、高中及职业技术教育、文体中心、商贸综合体、创新创业服务中心、社会治理中心、高质量医疗服务等提升型高等级综合便民服务，形成家园中心。

虽然"美丽城镇生活圈"指向的是浙江千余个小城镇，但其思路却是城市、社区生活圈的延续，进而还能形成比小城镇"5美1机制"（功能便民环境美、共享乐民生活美、兴业富民产业美、魅力亲民人文美、善治为民治理美、城乡融合体制

图1　浙江出台《浙江省美丽城镇建设指南（试行）》

机制）外延更广、层次更高的"美丽生活圈"，正如费孝通描绘的"各美其美、美人之美、美美与共、天下大同"图景。狭义"美丽城镇生活圈"是广义"美丽生活圈"在小城镇这一空间层级上的体现，广义"美丽生活圈"则是针对不同问题、不同载体"各美其美"的生活圈，是狭义"美丽城镇生活圈"在不同空间层级的补充，浙江科学治理破解危机的思路也向广义"美丽生活圈"迈进。

针对愈演愈烈的全领域疫情危机，学界已试图从多角度对疫情作出规范的解释与应对，规划专家基于健康城镇打造、防疫项目用地保障与国土空间分级分类风险管控、生活圈与智慧社区治理、嵌入式防疫规划、韧性城市与应急响应等视角展开了范式反思；地理学者对地理单元、尺度、聚类、呈现等因素对疫情地图影响、胡焕庸线南北疫情分布特征进行了审慎的探讨；建筑师们则聚焦装配式传染病应急医院等公共建筑设计、方舱等应急救治设施设计、可移动医疗设备建设方式等当下热点；生态学研究者较为关注生物安全、污染飘移、城市巨系统生态平衡等关键节点；数据分析师在病毒扩散多情景模拟、传播人群识别与城市画像、大数据集成、AI预测等方面作了有益探索；经济学人增进了大众对幸存者偏差、量子瞬移、塔西佗陷阱、公交车踏板、熵增原理等理论、疫情下实体经济价值链高低端走向的理解；管理智库致力于提炼一图（五色疫情图）、一码（健康码）、一指数（精密智控指数）抓手、监测云屏与"最多跑一次"审批简化、封闭管理与复工复学动态协同、全时云、微V等在线办公教育平台推广等。各界"疫情说"为国内外城市公共健康

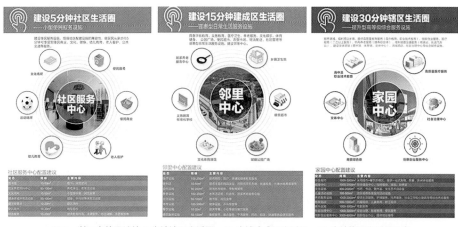

图 2　浙江省美丽城镇 5 分钟社区生活圈、15 分钟建成区生活圈、30 分钟辖区生活圈示意
资料来源：《浙江省美丽城镇建设指南（试行）》

图 3　浙江省美丽城镇建设"5 美 1 机制"主要内容
资料来源：《浙江省美丽城镇建设指南（试行）》

危机的防控，提供了决策参考。

本文认为，城市空间巨系统的层次性决定了，要破解"牵一发动全身"的城市健康危机，不能"头疼医头脚疼医脚"，既不应仅仅聚焦于宏观层面的城市结构，易导致无的放矢或用力过猛；也不可仅仅仰仗于微观层面的单个社区，易造成公共资源不可为继，并缺乏整体协同，而需找准衔接宏微观的中观层面作为切入口。同时，城市空间系统的复杂性也决定了，还需串联经济—空间—社会—交通—生态等各系统的思考，正如 Bourne 指出，城市空间系统主要包括城市形态、城市联系及组织原则三大要素，现今还可抽象成由这三大要素相互纠缠形成的量子态，任一要素都有改变并受其他要素改变的可能，因此要考虑"粒子"相互反馈的累积因果关系，而生活圈便是一定尺度内对空间、设施、功能等要素相互作用的限定原则，可通过"绣花功夫"打通"血栓堵点"。

综上，在疫情暴发时我们不仅需要大刀阔斧的外科手术，更需要精准发力的激光手术。而中观空间层面的生活圈再造，就是一把用于城市空间系统激光手术的伽玛刀，能带领城市避免"打赢一场战斗却失去整场战役"的结局。

2 疫情暴露了部分具象生活圈供需脱节的"主播带货"问题

为提高医院、学校等公共服务配置的均衡性，并避免千人指标自上而下的机械性与相邻地区资源重复的粗放性，2016 年 8 月上海发布了《15 分钟社区生活圈规划导则》，将生活圈作为社区公共资源配置和社会治理的基本单元，实现以家为中心的 15 分钟步行可达范围内，都有较为完善的养老、医疗、教育、商业、交通、文体等基本公共服务设施，这一构想得到北京、重庆、广州、武汉、长沙、济南、厦门等城市的响应，其主要思路还被纳入《城市居住区规划设计标准》GB 50180—2018，浙江也探索了分级分类的生活圈。

虽然生活圈在完善配套、提升品质等方面的成效显著，但在纷繁复杂的全国实践中，也出现若干"水土不服"，从疫情初期一床难求、院院爆满、转院无方等现象中可见一斑……背后的约束是，在发展性规划向保护性规划的转变中，虽然以人民为中心的"生活圈"（即新的城市空间系统）大幕已经拉开，但在集体土地低成本置换（组织原则）的路径依赖下，"生活圈"就像"网红带货主播"的"爆款"，大家仅都关注爆款顶级流量的"绮色佳"（城市形态与城市联系），部分开发商想直接用"此爆款"带来更多"此爆款"，部分非盈利机构想间接用"此爆款"带来"彼爆款"，部分技术工想用"此爆款"来"换流量"，甚至部分意见领袖想用"此爆款"来"换话语权"……由此，看似医疗资源稀缺的背后，却是生活圈落地"最后几公里"的约束，并在社会与市场公共选择下造就了量质悬殊的平行世界：

（1）生活圈半径标准僵化——绅士而缺乏人情的平行世界。既有生搬硬套直线半径而非等时圈半径，导致资源配置不够经济，如医疗资源未覆盖真正需求量大的地区；也有生活圈半径标准不一，如城市 5 分钟（步行）—10 分钟（步行）—15 分钟（步行）社区生活圈、5 分钟—10 分钟—15 分

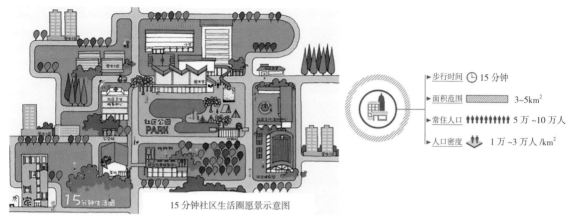

15分钟社区生活圈愿景示意图

步行时间 🕐 15 分钟
面积范围 ▨ 3~5km²
常住人口 🧍🧍🧍🧍🧍🧍🧍🧍🧍 5 万 ~10 万人
人口密度 ⬇⬇ 1 万 ~3 万人 /km²

图 4　上海 15 分钟社区生活圈示意

钟生活圈居住区、镇村 5 分钟 (步行)—15 分钟 (步行)—30 分钟 (车行) 生活圈、房地产 8 小时生活圈等，还未得出通用的半径标准；更有相邻地块明明可挤进 1 个生活圈内，却仍新建另 1 个生活圈，如服务半径为 16 分钟，未体现有限投资的边际效用，并在需求不足地区显现出负外部性，毕竟 15 分钟设定仅仅是大概率中位数而非确数。

（2）生活圈圆心缺乏分类——机械而缺乏个性的平行世界。针对不同尺度分区，混淆了以社区为圆心和以某类设施为圆心的起止点，造成实际服务功能偏差，如将可辐射 20km 的设施布局在 2km 范围内，造成超前建设；针对平原、山区、海岛等不同地形区域，套用同样的生活圈半径与形式，在支付能力与建设条件迥异下极易"拔苗助长"，如山区、海岛生活圈圆心会偏离几何中心，且呈尽端式布局。

（3）生活圈扇面覆盖不足——上进而缺乏积累的平行世界。部分地区未充分考量社区规模，当合并后、安置后的社区规模超过单个生活圈尺度时仍不调整，使生活圈实际服务扇面覆盖不足。若干地区未考虑特定设施的特定半径，与生活圈原有半径不符。一些旧区、新区、历史建筑区、重灾区等特殊意图区，仍划分均质的生活圈扇面，如老区改造中尚缺的设施无地可拓可建，或功能分散在其他生活圈仍重复建设，甚至是受历史保护限制难建，抑或是未形成集中空间就大拆大建 (如沿街商铺等)，就需要自由量裁，如疫情中临时建设方舱等。

（4）生活圈嵌套层级错乱——分异而缺乏秩序的平行世界。原本按照"城市—分区 (街道)—社区"分级覆盖的城市生活圈体系 (城市形态) 并未发挥最大效用，凸显为上行过度而下沉不力。一方面，下级生活圈服务设施数量与质量不佳时，受众涌向上一层级，使大频率的需求未在相应尺度生活圈中到满足 (组织原则)，如城乡居民均青睐城市级综合医院而抛弃了街道卫生院、社区卫生服务中心乃至乡镇卫生院，既加重上级设施负担，又浪费下级资源配置，还助长不必要的交通流（城市联系），更制约次级中心发育，此外社区级生活圈急缺的文体活动场地、居家养老服务站、医疗卫生设施，并未在街道级生活圈得到补充，而是将稀缺传导给最上层，在城市级设施短期难增加下只能转向管理需求（社区封闭）与间歇供给（分批出征、临时建设）；另一方面，本应自上而下增强基层医疗质量的医共体、医联体、智慧医疗等抓手，由于技术条件、居民意识等原因并未得到街道、社区生活圈广泛利用，反而造成空置，社区、街道又难控制该级生活圈内设施水平以调节供需，加剧低品质设施、低入住人气、高运营成本的贫困锁定与优质服务的区位锁定与人群锁定，因此虽然街道尺度上功能高度混合（超级大盘邂逅城中村），但开发模式与内部品质大相径庭，此外简政放权下放的街道、社区管理职能，也因缺乏承接的机构与人员，未推进社区自治。

（5）生活圈演变研究不足——平凡而缺乏真相的平行世界。目前生活圈半径等指标的依据主要源自居民活动问卷调查、GPS记录、POI热点分布等，但都基于既有生活圈等级与设施供给的原假设下，还未深入挖掘生活圈等级优化或设施增加对人活动半径、范围与层次的反馈影响，就像电流会自动选择阻抗最小的路径一样，此外部门与专家的结论与公众的需求天然也存在偏差。

在五大"同圈不同命"的"平行世界"背后，真正的问题是：

（1）生活圈这个"爆款"为何易被误用？本文的思考是，真正带动城市新空间系统重构的"肉身"，还隐藏在生活圈"爆款"华丽的外衣内，那便是社区及设施周边土地产权的明晰权与产权溢价的分配权，但目前生活圈所附着的土地产权尚不清晰，而期望生活圈变革带动城市设施、空间品质提升、产权溢价再分配的构想，虽然从未丢弃"天下为公"的信念，但在实务中会缺少社会合理性与程序合法性。

（2）规划师能做生活圈"爆款"的"网红带货主播"吗？诚然，规划师总想做成就一番"爆款"的"网红"，但过去"主播们"没有明晰土地产权与溢价分配权的"金话筒"与"金画笔"，未来在国土空间规划、审批、出让一盘棋下，也许能有所改变，且自认为参与"产权讨论"的目的不仅仅在于"溢价分配"本身，而是以此为筹码，真正推动粉丝"种草"持续贴现市场"种草"缺口的组织原则与制度设计，进而折衷出更亲民的"爆款"，化解内外源危机，从长远看也是为"平台"争取更高的综合溢价。

（3）规划师这个"网红带货主播"的"软肋"是什么？既有"平台"的，也有"市场"的，更有"粉丝"的，最痛苦的还是在"某些情景"下自己"无处安身"的无奈。其实不在于是否做"主播"，而且就算是"主播"，关键是在发现"爆款"瑕疵时，是否有直播改变"爆款"形态、联系及组织原则的勇气，以及与背后"平台"谈判的底气，就像当下的疫情"大考"一般。

3 压缩时空内狭义"健康生活圈"与广义"美丽生活圈"的探讨

在赶超发展约束下，若要在压缩时空内完成防控与复工、保护与发展等多重任务，就需清晰的近远期战略与战术指向。回到疫情防控本身，全国目前最关心的便是，需建多少医疗设施？在哪里建？建什么级别？先建多少后建多少？怎么找到传播路径？怎么优化社区封闭管理？这些大多能在生活圈中得到答案，因为生活圈的本质便是在合适的区位提供合适的服务，尽管还有待优化，但却能满足疫情期间全覆盖与分级分类双重管理的需求。

因此从某种意义上来说，中观与社区层面的生活圈构成两级防疫圈，生活圈近期的目标可定位成打造满足防疫安全基本需求、较低层次持续健康的狭义健康生活圈，重点是社区以上（部分社区较小的地区还可在街道以上）、市辖区以下的中观层面生活圈（15分钟步行到30分钟车行之间），主要提升"医—产—城—人"等功能；再由近及远地向满足全要素美丽需求、更高层次全面发展的广义美丽生活圈迈进，即同一尺度生活圈，但全面提升"医—产—城—人—文—生"等功能，以实现全要素美丽的全面发展，浙江在美丽城镇领域的生活圈也提供了绝佳的现实脚本。但与"线上带货"不同的是，"健康生活圈""美丽生活圈"等爆款并非自带顶级流量，而需无数规划"准主播"不倦努力，并与"直播平台"精诚合作，才能得到"粉丝""市场"等各界的一呼百应，且不被误用。

正如爱因斯坦相对论的通俗解释，在速度和曲率较小的狭义空间里，把手放在滚热的炉子上1分钟，感觉像1小时（宅家群众也有同感），是由于时间膨胀效应让神经运动变慢变麻木，反之亦然（如游戏中1小时如同1分钟）；但在速度和曲率较大的广义空间里，任何有质量的物体都会引起时空弯曲，然后在弯曲的时空里继续做他们的"惯性运动"。同理，在我国城乡二元近似恒定的空间内，集体土地低成本置换虽然能实现高速增长，并放慢得利群体的反射弧"温水煮青蛙"，但背后的转嫁式剥削已累积较高的社会与生态成本，甚至逼近"用工荒"的刘易斯拐点及"高污染"的环境库兹涅茨曲线拐点，大规模大质量城镇集聚的好处在当前条件下已较难折衷城市病的坏处，加剧时空弯曲，需要形成支撑"惯性运动"的新空间体系，需要通过痛苦延长与快乐临近的"时间膨胀"，加速形成多方重新合意、人口重新回流、等级重新建构、供需重新匹配的"健康生活圈"，

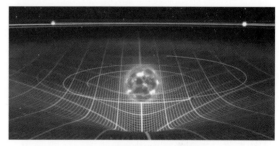

图5 爱因斯坦相对论与生活圈

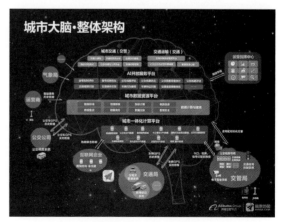

图6 科大讯飞城市超脑和阿里巴巴ET城市大脑下的生活圈底层算法与数据场景变革

并迈向适合各种情景的"美丽生活圈",而不仅是简单机械的"封闭社区圈"。

这就需要"罩气蓬勃"的我们"一心移疫",而非"漱手就擒",拿好破解城市公共健康危机内耗的"四把伽玛刀",然后像"新东方"般在绝望的大山中辟出希望的小径,避免整个行业被动。

(1)基于"城市超脑"的生活圈底层算法与数据场景变革之刀。理清规划师在多元学科中"技术性与社会性"兼备的定位,深度学习多重细分的人群行为数据,如不同时间不同目的不同尺度不同起止点不同人群的不同活动等,进而开发能认知"流体智力、晶体智力乃至人性不经济"的底层算法,并借助LSMN等深度神经网络快速迭代偏好活动与偶然活动的决策差异,基于此构建以AI引擎(低温控制量子芯片"Horse Ridge"每秒计算已超千亿亿次)为核心、以多源数据(手机、社交媒体、交通迁移、地理信息、灯光、视频等)为支撑的"城市超脑",研发疫情动态智码—智评—智医助理、互联网政务和虚拟会议、云教育和人机交互、劳动力—经济投入产出决策支持、可视信用嵌入式社交与金融投顾、国土空间分级防控与三线管控、BIM-EPC建筑全过程、工业5G仿真、AR-VR主播一站式购视听、CAE产品4D打印与无人传输、AI监控与判决、线上孪生框架城市、云端未来社区与智能小镇等"超脑"模块,借助CA、SLEUTH等模型,探究新老时空条件下影响生活圈组织原则的内生因子,并自动判别因素间交互影响(如区位与社群可替代的影响、加密支路网往往助长支路停车等),避免经验与机会主义,从技术理性上筛选出从狭义健康生活圈到广义美

丽生活圈的必要元素。

(2)基于"刚弹并举"的生活圈组织原则与发展模式变革之刀。在"城市超脑"分析结果上,进一步提炼可能更合人性而未必最经济的生活圈组织原则与模式,每种组织模式又是由用途管控、设施配置、交通供给等一系列战略限定条件构成,并细分具有法定羁束力与技术指导力的建设改造通则,如层级效用最大化原则(若街道出行与使用频率均较低,可考虑减少中间层级设施供给)、频率半径弹性模数制原则(综合居民最大概率路线集合、地块划分、社区规模、设施容量、特殊用途等因素,按照经常性出行、通勤性出行、偶发性出行的频率,设计与社区单元规模对应的模数制弹性半径)、市政税基连带产权原则(预测地价贴现缺口与集体土地确权时机,设计需细分市政区征收的公共品维护税收,打造社区开发、设施配套、公司运营的连带社保)等。这些原则也将作为用地产权明晰与溢价分配的依据,固化到国土空间总体、详细、专项规划及出让条件中,同时推进狭义健康生活圈规范导则修订,带动城市空间与城市联系优化,最终指向广义美丽生活圈的整体价值提升。

(3)基于"品质传导"的生活圈城镇空间与未来形态变革之刀。以时空品质分级分类传导为导向,在要素组织的品质传导上,重点优化目前较为薄弱的中观空间层面,以在分区结构或社区结构失灵下,增补各层级本身难以配置的优质医院、学校等设施,或是提升全要素生产率的就业型生活综合体等,避免纯卧城或纯园区的单一功能地域,进而为控规单元相关指标的确定提供依

据，以期为"中心地"理论作出补充。如浙江美丽城镇不仅打造了从社区中心、邻里中心出发的5、15分钟步行生活圈，还引导了从学校等某类设施出发的30分钟车行生活圈，并按照都市节点、县域副中心、特色型（工业特色、商贸特色、文旅特色、农业特色）3大类6小类城镇，分类设置5—15—30分钟嵌套的生活圈体系，还提炼基于73项共性指标、20~22项个性指标、20项满意度指标、20项变化程度指标的"美丽指数"，动态反映结构绩效。在时序安排的品质传导上，可在开发控制关键的中观健康生活圈层面，纳入多方协调的临时医疗区建设、特色小镇与未来社区打造、老旧小区改造、文化遗址保护、海绵城市与污水

图7　刚弹并举下的生活圈组织原则与发展模式变革

图8　品质传导下的生活圈城镇空间与未来形态变革

"零直排"建设等开发保护活动，并借助"叠加分区""浮动分区""奖励分区"的功能与指标控制，动态"打补丁"，进而把握中观层面战略整体塑造的时机，如倡导"公共品阴极"打造先于"空间阳极"建设的时序，通过公共品空间的战略预留与协同配置，形成公共品集聚带动级差地租的报酬递增。在形态优化的品质传导上，可体检式开展中观层面健康生活圈的特色性、均好性、可达性、通透性等绩效评估，并与国土空间次区域功能与指标传导、未来城市新形态相结合，反馈到防灾防疫评估、生活圈规划、社区规划、美丽城镇方案、城市设计、双修设计、景观风貌规划、公共环境艺术设计等广义生活圈规划设计中，并为法定规划开发强度、建设总量等指标确定提供依据，推进跨社区的形态协调。

（4）基于"区块链化"的生活圈城镇联系与交通方式变革之刃。既可推进线下交通联系模式变革，借助多重细分的非集计模型，挖掘不同区位不同人群起作用的交通政策影响区，进而针对多目的复合、短距离高频次等新需求，让高频率出行在小尺度（如5分钟生活圈）内得到满足，并通过中观层面生活圈截留不必要的跨区跨市出行与钟摆通勤，同时为远距离出行群体提供与支付能力匹配的交通条件。此外，匹配"高铁＋地铁＋滴滴""地铁＋私家车＋共享单车""私家车＋共享单车""公交＋地铁""公交＋共享单车""电瓶车＋充电桩"等新型出行链，加强"综合体最后1公里""公园最后1公里""地铁最后1公里""公交最后1公里"等周边公交供给，开设在综合体、特色小镇、未来设区等重要节点间穿梭的定制巴

士，在分层化、扁平化导向下迈向抛物线式的理想城市断面，并为超级高铁、超距管道运输、无人机等新型交通方式预留立体空间。也需推进线上交通联系模式变革，在带宽决定生命宽度的时代，结合区块链、5G、线上场景等新需求，探究可替代的线下交通联系，并借助区块链发展线上确认价值的雇佣关系，减少通勤流与路面占用，为间距更小的5G基站、无人机停靠点、"城市超脑"、大数据中心、智能网联光模块、深层地下综合管廊等信息网络扩容提供可能，打造比健康生活圈适用更广时空的美丽生活圈。

4 结语

鲁迅的侄女曾问鲁迅："为何你的鼻子是扁的"？鲁迅回复："因为经常碰壁，所以把鼻子碰扁了"。就像Max Weber曾说，"即便人间多么……但等着瞧吧"。在病毒肆虐的洪流中，在城市变革的浪潮中，我们规划人也应"东临碣石、以观沧海"！

毕竟我们不需做"爆款"，但求上下求索！

毕竟我们不需做"主播"，但求知人自知！

毕竟我们不需做"愤青"，但求美美与共！

董翊明 浙江省城乡规划设计研究院智慧城市研究中心副主任、高级工程师

健康城市需要"被动进化"

2020 年 2 月 26 日　　郑德高

今天天气很好,今天北京公布新冠确诊病人"零增长",这是一个值得记得的普通一天,阳光通过阳台的窗照在书桌上,斑斑驳驳,显得温馨和健康。这一段日子,响应国家的号召,尽量宅在家里,看书、喝茶、听音乐、写作,网上办公,日子有点慢,但也充实和平淡。专家说,尽量宅在家里不出门,减少感染病毒的机会,专家也说尽量开窗通风,晒晒太阳。健康城市需要更多的阳光,更多地通风,这应该也是城市规划和建设的常识,与常识不一样的是,城市规划鼓励更多的交往,而且生产出诸如咖啡厅等很多的交往空间,但现在特殊时期,星巴克开门也非常零星,大家的交往也只能在虚拟的微信圈了。现代城市规划起源于城市的公共卫生问题,为什么隔一段时间,我们的城市就要遭到病菌传播的骚扰,并与之展开一场斗争,然后人类开始新一轮"被动进化",这真的值得思考。

人类发展从狩猎社会到农业社会然后到工业社会,从无固定的居住到定居社会,然后发展到现代以城市居住为主导的社会,同时超过 1000 万人口的大城市也越来越多。很难说现代城市社会的人比狩猎社会的人更幸福、更聪明,也很难说是居住在大城市好,还是乡村更好。但人类被一种模糊的"算法"推动着往前走,难以回头,在人类越来越集聚与越来越流动的同时,病菌的暴发也越来越频繁,人类聚集的"外溢风险"也越来越大,表现在病菌传播的更大规模和更远范围,看似现代化、大数据武装的城市,也面临着越来越多的脆弱性。人类既要追寻世界的某种算法,更多的人生活在更大的城市,不管你喜欢不喜欢,也要与传播风险越来越大的病菌作斗争,真是两难境地。

病菌主要是依托某种动物作为宿主,然后通过某种方式传给人类,同时通过人传人传给更多的人,因此病菌最喜欢的方式,一是人类与动物有更多的接触,二是人类更高密度的集聚与更快的流动。我们既然无法走回头路,只能"被动进化",尽量按照病菌不喜欢的方式进化才能有人类的未来,因此健康城市需要尽量减少与活着的动物接触(在另外一文中建议大城市的菜市场搬到郊外，遭到比较多批判，或者应该表达为应该禁止活禽交易，有活禽交易的菜市场远离城市更好），也需要人类居住的大城市应该尽量降低密度，生活节奏应该尽量慢下来。同时当病菌来临时，也要发挥自下而上的社区治理力量，提高城市的韧性。

健康城市要降低密度，大城市应该与大公园并存，应该尽量减少高层高密度，倡导"中密度"。不知何时，我们的城市发展逻辑受经济学支配越来越重，资本逻辑所形成的"空间生产"使城市密度越来越高，高层越来越多，公园越来越少，因为城市是寸土寸金，越贵越稀缺，资本逻辑也严重影响到城市政府的决策。虽然资本城市的逻辑我们无法避免，但在健康风险日益增高的约束下，也需要考虑健康城市的逻辑，两者的叠加才应该是城市进化的方向。因此，我们的城市也需要回到"组团城市"的理想，城市与公园并存，也希望回到"中密度"的城市逻辑，密度过

低不符合资本逻辑，密度过高不符合健康城市逻辑，也许"中密度"是一个合适的选择。

健康的城市生活要慢下来，倡导一种新的生活方式。哈尔特穆勒·罗萨《加速：现代社会中时间结构的改变》认为当代社会是一个加速社会，现代性的重要特征就是加速，科技进步加速促进了产品周期加速，以及人的活动的加速，大家的生活节奏都变得越来越快。规划师也深有同感，频繁出差已经成为生活的常态，即使由于新冠肺炎疫情宅在家里，也几乎是网络会议不断。快节奏对健康无益，降低人类的免疫力，人类的快速跨区域流动也加快了病菌传播速度，当快已经成为世界的趋势和算法时，慢下来就变得特别奢侈。如何让工作和生活慢下来，真是一门学问，健康城市需要更多的"高淳国际慢城"，不知道高淳是否还在坚持"慢城"的方向。

这次新冠肺炎疫情在武汉发生，值得反思的地方确实很多，笔者 2013 年主持编制的"武汉2049"愿景规划提出了建设"更具竞争力和更可持续发展的世界城市"目标，城市和产业更有竞争力，分阶段促进武汉枢纽的建设和城市产业的创新发展，大家都关心，但是对"更可持续发展"

图 1　高淳国际慢城
图片来源：https：//www.turenscape.com/project/detail/4713.html

图 2
图片来源：http：//www.guihuayun.com/read/24357

似乎就重视不够。更具竞争力更多是政府的目标，而更可持续发展更多是基于社区的市民需求，这需要城市政府在日常工作中，有更多基于社区的精细化治理能力，比如围绕社区建设更多的绿道、更多的广场、更多的社区医院、更多的大数据、更多的社区参与等。平常基于社区的治理能力越高，面对风险时则城市的韧性也越高，这是风险社会我们必须要重视的选择。

人类跟随着某种算法在往前走，人类也在随着科技的进步、城乡人居环境的发展以及与各种病菌的斗争中"被动进化"，规划师也一直相信一句话，"明天比今天更美好"。

郑德高　中国城市规划学会青年工作委员会主任委员、学会学术工作委员会委员，中国城市科学研究会健康城市专业委员会委员，中国城市规划设计研究院副院长

提升自组织能力以打造韧性城市社区

2020 年 2 月 29 日　　孙　立　孙美玲

庚子伊始，新冠肺炎疫灾暴发。举国上下如临大敌：交通阻断、人员隔离、复工推迟、开学延后。社会生活所受影响之深、范围之广，史上少有，世所罕见。在此大疫横行、国难当头之际，每位科研工作者，都应在自己的研究领域，尽自己所能，作为家、为国、为人类健康福祉谋利的先锋者："将健康融入所有研究"。

迅速肆虐全球的新冠肺炎疫情，引爆了人们对人居环境安全的空前关注与对健康城市的无比向往。回顾城市至今的发展历程不难发现，城市的健康与安全无时无刻不面临着包括瘟疫在内的巨大不确定性风险的挑战。在这次防疫大战中，具有良好自组织能力的农村社区表现出了明显的防控优势。对于作为城市基本单元的城市社区而言，应对这种高度不确定性风险，传统的防灾减灾手段已难以奏效。如何通过提升城市社区自组织能力，打造韧性社区以应对包括疫情在内的不确定性风险，是今后实现健康城市梦想的必由之路。

所谓"韧性社区"是指社区能够将风险灾害的损失控制在可接受范围，同时将风险灾害应对能力内化为自主治理能力，主动通过自组织进行自我调适与修复，以恢复社区的正常运行，并总结经验、提升对未来风险的适应性和自身免疫力。韧性其实是社区固有的一种属性，是社区依靠自身力量对风险的抵抗和适应能力，而高度的自组织性是社区能拥有这种能力的关键所在。当前我国城市社区建设中以"他组织"模式为主导，城市社区的自组织发展受到阻碍和限制，特别是我国目前对于社区韧性提升的研究中偏重于防灾减灾规划与建设方面，忽略了自组织能力建设的重要性。通过审视这次疫情中暴露出的问题，痛中思痛，可以说能否全方位提升城市社区的自组织能力将决定着今后能否建成真正的城市韧性社区，进而决定着未来能否真正实现健康城市的梦想。

创立于 20 世纪 60 年代的自组织理论为城市社区的自组织能力提升提供了强大的理论支持与全新视角。自组织理论是一个由多种理论组成的理论群，这些理论虽然从不同的方面进行研究，但在本质上，都是在研究系统如何自我发展、自我演化的问题。包括控制论、耗散结构论、协同学、超循环理论、突变论、混沌论以及生命科学中的部分理论等。对于如何提升社区自组织能力而言，其中的耗散结构理论和协同学理论的指导最为直接。耗散结构理论主要研究一个系统从无序走向有序的机理、条件以及规律，探讨自组织过程的一般理论，是自组织的重要部分，主要解决自组织出现的条件问题，具体研究体系如何开放、开放的尺度、如何创造条件走向自组织等诸多问题。协同学理论认为系统由无序向有序转化的根本原因在于系统内各要素以某种特定方式所进行的协同作用，任何系统从无序到有序的转化都需要以协同为动力，揭示了系统自组织的内在动力机制，并提出竞争、协同、序参量、基核等重要概念，同时研究了他们之间相互作用的原理。简而言之，耗散结构理论是关于自组织的产生条件的理论，协同学理论是关于自组织的发展动力的理论。

基于耗散结构理论与协同学理论的视角审视我国城市社区建设的现状，可发现其韧性建设方面存在如下问题：在产生条件方面，既有城市社区的现状问题主要表现为社区系统的对外开放程度不足、他组织模式下系统发展的非线性功能受限两大问题；在发展动力方面，既有城市社区的现状问题主要表现为社区要素间协同作用不明显、公共空间的基核作用变弱、居民的韧性特征不明显、社区文化衰退等。究其原因，城市社区系统的开放程度不足，主要是因为社区内空间的对外开放程度不足和缺乏与外界交流的综合平台。系统非线性特征不明显，主要是由于传统的行政管理体制、社区中介组织力量薄弱、社区居民的参与能动性不足导致的社区居民对社区事务的参与

度低，未能形成系统要素间的错综复杂的网络关系。社区系统要素间协同作用不明显，是因为缺乏完善的多元主体参与机制，各主体没有参与途径和制度保障，最终导致主体间协同作用不明显。居民韧性特征不明显，是由于缺乏完善的韧性教育体系，对韧性的宣传和教育力度不足。社区文化衰退，主要是由社区空间类型、活动形式、活动主题单一以及社区文化建设维度狭窄和缺少地域特色文化的挖掘造成的。

基于此，建议从以下几方面着手提升我国城市社区的自组织能力。

1 基于耗散结构理论（自组织的产生条件），应提高系统开放性和非线性

1.1 增加城市社区系统的开放性

系统开放性包括物质空间方面的对外开放和平台制度方面的对外开放。物质空间方面是通过整合社区内线性空间（道路、河流、街旁绿地）将社区公共空间连成对内、对外闭合自如的空间系统，增强社区对外的开放程度；平台制度方面是建立综合信息服务平台，为社会力量、信息以及资金等的交流提供途径和制度保障，增加社区的对外开放程度。

1.2 强化城市社区系统的非线性特征

系统的非线性特征是由社区居民的广泛社区活动产生的，因此需通过转变政府职能和培育居民参与意识来培育社区系统的非线性特征。一是转变政府职能，将社区公共事务和公益事业的管

理权还给社区的主体——居民，促进居民参与社区事务；二是从对社区提供优质服务、丰富社区活动主题和形式、加大对社区社会组织的扶持力度等方面培育居民的参与意识，提高居民的社区参与程度，最终实现社区韧性的提升。

2 基于协同学理论（自组织的发展动力），应提高系统要素间的协同作用、培育空间基核、提升居民韧性特征以及加强社区文化建设

2.1 建立多元主体参与机制

通过建立完善的多主体参与机制，增强社区主体间的协同作用。应分化社区韧性建设的主体要素，通过构建以社区党组织为核心，以政府为依托，以社会力量为支撑，以群众为基础的"党、政、

社、群"多元主体的参与机制（图1）来为社区系统的自组织发展提供内在动力，从而促进城市社区的韧性建设。

2.2 培育社区空间基核

通过建设功能多样化的社区空间，实现对物质、能量、信息等资源的聚集，从而促进社区系统的有序发展。既有社区可在现有空间基础上通过更新老旧设施和增设多样化设施来提升空间的功能多样化；新建社区可在规划建设阶段赋予社区空间多种功能，培育社区空间基核，激发社区系统向有序发展，从而实现社区韧性提升。

2.3 提升居民韧性特征

居民作为社区系统发展的重要序参量，其韧性特征的培育会促进系统的韧性发展。居民的韧

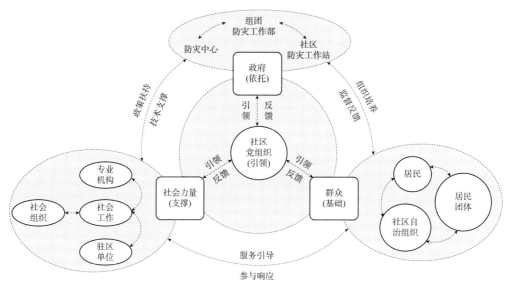

图1 党政社群关系示意
资料来源：作者自绘

性特征表现在两个方面：对韧性的认知程度、居民的自救技能掌握程度。通过健全健康韧性教育体系，对居民进行相关健康韧性知识的宣传与教育，提高居民对社区健康韧性的认知。另外，通过对各类型居民的健康韧性知识和相关自救技能的培训，包括一些应急演练、技能普及等，增强居民的风险意识、自救技能和熟悉自救通道。

2.4 加强社区文化建设

社区文化是社区系统发展的重要序参量之一，对社区系统的有序发展发挥着重要的指导作用。社区文化的建设需要从三个方面进行提升，一是充分挖掘和利用城市的地域特色，突出文化特色；二是提高社区空间和文化活动的多样性；三是拓宽社区文化建设维度。

孙　立　北京建筑大学建筑与城市规划学院教授，北京北建大规划设计研究院总规划师
孙美玲　浙江大学建筑设计研究院有限公司规划设计师

新冠肺炎疫情引发的健康治理思考

2020 年 3 月 1 日　　曹艳林

2019 年年末至 2020 年年初暴发的新型冠状病毒感染的肺炎疫情（简称"新冠肺炎疫情"）是我国继 2003 年非典疫情后的又一次重大公共卫生事件。这次新冠肺炎疫情传播速度快、感染范围广、防控难度大。新冠肺炎疫情蔓延以来，全国上下开展了一场史无前例的疫情阻击战。国家高度重视的同时，广大人民群众为了配合疫情防控工作，表现出了极大的克制与坚持。经过艰苦努力，目前疫情防控形势积极向好的态势正在拓展。中国的疫情防控工作也受到了包括世界卫生组织总干事谭德塞在内的多位世卫专家的充分肯定和高度赞扬。尽管受到世界卫生组织的充分肯定，但毕竟本次疫情已经给国家和人民带来了巨大损失。面对任何危机，人类都肩负两个同等重要的责任：解决当前的问题，防止问题再次发生。尽管疫情尚未结束，但并不妨碍我们就如何避免或者降低未来潜在的疫情风险的思考。

反思是人类进步的源泉。目前的关于新冠肺炎疫情引发的反思和思考主要集中在如何完善国家应急管理体系、国家疾病预防控制体系，完善野生动物保护，倡导文明健康的饮食习惯等。这些思考已经比较深入和广泛，甚至提出了系统化的建设性建议。这些反思和建议无疑具有非常积极的作用和意义，但既然反思，何妨反思更深入一点，更彻底一点，毕竟公共卫生事件应急体制与传染病预防控制机制只是一个国家健康管理体制的"冰山一角"。

对本次新型肺炎疫情反映出的我们国家在健康治理方面的一些短板、不足，以及相应的反思和建议，主要包括如下方面。

（1）对卫生健康工作的重要性认识仍不够，有待进一步提高。在我国每年的政府工作报告和许多重要政府文件中，几乎是惯例性地将卫生健康工作放在民生工作中予以阐述。但卫生健康工作既是社会民生问题，又不能局限在社会民生工作上。本次新冠肺炎疫情暴露出来的卫生健康工作的重要性就证明了这一点。通常情况下，卫生健康工作是涉及民生问题，但随着新发不明原因重大传染病的频发，基因科学技术快速发展，卫生健康问题又不再是单纯的民生问题，已经成为涉及国家生物安全和国家安全的战略问题，有必要跳出民生的思维框架思考卫生健康问题，给予卫生健康工作更高的重视。

（2）缺乏强大的卫生健康行政管理机构。强大的卫生健康行政管理机构是保障卫生健康各项政策目标和具体任务得以贯彻执行、落到实处的关键。在我国医药卫生体制改革过程中，一直强调三医联动，即医疗、医保、医药三方联动。多年的医药卫生体制改革和国家机构改革后，卫生健康行政管理部门就剩下"医疗"了，"医保"独立出来，由国务院直接管理，"医药"划归到市场监管部门。在基于民生的卫生健康工作思路下，这样的卫生健康行政管理机构还可以承担起担负的公共职责，但在面对突发重大传染病疫情和生物安全危机时，这样的卫生健康行政管理机构设置就显得力不从心，权力与责任之间的匹配度就不太相吻合，难以承担相应的行政管理职责。因此，有必要借鉴美国卫生与人类福利部、日本厚生劳动省的机构设置经验，组建职能更全面、功能更强大的卫生健康行政管理机构。最好的三医联动就是三医归一个国家行政管理机构管理。

（3）公共卫生在不知不觉中被弱化或忽视。2009年，中共中央、国务院发布医药卫生体制改革意见，当时的基本框架是"四梁八柱"，尤其是四梁，概括了医药卫生体制改革的主要方面，即公共卫生、医疗服务、医疗保障、药品供应四个方面，但在后来的改革过程中，逐渐演化成三医联动，而公共卫生在不知不觉中被弱化或忽视。但公共卫生是所有卫生健康工作的前哨和基础，它不仅是卫生健康的工作内容，更涉及生物安全和国家安全。对公共卫生重要性的重视不足，对公共卫生的弱化或忽视，可能会导致一场重大突发公共卫生事件。因此，建议像重视国家安全一样重视公共卫生，建立现代化的疾病预防控制体系。

（4）专业机构和专业人士作用发挥不够，有待加强。在卫生健康治理中，管理体制和管理机制固然重要，但专业机构和专业人士的作用发挥也必不可少。人类在与疾病、自然灾害打交道的过程中，科学家、医生、流行病学专家等专业人士的作用必不可缺。在某一个关键时刻或某一个特定情形下，医生、公共卫生专家、医学科学家等作出的专业判断对整个事件的发生、发展及预后起到关键作用。如何通过行业自律管理，使专业机构和专业人士积极发挥作用，同时，通过相应的法律制度，尊重专业机构和专业人士的意见，保障独立性和尊严，也是卫生健康治理的重要方面。

（5）公众的参与和社会组织的作用发挥也很关键。卫生健康治理关系到所有人的生命安全和身体健康，所有人都是重大疫情防控的客体，也是疫情防控的主体。没有广大人民群众的参与，没有广大社会组织的积极参与和奉献，要想打赢疫情阻击战将难以实现。当然，广泛的民众动员和社会组织的积极参与也跟治理的理念和原则是高度契合的，也是健康治理的应有之义。

曹艳林　中国医学科学院医学信息研究所研究员，中国卫生法学会常务理事、学术委员会副主任

从"武汉方舱医院"看城市大空间公共建筑的建筑设计防疫预案

2020 年 3 月 5 日　　龙　灏

2020 这个庚子鼠年的春节，注定将会是当代中国人无法抹去的特殊记忆。

武汉市从疫情初起、大量病患投医无门，到启动建设"火神山""雷神山"两个应急医院，再到紧急将一批博览中心、会展中心、体育馆、仓储物流园、空置工业厂房等改造成为收治病人的"方舱医院"[1]，种种"临时医院"的应急建设可谓一波接着一波。其中,本次疫情中横空出世的"武汉方舱医院"作为一种新的应急医院形式引起了建筑界的共同关注，不仅有其他疫情紧张的城市也启动了类似建设，不少省市还紧急出台了如《公共卫生事件下体育馆应急改造为临时医疗中心设计指南》[2]这样的专业性规程。

客观说，现代城市中的大型大空间公共建筑在自然灾害之后被用作救灾避难临时收容空间在全世界范围内都是通行的做法，这些大空间建筑主要能提供给受灾民众在家园尽毁之后一个可以遮风避雨的临时居住空间。例如，在地震、海啸等自然灾害频发的日本，各级各类体育馆建筑历来都是灾害发生前后政府给受到影响的民众提供

的临时救助中心，既有提供临时性很强的纯收容性居住的（图 1），也有能照顾到大量不同家庭、男女老幼皆有的居民隐私需求、可能需要持续一段时间而带有一些简易分隔的（图 2）。

然而，传染病疫情对建筑空间的需求大大不同于一般自然灾害之后民众对空间的功能需要，与本次新冠疫情中需要作为传染病医院的功能需求相比，传统意义上只是提供临时居住的城市普通大型大空间建筑在疫情来临时显然并没有在建筑专业上为此做好准备，主要问题是在以下几个

图 1　提供临时庇护的大空间
图片来源：http://news.163.com/photoview/00AO0001/2296195.html#p=DR5K888000AO0001NOS.

方面实际上达不到一个合格的传染病医院、特别是烈性呼吸道传染病医院的标准；

首先，传染病医院有着严谨的医疗流程需求。

对所有的传染病治疗来说，"隔离"是第一要务，对呼吸道传染病尤其重要，可谓"铁律"。早在20世纪初我国第一场通过现代医学手段扑灭的大规模疫情——1910~1911年冬季哈尔滨肺鼠疫疫情中，后来的中华医学会创始人和创会会长、英国剑桥大学医学博士伍连德去到哈尔滨的第一个动作就是设置隔离医院将传染源隔断（图3）[3]。

图2 带分隔的体育馆内部
图片来源：http：//news.sohu.com/20110408/n280178023.shtml.

图3 1910东北鼠疫中的疑似病院
图片来源：参考文献[3]

发展到当代的传染病医院，我国国家标准《传染病医院建筑设计规范》GB 50849—2014[4]"总则"就明确指出："传染病医院的建筑设计，应遵照控制传染源、切断传染链、隔离易感人群的基本原则。"在面对烈性呼吸道传染病时，必须将病区严格区分为清洁区、半污染区和污染区等三区，洁污物品及医护人员通道、病患通道要划分隔离，病房则以少人间为最佳，即使在集中ICU中也应采用隔离负压单间模式对病患进行隔离。这些在几部国家相关标准中均有原则性的明确规定。

其次，传染病医院有着严苛的专业设备要求。

传染病医院的建筑设备在各方面均有严格的流程流向要求和设计标准。例如，设计规范的强制性条文就要求"传染病医院内清洁区、半污染区、污染区的机械送、排风系统应按区域独立设置"，对呼吸道传染病区还有专门的5条通风设备设置要求；其他设备专业方面如给水排水、医用气体等各方面则有如必须"采用雨污分流制"，"污废水应与非病区污废水分流排放"，"呼吸道发热门（急）诊内应设独立卫生间，排水管及通气管不宜与其他区域的管道连接，排水管应单独排出"，"负压吸引泵站排放的气体应进行处理后再排入大气。负压吸引泵站的废液应集中收集并经过处理后再排放"等多项专业性极强的要求。

最后，传染病医院有着严格的末端消杀标准。

仅以污废水来说，国家标准要求呼吸道传染病区卫生间"排水管及通气管不宜与其他区域的管道连接，排水管应单独排出"，"地漏要采用带过滤网的无水封地漏加存水弯"，"大便器选用冲洗效果好、污物不易黏附在便槽内且回流少的器具"，"严重传染病区宜将通气管中废气集中收集进行处理"，甚至"空调冷凝水应集中收集并应排入污水处理站处理"，更不要说传染性医疗废物的处理了。

从以上传染病医院特别是针对呼吸道传染病治疗的基本建筑要求来看，临时应急改造出来的"武汉方舱医院"虽然按传染病医院的分区模式有一定的隔离分区，但仓促间在大空间建筑中采用的是 20 世纪初南丁格尔病房的超大病区设计（图 4）。通间大病房没有隔离、新发传染病如新冠肺炎的患者是否会互相影响在发病机制上并不清楚，显然存在隐患；医护工作区域在"武汉方舱医院"中使用的大都是体育馆、博览中心的行政办公或运动员休息候场等区域，具体使用中的各空间尺度和流线关系也不易符合较好的医疗流程需求。而这些大空间公共建筑在设计之初从未想到有如此规模的传染病患者 24 小时常驻，建筑设备方面其实更加不可能满足相关要求，洗漱、洗浴、厕所等临时搭建的卫生设施在诸多方面亦有数量不够、使用不便的问题（图 5）。让患者在自由走动间也增加了病情发展的不确定因素。

因此，在正规医院早已不堪重负、根本没有收治能力的情况下，"武汉方舱医院"扩大了武汉市开设传染病病床总数、满足全部收治确诊病患并将其与健康人群隔离开来的需求、一定程度上解决了"应收尽收"的问题，但作为权宜之计，在没有预案、匆忙中实施所产生的建筑学问题在"技术上"没有造成新的大规模"灾难"实属万幸。建筑界不应因为"武汉方舱医院"似乎解决了问

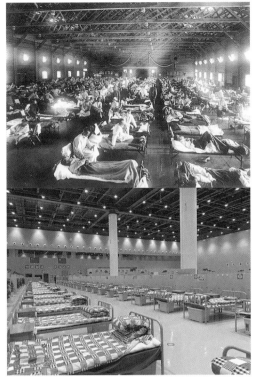

图 4 "一战"末期西班牙流感疫情中的美军战地医院与武汉某方舱医院
图片来源：北京建筑大学建筑系郝晓赛副教授和中南建筑设计院股份有限公司程文楷先生提供

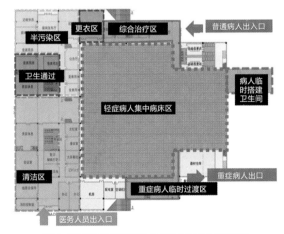

图 5 临时搭建厕所在室外的某体育馆方舱医院平面
图片来源：https://mp.weixin.qq.com/s/s8QpKWL4q2JzsYHP23KeKg.

题而放弃自己的专业责任，应该思考如果未来还要面对疫情需求而做改造的时候，城市的大型大空间建筑应该在正常的建设阶段做出何种技术处理以适合应急改造建设。

这里，恐怕还是首先要明确"方舱医院"是什么！

"方舱医院"是拥有成套医疗设备、良好作业环境、多种医疗功能单元的可移动特殊集装箱的总称，多见于军队野战装备（图6），江苏省建设厅发布的设计指南中使用的名称从学术上看却是定位十分准确。大空间公共建筑改造成为应急医院时，对空间、设备要求较高的医技设备部分在这些场所外围空地使用正规方舱医院进行临时搭建却不失为一个可行之策。在此基础上，未来面对疫情可改造为应急医院的城市大空间公共建筑的规划和建筑设计可在以下几个方面进行努力：

第一，规划用地指标与选址布局。用地指标方面应考虑满足应急医院搭建方舱医技部分的用地需求。考虑到应急医院主要应对量大而病轻的情况，建设选址应相对靠近专业传染病医院，以

图6　野战方舱医院示意
图片来源：http://www.chinapinxing.com/cn/products-detail.
php?ProId=203.

便应急医院中出现的重症病人及时转诊。具体布局设计中应考虑方便方舱医技的布设及其与实体建筑转换成医院功能之后的医疗流线关系，同时相应场地中应考虑与标准化的医疗方舱及搭建方式相匹配的各种能源、通信、给水排水等设备接口位置。例如，在本次新冠肺炎疫情中有20支方舱医疗车队、3个移动P3实验室、133台车辆设置于武汉各"方舱医院"外围开展影像、检验、PCR检测等医技检查服务[5]，未来若有预案显然将更加高效。

第二，建筑设计的空间转换设计。会展中心、体育馆等大空间建筑毕竟只是为短时、聚集性人流使用而建造的建筑，作为应急医院、特别是呼吸道传染病医院使用时，在传染病医院所需的"三区两通道"功能分区方面如何做到"平战转换"应当是建筑设计可以认真研究并提出解决方案的：一方面是一般意义上"内部使用"的行政办公、运动员候场、休息等区域如何不进行"拆墙打洞"而自然转换成医疗的功能区并同时实现与室外临时搭建的医技方舱及室内病区双向合理联系；另一方面是利用大空间临时搭建的病区如何实现传染病治疗所应有的"内部隔离功能"并能合理利用原本应对博览会、体育赛事的大量人流而数量足够的洗浴、卫生间等。后者至少已有建筑师提出了颇有价值的设想[6]（图7），类似的设计未来应可结合国家政策及厂商进行生产储备。

第三，各种设备的技术转换储备。如上文所述，传染病医院对建筑设备方面有很高的技术要求，而普通的城市大空间公共建筑的设备实际上并不支持这些要求。因此，应研究和开发未来面

图7　大空间中快速搭建的"小隔离"设想
图片来源：伍敬先生设计并提供

对应急医院转换需求的设备系统和产品，特别是能满足在传统大空间的空调通风与传染病医院各区域的不同需求特别是病房的隔离负压需求之间的转换、普通污水与传染病污水排水设施之间的转换等方面的设备设施及其系统。这样的设备系统安装在项目立项建设时就有针对传染病疫情改造可能的相关项目中，才能以有备无患之态面对未来的可能性。

　　作为一个以医疗建筑研究与设计为主要工作内容的专业人员，新冠肺炎疫情暴发以来，虽然禁足在家，但一直以感佩但冷静的态度关注着业界同仁在"抗疫"中的各种行动，每每在网上与同行们讨论起来总是"虽不能至而心向往之"。禁足不等于禁思，本文主要针对武汉"情急之下"利用大型大空间公共建筑改造而来的"武汉方舱医院"在实施中所带来的相关技术问题，对"城市大空间公共建筑的建筑设计防疫预案"进行了一些不成熟的探讨和建议，某些网络信息也不一定准确可靠。不周之处，希望同行们可以在疫情过后共同进行更加深入的探讨和研究。

注释

[1] 国家卫生健康委医政医管局. 方舱医院工作手册(第三版)[OL]. 微信公众号"中国医院建筑与装备"推文，2020-02-24.

[2] 江苏正式发布《公共卫生事件下体育馆应急改造为临时医疗中心设计指南》[OL]. 微信公众号"建筑创意空间"推文，2020-02-27.

[3] 伍连德与中国现代第一场防疫战 [OL]. 微信公众号"伍连德公益基金会"推文，2020-2-12.

[4] 中华人民共和国住房和城乡建设部国家质量监督检验检疫总局联合发布国家标准《传染病医院建筑设计规范》GB 50849—2014，2015 年 5 月起日实施。

[5] 田晓航，樊曦. 国家卫健委：方舱医院收治的都是确诊的轻症患者 [OL]. 腾讯网：https://new.qq.com/omn/20200207/20200207A0N7SV00.html.

[6] 方舱医院内"替换零件"之"负压隔离胶囊"设计 [OL]. 微信公众号"AAAPLUS"推文，2020-02-26.

龙　灏　重庆大学建筑城规学院建筑系主任、教授、博士生导师，重庆大学医疗与住居建筑研究所、所长、山地城镇建设与新技术教育部重点实验室研究员，中国城市科学研究会健康城市专业委员会副主任委员，中国建筑学会建筑师分会医院建筑专业委员会副主任委员

基于健康促进理念的城市设计思考

2020 年 3 月 10 日   张春阳

新冠肺炎疫情，使人深刻感受到健康的宝贵。个体健康受到遗传、环境、生活方式等因素的共同作用，而公共健康涉及社会全体成员的个人健康问题，是通过良好的公共环境予以保障，城市与人的健康息息相关。以下从健康促进角度，思考城市设计关注点，以期将公众健康问题落实于城市空间设计策略之中。

1 完善的公共开敞空间体系与紧凑城市建设有机结合

由绿地公园组成的公共开敞空间体系是城市自然生态系统的重要组成部分，是居民强身健体的重要场所，也可成为应对城市突发事件的应急空间，是健康城市建设的重要内容。但是，我国人口众多，土地资源有限，因此，促进健康城市建设应继续坚持紧凑城市的建设理念，抑制城市化过程中城市空间的无序蔓延，提高土地利用效率。紧凑不是无序的拥挤；适当的高密度，也不等于一定要建设高层或超高层建筑，尤其是高层

居住建筑，存在不利于消防、应急、邻里交往等诸多负面问题，不应提倡。坚持紧凑集约化建设的目的是通过建筑形式与空间形态的精细化设计，保证合理的开发强度，节约用地，以便留有充足的空间，完善公园绿地的系统建设，保证更多的绿化休闲空间，满足居民健康生活方式的需求。公园绿地系统与紧凑集约化城市建设有机结合，大"密"之后，才有大"疏"，城市空间也得以呈现疏密有致的有机形态。

2 建立与健康促进设施有机结合的城市单元

建立与医疗设施、体育休闲设施等健康促进设施有机结合的城市单元，增强健康促进设施的可达性，并分层级融入社区居民生活中，在平时可满足居民健康活动需求，出现突发公共事件时，医疗设施、体育休闲设施等有机配合，体育设施等公共建筑可提供弹性的应急救助空间，增强城市对突发事件的韧性应对能力。新加坡依托医疗服务设施建立区域健康城的模式，值得借

鉴。新加坡的三级医疗服务体系由基层医疗、综合医疗及中长期护理共同构成，三者在明确分工的基础上紧密协作，构成新加坡的连续护理体系，并依托六大公立综合医院在全国形成六大区域健康城。新加坡医院的规划设计注重与所在社区的融合互动，医院周边多为商业中心、酒店及写字楼等组成多层次商业体，并与地铁等公共交通紧密相连，为居民的日常生活提供方便。此次"佛系抗疫"较为成功的新加坡，其软硬实力不容小觑，除了新加坡的病毒检测能力和严格的防疫管控措施，新加坡的医疗服务体系与医疗设施布局也值得称道。医疗健康城内以公立综合医院、社区医院及国立专科中心作为核心，联合家庭诊所、社区诊所及居家护理、疗养院等基层医疗护理设施，紧密协作，共同预防、诊断、治疗疾病，其中家庭诊所与社区医疗更是医疗资源的平稳运行的保证。尤其在疫情期间，据医师报震谷子文述："新加坡卫生部激活了超过800间的公共卫生防备诊所（PHPC），类似中国的发热门诊，专门为患有呼吸道疾病症状的患者提供治疗"，新加坡在疫情暴发前期没有停工停学，目前，所有病人都能入院接受治疗，疫情始终处于可控范围内。

3　适宜的街区尺度与用地功能混合

自1986年，世界卫生组织（WHO）设立"健康城市工程"项目，到2002年美国启动的"设计下的积极生活"计划，都表明了规划与设计在公共健康问题上的重要性。"积极生活"是一种把体力活动整合到日常生活的方式，人们可以通过步行、骑车通勤、休闲娱乐等活动方式，增加运动量，达到强身健体与健康促进的目的。适宜的街区尺度与用地功能混合在促进积极生活的过程中发挥重要的作用。街区是被城市街道或自然界线（如河流）围绕的最小区域，从适于步行、富于活力的城市空间营造角度，街区平面构成尺寸是街区尺度的主要影响因素。"适宜"街区尺度，相对于以柯布为代表的现代城市理念下，以汽车为主要标尺的"大"街区而言，表达的是街区平面尺寸的"小"。小尺度街区意味着较高的街道密度，适于步行，能提高行人的步行意愿，并提供更多的街道空间承载更多样的积极生活。街区规模因较小，方便组织交通，提高可穿越性，亦利于城市通风，多个小尺度街区便于弹性组合，形成城市管理单元，是一种可持续发展的街区模式。

西方学者研究，居民的步行、骑行活动与土地混合度有关，土地混合度高的区域居民的步行、骑行的频率亦高。用地功能混合，使得慢行交通出行就可满足人们日常生活需求，多样性的功能混合亦有利于营造有活力的健康生活。

4　完善的慢行交通系统与人性化的街道空间设计

行交通是指把步行、骑行、轮滑等慢速移动作为出行的交通方式，也被称为积极交通方式。相对于私家汽车，慢行交通方式更加环保，有利于个体健康的促进。所以，应该从城市整体层面完善慢行交通系统的建设，为市民提供安全、连续、舒适的慢行交通空间，通过优化步行、骑行环境，鼓励市民采取积极的交通方式出行。

街道是城市中重要的公共空间，也是慢行交通系统的重要组成部分，城市建设要回归以人为本的街道设计理念，增加对步行、自行车和街道生活的关注，将人的需求放在街道设计的首要位置，通过精细化和人性化的设计方法，提高街道环境的安全性和舒适性，使其更适宜步行等积极交通的出行方式。

满足居民的健康生活方式需求，以人为本地设计城市空间，是城市设计的基本原则。城市设计涉及内容广泛，不仅研究空间形态，与空间关联的内容都在其研究的范畴之内。本文旨在抛砖引玉，以期从城市设计角度关注公共健康议题，倡导促进健康、积极的生活方式，建设可持续发展的健康城市。

参考文献
[1] 张春阳，吕俊.新加坡医疗建筑特色浅析 [J].世界建筑，2019（06）：102–105.
[2] 张春阳，谢凯.基于"窄路密网"规划模式的城市设计优化探讨 [J].城市建筑，2017（04）：114–117.
[3] 张春阳.以城市设计改善和提升城市空间质量 [J].南方建筑，2012（04）：20–24.
[4] 张梦雨.基于健康促进理念的城市积极交通模式与街道设计研究 [D].广州：华南理工大学，2017.

张春阳　华南理工大学建筑学院教授、博士生导师，国家一级注册建筑师，注册规划师，中国建筑学会建筑改造和城市更新专业委员会常务理事，中国城市科学研究会健康城市专业委员会委员

零售商业中心、出行方式管理与线下娱购生活圈

—— 从人员群聚密度看城市线下商业空间结构组织

2020 年 3 月 15 日　　单卓然　袁　满　黄亚平

城市线下商业空间兼具内需释放和促进消费的性质。网络电商冲击倒逼实体店铺业态转型，但截至 2018 年底，实物商品网络零售额仍占社会消费品零售总额的 18.4%。实体店消费仍在短期内占有不可忽视的分量。

零售商业中心是线下商业活动的重要载体。当代大城市的零售商业中心，服务远超实体商购，融合了社交、就业、亲子、办公、教育、餐饮等活动（Irazabal C，et al，2007），并主动拥抱互联网（Weltevreden J W J，et al，2006）。它们是居民走出社区，释放线下购物及娱乐休闲内需的高人气场所。

高人气暗示人潮拥挤的可能。"局地人员群聚密度"在疫情防控期间受到了高度关注，被公认为健康人居环境建设的一项重要指标。现行商业空间专项布局实践，普遍遵循"等级体系""人气汇聚""放管难控""一站服务""经验半径""中心显见"等原则，较少考虑城市中宏观线下商业空间组织结构对局地人员群聚密度的影响。

1　市区级零售商业中心格局干预

飞沫、密切接触及密闭空间气溶胶是新冠肺炎病毒传播的重要机制（中华预防医学会新型冠状病毒肺炎防控专家组，2020；Li Q，et al，2020），市区级零售商业中心，相较社区网点，高峰时段人流量数十倍增长（黄扬超，2016），室内封闭的建筑体量更大。此外，部分城市正推广公共服务与零售商业"强强联合"，此举将进一步推高局域群聚强度。由此，市区级商业中心不仅诱致了限行前病毒在市内人际传播的部分数字基础，更应该被定位成复工后短期内的重点防控地区。

基于手机信令大数据，我们发现了武汉市现存的多个市区级零售交易区（使用 2019 年 9 月数据）。交易区普遍交叠渗透，且面积极不均衡。单个交易区面积、辅以武汉市人口密度的区位分布特点（单卓然，黄亚平，等，2015），可推测线下娱购人群在不同零售商业中心的聚集强度，亦近似复工后的风险防控系数。依据 Reilly 定律、Converse 和 Huff 法则，交易区面积与市区级

零售商业中心的分布格局密切相关（Reilly W J, 1929；Converse P D, 1949；Huff D L, 1964）。武汉零售商业中心分布，有多中心骨架，未成去中心化态势。服务疏散滞后于用地扩展，"主城"据"主流"。副城或新城组群的人口增长，短期内仍将反过来加剧主城零售商业中心的人流群聚强度。

因此，我们建议：且看当下，降低复工后的线下娱购群聚性及其诱致的扩散风险，要求对上述武汉市零售商业中心（也包括未被官方定义的类零售商业中心）实施"错峰限时运营""分区渐进解除""商家分领域异化复产"等措施。若放眼长期，降低群聚性及不确定公共卫生事件人际传播规模，部分地指向了对市区级零售商业中心格局的常态化干预，部分地指向了对公共服务与商业服务的谨慎聚合。

2　出行方式管理

通过行政手段，对非抗疫人员和特殊人员施行"限制出门""停运公交地铁""禁行私家车""禁行电动车/自行车"等政策，武汉市实施了最严格的个人出行管制。限管出行方式，虽然暂时"一刀切"地抑制了武汉市居民的线下娱购外出行为。但背后的抑制机制，实因出行方式而分异。

我们抽样调查了武汉市1179个社区（使用2019年1月数据），清理出11194条基于出行方式的有效样本，耦合线下娱购的日用品、服装配饰、蔬菜生鲜、娱乐休闲四种类型（图1），利用MNL模型发现了四种限管抑制模式。①限制步行，

抑制最多的是武汉男性的潜在线下娱购外出，以及武汉人购买"蔬菜生鲜"和"服装配饰"的潜在外出。②公交地铁停运，抑制最多的是武汉小初高学生的潜在线下娱购外出，以及武汉人购买"日用品"的潜在外出。③私家车禁行，抑制最多的是武汉18~59岁中青年人及月收入3300~5700元居民的潜在线下娱购外出行为。④自行车和电动车禁行，抑制最多的是月收入小于3300元的武汉市居民潜在线下娱购外出行为。

解除出行管制，将是抗疫胜利后武汉市面临的重大战略决策。由此，我们建议：武汉市应充分考量不同出行方式导向的娱购需求概率和群聚接触风险，对出行方式管理和商业网点运营，实施协同渐进式管制解除，以保障有限度的"社交疏远"。典型如：①依赖社区步行的娱购外出应优先解除。商业网点密集地区应考虑娱购时间限定。②动用网格管理，提前摸底日用品需求类型及数量，临时下沉至社区生活圈商业网点。③谨慎恢复公共交通运行，协同渐进开放市区级零售商业中心。④将电动车或自行车作为中短距离出行方式的替代方案。解封后短期内，行政力量有必要继续介入居民出行方式管理。

3　城市线下娱购生活圈空间组织

市区级零售商业中心格局干预，耦合居民出行方式管理，构成了城市线下娱购生活圈功能空间组织的重要内容。这种线下娱购生活圈，与近来受到广泛关注的15分钟社区生活圈相比，覆盖人口更多、地理范围更大，服务品类及多样

日用品类出行方式结构

8.13%
13.03%
5.16%
73.68%

■ 步行　■ 自行车与电动车　■ 公交车与地铁/轻轨　■ 小汽车

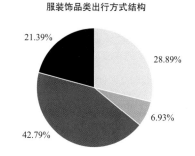

服装饰品类出行方式结构

21.39%
28.89%
6.93%
42.79%

■ 步行　■ 自行车与电动车　■ 公交车与地铁/轻轨　■ 小汽车

蔬菜生鲜类出行方式结构

6.13%
10.92%
4.79%
78.16%

■ 步行　■ 自行车与电动车　■ 公交车与地铁/轻轨　■ 小汽车

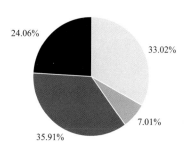

休闲娱乐类出行方式结构

24.06%
33.02%
7.01%
35.91%

■ 步行　■ 自行车与电动车　■ 公交车与地铁/轻轨　■ 小汽车

图 1　武汉市居民线下娱购活动类型与出行方式结构的比例测算

性更强，面向了相当一部分社区无力回应的居民大概率、经常性日常活动，对应的是城市内部的中观次结构和次级区域（单卓然，黄亚平，2019）。

城市线下娱购生活圈，是构成城市生活圈系统的重要组件，与城市通勤圈、城市文教圈等，均是特定活动类型导向的城市生活圈。圈域的中心是城市的市区级零售商业中心，圈域的地理范围受到市场零售区运行模型、居民选择模型、交通与土地利用模型的综合作用。

在中国大城市内部居民人口密度不发生系统性改变的情况下，有效降低市区级零售商业中心人员密度（无论复工后短期管制，还是长期调控），与增加居民就近娱购概率，优化居民健康出行方式，可以形成政策"组合拳"。它们有共同指向：建构一套数量扩充且均衡疏散的城市线下娱购次区域生活圈系统。疫情过后，行政与技术力量的介入，可落脚在城市生活圈规划中（柴彦威，李春江，2019）。我们认为，线下娱购生活圈应作为城市生活圈的重要抓手，辅以零售市场、行为地理及交通评估研究，协同优化城市线下商业空间专项布局。

感谢团队研究生贺晨静、林卉、朱鸣洲的协助。

参考文献

[1] Irazabal C, Chakravarty S. Entertainment-Retail Centres in Hong Kong and Los Angeles：Trends and Lessons[J]. International Planning Studies, 2007, 12（3）：241-271.

[2] Weltevreden J W J, Atzema O A L C. Cyberspace meets high street：Adoption of click-and-mortar strategies by retail outlets in city centers[J]. Urban Geography, 2006, 27（7）：628-650.

[3] 中华预防医学会新型冠状病毒肺炎防控专家组.新型冠状病毒肺炎流行病学特征的最新认识[J/OL].中华流行病学杂志，2020，41.[2020-02-14].http：//rs.yiigle.com/yufabiao/1181136.htm.DOI：10.3760/cma.j.[网络预发表].

[4] Li Q, Guan X, Wu P, et al. Early transmission dynamics in Wuhan, China, of novel coronavirus - infected pneumonia[J].The New England Journal of Medicine. [2020-01-29]. https：//www.nejm.org/doi/full/10.1056/NEJMoa2001316#article_citing_articles.DOI：10.1056/NEJMoa2001316.[网络预发表].

[5] 黄扬超.西单商业区人群聚集风险预测[D].北京：首都经济贸易大学，2016.

[6] 单卓然，黄亚平，张衔春.中部典型特大城市人口密度空间分布格局——以武汉为例[J].经济地理，2015（9）：33-39.

[7] Reilly W J. Methods for the study of retail relationships[D]. Austin：The University of Texas, 1929.

[8] Converse P D. New laws of retail gravitation[J]. Journal of Marketing, 1949, 14（3）：379-384.

[9] Huff D L. A probabilistic analysis of shopping center trade areas[J]. Land economics, 1963, 39（1）：81-90.

[10] 单卓然，黄亚平.大城市"次区域生活圈"建构标准及空间组织优化策略[M].北京：中国建筑工业出版社，2019.

[11] 柴彦威，李春江.城市生活圈规划：从研究到实践[J].城市规划，2019，43（5）：9-16，60.

单卓然　华中科技大学建筑与城市规划学院副教授，美国华盛顿大学访问学者，湖北省城镇化工程技术研究中心副研究员
袁　满　华中科技大学建筑与城市规划学院讲师，美国北卡罗莱纳大学教堂山分校访问学者
黄亚平　华中科技大学建筑与城市规划学院院长、教授、博士生导师

关于疫情引发的对城市医疗床位优化配置的思考

2020 年 3 月 16 日　陈晓夕　王展弘　向守乾

引言

2020 新年伊始，新型冠状病毒肺炎（后文简称"新冠肺炎"）疫情暴发，在全中国乃至全球蔓延。新冠肺炎被专家认为是一次重大的公共卫生事件，全社会投入大量资源应对。期间，武汉封城，湖北严禁出入，全国大小企事业单位、学校等延期复工复产，全社会的生产、生活活动基本处于最小幅度的活动状态。很多中小企业因无法正常开工而面临经济困境。

如何更好地治理这一突发公共卫生事件并从中汲取教训是我们每个人正在思索的问题，规划师也不例外。于是，规划界精英学者们从宏观到微观，纷纷从不同层面和视角研究与思考：在空间规划中如何提高城乡与居民的免疫力[1]；如何将健康融入空间规划和城乡治理公共政策[2]；如何提高社区治理抗疫能力，建设智慧社区[3]；针对湖北黄石市政府为避免疫情积聚性扩散而全面开放"马路市场"这一做法，讨论疫情之后，"马路市场"作为曾不被"生活圈"规划所登记的

"特殊生活圈"，去留是否将持续挑战着地方政府公共空间治理能力[4]。而当前少有学者从医疗行业的床位配置角度研讨规划行业问题。本文将从医疗床位配置角度切入，反思当前中国医疗床位配置存在的问题，提出优化医疗床位资源配置的建议。

1 武汉医疗设施资源在全国处于上等水平，但面对疫情暴发仍然捉襟见肘

1.1 武汉市医疗床位资源配置全国处于上游水平

根据《2018 年武汉市卫生健康事业发展简报》统计，2018 年，武汉全市医院 398 个。其中，三级甲等医院 27 个（含部队医院），每百万人拥有三甲医院 2.44 个。武汉每百万人拥有三甲医院数量，仅次于北京。2018 年，武汉全市医疗卫生机构床位数 9.53 万张，全市每千人口床位数为 8.60 张/千人。在统计的 19 个一线和新一线城市中，郑州市每千人床位数最高，为 9.69 张/千人，武

汉低于郑州、长沙和昆明，全国排名第四。

1.2 非疫情暴发期间，武汉市医院床位供应依然紧张

根据《2018年武汉市卫生健康事业发展简报》统计，武汉市2017和2018年医疗卫生机构病床使用率分别为88.04%和88.90%。其中，医院病床使用率为92.34%和94.22%（含一级、二级和三级综合医院、妇幼保健医院、各类专科医院等）；基层医疗卫生机构病床使用率相对较低，社区卫生服务机构为39.99%，卫生院为63.02%。

根据《三级综合医院医疗服务能力指南》（2016年）规定：三级综合医院年平均床位使用率需在93%~97%之间。《二级医院医疗服务能力标准》（2014年）规定：二级综合医院年平均床位使用率需在85%~90%之间。武汉市全市医院平均病床使用率达到三级医院的标准水平。

在国际上，不同国家对床位使用率要求不同。美国和德国提出控制医院床位使用率的下限，以保证提高资源利用效率。美国国家卫生计划指导方针规定综合医院最低平均床位使用率为80%，产科医院最低床位使用率为75%[5]；德国要求床位使用率必须达到85%以上。日本提出了综合医院平均床位使用率要求为80%~90%之间[6]。

由此可见，非疫情期间，武汉全社会的医院床位资源供应也是非常吃紧的。而疫情暴发期间，武汉市共有42家定点医院投入使用，包括新建的火神山、雷神山医院，可提供床位约1.7万张。但面对暴发期，高峰时段对近4万名确诊患者，医院隔离床位仍无法满足患者需求。

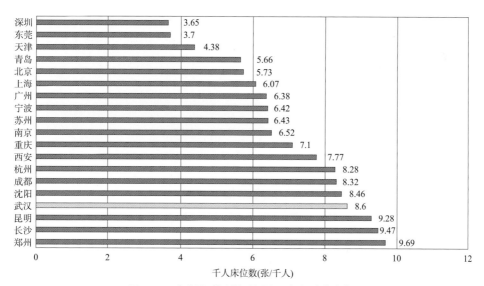

图1 2018年全国一线和新一线城市医院千人床位统计图

数据说明：中国一线城市包括"北上广深"。《第一财经周刊》评选，新一线城市包括成都、杭州、重庆、武汉、西安、苏州、天津、南京、长沙、郑州、东莞、青岛、沈阳、宁波、昆明。以下同此。

数据来源：《中国统计年鉴2019》、各城市"2019年统计年鉴"、各城市统计局"2018年国民经济和社会发展统计公报"

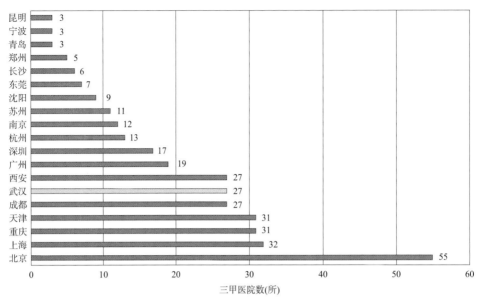

图2　全国一线和新一线城市三甲医院数量统计表

数据说明：图表中北京、上海、重庆、天津、成都、武汉、西安、深圳、苏州为2018年数据，其他城市为2017年数据。

数据来源：国家卫健委统计数据、各省市卫健委统计数据、各城市2018年"卫生健康事业发展统计公报"

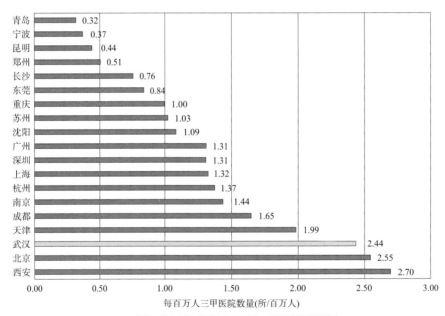

图3　全国一线和新一线城市每百万人三甲医院数量统计表

数据说明：图表中北京、上海、重庆、天津、成都、武汉、西安、深圳、苏州为2018年数据，其他城市为2017年数据。

数据来源：国家卫健委统计数据、各省市卫健委统计数据、各城市2018年"卫生健康事业发展统计公报"

2 当前中国城市医疗床位资源配置存在一定局限性

2.1 世界各国千人床位呈倒"U"形变化趋势

世界银行数据库（http：//data.worldbank.org.cn/frontpag）统计了1960~2015年间248个国家的医疗卫生机构千人床位数据。总体来看，世界各国因经济发展水平各异，医院千人床位数据差距较大。据统计，高收入国家平均千人床位数为5.75张/千人（2005年），低收入国家平均千人床位数为1.15张/千人（2006年），差距悬殊。其中，千人床位数最高的国家是日本，为14.1张/千人，最低的国家是孟加拉国、几内亚、马达加斯加、马里和尼日尔等，为0.3张/千人。

从中选取统计数据相对完整的23个高收入国家千人床位数进行分析，包括西班牙、丹麦、荷兰、澳大利亚、美国、奥地利、加拿大、新加坡、爱尔兰、比利时、冰岛、德国、法国、芬兰、卢森堡、摩纳哥、挪威、日本、瑞典、瑞士、新西兰、意大利、英国，探寻高收入国家的千人床位变化趋势。

根据数据分析判断，各国千人床位数出现由升到降的变化趋势，20世纪80~90年代左右达到峰值。在峰值点，23个国家千人床位数峰值的平均值为10.97张/千人。23个国家中，17个国家千人床位数峰值超过8张/千人，其中12个国家千人床位数峰值超过10张/千人。摩纳哥最高，1992年达到21.68张/千人，瑞士次之，1991年达到19.9张/千人。2000年以后，多数国家的床位数均不超过10张/千人，总体已趋于平稳。但不同国家医疗体制、就医习惯等相差较大，千人床位数的差别也较大。

以丹麦、澳大利亚、法国和意大利为例，分别在1976年、1980年千人床位数达到最高值，分别为8.6张/千人、12.3张/千人、11.1张/千人和10.6张/千人。20世纪80年代处于高位平稳状态，后逐渐下降，并在21世纪后保持相对平稳。

总体来看，高收入国家千人床位数呈现"先增长后逐渐降低"的倒"U"形变化趋势。20世纪60年代，各国随着社会经济发展水平逐渐提高，社会医疗卫生资源的投资不断增加，社会床位随之增加，医疗卫生资源处于规模化发展时期，20世纪80年代左右达到峰值。随着收入水平进一步提高，医疗卫生服务质量要求提高，发达国家的家庭医生等服务广受欢迎，随之带来社会床位需求逐渐下降，这个时期处于医疗卫生服务的质量化发展时期。

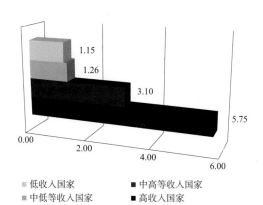

图4 各等级收入水平国家平均千人床位数统计（单位：张/千人）
数据说明：图表低收入国家为2006年数据，其他分组为2005年数据。
数据来源：世界银行数据库（http：//data.worldbank.org.cn/frontpag）

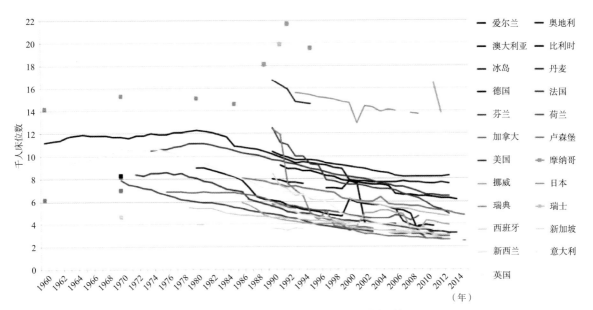

图5 23个高收入国家1960~2015年千人床位数变化情况
数据说明：部分国家20世纪80年代前数据缺失，无法统计。

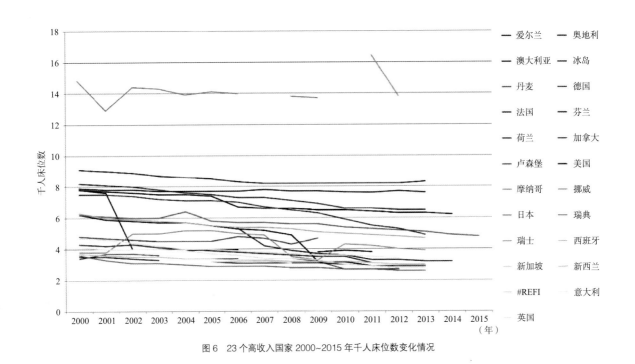

图6 23个高收入国家2000~2015年千人床位数变化情况

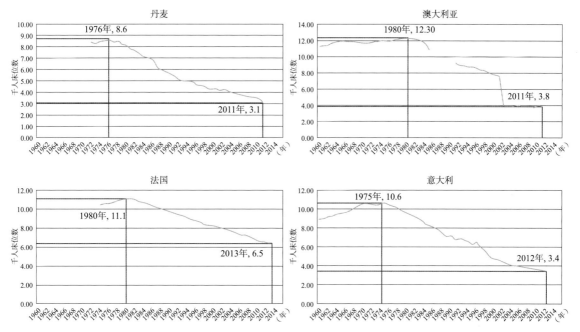

图 7 丹麦、澳大利亚、法国和意大利 1960~2015 年床位变化趋势

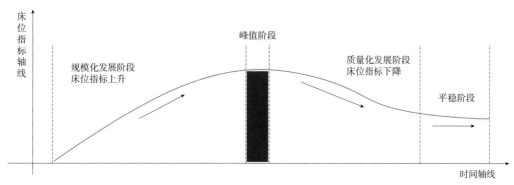

图 8 千人床位变化趋势示意

2.2 当前中国各城市社会医疗床位配置指标尚未达到发达国家的峰值

2018 年，根据《中国卫生健康统计年鉴 2019》统计，全国医疗卫生机构床位总量为 840.41 万张，千人床位为 6.03 张 / 千人。《全国医疗卫生服务体系规划纲要（2015—2020）》中规定："到 2020 年，每千常住人口医疗卫生机构床位数控制在 6 张。"按照统计数据，2018 年，全国千人床位指标已达到了国家规划指标。各地区在国家要求的基础上，根据自身经济、社会、人口、卫生等方面的实际状况，考虑各地资源差异，在现有基础上，按照鼓励发展、平稳发展、控制

发展等策略对各省份区别制定床位发展目标。

2019 年，我国人均 GDP 为 64644 元（折算为 9198.84 美元）。而上述 23 个发达国家的千人床位数达到峰值时，对应的 GDP 平均值约为 1.6 万美元，千人床位数峰值的平均值为 10.97 张/千人。

全国一线城市和新一线城市中，规划的 2020 年千人床位配置指标，长沙是最高的，为 8.8 张/千人；成都、郑州、杭州和昆明四个城市，规划千人床位指标依次为 8.5 张/千人、8.5 张/千人、8.37 张/千人和 8.10 张/千人，其他城市均不超过 8.0 张/千人；最低的是深圳，仅为 4.3 张/千人。

23 个国家千人床位峰值对应 GDP 和年份统计表   表 1

序号	国名	年份	千人床位峰值（张/千人）	人均 GDP（美元/人）
1	摩纳哥	1992	21.68	91648
2	瑞士	1991	19.90	38399
3	冰岛	1990	16.70	25423
4	日本	1993	15.60	35766
5	芬兰	1980	15.60	11224
6	瑞典	1970	15.30	4697
7	澳大利亚	1980	12.30	10194
8	德国	1980	11.50	12138
9	奥地利	1980	11.20	10870
10	法国	1979	11.10	11180
11	意大利	1975	10.60	2107
12	新西兰	1970	10.20	7467
13	英国	1970	9.60	2348
14	比利时	1980	9.40	12864
15	爱尔兰	1980	9.00	6380
16	丹麦	1976	8.60	8788
17	卢森堡	1986	8.10	18790
18	美国	1970	7.90	5234
19	加拿大	1970	6.90	12337
20	挪威	1986	5.90	18883
21	荷兰	1990	5.80	21291
22	西班牙	1979	5.50	5770
23	新加坡	1980	3.96	4928
	平均值		10.97	16466.37

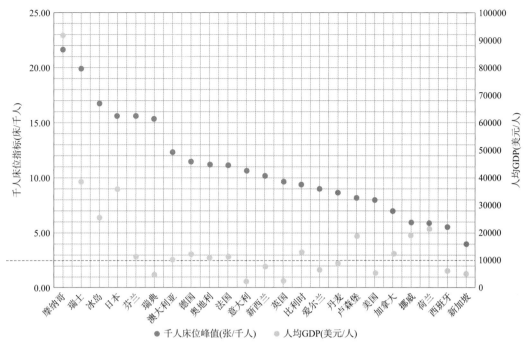

图9　23个高收入国家千人床位峰值与相应年份人均 GDP 对比图

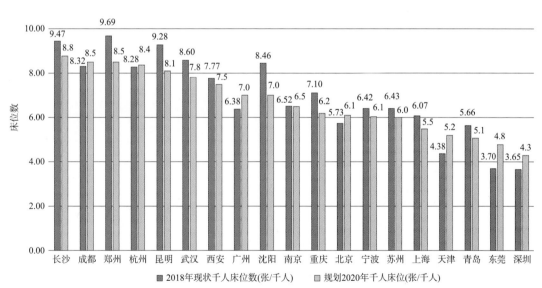

图 10　全国一线和新一线城市规划千人床位指标统计图（2020 年规划目标值）
数据说明：各城市规划编制背景、实施管理等情况不同，因而存在 2018 年现状床位已经达到 2020 年的规划目标。
数据来源：各城市"医疗卫生服务体系规划""区域卫生规划"和"医疗机构设置规划"

由以上分析可以判断，虽然我国主要城市的现状床位配置水平甚至超过规划水平，但尚未达到发达国家的峰值，未来还有一定的上升空间。

2.3 基层医疗机构床位配置与使用不协调

2019年6月，国家卫生健康委办公厅印发《社区医院基本标准（试行）》，要求：社区医院实际开放床位数≥30张，可按照服务人口1.0~1.5张/千人配置。主要以老年、康复、护理、安宁疗护床位为主，鼓励有条件的设置内科、外科、妇科、儿科等床位。床位使用率≥75%。

目前，受医疗水平的限制，全国基层医疗机构床位使用率普遍偏低。2018年，全国基层医疗卫生机构床位数为152.85万张，其中，社区医疗

全国、部分省和城市基层医疗机构床位及床位使用率统计表 表2

序号	全国、部分省或城市名称（数据年份）	基层医疗机构床位使用率（%）		基层医疗卫生机构床位数（万张）
			其中：社区医疗机构	
	全国（2018）	—	52.00	152.85
各省	湖南省（2018）	68.48	59.16	5.38
	湖北省（2018年1~11月）	—	55.00	—
	江苏省（2018）	—	54.90	9.35
	甘肃省（2018）	60.15	53.50	3.10
	广东省（2018）	—	52.10	—
	山东省（2018）	—	50.55	11.94
	云南省（2018）	50.39	48.63	2.29
	内蒙古自治区（2018）	37.71	38.15	2.68
	福建省（2017）	—	32.50	3.37
	西藏自治区（2018）	—	26.59	—
	宁夏回族自治区（2018）	—	24.43	0.40
各市	重庆（2018）	74.99	—	5.29
	西安（2018）	31.54	—	0.39
	广州（2018）	—	76.05	—
	南京（2017）	51.20	50.46	0.44
	武汉（2018）	—	39.99	—
	北京（2018）	—	34.40	—

数据来源：全国、各省、市卫生健康事业发展统计公报、卫健官网等。因多数省、市相关数据没有发布，因而无法统计。

机构床位使用率为 52%。据不完全统计，湖南、湖北、江苏、甘肃和广东省等社区医疗机构床位使用率在 50%~60% 之间，部分省份不足 50%，宁夏回族自治区甚至不足 25%。城市层面不完全统计，重庆和广州基层医疗机构床位使用率相对较高，武汉和南京都不超过 40%。可见，多数省市基层医院的床位使用率并没有达标，部分省、市按标准配置，但是资源利用情况并不理想。

2.4 医疗卫生机构的规划实施缺乏动态评估机制

当前，全国各省市医疗卫生机构规划形成相对完善的体系。全国层面，由国家卫健委组织编制《全国医疗卫生服务体系规划纲要》，并报国务院办公厅审批印发。在《全国医疗卫生服务体系规划纲要》指导下，各省人民政府组织编制各省级的医疗卫生服务体系规划。各城市在省级规划指导下，市卫健部门相继开展各市医疗卫生体系规划、机构设置规划等，并与规划部门协调，编制医疗卫生设施用地布局规划。市域发展差异较大的省市，还会组织编制县级层面的医疗卫生体系规划，指导医疗卫生事业发展。例如黑龙江大庆市下辖的肇州县，2016 年编制《肇州县医疗服务体系规划（2015—2020 年）》。

医疗卫生服务体系规划的期限一般为 5 年，与国民经济与社会发展五年计划一致，一般规定医疗卫生体系设置情况、设施设置规模等，包括医院、基层医疗卫生机构、专业公共卫生机构等床位、医师设置等。设施用地布局规划的期限一般与原城市总体规划一致，一般为 20 年，按照卫

健部门的要求，落实设施用地。城市医疗卫生设施床位的保障，最终是需要遵循设施用地布局规划，按照规划实施建设。然而，在规划实施过程中，一方面受政府财政等因素约束，医疗卫生设施的建设力度存在一定的局限性；另一方面，缺乏规划实施的动态评估机制，规划实施往往随意性较强，部分地区设施建设时序滞后于人口实际需求，导致规划预留的医疗用地也并未发挥作用。

3 优化医疗机构床位资源配置的建议

3.1 遵循世界发达国家发展规律，适当提高医院千人床位指标

中国改革开放三十年来，以经济建设为主导，人口城镇化超前发展，基础设施建设滞后于人口城镇化。未来一定时期内，随着经济发展水平不断提高，一方面社会基础设施处于加速发展时期，医疗卫生资源供给将不断提高；另一方面，随着城乡医疗卫生保障体系不断健全，一定时期内医疗床位需求也将存在一定幅度的上升。

对比上述城市的规划千人床位指标，结合世界发达国家发展规律以及中国当前的医疗资源供需状态，初步判断，中国未来各城市的床位标准处于规模化上升发展时期，指标将有所提升。

当然，每个国家、每个城市发展路径特征不同，各国居民不同的文化背景、生活习惯、就医态度和习惯等都会影响医疗床位的需求。因此，未来还需要结合各类影响因素和每个城市的发展阶段与水平，综合研究评判，合理确定社会医疗卫生机构的千人床位配置标准，既要满足社会医疗床

位需求，又要能够兼顾社会经济发展与医疗卫生资源配置的关系，实现社会经济均衡发展。

3.2 健全基层医疗体系职能，提高社会资源使用效率

我国当前各城市的医疗救治设施设置体系与行政级别对应，即形成"市级医院（三级医院）、区级医院（二级）、街道级的卫生服务中心（镇级的镇卫生院）、居委会级的卫生服务站（村级的村卫生室）"四级体系。一直以来，优质的医疗救治资源多集中于市区级大型医院，公众对于基层医疗资源缺乏信任，导致患者涌入大型医院，尤其是市级三甲医院，"一号难求""一床难求"等医患矛盾突出。

2015年9月，国务院办公厅印发了《国务院办公厅关于推进分级诊疗制度建设的指导意见》（国办发〔2015〕70号），推行分级诊疗制度，实行"基层首诊、双向转诊、急慢分治、上下联动"的分级诊疗模式。该意见明确各级各类医疗机构诊疗服务功能定位。城市三级医院主要提供急危重症和疑难复杂疾病的诊疗服务；城市二级医院主要接收三级医院转诊的急性病恢复期患者、术后恢复期患者及危重症稳定期患者；县级医院主要提供县域内常见病、多发病诊疗，以及急危重症患者抢救和疑难复杂疾病向上转诊服务；基层医疗卫生机构和康复医院、护理院等为诊断明确、病情稳定的慢性病患者、康复期患者、老年病患者、晚期肿瘤患者等提供治疗、康复、护理服务。

应该说，"分级诊疗制度"是优化就医秩序

的重要举措，"十三五"期间，各地区也在努力推行分级诊疗制度。但是实际当中，一方面，二级医院的数量有限，空间分布上并没有转接三级医院治后恢复病人的优势；另一方面，即使通过组建医疗联合体、对口支援、医师多点执业等方式，鼓励城市二级以上医院医师到基层医疗卫生机构多点执业，或者定期出诊、巡诊，提高基层服务能力，但基层医疗机构的救治能力也并未明显提高，难以发挥作用。

新加坡医疗系统非常健全，形成了公立医院、社区医院、私人诊所构成的医疗救治体系，各级医疗设施"上下联动"的互动非常密切。对部分患者来说，在综合或者专科医院接受治疗后，病情有所好转，但还无法直接回家，也无需占用公立医院的资源，这时就可以转入社区医院慢慢恢复。新加坡的社区医院不同于国内所说的社区医院，医院设置上百个床位、上百个车位，功能非常健全，提供康复护理（Rehabilitative Care）、亚急性护理（Sub-acute Care）、姑息治疗、痴呆症护理、透析服务、伤口护理等服务。新加坡大部分社区医院都设有日间康复中心（DRC），为需要额外治疗的病人提供门诊康复服务；一些社区医院还提供家庭保健服务，帮助那些难以进行门诊服务的病人。[1] 在2003年SARS暴发期间，依托医疗健全的医疗系统，新加坡形成了一套由公立医院、社区医院和私人诊所构成的联动防御体系，面对这次疫情暴发，新加坡的应急响应速度和能力全球属首位。2020年1月24日，北

---

① 资料来源：微信"新加坡狮城椰子"公众号。

京发布一级响应，启动发热门诊 101 家，数量约为新加坡的 1/10，然而新加坡的国土面积是 721.5km²，不及北京市的一个区的规模（例如大兴区面积约 1012km²）。①

借鉴新加坡经验，本文认为在未来的"分级诊疗"制度推行中，应该强化以下两点工作。一是增加社区卫生服务中心的设置规模，增设日间康复中心、家庭保健服务等功能，补充二级医院数量有限、空间覆盖有限的局限性，分担三级医院重病治后恢复的压力，释放三级医院有限的空间资源的同时，提高社区卫生服务中心的资源利用效率。二是可考虑将居委会级的医疗机构（卫生服务站）放开市场化，交由社会资本自由运作，政府做好制度监管，通过患者"用脚投票"，优胜劣汰，达到提高基层医疗服务质量和水平的目的。

3.3 基于城市空间基础信息平台，建立动态规划实施评估机制

目前的规划评估，仅作为规划编制环节启动调整的程序式依据，与规划体系中的其他环节相互剥离，导致政府职能部门等主动型参与主体无法及时觉察规划体系中的失效环节，还造成社会公众等被动型参与主体难以理解规划失效的原因，从而出现编制环节成为规划失效唯一替罪羊的状况[7]。

在国土空间规划背景下，依托多规合一的城市空间基础信息平台和城市数据监测系统，建立医疗设施规划"监测—诊断—预警—维护"的动态、常态化规划实施评估机制。将现状和规划的医疗卫生设施的用地规模、建筑规模、床位规模、医师规模、就医患者规模等信息与城市空间建立链接，依托空间基础信息平台的居住人口分布等空间信息，实时运行系统体检，及时监测和反馈空间供需情况；每年进行规划实施的年度综合总结、趋势判断和问题预警；体检结果与下一年度的实施计划及指标直接挂钩，例如某个区本年度医院床位紧张，下一年度的财政投入需有所倾向。目前，北京市的国土空间规划中已经建立了规划实施的动态评估机制[8]，医疗设施的动态评估机制和平台搭建，在其中也应该是非常重要的组成部分。

3.4 引入第三方专业机构，开展医疗救治体系健康状况评估

上述所说的建立动态规划实施评估机制，更多是从空间的供给和需求角度评估。相比其他公共服务体系，医疗卫生体系是一个非常专业、复杂的公共服务生命线系统。为避免过于侧重规划实施的空间供需评估而忽视医疗救治系统本身的健康运行情况，也避免政府进行自我评估倾向于保持宽松自我裁量权的问题[9]，本研究建议各地区可考虑聘请第三方专业评估团队，系统评估城市医疗救治体系健康运行状况，形成评估报告，反向校核规划实施的动态评估结果的合理性，更科学地指导规划年度实施计划，提高医疗资源配置的科学性、客观性。

---

① 数据来源：微信"医学界"公众号。

参考文献

[1] 丁国胜 . 预防、协作与提高——治理突发公共卫生事件的空间规划思考 [EB/OL]. https：//mp.weixin.qq.com/s/Lg1ivIkRHZBdgnAYnCjw_Q, 2020-2-18.

[2] 于一凡 . 将健康融入所有政策——空间规划与城乡治理应对突发公共卫生事件的思考 [EB/OL].https://mp.weixin.qq.com/s/GqSVMB9URVUnmTzC1mv ELA, 2020-2-17.

[3] 张娜 . 智慧社区抗疫应用研发设想 [EB/OL].https：//mp.weixin.qq.com/s/h3d9xrJdWCfE0Hgsx8TSnA, 2020-2-17.

[4] 陈煊，杨婕 . 马路市场规划——湖北黄石疫区临危受命的"特殊生活圈" [EB/OL].https://mp.weixin.qq.com/s/aiyETM63Pq6aHPPs9JgjUg, 2020-2-14.

[5] Macstravic RS. 床位使用率的标准 [J]. 国外医学（卫生经济分册），1984, 1（3）：39-41.

[6] 王珊，饶克勤 . 国际视角下的国内医院床位规模 [J]. 中国医院, 2012, 16（9）：13-16.

[7] 刘奇志，罗文静 . 基于评估的动态实施型规划体系探讨——以武汉市南湖地区为例 [J]. 规划师, 2019, 35（14）：58-65.

[8] 伍毅敏 . 年度体检评估推动空间规划有序实施——新版北京总体规划实施评估的实践探索 [EB/OL].https://mp.weixin.qq.com/s/LzREV1wr0WVbckcE__-ySA, 2019-6-26.

[9] 马璇，郑德高，孙娟，等 . 真评估与假评估：总规改革背景下的总规评估探索和思考 [J]. 城市规划学刊, 2017（S2）：149-154.

陈晓夕　珠海市规划设计研究院高级工程师
王展弘　珠海市规划设计研究院助理工程师
向守乾　珠海市规划设计研究院规划分院总规划师、高级工程师

从"新冠肺炎"反思医疗卫生用地专项规划编制改革

2020 年 4 月 24 日　　邓凌云

导读

本文从规划视角对于"新冠肺炎"应急能力的经验与不足进行了分析。以此为切入点，结合长沙市现行城市医疗卫生用地专项规划进行了反思，认为存在三大主要问题，即重蓝图式规划轻空间应急预案、重中长期目标设计轻实施建设安排、重文本图纸成果轻数据库建设过程。针对这些问题，本文提出医疗卫生用地专项规划编制改革的思路与措施，主要包括对专项规划的作用重新定位、衔接好专项规划与总规控规的关系、在编制内容中强化研究"平时状态"与"应急状态"的空间结构、用地布局、管控要求，以及完善专项规划的数据库及应急专篇成果，形成行业部门、规划部门与应急部门联合的组织编制模式。本文旨在为医疗卫生专项规划及其他具有突发公共事件的重大专项规划编制改革提供思考借鉴。

关键词：新冠肺炎；医疗卫生专项规划；反思；编制改革

"新冠肺炎"是一场前所未有的重大公共卫生突发事件，较之 2003 年的 SARS 事件有着更广泛的影响面，极大地考验了我国的应急能力建设。社会各界都从不同的方面在反思与研究疫情事件的得与失，提出如何补齐城市治理能力的短板。规划界很多学者都纷纷在行动，提出了一系列的研究成果。本文从规划的视角，研究武汉应急处置做法的经验与不足，结合长沙市城市医疗卫生用地专项规划进行反思，提出未来专项规划编制改革的思路与措施。

1　规划视角下武汉应急处置做法的经验与不足分析

1.1　经验分析

此次疫情事件，从规划的视角来看武汉有四个方面的做法值得借鉴：

（1）规划中预留了战略留白区，为重大应急医疗设施选址提供空间。

武汉在 2011 年开始划定基本生态控制线时，

将全市75%空间纳入基本生态控制线管理，实施严格的项目准入制度，并特别提出允许准入有特殊建设要求的公共设施、应急抢险救灾项目[1]。集中救治医院的选址建设从2020年1月22日湖北启动二级响应开始，1月23日武汉规划部门就开始在远离人群、有预留基础设施条件的生态和留白空间进行火神山医院、雷神山医院选址，分别在2月3日、2月5日建成投入使用。

（2）形成医院、方舱和隔离点的应急救治闭环。

定点医院主攻救治重症患者，方舱医院收治轻症病人，隔离点以隔离密切接触者和康复者为主，形成治疗、隔离的应急救治"闭环"。武汉市共有定点医院48家，再加上其他医院扩充的床位，共有应对新冠肺炎的床位26911张，方舱医院16家可用床位13467张，隔离治疗点可用床位11172张，共有容纳能力51550张[2]。2月3日开始选址建设方舱医院，利用旧厂房、体育场馆、文化场馆、学校进行改建，收治1.2万病例，3月10日全部方舱医院休舱。方舱医院的建设解决了应收尽收的问题，有效抑制了社会传播。隔离点则让居家隔离者全部隔离观察，是真正阻断家庭传播的关键一环。将具备水电气和清洁排污保障条件的宾馆、酒店、学校等场所，迅速改造为集中隔离点[3]。

（3）将社区作为防疫抗疫主战场，基层组织起到了重要的支撑作用。

按照"早发现、早诊断、早隔离、早治疗"实施联防联控、群防群控机制。社区卫生服务中心的主要职责是社区健康的"守门人"，联合街道、社区，承担预检分诊台工作，对基层前来就诊发热患者规范实施检诊、救治、管控、协助转运等工作。

（4）医疗废弃物及医疗废水应急处置较好，有效防止病毒二次传播。

生态环境部通报：截至3月3日，武汉市医疗废物处置能力从疫情前的50吨/天提高到了261.7吨/天，武汉市有害废物焚烧处置中心投入了6800个（疫情前是1700个）转运桶保证医废全程"不落地"[4]。同时，武汉将原来处理危险废物的场所改造为处理医疗废物，利用垃圾焚烧厂协同处置按照医疗垃圾管理的生活垃圾，新建30吨的千子山医疗垃圾处置中心[5]。对定点医院、集中隔离场所、接收医疗污水的城镇污水处理厂、农村医疗污水、饮用水水源地保护等，分别提出有针对性的管理要求，按照传染病医疗机构污水进行管控，执行更严格的排放要求[6]。

1.2 不足分析

此次疫情中，武汉的应急能力建设同样存在一些突出的短板，也是各个城市较为普遍的问题：

（1）湖北应急响应决策时点下的应急空间建设时序问题。

火神山、雷神山及方舱医院是中国抗疫伟大创举，对于遏制疫情起到了关键性作用。武汉先启动了火神山、雷神山医院用于救治病患；而后，再启动建设方舱医院，起到"应收尽收"的作用。从应急医疗设施的建设时序而言，是先解决重症、后解决轻症患者的收治问题。轻症患者及疑似病例由于得不到及时收治，造成严重的家庭传播问题，带来后期巨大的救治压力。因此，不同的应急响应决策时点，会对应不同的病症发展态势，影响应急医疗设施建设时序。

（2）应急储备空间体系尚不健全。

疫情大规模暴发后，各类医用物资需求量巨大，包括口罩、酒精、消毒水、手套、防护服、护目镜等，一度引发民众的恐慌。暴露出在应对大规模且持续时间较长的重大公共卫生事件中，城市的应急储备空间体系尚不健全，缺少该类设施空间的安排，导致物资调配不畅。

（3）城市政府治理空间信息平台难以满足应急调度的需求。

从互联网获取信息显示，城市政府官方发布疫情地图的案例较少。同时，媒体广为报道多地存在应急调度问题，包括医疗资源、物资、交通等方面。这些问题都反应出城市政府空间信息平台建设还较为滞后，尚未形成能满足应急调度的城市综合治理平台。而要形成这样一个平台，其前提是要有完备且标准化的空间地理信息及应急相关部门各类设施、服务与资源数据库。

2 疫情事件对医疗卫生专项规划的反思

2.1 现行长沙医疗卫生专项规划基本情况

《长沙市医疗卫生设施用地专项规划（2003—2020）》（2015修订）的内容主要包括：

一是设施体系及配置标准，主要包括床位数配置标准及用地配置标准。

二是需求预测，依据人口规模及相关规划标准，提出各类设施的数量、床位数量、用地规模等需求。

三是医疗卫生机构规划结构，将长沙市分为五个策略分区，并对每个策略分区提出不同的规划策略。

四是各区医疗卫生设施服务规划，依据各区的规划人口，提出各区的医疗卫生服务设施数量、床位数、规划床均千人指标、总占地以及床均占地面积。

社区卫生服务中心以上医疗卫生设施落实到用地上，社区卫生服务中心则引导性的落点。专项规划的编制成果包括文本、说明书与图集、附件。

2.2 对医疗卫生专项规划的反思

2.2.1 重蓝图式规划，轻空间应急预案

现行专项规划内容是一种蓝图终极式导向，即平时状态下各类设施空间布局。但从中长期的城市发展来看，城市甚至国家都可能遇到重大突发事件。而遇到此种状态时，往往传统的蓝图式规划会面临"规划失灵"的问题，出现空间应急反应迟缓的现象。在规划编制内容中普遍缺少对于城市发展不确定性及突发状况的规划预案研究。按照《中华人民共和国基本医疗卫生与健康促进法》中的分类，基本医疗卫生服务包括基本公共卫生服务和基本医疗服务，医疗卫生机构包括基层医疗卫生机构、医院（公立、社会办）和专业公共卫生机构等。其中，公共卫生是政府提供的一项基本公共服务，由基层医疗卫生机构、公立医院与专业公共卫生机构共同承担。突发公共卫生事件发生后，与公共卫生相关的这些医疗卫生机构应担负起相应的应急职能。而专项规划中对

于医疗机构的配置并未与公共卫生服务的提供尤其是突发公共卫生事件状态进行匹配。专项规划更关注医疗卫生机构的空间配置，对于设施体系与公共卫生服务体系的内在逻辑关联性考虑较少。公共卫生机构、医疗机构分工协作机制不健全、缺乏联通共享[7]。

2.2.2 重中长期目标设计，轻实施建设安排

作为面向中长期发展的专项规划，在规划中主要提出规划期的目标值、配置结构与空间布局，是一种目标导向式，体现为重目标轻过程。在原城市总体规划中，需要编制近期建设规划，将中长期的总体规划发展目标转化为近期建设计划，对总体规划是一种有效的补充。但同时也存在一定问题，因其规划内容综合且涉及多个事权部门，责任不够明确，很难成为指导各个部门近期建设的依据与指南。面向实施性的规划需要与部门对应且事权关系简单清晰才能发挥实效。因此，专项规划中纳入近期建设规划编制内容才是落实总体规划并指导行业近期规划建设的有效做法。目前专项规划中未对规划实施、建设时序情况做出要求与规定，缺乏规划实施的配套制度规定，导致规划实施度不理想。以长沙市专项规划为例，市公共卫生救治中心的规划床位数为 700 张，而现状为 188 张，现状与规划的差距很大，此次长沙的新冠肺炎病人总数为242 人，数量相差不大，因此能够满足医患救治需求。但出现集中暴发疫情，188 张床位则很难满足需求。因此，有必要对部门如何协同实施规划进行改革研究。我国部门之间的协调还任重道远，不同部门、不同规范之间如何协调是城乡规划能否真正发挥效用的关键[8]。

2.2.3 重文本图纸成果，轻数据库建设过程

对于规划成果的编制要求，一直沿用的是《城市规划编制办法》，在该办法中明确了规划成果主要为文本（说明书）、图纸及附件。该办法 2005年制定出台，在此文件指导下，长期以来城规的各类成果提交中都对数据库不作规定，因此规划部门也较为缺乏行业地理信息库的建库意识。以致于编完数个专项规划，规划部门积累的都是大量的非矢量的文本及图纸，并没有积累各类行业地理信息数据库。而地理空间数据库的完备度对于当前的城市治理水平有着至关重要的作用，应启动对于规划编制成果要求的改革。

3 医疗卫生专项规划编制改革思路与对策

3.1 专项规划作用的再认识

专项规划编制改革方向，首先应基于空间规划体系、行业发展及智慧城市建设三个方面对其作用再认识。

一是在国土空间规划体系中的作用。落实国土空间总体规划关于医疗卫生的相关总体要求，并衔接控规保障各类设施用地及指标。

二是在行业发展中的作用。专项规划应作为行业长、中、近期发展空间安排与建设的统领性依据，统筹好平时状态的规划配置及应急状态的空间预案。

三是在智慧城市发展中的作用。很多城市在近年机构改革中新增"大数据管理局"，牵头建设智慧城市。智慧城市建设的目标在于智慧场景的应用，相关行业部门应是数据的生产主体及未来

场景应用的设计主体。专项规划应提供智慧城市建设所需的行业地理信息数据底座。

3.2 明确专项规划与总体规划及控规的关系

总体规划中,应将健康城市战略纳入,确定医疗卫生布局原则和标准,主要指标控制如医疗卫生机构千人床位数,确定战略留白区域及用途管制规则包括明确项目准入制度、允许准入有特殊建设要求的公共设施、应急抢险救灾项目,预留基础设施条件,确定重大应急设施的规划结构与规划选址。

专项规划中,应结合总体规划的要求进行落实,重点提出医疗卫生设施的结构布局,用地指标,设施体系与服务体系的建设要求及彼此间的关联关系,制定突发公共卫生事件的规划应急预案,对于规划应急所涉及的应急设施提出应急能力建设的相关要求(包括新建选址要求、功能复合设置、场地转换与改造等)。

详细规划中,应纳入专项内容中关于各级各类设施用地及指标的要求及应急设施的用地与建设要求等。

3.3 专项规划编制内容改革

专项规划编制内容在原有基础上,应重点强化与新增以下内容。

3.3.1 现状评估

现状评估应包括几个方面内容:

一是上一版规划实施情况。重点包括规划实施度、规划实施效果如服务水平、均等化、服务体系与设施体系的匹配度等。

二是规划的适应性情况。近年国家出台了一系列法律政策,专项规划对政策要求的适应性情况应予以评估。同时,应评估规划对城市本身发展趋势的适应性,如城市年龄结构、城市人口规模、国土空间总体规划对于城市主导功能区的划分、城市各级行政区划调整等。

三是疫情事件下空间应急能力的评估,包括应急设施承载力、应急设施体系完备度、应急物资储备、应急废弃物处置等方面。

3.3.2 面向"平时状态"的编制内容

专项规划的主体编制内容应包含两种状态,即"平时状态"与"应急状态"。两种状态相互补充,才能真正发挥好专项规划的作用,对于城市中长期的发展做出完整的空间安排。除了在原有专项规划编制内容之外,还应该重点研究完善以下几个方面的内容:

一是提出医疗卫生的空间战略分区,优化功能片区结构。结合健康中国、健康城市的发展战略及国土空间总体规划的主导功能分区,对原医疗战略分区进行优化调整。引导医养、健康产业的空间分布。强化总规战略留白区的传导研究。战略留白区的作用是为了应对城市未来发展的不确定性,未来对其利用既可能是重大战略性要素的落地也可能是各类城市突发公共事件的应急设施用地。因此,需要对于战略留白区内有可作为突发公共卫生事件应急设施的用地进行研究与明确,并提出相应的项目建设类型、配套设施建设要求及用地管制要求。

二是完善医疗卫生机构级配体系、规划结构和布局。通过现状评估,结合行业发展新动态、国土空间总体规划的空间结构，优化医疗卫生机构的空间结构与布局。应重点强化几个方面：强化基层医疗卫生机构的配置，须对应街道（社区）、乡镇（村）进行一对一的配置。不能以该街道、乡镇范围内有专科医院为由不配置基层医疗卫生机构，基层医疗卫生机构与专科医院在功能上有差异，专科医院基本上不承担公共卫生服务职能。强化新城区域与农村区域的医疗设施配置。将主城区较为集中的医疗资源进行释放，更为均等化发展。可采取将三甲医院进行疏散搬迁的方式带动新城及城乡一体化医疗资源的发展，减轻主城区的就医与配套服务压力。

三是选址布局医疗废弃物处理厂。国家卫生健康委2020年印发了《关于印发医疗机构废弃物综合治理工作方案的通知》，要求"要在2020年底前实现每个地级以上城市至少建成1个符合运行要求的医疗废物集中处置设施；到2022年6月底前，综合考虑地理位置分布、服务人口等因素设置区域性收集、中转或处置医疗废物设施，实现每个县（市）都建成医疗废物收集转运处置体系"。在规划中应完善医疗废弃物处理厂的选址建设与承载力设计，以及医疗废弃物转运分级体系的规划。

3.3.3 面向"应急状态"的编制内容

"应急状态"的编制内容应研究突发公共卫生事件的应急处置程序与内在关联逻辑。空间应急能力如何最大效益的发挥需要条条和块块相结合。"条条"是指应急状态下各个专业部门的应急处置，"块块"则是特定区域范围如社区、应急救治中心等由多条线应急联动产生效果的应急治理载体区域。

一是确定不同应急等级下的应急救治中心及应急设施与场地。按照突发公共事件应急响应等级分为4级，根据不同等级下公共卫生事件的严重程度，明确相应等级下的空间应急设施与场地，实行标准化的空间应急响应。比如在I级响应应急状态下，应急救治闭环的形成需要纳入的设施，研究确定可作为定点救治的医院，可改造作为方舱医院的场馆、学校，可作为隔离点的酒店等，以及这些设施能提供的床位数。如果大规模的疫情暴发，现有医院的条件及承载力不具备完全应对能力，雷神山、火神山医院如何选址。救治医院、方舱、隔离点应就近布局形成几个城市级突发公共卫生应急救治中心，并进行总体规划设计，包括设施平灾转换设计、道路交通、5G网络、污水处理、废弃物的处置、物资配置等。其建设项目应纳入近期建设规划中。对于应急设施与用地应划定"应急设施与用地控制线"，并提出相应的应急管控要求，包括规划要求、建设要求、改造要求、平灾平战转换要求等通则性要求，作为设施建设与管理应遵从的上位依据，明确设施主体自身的应急责任。

二是引导建设形成15分钟防灾防疫圈。结合基层卫生机构的设置，应着力完善15分钟防灾防疫圈的建设，社区生活圈就是防灾防疫圈[9]。社区生活圈是发生大规模突发公共卫生事件的主战场。要把社区中公共服务设施和空间资源，在城市应急状态下，能即刻进行功能转换，整合进社区生活圈的应急防灾防疫系统。具体而言应包括避难与收容（学校、场馆、公园等）、治疗（基层医疗卫生机构等）两个方面。在专项规划中，应制定引导性意见,对于每个社区涉及这两个方面的公共配置要素予以明确,并作为未来编制社区相关规划计划的依据。

三是确定区域应急物资储备中心。国家级应急物资储备从储备方式可分为实物储备、合同储备和生产储备三大类[10]。实物储备是以实物的形式周转在各级储存仓库中,当灾害或突发事件发生后可随时用于应急调配的储备物资。合同储备是政府部门与拥有应急资源的企事业单位或个人签订合同,保证在突发事件发生后能够按照合同约定,优先租用、调用这些单位或个人的物资进行应急。生产储备是对能够生产、转产或研发应急物资的企业或其他单位,通过签订相关协议或合同,保证突发事件发生后能够按照合同要求迅速生产、转产或研制应急物资。疫情事件正是春节期间,工厂普遍停工休假,合同储备和生产储备方式较之实物储备效率较低。因此需要在省会及以上城市的国土空间总体规划中选址布局区域应急物资储备中心,承担本市及本省一定区域范围内的物资储备,将各类应急物资包括公共卫生储备物资的类型、数量纳入储备中心。在专项规划中,应将该储备中心涉及医疗卫生应急物资的相关要求纳入其中。

3.3.4 制定近期建设规划及实施机制

应形成近期建设的项目库,将其纳入相关部门的绩效考核任务中,并建立规划效果的实施监测评估机制,确保规划的实施度。结合战略功能片区,对于推进功能片区的规划建设提出近期建设的目标及重大建设项目建设实施计划,包括片区主导功能形成的关键性项目建设以及片区基础

设施建设项目如道路、轨道等。同时,作为政府重要职能的公共卫生服务,其相关设施尤其是具有应急功能的设施建设与提质改造也应优先纳入近期建设规划。

3.4 专项规划的成果与组织改革

专项规划的成果应包含文本、说明书、图纸附件和数据库。其中,文本中应编制《空间应急预案专篇》,如同在重大规划中需编制《环境影响评价专篇》,应明确规定重大专项规划应编制《空间应急预案专篇》。数据库应包含各类设施的空间地理信息与服务资源情况,包括用地边界、现状建设情况、规划情况、床位数、设施类别与等级、应急设施、近期建设项目库等。医疗卫生专项规划的数据库应同步提交给城市大数据局,作为智慧城市及应急管理平台建设的基础数据底座。专项规划的组织宜由自然资源与规划部门会同卫健部门及城市应急管理部门共同制定。卫健部门提出未来行业发展的空间需求、行业标准、政策要求等。规划部门将这些内容转化为空间用地与空间指标,衔接好专项规划与法定规划的关系。应急部门会同制定公共卫生事件的空间应急预案。

4 结语

疫情事件促使规划工作者反思医疗专项规划的编制内容对突发状态适应性不强、规划编制后的实施过程不理想、规划编制组织方式待优化、规划成果不重视数据库建设等问题。医疗卫生专项规划是众多专项规划中较具代表性的一项。对

于医疗卫生专项规划改革的研究，也同样适用于有着突发公共事件风险的其他重大专项规划，如消防设施用地专项规划、中小学教育设施用地专项规划、危化品用地专项规划、体育设施用地专项规划等。总体而言，专项规划编制改革方向的重点就是衔接五级三类的国土空间规划体系，对于行业发展从平时状态与应急状态提出空间结构、用地布局与管控要求，以及为城市积累行业地理信息数据库三个方面。

参考文献

[1] 武洁，汪云. 提高空间治理中的应急处置能力——武汉一线战"疫"的规划思考 [EB/OL]. 城市发展研究微信公众号. [2020-2-27].

[2] 武汉定点医院、方舱医院、隔离点三类地点全部实现"床等人" [EB/OL]. 中国青年网官方账号. [2020-3-3].

[3] 医院、方舱、隔离点各司其职 治疗关口前移 合理配给医疗精英 武汉三步走实现"床等人" [EB/OL]. http：//www.whxc.org.cn/2020/0303/60386.shtml.

[4] 直击武汉医疗废物清运处置 6800 个转运桶全程不落地 [EB/OL]. http：//www.cnr.cn/hubei/yaowen/ 20200311/t20200311_525011463.shtml.

[5] 生态环境部：武汉医疗废物、废水处置平稳 未对环境产生不利影响 [EB/OL]. https：//news.sina.com.cn/o/2020-03-11/doc-iimxyqvz9629986.shtml.

[6] 武汉医疗废物废水去哪儿了？环境部官员独家解读 [EB/OL]. https：//news.sina.com.cn/c/2020-03-09-doc-iimxyqvz9150221.shtml.

[7] 国务院办公厅关于印发全国医疗卫生服务体系规划纲要（2015—2020 年）的通知 [EB/OL]. http：//www.gov.cn/zhengce/content/2015-03/30/content_9560.htm.

[8] 文超祥，等. 关于我国城乡规划制度的思考 [J]. 城市发展研究，2013（10）：75-78.

[9] 徐磊青. 社区生活圈就是防灾防疫圈 [EB/OL]. 中国国土空间规划微信公众号. [2020-02-03].

[10] 从湖北抗疫看我国应急物资储备的不足 [EB/OL]. https：//news.sina.cn/2020-02-09/detail-iimxxste9979329.d.html?vt=4&pos=3.

邓凌云　城乡规划博士，高级工程师，注册规划师，长沙市规划勘测设计研究院副院长

基于公共健康的完整社区建设思考

2020 年 4 月 27 日　　李继军　胡玉婷

1 引言

城市的快速发展正在急剧改变人们的生活方式和精神状态，并催生慢性非传染疾病，同时也面临新型冠状病毒肺炎（COVID-19）等突发传染性疾病的威胁，健康问题已经成为全球的挑战。

城市作为一个高度综合和复杂的巨系统，保障其公共健康和可持续发展是城市规划的重要目标之一。社区作为人们居住生活以及社会交往的基本单元和空间载体，与人的健康和福祉密切相关[1]。在城市不断发展的过程中，新旧建筑的交替出现逐渐呈现出来，老旧社区体现在老年人集中，停车位不足，私搭建筑现象严重，休闲空间不足，基础设施不完善等问题，且基本属于无物业状态[2]。老旧小区更新改造亟需引入完整社区理念，完善社区治理，提高老旧小区中居民的生活质量和幸福感。本文基于公共健康视角对完整社区的建设提出几点思考。

2 完整社区的内涵应融入健康理念

完整社区的内涵应该是随着社会发展不断深化和完善的。"完整社区"的概念最早由我国两院院士吴良镛先生提出：人是城市的核心，社区是人最基本的生活场所，社区规划与建设的出发点是基层居民的切身利益。不仅包括住房问题，还包括服务、治安、卫生、教育、对内对外交通、娱乐、文化公园等多方面因素（图 1）。既包括硬件又包括软件，内涵非常丰富，应是一个"完整社区"（Integrated Community）的概念[3]。

图 1 "完整社区"的最初概念
资料来源：作者整理绘制

随着《"健康中国2030"规划纲要》提出将促进健康的理念融入公共政策制定实施的全过程，公共健康与城市规划再度联合以提升城市和居民的生命力与免疫力。以人为核心，本质是以人的需求为核心，而健康是人最基本的需求，因此，未来完整社区建设必定是以促进人群健康为前提，健康理念必须融入完整社区建设实施的全过程。

3 基于公共健康的完整社区理论框架构建

3.1 社区建成环境健康影响研究理论发展

由于社区建成环境与健康之间作用机制十分复杂，难以直接建立关联，行为作为中介变量，一直受到较大的关注，主要包括体力活动、社区互动和健康饮食等。因此研究理论主要包括行为研究和建成环境研究两方面（图2）。

公共健康领域的健康行为研究主要运用社会心理理论以及近三十年间得到较大关注的生态模型[4, 5]。生态模型核心概念是行为受到多个层面影响，通常包括个体内层面（包括生理和心理的）、人际层面（包括社会和文化的）、组织层面、社区层面、政策层面，这为理解源于多个层面且相互影响的健康行为决定因素提供了一个综合框架[6, 7]（图3）。交通和城市规划领域的建成环境与出行行为研究主要聚焦概念化和测量建成环境，最广泛使用和认可的是3D（密度、多样性、设计）[8]

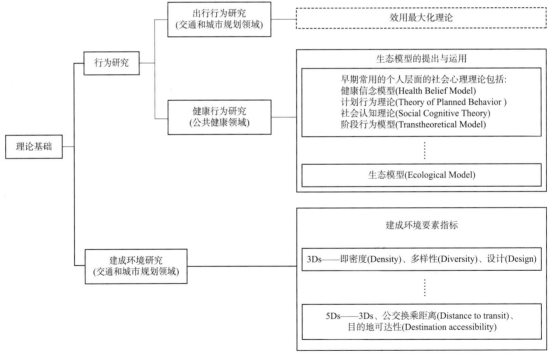

图2 社区建成环境健康影响研究理论基础
资料来源：作者整理绘制

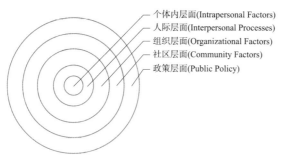

个体内层面(Intrapersonal Factors)
人际层面(Interpersonal Processes)
组织层面(Organizational Factors)
社区层面(Community Factors)
政策层面(Public Policy)

图3 健康促进的生态模型
资料来源：McLeroy KR et al., 1988[6]，作者整理绘制

和 5D（在 3D 基础上增加公交换乘距离、目的地可达性）[9, 10]。WHO 于 1986 年开始的健康城市运动，作为精明增长、新城市主义、TOD、绿色发展（LEED-ND）和设计推动积极生活（Active Living by Design）等运动的先驱，用 5D 描述了健康社区的特征，并且这些运动都强调了 5D 的发展。但 5D 只是粗略的分类，边界并不明确和稳定，且一些维度有所重叠，未来有可能会改变[10]。

3.2 完整社区理论框架构建

目前完整社区的概念、理论框架、治理体系等仍不清晰。以促进人群健康为前提，可综合社区建成环境健康影响研究的生态模型、5D 等理论构建基于公共健康的完整社区理论框架。2006 年，Sallis 等人综合多个学科领域的发现和概念针对体力活动创造了 Active Living 的四个领域生态模型[7]（图 4）。该模型将社区建成环境的可感知因素归纳为可达性、便利性、舒适性、美观性和安全性五个方面，以交通、工作、家务和休憩活动作为研究对象，分别就居家、社区、工作和学习环境提出了可供观察的空间要素清单，并系统地

针对各个影响层面的变化机制开展综合的干预措施[7]，将健康促进研究和政策干预推进了一大步。从科学发现到实施干预是公共健康的基础。因此，跨学科、跨部门的合作对"完整社区"理论框架、治理体系的构建至关重要，包括公共健康、行为科学、交通和城市规划、政策研究和经济以及休闲科学等领域。

4 基于公共健康的完整社区建设重点

4.1 促进体力活动的环境营造

体力活动包括交通性体力活动、休闲性体力活动、家务活动以及工作活动四个方面，且分别受到不同环境因素的影响[7]。促进体力活动的环境营造包括客观建成环境和感知建成环境。

客观建成环境聚焦于可达性和距离、密度、多样性（土地混合使用程度）、设计（街道连通性、街道设计等）以及街道的可步行性（步行性指数）。由于社区建成环境中任何一个影响因素都很难分离，而且社会经济地位、个人特征和态度等因素对出行模式和体力活动的影响也有不可否认的作用，所以仅仅只是改变单独的建成环境因素不一定会导致所期望的健康结果。正因如此，步行性指数被推广使用，其由住宅单元密度、街道连通性、土地混合使用和零售容积率（零售建筑面积/零售用地面积）综合而成[11, 12]。研究表明，步行性指数与积极交通显著相关[13-16]。

感知建成环境包括安全感知、审美感知、可达性感知等。有研究显示，女性和老年人尤其关注社区安全，通常与街道犯罪、对交通伤害的恐惧有

图 4　Active Living 的四个领域生态模型
资料来源：Sallis JF et al., 2006[7]，作者整理绘制

关。家长对社区安全的感知会影响儿童体力活动水平[1]。无论是感知的安全还是真实的安全对积极交通和休闲性体力活动的影响都至关重要[17]。对于休闲性步行者而言，对美学的感知需求代替了对目的地和路网密度的需求[18]。Carroll-Scott（2013）等对儿童体力活动进行研究，发现公园可达性与体力活动的频率相关，但是感知可达性比客观测量的公园可达性更重要[19]。

4.2　促进社区互动的环境营造

在人们居住、工作和出行的地方而产生的社区意识、凝聚力、归属感和社会资本是人们精神和身体健康的决定因素，而它们的形成与社区互动密切相关[20]。有一些建成环境要素可能会减弱社区意识，例如，Wood（2010）等发现土地混合使用对社区意识有消极作用。在亚特兰大，通常是邻近居住区且小汽车依赖的零售中心土地混合使用程度较高，实际上，这种形式的土地混合使用往往吸引更多的陌生人来到社区，减少了当地居民步行和互动的机会[21, 22]。因此，在营造促进社区互动的环境时，需要认真研究社区的语境，对一个地方或者一个特定社会群体有效的方式不一定适用于其他地方和人群，在同质性和稳定性的语境下更容易发生社区互动[20]。

社区设施和绿色开放空间会增加居民之间和居民与环境之间互动的机会。大量研究证明绿色自然环境对促进精神健康、社区互动以及体力活动很重要。这些研究以亲生命假说（Biophilia hypothesis）为基础，强调了人类与其他生命系统存在一种结合的本能。在高度城市化的环境中，与自然的接触尤为重要，甚至于小尺度的绿化环境相比大尺度的开放空间有着同样重要的作用。Hickman（2013）研究第三场所对社会交往的影响发现商店对所有居民的社会互动来说尤其重要，其他公共设施如公园和社区中心也很重要，特别是对于那些在家时间较长的人而言，如退休或失业、健康状况不佳和带小孩的人[23]。除此之外，学校也是维持居民社会互动的重要场所。

4.3 促进健康饮食的环境营造

健康饮食环境的营造一直是规划领域所忽视的，在完整社区建设中应当予以重视。大量研究表明食品可及性是食品选择的决定因素之一[24]。许多研究依赖定量方法将快餐店密度、数量和邻近性与健康数据联系起来，但结果也一直存在争论。可能的原因是拥有很多快餐店的社区同样也有很多类型的食品店，使得健康食品也很容易获得，因此削弱了快餐店的影响[25]。除了食品可及性，其他维度对饮食行为的影响也不容忽视，包括食品的可支付性和文化上对食品的接受性等。

由于社区社会经济地位（Socio-Economic Status，SES）不同，食品可及性会有所差异，从而导致超重和肥胖。"食品沙漠"（Food Desert）的概念就是由于 SES 与食品可及性之间的争论所

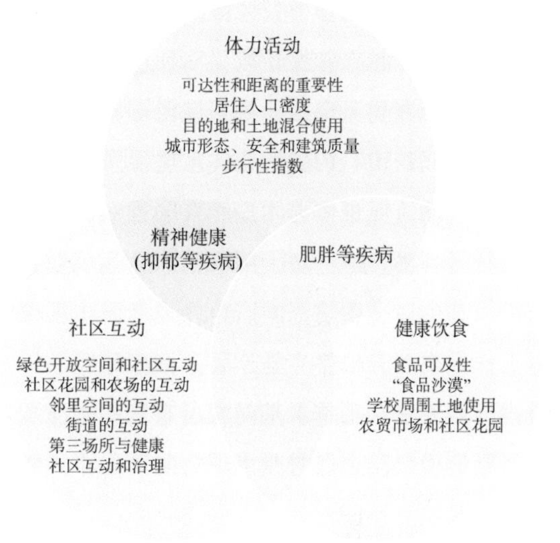

图 5　基于公共健康的完整社区建设重点
资料来源：作者整理绘制

形成的，其定义为一个地方"只有那些拥有私人小汽车和能承担公共交通费用的人才能享受便宜且多样的食品"[26, 27]。虽然"食品沙漠"的实际存在问题一直备受争论[28]，但多项研究一致发现，SES 低的社区到超市的可达性最差，且随着时间的推移，这种可达性上的不平等还在加剧[24, 27]。

学校周围的土地使用会对儿童的饮食行为产生影响。儿童肥胖流行的原因之一是学校附近的食品供给。在 SES 较低的郊区学校周围，快餐店的高可达性与儿童肥胖相关[25, 29]。所以，通过规划手段和政策干预，控制学校周边的用地类型对促进儿童健康饮食有很大帮助。

5　小结

"完整社区"是宜居城市的基本空间单元和社会服务单位，这一概念尚处于探索阶段，还需

要不断深入研究。基于公共健康构建的完整社区理论框架，提供了包括个体、人际、组织、社区、公共政策在内的多个层面视角以及影响机制，为厘清概念和逻辑、构建治理体系提供了一种方法和思路。营造促进体力活动、社区互动、健康饮食的社区环境，将有助于解决我国社区规划建设当前面临的诸多困境，同时也将为老旧小区改造等工作提供有力抓手。基于公共健康原则反思城市规划的方法和工作既是对城市规划的本质和基本目标的回归，也是对城市规划的新思路和新方法的探索[30]。

参考文献

[1] Croucher K, Myers L, Jones R, et al. Health and the Physical Characteristics of Urban Neighbourhoods: a Critical Literature Review, 2007.

[2] 祁艳丽.全要素社区概念下的社区绿化重建与设计研究 —— 以朝阳区霞光里社区 30 号环境改善项目为例 [J].中外建筑，2019：144-147.

[3] 王蒙徽，李郇，潘安.建设人居环境 实现科学发展 ——云浮实验 [J].城市规划，2012, 36：24-29.

[4] Handy SL. Critical Assessment of the Literature on the Relationships Among Transportation, Land Use, and Physical Activity[M]. Washington: Department of Environmental Science and Policy, University of California, Davis, 2005.

[5] Sallis JF, Owen N, Fisher EB. Ecological models of health behavior. In: GLANZ K, RIMER BK, VISWANATH K (eds). Health Behavior and Health Education: Theory, Research, and Practice, edn[M]. San Francisco: Jossey-Bass. 2008：465-485.

[6] McLeroy KR, Bibeau D, Steckler A, et al.An ecological perspective on health promotion programs[J]. Health education quarterly, 1988, 15：351-377.

[7] Sallis JF, Cervero RB, Ascher W, et al.An ecological approach to creating active living communities[J]. Annual review of public health, 2006, 27：297-322.

[8] Cervero R, Kockelman K.Travel demand and the 3Ds: Density, diversity, and design[J]. Transport Res D-Tr E, 1997, 2：199-219.

[9] Ewing R, Cervero R.Travel and the built environment Transportation Research Record, 2001, 1780：87-114.

[10] Ewing R, Cervero R.Travel and the Built Environ-ment[J]. Journal of the American Planning Association, 2010, 76：265-294.

[11] Frank LD, Sallis JF, Conway TL, et al.Many Pathways from Land Use to Health: Associations between Neighborhood Walkability and Active Transportation, Body Mass Index, and Air Quality[J]. Journal of the American Planning Association, 2006, 72：75-87.

[12] Sallis JF, Saelens BE, Frank LD, et al.Neighborhood built environment and income: examining multiple health outcomes[J]. Social science & medicine, 2009, 68：1285-1293.

[13] Saelens BE, Sallis JF, Black JB, et al. Neighborhood-based differences in physical activity: an environment scale evaluation[J]. American journal of public health, 2003, 93：1552-1558.

[14] Sallis JF, Frank LD, Saelens BE, et al.Active transportation and physical activity: opportunities for collaboration on transportation and public health research[J]. Transportation Research Part A: Policy and Practice, 2004, 38：249-268.

[15] Van Dyck D, Cardon G, Deforche B, et al.Neighborhood SES and walkability are related to physical activity behavior in Belgian adults[J]. Preventive medicine, 2010, 50：S74-S79.

[16] Grasser G, Van Dyck D, Titze S, et al.Objectively measured walkability and active transport and weight-related outcomes in adults: a systematic review[J]. International journal of public health, 2013, 58：615-625.

[17] Galvez MP, Hong L, Choi E, et al.Childhood obesity and neighborhood food-store availability in an inner-city community[J]. Academic pediatrics, 2009, 9：339-343.

[18] Weinstein Agrawal A, Schlossberg M, Irvin K.How Far, by Which Route and Why? A Spatial Analysis of Pedestrian Preference[J]. Journal of Urban Design, 2008, 13：81-98.

[19] Carroll-Scott A, Gilstad-Hayden K, Rosenthal L, et al.Disentangling neighborhood contextual associations with child body mass index, diet, and physical activity: the role of built, socioeconomic, and social environments[J]. Social science & medicine, 2013, 95：106-114.

[20] van den Berg P, Arentze T, Timmermans H.A multilevel analysis of factors influencing local social interaction[J]. Transportation, 2015, 42：807-826.

[21] Wood L, Frank LD, Giles-Corti B.Sense of community and its relationship with walking and neighborhood design[J]. Social science & medicine, 2010, 70: 1381-1390.

[22] French DP, Olander EK, Chisholm A, et al.Which behaviour change techniques are most effective at increasing older adults' self-efficacy and physical activity behaviour? A systematic review[J]. Annals of behavioral medicine: a publication of the Society of Behavioral Medicine, 2014, 48: 225-234.

[23] Hickman P. "Third places" and social interaction in deprived neighbourhoods in Great Britain[J]. Journal of Housing and the Built Environment, 2012, 28: 221-236.

[24] Powell LM, Bao Y.Food prices, access to food outlets and child weight[J]. Economics and Human Biology, 2009, 7: 64-72.

[25] Crawford DA, Timperio AF, Salmon JA, et al.Neighbourhood fast food outlets and obesity in children and adults: The CLAN Study[J]. International Journal of Pediatric Obesity, 2008, 3: 249-256.

[26] Wrigley N. 'Food Deserts' in British Cities: Policy Context and Research Priorities[J]. Urban Studies, 2002, 39: 2029-2040.

[27] Kent JL, Thompson S.The Three Domains of Urban Planning for Health and Well-being[J]. Journal of Planning Literature, 2014, 29: 239-256.

[28] Walker RE, Keane CR, Burke JG.Disparities and access to healthy food in the United States: A review of food deserts literature[J]. Health & place, 2010, 16: 876-884.

[29] Davis B, Carpenter C.Proximity of Fast-Food Restaurants to Schools and Adolescent Obesity[J]. American journal of public health, 2009, 99: 505-510.

[30] 于一凡, 胡玉婷.社区建成环境健康影响的国际研究进展——基于体力活动研究视角的文献综述和思考[J].建筑学报, 2017, 2: 33-38.

李继军 上海同济城市规划设计研究院教授级高级规划师，上海市专家委员会专家委员，高密度人居环境研究中心特聘研究员，中国城市科学研究会健康城市专业委员会委员
胡玉婷 上海同济城市规划设计研究院规划师

新冠肺炎疫情下城市人口流动性的管控

—— 基于大数据的舆情挖掘与防疫政策评估

2020 年 4 月 27 日   谢 波 王 潇

1 引言

2020 年 1 月 23 日，武汉市因新型冠状病毒肺炎疫情全面封城。一个千万人口规模、高密度、高流动性的特大城市，一切城市生活、工作和交通功能陷入停滞，城市经济、社会赖以生存的人口和资源流动被严格管控，给城市居民带来了生活、工作、交通和就医等多方面的困境和挑战。尽管在党中央、各地方部门的全面支援下，湖北省、武汉市的新冠肺炎疫情得到了有效的控制。然而，在疫情初期，地方政府防疫指挥部门、公共卫生机构、社区及物业在人口流动性管控中暴露出一定问题，涉及公共卫生预警机制、疫情防控决策模式、新冠肺炎的诊疗方式、居家隔离模式与社区管理模式。我们需要秉持"以人为本"的思想将"自上而下"的政策制定与"自下而上"的舆情监控结合起来，科学合理地制定新冠肺炎疫情的防控政策与措施。因此，如何深入认识新冠肺炎病毒的传播机理及其对人口流动性管控的影响，如何精准评价城市人口流动性管控措施实施的有效性，如何切实可行地推动决策部门在第一时间掌握市民真实的疫情现状，是亟需深入思考和亟待解决的重大问题。然而，由于政府公开数据类型和层次的有限性，公众难以全面获得社区疫情信息和生活现状的精准数据。大数据平台，充分集合了政府公开数据、互联网客户端、新闻媒体等多元数据，为政府有效监控舆情，为公众提供一条"自下而上"的信息反馈渠道，并指导疫情防控具有重要意义。本文采用大数据监测、预警和分析平台——新浪舆情通，围绕关键词"新冠肺炎 | 新型冠状病毒 | 新冠 | NCP | SARS-CoV-2 |"，在精准地域设置为"武汉"，搜索行业设置为"医疗"的基础上，对 2020/01/24 00：00-2020/02/29 23：59 期间舆情通采集到的 367522 条新冠肺炎患者信息，以新冠肺炎患者、医疗资源、社区居民等的流动性为切入点，对政策文件、医疗资源和患者求助信息展开实施评价、数据挖掘和问题分析，并思考疫情发展后期城市人口流动性的管控措施。

2 新型冠状病毒的传播机理及与人口流动性的关系

2.1 传染性疾病的一般特征、传播过程及影响因素

新型冠状病毒肺炎是一种由 2019 新型冠状病毒（COVID-19）感染引起的急性呼吸道传染病，目前其致病机理和传播机理还未得到科学证实。然而，从流行病学和医学地理学关于传染性疾病的研究中，我们能够发现它的一般特征、传播机理及影响因素。

传染性疾病是指传播速度快、波及范围广和能在较短的时间内广泛蔓延并感染众多人口的疾病[1-3]，严重时可引发洲际性、全球性的传染病大流行[4]。当前，包括流感、冠状病毒在内的动物传染病发病率大幅上升，并以人畜共患病（60%）为主，其中大多数（72%）起源于野生动物（动物感染突破物种屏障感染人类）[5, 6]。典型传染性疾病包含天花、黑死病、麻疹、流感、耐多药结核病、脑膜炎、霍乱、艾滋病、中东呼吸综合征（MERS）、重症急性呼吸综合征（SARS）和 COVID-19 等[7-16]。传染性疾病的发病率和死亡率因自然、社会经济条件和个体因素而异。自然因素方面，气候温暖、长期干旱的地区有利于疾病传播，往往具有较高的发病率和死亡率[17]。社会经济因素方面，经济发展水平较高的地区通常医疗水平高、医疗设施完善，传染病死亡率低于落后地区[18, 19]。个体层面主要与年龄、性别及个人健康状况有关，研究表明 COVID-19、禽流感等传染性疾病表现为显著的年龄和性别差异，50 岁以上的男性死亡率最高，儿童或青少年患者相对较少[20-22]；而且，患有慢性疾病的人群，感染传染性疾病后的死亡率相对更高。以 MERS 为例，患有糖尿病、高血压、肾脏疾病、恶性肿瘤等疾病的患者死亡率更高[23]。此外，传染性疾病不仅会造成严重的生理健康后果，还会显著影响城市居民尤其是患者、患者家属以及医护人员的心理健康[24-27]，并对城市经济发展和公共卫生体系带来重大影响[28-30]。

早在 19 世纪末至 20 世纪初，Hedrich[31] 从人口结构视角探究麻疹的发病率和扩散机制，为后续的传染性疾病的地理研究奠定了重要基础。空间传播方面，传染性疾病的扩散方式主要包含邻近扩散和等级扩散。邻近扩散指传染性疾病优先扩散至相邻或相近空间，等级扩散指传染性疾病依托航空网络、高速公路等交通走廊，从城镇体系的高等级中心向同等级或较小中心传播或蔓延的过程[32]。以冠状病毒（MERS、SARS、COVID-19）为例，其扩散过程分为两个阶段，第一阶段一般为疫情初期，特别是在采取严格控制措施之前，以点对点的形式邻近扩散或通过患者流动随机传播到新的地区；第二阶段，感染者沿着当地交通路线流动，带来疾病由点及线再到面的网络状扩散[33]。个体传播方面,传染性疾病的"人传人"现象主要由空气传播、接触性扩散以及引发水污染的人类排泄物为主[34]，而且随着传染病的扩散，食物、苍蝇等也会成为携带病原体的来源[35-37]。不同类型传染性疾病的传播方式具有差异性，例如呼吸道传染病以空气飞沫传播为主[38]，艾滋病以体液接触为主[39]，而 COVID-19 的主要传播途径包含了呼吸道飞沫传播和接触传播。

传染性疾病传播的主要影响因素涉及人口密度、交通网络和医疗设施，人口流动性则发挥了关键中介作用。高人口密度代表人们之间更多的接触机会，它相比于高人口规模更具传染风险并益于疫情扩散[40]。交通网络也对传染性疾病的传播具有重要影响[41-43]。研究表明，航空网络在 SARS 暴发中充当了疾病传播的走廊[44]，国际旅行被视为造成传染性疾病全球传播的主要原因之一[45]。尤其是对于北京、上海、广州和深圳等拥有大量出入境旅客的全球性交通枢纽城市，不仅存在城市内部"人传人"风险，航空网络还大幅度增加了城市间的人口流动性和病毒传播[46, 47]。其次，高速公路在传染性疾病的邻近扩散中起到了重要作用，主要原因在于公共交通工具的空间拥挤和环境封闭，导致了传染性疾病的邻近扩散和对外传播[48]。此外，医院作为救治病人和控制疾病蔓延的主要公共设施，高频率的患者接触环境使得医生存在传染性疾病的高暴露风险[48, 49]。

2.2 呼吸道传染性疾病的预防与管控

呼吸道传染性疾病的预防和管控，主要涉及个体、社区、医院和出入境管理四个方面。首先，个体防控方面应实施学校停课、企业停工和交通管制等规定，强制居民隔离在家以减少不必要的流动[50]。政府应当建立有效的现代危机管理体系和快速反应机制，发挥法律对社会无序状态或是紧急状态的防范和矫正功能[51, 52]；其次，政府部门还应当加强居民防治宣传，宣传呼吸道传染疾病的病因、传播方式和预防措施，倡导室内定时通风换气、保持室内干净卫生并定期消毒[22]，培养居民养成佩戴口罩和保持良好的手部卫生的习惯[53]。研究表明，佩戴口罩可减少 70% 的户外传播风险[54]。社区防控方面，预防和控制呼吸道传染疾病的关键在于尽早发现疑似病例并将其隔离。在症状初期阶段呼吸道传染疾病的传播风险相对较低，及时追踪和隔离接触者能够有效控制疾病的传播[55]。具体而言，运用现代信息技术指派医疗卫生人员获取病例详细的流行病学信息（年龄、性别、种族、国籍、职业、与疑似病例接触日期和发病情况、旅行和运动史等），追踪感染源头并严格控制野生动物市场[56]，开展密切接触者的追踪、疾病风险评估与及时隔离监测等工作[50]，能够有效防控社区疫情传播。医院防控方面，相关研究指出在疾病传播过程中，医院和医护人员往往是较大的感染源之一[49]。因此，早期隔离疑似患者对于预防医院内疾病传播十分关键[57]，患者一旦确诊应立即采取进一步的隔离和监测措施，包括对医院病房进行严格的分区（污染区、清洁区和半污染区）并设置缓冲地带；对患者使用过的仪器设备等进行严格消毒，避免交叉感染和院内感染的发生；对于与其接触的医护人员及家属，需严格消毒并给予药物预防[22]。边境防控方面，实施严格的出入境管理措施是有效防控外来疾病输入的重要手段。首先，在必要情况下禁止前往疫情发展严重的国家或地区；其次，对入境旅客严格体检并发出卫生警报，提醒其自我观测相应症状并及时就医；对于疑似病例旅客，及时就近转移、进一步评估和实施必要隔离与治疗，将输入性病例的风险降至最低[58, 59]。

综上所述，新型冠状病毒具有传播速度快、波及范围广和感染人群规模大的特点，该病毒的传播方式表现为人口流动带来的人与人近距离密切接触所导致的病毒传播与扩散，如未采取有效防控措施，将会沿着交通网络并朝向人口高密度地区由邻近扩散演化为等级扩散甚至全球流动。因此，新冠肺炎病毒的防控应着眼于"人口流动性"管控，积极开展个体、社区、医院和出入境的防护以阻断病毒的传播途径。

3 新冠肺炎疫情下我国城市人口流动性的管控问题

"人口流动性"管控是有效遏制新冠肺炎疫情快速发展的重要手段，相关防疫政策的制定需要统筹兼顾患者、医生、社区居民等人群的需求，严格控制和引导人口和资源的流动。然而，在疫情初期地方部门防疫政策的制定缺乏对人口流动性的严格管控，亟需我们结合"自下而上"的舆情信息对防疫措施展开评估，深入挖掘新冠肺炎疫情下面向不同社会群体的流动性管控措施中存在的问题，为未来防疫政策制定提供决策依据。

3.1 新冠肺炎患者的就医流动性

3.1.1 公共交通管制带来了患者就医的困境

武汉市封城采取了严格的交通管制措施，1月23日，城市公交、地铁、轮渡和长途客运暂停运营（《武汉市新冠肺炎疫情防控指挥部通告第1号》）；1月24日，全市网约出租车停止运营，巡游出租车实行单双号限行（《武汉市新冠肺炎疫情防控指挥部通告第5号》）。尽管公共交通设施的停摆限制了市民流动，有助于疫情控制；然而，社区为新冠肺炎疑似患者配套的交通工具较为缺乏，一定程度限制了患者的就医行为，不利于疫情防控。

3.1.2 早期医疗资源不足导致患者确诊存在一定困难

1月20日至2月11日期间，官方统计的新冠肺炎患者开放床位显著高于确诊患者人数，而大数据显示新冠肺炎求助患者的确诊时间集中在11天，且在2月4日求助患者人数达到了高峰，反映出该阶段疑似患者数量的快速增长，并已超出确诊入院患者数量（图1）。主要原因在于早期核酸试剂缺乏，导致一部分CT疑似患者未能纳入确诊病例。因此，早期对患病人群的预测不足，使得床位供给与患者需求错位，部分疑似患者存在频繁就医流动的行为，给新冠病毒的防控带来了严峻挑战。

3.2 医疗资源配置与新冠肺炎患者需求的匹配

3.2.1 集中隔离方式相比于居家隔离能够更有效控制疫情

为了应对发热门诊存在新冠肺炎疑似患病人数剧增、等候时间长和床位安排不及时等问题，《武汉市新冠肺炎疫情防控指挥部通告第7号》制定了"发热市民分级分类就医"的政策，主要包括三类：第一，已确定或高度疑似的新冠肺炎患者由市卫健委负责入院治疗；第二，疑似的发热病人留在发热门诊留滞观察，该类群体往往是CT

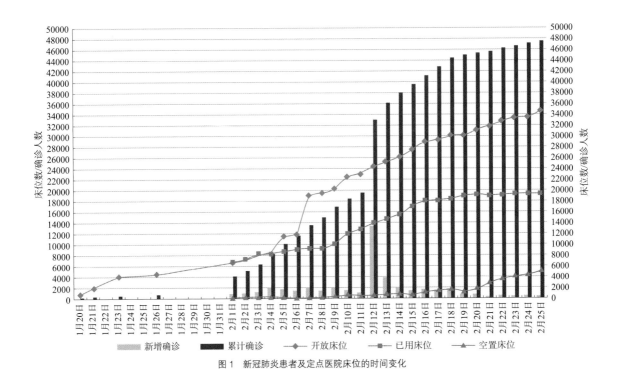

图 1　新冠肺炎患者及定点医院床位的时间变化

疑似患者，缺少核酸试剂检测，难以入院且大多数返回住所等待核酸检测；第三，发热情况较轻，还不能确定为疑似的病人在指定地点隔离观察。由于早期集中隔离点数量较少，疑似患者采取居家隔离方式。而新浪舆情平台显示，76% 的新冠肺炎求助患者采取了居家隔离方式（图2），且41% 的患者造成了家庭感染。回顾医疗政策制定的过程，2月2日的《武汉市新冠肺炎疫情防控指挥部通告第10号》采取社区落实居家隔离的方式，并在2月4日连续出台多项政策推行"集中隔离所有疑似病例"的措施，床位不足的问题逐渐得到解决，新冠肺炎求助患者的数量也显著减少（图3）。

3.2.2　医疗资源的分区管控需要与患者的床位需求匹配

2月12日，武汉市实行"三量管控"政策，即"控增量、减存量、防变量"，并为了严格控制患者的流动，采取了"就近诊疗，严禁跨区域"的政策禁止病人跨区就诊（《武汉市新冠肺炎疫情防控指挥部通告第11号》）。从长远来看，随着后期方舱医院的大规模建设和床位数的增加，实现了各区域床位供给与需求的平衡，对于有效管控患病人群及其流动发挥了重要作用。然而，该模式需要考虑医疗资源的空间差异性带来的患者收治问题。图4显示，2月12日，武汉市13个行政区的床位规模存在较大差异，其中位于远城区

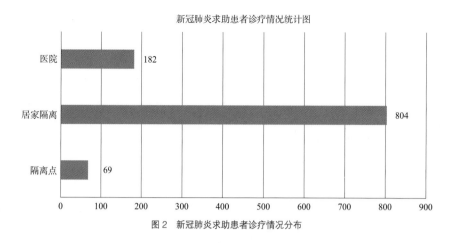

新冠肺炎求助患者诊疗情况统计图

图 2　新冠肺炎求助患者诊疗情况分布

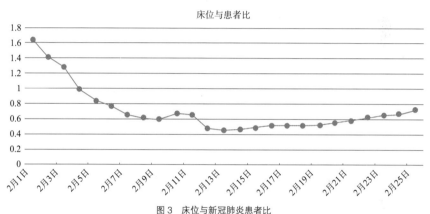

床位与患者比

图 3　床位与新冠肺炎患者比

的蔡甸区的床位数最多，中心城区武昌区的患病人群规模最高，而床位数仅排第 3。床位的空置率方面，全市空床位数量达到 645 个，11 个行政区仍有富余床位；其中汉阳区的床位空置率最高，达到 17.27%。另外，该日确诊患者与开放床位仍存在一定差距。床位紧缺与床位空置的并存现象，充分说明了"严禁跨区域就诊"政策需要考虑区域医疗资源的空间不均衡配置，实现新冠肺炎患者床位的统筹安排。

3.3　社区居民流动性的管控

3.3.1　早期小区封闭措施执行不严格导致居民流动性缺乏有效管控

2020 年 2 月 10 日，《武汉市新冠肺炎疫情防控指挥部通告第 12 号》采取严格措施，对全市范围内所有住宅小区实行封闭管理。此前，武汉市居住小区的封闭管理措施不严格，导致小区居民为了满足基本生活需求，频繁出行于超市、菜场等公共场所，人口流动给疫情防控带来了不利影

定点医院床位情况

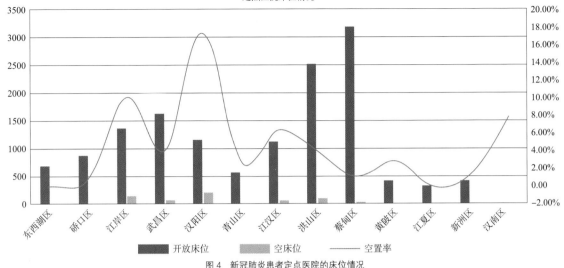

图4　新冠肺炎患者定点医院的床位情况

响。尽管在2月15日武汉市出台《新冠肺炎疫情防控指挥部明确住宅小区封闭管理主要措施》，对住宅小区一律实行封闭管理。然而在2月15至16日，大数据平台搜索"武汉 | 小区封闭管理 | 超市购物 | 交通出行"的微博、微信、新闻、图片和视频等信息发现，小区居民仍然能够正常购物甚至机动车出行；直至2月17日，该政策才得以全面实施。该时段新增确诊患病人数呈现快速增长，并在12日突破万人（图5）；由于2月4日，武汉市全面实施了新冠肺炎患者的集中隔离与收治工作，杜绝了就医流动带来的疾病传染。因此，早期小区封闭管理的缺位是导致新冠肺炎患者快速增长的主要因素之一，暴露出大城市基层社区治理能力薄弱的严峻问题。一方面，普遍存在人口高密度发展与社区管理人员配备不足的矛盾，导致社区服务的低效管理；以及社区管理未能形成与居民的良性互动，制约了基层社区治理能力的提升。另一方面，大数据平台显示居民普遍反映小区早期缺乏消毒、体温监测等防控措施，暴露出小区物业作为市场运作的主体在应急管理方面难以实现公共资源有效配置的问题。此外，小区物业对于社区政策的落实存在时间滞后性和操作弹性，导致小区封闭管理措施难以全面、及时和有效地实施。

3.3.2　生活物资流通性不足难以保障社区居民的基本生活服务

2月18日，武汉市出台第14号令，采取"无接触投递"的方式鼓励居民网上购物，方便市民居家生活，并出台了多项措施保障民生需求，然而政策实施缺乏与市场的有效衔接，并在物流成本和人力成本翻倍增长的推动下导致了物价的快速上涨。通过大数据平台搜索"小区封闭 | 买菜 |

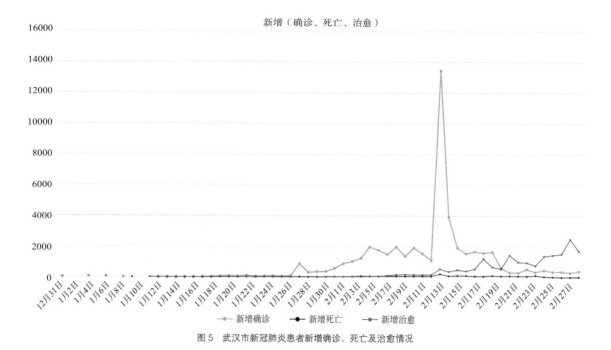

图 5　武汉市新冠肺炎患者新增确诊、死亡及治愈情况

生活物资"，出现的高频关键词主要为：菜价高、品种单一、爱心菜以及慢性病药缺乏。因此，生活物资供给的流通性不足、民生保障措施的滞后，导致了"小区封闭"政策难以有效实施和居民生活服务缺乏保障。

3.4　舆情信息的流动性

疫情防控初期，新冠肺炎患者快速增长，"自上而下"的防疫政策制定难以满足"自下而上"的居民需求反馈，根本原因在于大数据平台的开放性受阻，导致舆情信息难以及时有效地反馈。互联网平台关于新冠肺炎患者的信息发布包括微博、客户端、微信、网站、论坛、新闻、报刊、博客、政务等多种渠道，然而仅有新浪微博平台的"肺炎患者求助（超话）"能够开放获取。集合了 11 类信息渠道的"新浪舆情"平台，即使 VIP 付费用户的每天数据获取量也不能超过 5 千条，与每日各类平台数万条的新冠肺炎患者求助信息相距甚远，导致政府部门和社会群体难以通过大数据平台全面获取患者信息并辅助防疫政策制定。

通过运用大数据平台"舆情通"，收集微博、微信朋友圈、新闻和报刊等 11 个渠道的互联网数据，从新冠肺炎患者角度审视疫情的发展过程。自 2020 年 1 月 24 日武汉市封城以来，互联网关于"新冠肺炎 I 新型冠状病毒 I 新冠 INCPISARS-CoV-2I"的求助信息呈现高速增长趋势，平均日求助及转发量超过1万条，并在2月9日达到了最高峰41637条。该时段内，新冠肺炎患者求助信息出现了三次波峰，分别是2月4日的第一次高峰（32345条），2月9日至2月12日的最高峰段（平均4万条），以及2月20日的最后一次高峰（23825条），此后求助患者数量显著下降（图6）。对比官方统计的确诊患者数据，大数据所显示的患者增长趋势与其保持了一致性，充分反映了舆情信息对于"自下而上"引导防疫政策的制定与实施反馈具有重要意义。

4 新冠肺炎疫情下城市流动性管控的思考

新冠肺炎疫情的暴发在早期给武汉市民带来了巨大困境，既有新冠肺炎患者就医困难、缺少交通工具、生命垂危的求助，以及医护人员防护物资缺乏、吃饭难和通勤难的困境，也有普通市民生活物资缺乏、生活窘迫和心理问题加剧的问题。为了科学制定防疫政策，合理有效地控制和引导"人口流动性"，首先，关于人口和资源的"流动性"管控需要分清对象，在保障新冠肺炎患者

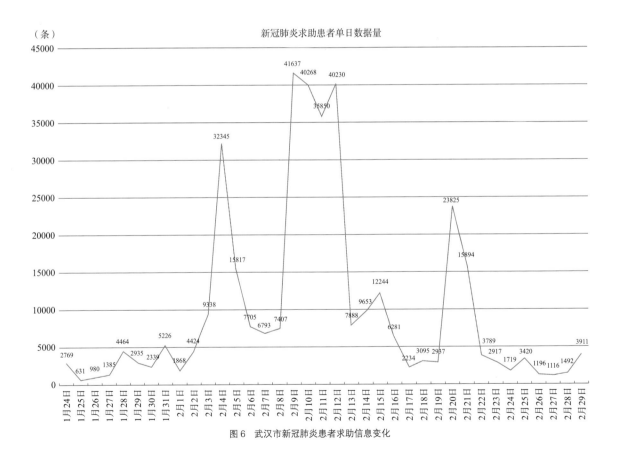

图6 武汉市新冠肺炎患者求助信息变化

集中诊治的基础上，加强小区封闭管理，严控居民流动性，并通过促进社会保障和生活物资的流动性解决居民生活困难的问题；其次，疫情防控需要社会多方力量的参与，充分利用大数据平台构建互联网舆情信息的反馈机制辅助防疫政策的制定。尤为重要的是，防疫工作需要以公共卫生部门的决策为导向，确保各层级部门（包括市区指挥部—街道—社区）之间患者信息、诊疗结果的衔接通畅，促进患者的就医流动性。此外，为了解决社区治理能力不足的问题，不仅需要进一步推动党员下基层和社区志愿者服务工作，还需要建立社区—志愿者—物业的议事规则，提高社区支援服务的效率。当前，面向大量新冠肺炎患者出院的形势，加强以患者心理辅导为核心的社区服务工作，积极开展社区居民科学的公共卫生防疫知识的教育工作，避免对新冠肺炎患者的"污名化"，是未来疫情防控的关键。

感谢疫情期间，武汉大学 2016 级城乡规划专业的陈曦睿、陈树林、凌昌隆、李昕卓、赵浪、段云生、王德凯和姚瑶同学在舆情数据整理工作中做出的积极贡献！同时，感谢新浪舆情通的张青为本研究提供的数据和技术支持！

参考文献

[1] MORSE S S. Factors in the emergence of infectious diseases [M]. Plagues and politics. Springer, 2001：8–26.

[2] ROBINSON M C. An epidemic of virus disease in Southern Province, Tanganyika territory, in 1952–1953 [J]. Transactions of the Royal Society of Tropical Medicine and Hygiene, 1955, 49（1）：28–32.

[3] YANAGAWA H, NAKAMURA Y, KAWASAKI T, et al. Nationwide epidemic of Kawasaki disease in Japan during winter of 1985–86[J]. The Lancet, 1986, 328（8516）：1138–1139.

[4] MOORE P, SCHWARTZ B, REEVES M, et al. Intercontinental spread of an epidemic group A Neisseria meningitidis strain [J]. The Lancet, 1989, 334（8657）：260–263.

[5] JONES K E, PATEL N G, LEVY M A, et al. Global trends in emerging infectious diseases [J]. Nature, 2008, 451（7181）：990–993.

[6] 钟南山，李兰娟，曾光，等. 权威指导 专家有话说 [J]. 今日科技，2020, 02：55–56.

[7] KENNEDY D H, FALLóN R J. Tuberculous meningitis[J]. Jama, 1979, 241（3）：264–268.

[8] ELLNER J J, BENNETT J E. Chronic meningitis [J]. Medicine, 1976, 55（5）：341–369.

[9] CAPASSO V, PAVERI–FONTANA S. A mathematical model for the 1973 cholera epidemic in the European Mediterranean region [J]. Revue d'épidémiologie et de Santé Publiqué, 1979, 27（2）：121–132.

[10] FINKELSTEIN R A, FEELEY J C. Cholera[J]. CRC Critical reviews in microbiology, 1973, 2（4）：553–623.

[11] MORRIS JR J G, BLACK R E. Cholera and other vibrioses in the United States[J]. New England Journal of Medicine, 1985, 312（6）：343–350.

[12] HOUSTON C S, HOUSTON S. The first smallpox epidemic on the Canadian Plains：in the fur–traders' words[J]. Canadian Journal of Infectious Diseases and Medical Microbiology, 2000, 11（2）：112–115.

[13] POTTER C W. A history of influenza[J]. Journal of applied microbiology, 2001, 91（4）：572–579.

[14] KOHN G C. Encyclopedia of plague and pestilence：from ancient times to the present [M]. Infobase Publishing, 2007.

[15] A/H5 W C O T W H O C O H I. Avian influenza A（H5N1）infection in humans [J]. New England Journal of Medicine, 2005, 353（13）：1374–1385.

[16] ORGANIZATION W H. Novel Coronavirus（2019–nCoV）：situation report, 3 [J]. 2020.

[17] HUGH–JONES M, WRIGHT P. Studies on the 1967–8 foot–and–mouth disease epidemic：the relation of weather to the spread of disease [J]. Epidemiology & Infection, 1970, 68（2）：253–271.

[18] WOOD W B. AIDS North and South：Diffusion patterns of a global epidemic and a research agenda for geographers[J]. The Professional Geographer, 1988, 40（3）：266–279.

[19] PYLE G F. Measles as an urban health problem: the Akron example[J]. Economic Geography, 1973, 49（4）: 344-356.

[20] DUDLEY J P, MACKAY I M. Age-specific and sex-specific morbidity and mortality from avian influenza A（H7N9）[J]. Journal of Clinical Virology, 2013, 58（3）: 568-570.

[21] YANG Y, LU Q, LIU M, et al. Epidemiological and clinical features of the 2019 novel coronavirus outbreak in China [J]. medRxiv, 2020.

[22] 韦雪芳. 呼吸道传染疾病的预防与控制 [J]. 现代诊断与治疗, 2017, 28（15）: 2853-2855.

[23] BANIK G R, ALQAHTANI A S, BOOY R, et al. Risk factors for severity and mortality in patients with MERS-CoV: analysis of publicly available data from Saudi Arabia[J]. Virologica Sinica, 2016, 31（1）: 81-84.

[24] BAO Y, SUN Y, MENG S, et al. 2019-nCoV epidemic: address mental health care to empower society [J]. The Lancet, 2020.

[25] SHULTZ J M, BAINGANA F, NERIA Y. The 2014 Ebola outbreak and mental health: current status and recommended response [J]. Jama, 2015, 313（6）: 567-568.

[26] 樊富珉. SARS 危机干预与心理辅导模式初探 [J]. 中国心理卫生杂志, 2003, 17（9）: 600-602.

[27] 袁彬, 刘钰. SARS 患者的心理问题及护理措施 [J]. 中华护理杂志, 2003, 38（6）: 418-419.

[28] FAN E X. SARS: economic impacts and implications [J]. 2003.

[29] MORENS D M, FOLKERS G K, FAUCI A S. The challenge of emerging and re-emerging infectious diseases[J]. Nature, 2004, 430（6996）: 242-249.

[30] 朱迎波, 葛全胜, 魏小安, 等. SARS 对中国入境旅游人数影响的研究 [J]. 地理研究, 2003, 22（5）: 551-559.

[31] HEDRICH A W. The Corrected Average Attack Rate from Measles among City Children [J]. American Journal of Hygiene, 1930, 11: 576-600.

[32] PYLE G F. The diffusion of cholera in the United States in the nineteenth century[J]. Geographical Analysis, 1969, 1（1）: 59-75.

[33] CAO W-C, DE VLAS S J, RICHARDUS J H. The severe acute respiratory syndrome epidemic in mainland China dissected [J]. Infectious disease reports, 2011, 3（1）.

[34] 周海青, 郝春, 邵霞, 等. 中国人口流动对传染疾病负担的影响及应对策略: 基于文献的分析 [J]. 公共行政评论, 2014, 7（4）: 10.

[35] BUSVINE J R. Insects and hygiene [M]. Insects and Hygiene. Springer. 1980: 1-20.

[36] BENENSON A S. Control of communicable diseases in man [M]. American Public Health Association, 1981.

[37] 刘冬平, 肖文发, 陆军, 等. 野生鸟类传染性疾病研究进展 [J]. 生态学报, 2011, 31（22）: 6959-6966.

[38] WEI J, LI Y. Airborne spread of infectious agents in the indoor environment [J]. American Journal of Infection Control, 2016, 44（9）: S102-S108.

[39] KARPAS A. Origin and spread of AIDS [J]. Nature, 1990, 348（6302）: 578.

[40] MENG B, WANG J, LIU J, et al. Understanding the spatial diffusion process of severe acute respiratory syndrome in Beijing [J]. Public Health, 2005, 119（12）: 1080-1087.

[41] CAUGANT D A, FRøHOLM L O, BøVRE K, et al. Intercontinental spread of a genetically distinctive complex of clones of Neisseria meningitidis causing epidemic disease [J]. Proceedings of the National Academy of Sciences, 1986, 83（13）: 4927-4931.

[42] BAROYAN O, GENCHIKOV L, RVACHEV L, et al. An attempt at large-scale influenza epidemic modelling by means of a computer[J]. Bull Int Epidemiol Assoc, 1969, 18（22-31）: 107.

[43] RVACHEV L A, LONGINI JR I M. A mathematical model for the global spread of influenza [J]. Mathematical biosciences, 1985, 75（1）: 3-22.

[44] PEIRIS J, GUAN Y. Confronting SARS: a view from Hong Kong [J]. Philosophical Transactions of the Royal Society of London Series B: Biological Sciences, 2004, 359（1447）: 1075-1079.

[45] WILDER-SMITH A. The severe acute respiratory syndrome: impact on travel and tourism [J]. Travel medicine and infectious disease, 2006, 4（2）: 53-60.

[46] WU J T, LEUNG K, LEUNG G M. Nowcasting and forecasting the potential domestic and international spread of the 2019-nCoV outbreak originating in Wuhan, China: a modelling study[J]. The Lancet, 2020, 395（10225）: 689-697.

[47] 耿梦杰, 任翔, 王丽萍, 等. 中东呼吸综合征疫情由韩国传入中国不同城市风险的回顾性评估与探讨 [J]. 科学通报, 2016, 9: 1016-1024.

[48] FANG L Q, DE VLAS S J, FENG D, et al. Geograp-hical spread of SARS in mainland China [J]. Tropical Medicine &

International Health, 2009, 14: 14-20.

[49] AFFONSO D D, ANDREWS G J, JEFFS L. The urban geography of SARS: paradoxes and dilemmas in Toronto's health care [J]. Journal of Advanced Nursing, 2004, 45(6): 568-578.

[50] GOH K-T, CUTTER J, HENG B-H, et al. Epidemiology and control of SARS in Singapore [J]. Annals-Academy of Medicine Singapore, 2006, 35 (5): 301.

[51] 薛澜, 张强. SARS 事件与中国危机管理体系建设 [D]. 2003.

[52] 薛澜, 张强. SARS 事件与中国危机管理体系建设 [J]. 清华大学学报, 2003 (4): 1-6.

[53] CHENG V C, CHAN J F, TO K K, et al. Clinical management and infection control of SARS: lessons learned [J]. Antiviral research, 2013, 100 (2): 407-419.

[54] WU J, XU F, ZHOU W, et al. Risk factors for SARS among persons without known contact with SARS patients, Beijing, China [J]. Emerging infectious diseases, 2004, 10 (2): 210.

[55] PEIRIS J S M, CHU C-M, CHENG V C-C, et al. Clinical progression and viral load in a community outbreak of coronavirus-associated SARS pneumonia: a prospective study [J]. The Lancet, 2003, 361 (9371): 1767-1772.

[56] ZHONG N. Management and prevention of SARS in China [J]. Philosophical Transactions of the Royal Society of London Series B: Biological Sciences, 2004, 359 (1447): 1115-1116.

[57] CHOWELL G, FENIMORE P W, CASTILLO-GARSOW M A, et al. SARS outbreaks in Ontario, Hong Kong and Singapore: the role of diagnosis and isolation as a control mechanism [J]. Journal of theoretical biology, 2003, 224 (1): 1-8.

[58] WILDER-SMITH A, GOH K T, PATON N I. Experience of severe acute respiratory syndrome in Singapore: importation of cases, and defense strategies at the airport[J]. Journal of Travel Medicine, 2003, 10 (5): 259-262.

[59] BELL D M. World Health Organization Working Group on prevention of international and community transmission of SARS[J]. Public health interventions and SARS spread, 2003: 1900-1906.

谢　波　武汉大学城市设计学院城乡规划系博士、副教授
王　潇　武汉大学城市设计学院城乡规划系硕士研究生

公共健康与安全视角下的老旧小区改造

2020 年 4 月 29 日　　阳建强

城市化极大地促进了人类文明的发展与进步，使人们的生活变得更美好，同时也时时面临"城市病"的威胁，存在众多的城市安全隐患。英国的经济史学家哈孟德夫妇把英国工业革命之后由于城市爆炸而产生的一系列问题称之为"迈达斯灾祸"（Curse of Midas），《中国大百科全书（第二版）》定义城市病（Urban Pathologies）为：发生在城市社区中，由城市生活、就业压力和环境恶化等产生的各种心理混乱、社会冲突、生态失调、反社会行为等问题的总称。20 世纪末期，英国医学杂志《柳叶刀》曾报道：城市化的畸形发展使城市成为致命病毒的温床，引起了流感、病毒性肝炎和登革热的大规模流行。世界卫生组织（WHO）也发出警告，"人类和传染性疾病病原体仅处于两军对峙的停战状态，只要城市的基础设施崩溃，这个平衡随时都会改变"[1]。2003 年 SARS 的肆虐横行，直接影响了我国二十多个省市，特别是在广州、北京等特大城市中，非典型性肺炎危害之深令人触目惊心。17 年后，突如其来的新型冠状病毒肺炎突发事件又一次打破了人

们平静的生活，严重危及人的生命，给城市发展和安全健康再次敲响警钟。如何树立"以人为本"和"生命至上"的价值观，遵循城市生命有机体的自然发展规律和基本原则，建设一个真正生态、健康、安全和美好的城市，值得我们深刻反思。老旧小区作为城市的最基本生活单元，也是城市最脆弱的地区，普遍存在人口密度高、老龄化现象严重、人口构成复杂、市政公用设施落后、安全设施严重不足、公共活动空间缺乏、道路拥挤狭窄、用地布局混乱和环境质量恶劣等问题。急需我们回归居住环境的初衷和生活质量的保障，基于世界卫生组织提出的健康城市理论，从公共安全与健康视角重新审视老旧小区改造状况，提出需要加强和改进的规划建议。

1　居住环境公共健康与安全的基本要素

一个健康的城市应具有高质量的、安全的居住环境，拥有目前稳定、长期可持续发展的生态系统，应在水的供给、卫生设施、营养、食品安全、

卫生服务、住房条件、工作条件等方面满足所有居民的基本需求，同时有适合公众健康和病残护理服务的最适宜标准，以使所有人均可从中获益。具体而言，居住环境公共健康与安全的基本要素主要体现在生态、安全、方便、宜居等方面。

1.1 生态

在居住社区建设和使用过程中，需要充分尊重自然环境，延续原有自然生态系统，合理地对土地资源、水资源、生物资源进行最佳利用，尽量减少能耗、减少排放、利用清洁能源，营造人与自然和谐的生态环境。基础设施的生态性要求对于可再生能源应加以处理促使其循环使用，对于不可再生能源应积极提高其使用效率。以水资源的使用为例，减少家庭和商业部门不必要的纯净水供应（洗涤用水、卫生洁具用水等）可以减少淡水资源的消耗；鼓励雨水和洗涤用水的收集、处理以及循环使用。居住环境的生态性主要体现在室内环境与室外环境两个方面。就室内环境来说，住区通过合理地规划布局和功能分区，可以达到改善建筑朝向、增加采光率、有效通风等效果，通过建筑设计中先进技术的应用，增加室内环境的生态性能。就室外环境来说，要保持住区内部的高差变化、周边水域的水文条件、植被覆盖情况等自然特性，并有效促使其生态特性的平衡发展。

1.2 安全

确保人的生命、身体、财产、活动和机能等的安全性是居住环境中重要的健康影响因素。居住环境安全性可以分为两类：一类是日常安全性，包括对防范性、交通安全性，以及其他生活中危险的安全性等；另一类是灾害安全性，包括对洪涝、地震等自然灾害引发的灾害，以及人类活动密集地区由人为因素引发的火灾等情况下的安全性[2]。随着小汽车数目的增加，交通的日常安全性日益成为威胁居民安全的主要隐患，内部道路网的设计以及道路环境在预防道路交通事故方面具有重要作用。对于瘟疫、火灾、洪涝灾害、地基灾害、地震灾害及城市性灾害等，甚至还包括一些突发的传染性强的疫情灾害，可采取划定灾害危险区域、将危险区与居住区域相隔离、加强生命线的整治程度、提高灾害控制能力以及确保避难空间等措施。另外，住区应遵循消防、人防以及防灾规划的要求进行规划布局、设置相应设施，考虑物业管理、安全防卫需要，采取恰当而必要的门禁和公安监视技术。

1.3 方便

居住环境的方便程度主要涉及"日常生活的便利性""各种设施的便利程度""交通设施的便利性"和"社会服务的便利性"[5]。便利性的影响因素包括接近设施的程度（与设施之间的距离）、设施的丰富程度（设施的密度、占地面积、种类等）、某种服务的利用可能性（宽带入户装置等）等方面。住区承载着居民的日常生活，除了提供适用的住房外，住区应该能够提供满足居民日常生活的交通方式、公共设施以及户外环境，倡导公交出行、步行友好环境，为居民日常购物、上学、交往、文化体育活动、休闲漫步等活动提供方便。2018 年新发布的《城市居住区规划设计标准》GB 50180—2018，根据居民在合理步行距离内满足基本生活需求的原则，分为十五分钟生活圈居住区、十分钟生活圈居住区、五分钟生活圈居住区及居住街坊四级，其目的在于强调公共设施服务的步行可达和方便。

1.4 宜居

宜居的居住社区首先应建立在生态、安全、卫生和健康的基础上，它们是宜居社区的基本保障；其次优美的人居环境、多样的公共空间和完善的公共设施等对居住社区也是非常重要的。需要在尊重气候及地形地貌等自然环境条件基础上，确立人与环境间的协调关系，通过人工的力量创造更好的景观环境；需要通过不同层次的公共空间来构成居住社区丰富的空间系统，为居民提供交往与分享的生活舞台，塑造多色彩、多情调的公共生活气氛。完善的城市公共设施是居民公共活动得以实现的重要物质基础，需要关注与生活直接相关的生活服务和市政公用基础设施。

此外，还需要加强社区邻里防范、社区治安管理、社区组织管理、社区的组建、管理体制和自治组织的健全等工作，它们对保证居住环境公共健康安全也同样重要。

2 老旧小区存在的健康安全问题与隐患

老旧小区一般建设于 20 世纪 60 至 90 年代期间，由于长期缺乏日常维护和更新，加之当时建设标准普遍偏低，在公共卫生健康与安全方面，存在诸多问题与隐患。

2.1 建筑老化严重，生活条件和居住环境低下

大多数建筑建设时间久远，使用期限将近，且年久失修，存在较大的安全隐患，抵御火灾、地震等自然灾害的能力较差；户均建筑面积偏小，内部设施简陋，缺乏独立的厨卫设施和完善的环卫设施，难以满足人们的现代生活需求；现存老旧小区用地中各种用地性质相互混杂、不同使用功能相互交叉和干扰，存在噪声污染、空气污染以及住区的安全性问题；由于居住拥挤造成的日照时间短、通风性差以及由于建筑材料问题造成的隔声性差、隔热性差等对居民的身体健康产生不利影响。

2.2 市政基础设施落后，城市生命线存在危险

基础设施自身的安全性是保障居民生命安全的重要条件，但许多老旧小区基础设施已过使用期限，存在不健全、不完善、不完备和不达标等情况。具体反映在缺乏持续稳定的供水供电系统、必要的排污管道与自用排污设施、缺少垃圾收集设施、缺少必要的防灾安全设施、缺乏社区卫生服务设施等，这些基础设施的短缺、超负荷以及不完备状况，给当地居民的生活带来严重的影响，更重要的是直接关系到老旧小区的抗灾能力，给居民带来严重的疾病和灾害威胁的隐患，严重危害居民的身体健康。

2.3 生活服务设施难以保障，公共活动空间不足

老旧小区生活服务设施一般都是自发形成的，存在许多不健康的因素。主要表现在自发形成的

社区服务设施往往缺乏整体性规划，设置分散、布局混乱；服务距离方面难以得到保障，相应的服务设施的内容和面积非常有限，从而引起的生活服务设施不足给居民生活带来困难；现实中由于老旧小区用地紧张，无力提供足够的公共场所与开敞空间，对于居民的身体和心理健康方面都有不同程度的影响。

2.4 人口构成复杂，存在较为严重的老龄化现象

由于老旧小区功能设施衰退和环境品质下降，经济条件较好的家庭或有能力的年轻人通常会在城区购买商品房，留存在老旧小区内部的主要是一些老龄人口和来城务工的外地临时租住人口，长期以来使得老旧小区出现严重的老龄化现象、居住空间分异等新的问题。加之社区居委会的治理能力相对有限，社区参与和互动缺乏，以及社区发展和管理政策难以获得社区不同阶层居民的一致认同和支持等原因，老旧小区的基层社区在其社会空间结构、利益结构和权力结构方面出现碎片化现象，造成老旧小区基层社区的有效治理难以实现[3]。

3 针对老旧小区公共健康安全的改造规划建议

3.1 充分认识公共健康安全的重要性

安全健康的居住环境是我们生活不可或缺的重要基础，现代城市规划的产生与社会对公共健康的关注直接相关。面临 19 世纪初出现传染性和感染性疾病的健康危机，人们通过改造物质环境来改善城市居民的卫生状况，当时的城市卫生运动可以说是城市规划与公共卫生的最初结合，这一运动主要致力于街道整治与通风处理方面，通过严格的建筑排列、街道清理、街道宽度规范、街道通风以及排水和排污装置的设置，使得曾经混乱的局面得以改善。20 世纪中期以后，公共健康的关注点开始投向更加广阔的领域，迎来"新公共健康"运动，将环境改变（包括自然环境和社会环境）和个人预防措施与适当的治疗性干预结合起来，更加强调了城市规划在健康促进方面的主导作用[4]。

今天，环境权和生命健康权已成为人类所共有的最基本人权，创造一个安全健康的居住环境是城市规划工作者的首要任务，也是人们保持生理健康和心理健康的最基本条件。因此，老旧小区改造应坚持卫生性原则、安全性原则、舒适性原则、多样化原则和生态型原则，根除原有不安全、不卫生和不健康的居住环境，综合考虑日照、采光、通风、防灾、配建设施及管理要求，不断提升居住的物理环境和舒适程度，改善居住区的微环境气候和良好的居住生活环境，创造安全、卫生、健康、舒适和优美的居住生活环境。

3.2 加强公共健康安全的基础设施建设

按照健康性需求和安全性需求，保证维持人们正常生活的供水、供电、供气、电信、采暖、排水、街道房屋管理、垃圾清理等基础设施建设保障，设置有效的灾害应急预警和响应系统，加强安全性和突发事件的应急服务，以及食品卫生监督、疾病预防、污染行业等医疗保健管理。尤其针对老旧小

区内老年人口增多现象，在老旧小区更新中，尊重老年人对交往、健身、娱乐等公共活动的强烈参与愿望，为老年人的生活和社会活动提供适宜的居住、交往游憩等空间场所和无障碍环境，加强老年人养老、健身、医疗等服务设施的建设。

3.3 提高旧住宅的健康安全标准与性能

健康住宅的提供是保障居民健康生活的直接影响因素之一。针对老旧小区住宅设计标准低、居住拥挤、设施破旧等问题，需要按照健康住宅对空气环境、湿热环境、声环境、光环境和水环境等物理环境标准要求，通过对旧住宅的改造设计，有效引入自然通风系统，确保住宅良好通风，防止室内空气污染对人体健康的损害；在室内尽量采用自然采光，防止光污染；注意在安全的饮用水供应、卫生的排污处理、固体废物处理、地表水的排泄、结构的安全性以及个人和家庭内部卫生等方面，提高住宅的健康性能，以能够使人们免受流行病和病毒的感染，保障个人和家庭的安全。

3.4 加强老旧小区的社区自治与管理

作为城市基层灾害救援的重要单元，社区承担着加速社会发育、降低社会风险，促进经济社会协调发展的重任。同时，作为相对独立的地域性社会群体和社会组织，社区还要承担保护辖区内居民不受公共安全事件影响的责任[5]。老旧小区存在人口老龄化、人口贫困化和居民构成复杂等问题，往往没有专门的公共安全应急管理部门，居民自身的保护意识与能力十分有限，以及老旧小区的公共健康安全保障措施、标准以及法律法规不完善。因此，急需将保障居住环境公共安全与健康的基本要素纳入老旧小区改造的规划之中，积极推进针对老旧小区公共安全健康的改造规划标准制定。与此同时，以老旧小区自身需求为推动力，以小区居民为主要参与者，以公众参与、社区自治和多方合作为基础，充分发挥社区的自组织功能，加强与改进老旧小区的公共健康安全管理机构建设，在老旧小区内部社区组织的协调运作下整合资源，加强社区参与、培育互助与自治精神，增强社区成员凝聚力，提高老旧小区社区自治与管理能力。

全文请见《北京规划建设》2020年第2期。

参考文献

[1] 万艳华. 面向21世纪的人类住区：健康城市及其规划 [J]，武汉城市建设学院学报，2000（4）：58.
[2] 浅见泰司. 居住环境评价方法与理论 [M]. 高晓路，张文忠，李旭，等译. 北京：清华大学出版社，2006.
[3] 葛天任. 社区碎片化与社区治理 [D]. 北京：清华大学，2014.
[4] 杜娟，阳建强. 欧洲城市规划与公共健康互动的发展演变分析 [J]. 现代城市研究，2006（8）：34-39.
[5] 聂婷. 我国城市社区公共安全评价体系研究 [D]. 大连：大连理工大学，2006.

阳建强　东南大学建筑学院教授、博士生导师，中国城市规划学会城市更新学术委员会主任委员

后记

新冠疫情开始至今已近两年，影响了全球 223 个国家，超过 1.75 亿人感染并仍在持续（WHO，2021 年 6 月 14 日）。这无疑给人类社会带来新的挑战。人类活动对自然界产生影响，自然界反作用于人类。这次疫情让人类反思，人类活动是否对自然界缺乏足够的珍惜和尊重。以城市为核心的人类世界与自然界形成了二元结构；城镇化将人类的活动扩展和侵占到自然界，如何从对立切割的关系走向融合。互联互通的城市网络让传染性疾病的传播难以控制，如何在疫情持续情况下考虑最小成本的防控空间单元。规划方案提供了多种健康设施的空间分布草案，如何能更均好和公平地提供给需要的人。在这些线索下，规划师可以为疫情防控贡献自己的力量。

本书的一部分来源于中国城市规划学会发起的"规划师在行动"，邀请多位规划教师和实践者针对疫情参与讨论。受此感召，健康城市实验室也发起了相似活动，特别邀请了在健康城市方面有研究积累的同仁，贡献了另一部分稿源。这些非学术研究的短篇记载了规划师们在疫情开始和过程中最快速和原初的思考，可能及时提供政策决策的线索，也可能成为后续研究深化的方向。在此衷心感谢各位同仁拨冗赐稿。

在大部分国家和地区曾经都以慢性非传染性疾病（心血管疾病、糖尿病等）为主要疾病负担时，新冠疫情无疑将传染性疾病防控提上重要日程。规划师可以从底线控制（污染源和传染源防控）、基本保障（日常健康和防疫设施供应）和品质优化（促进体力活动和交往）等多个方面提升公共健康水平；而空间维度的疫情防控和平疫结合还有很多未知值得去探索和构想。健康城市的研究和实践任重而道远，其复杂性、多变性和综合性决定了从研究到实践多个层面的难度；这也正是健康城市值得更多投入之处。

　　人类社会在一次次挑战中调整价值观、探索新规律、研发新技术、建构新机制政策。我们规划学科面临着内外交织的挑战，变革已在眼前，愿与大家携手共进，保障健康底线，重塑健康生活。

王　兰

同济大学建筑与城市规划学院教授、博导、副院长

健康城市实验室主任

中国城市科学研究会健康城市专委会副主任委员兼秘书长

图书在版编目（CIP）数据

危机·健康·城市：2020疫情带来的思考 / 石楠等
主编 .—北京：中国建筑工业出版社，2020.9
（中国城市规划学会学术成果）
ISBN 978-7-112-25535-1

Ⅰ.①危…　Ⅱ.①石…　Ⅲ.①城市规划—关系—疫情
管理—研究　Ⅳ.① TU984 ② R181.8

中国版本图书馆 CIP 数据核字（2020）第 220723 号

责任编辑：杨　虹　尤凯曦
书籍设计：付金红　李永晶
责任校对：李美娜

中国城市规划学会学术成果

危机·健康·城市
——2020疫情带来的思考
石　楠　张庭伟　曲长虹　王　兰　主编
*
中国建筑工业出版社出版、发行（北京海淀三里河路 9 号）
各地新华书店、建筑书店经销
北京雅盈中佳图文设计公司制版
北京中科印刷有限公司印刷
*
开本：787 毫米 ×1092 毫米　1/16　印张：28$\frac{1}{4}$　字数：589 千字
2022 年 1 月第一版　2022 年 1 月第一次印刷
定价：**98.00 元**
ISBN 978-7-112-25535-1
　　　（36549）